世界空管概况及发展趋势

胡明华　张洪海　著

科学出版社

北京

内 容 简 介

本书主要介绍国际民航组织、主要航空大国和周边国家、地区空管概况及趋势。重点反映国际民航组织及相关国家空管发展的历史沿革、现行体制、运行机制、空域管理模式、军民航协调、空管系统建设、法规标准、教育培训、新技术研发及应用、发展趋势等。本书写作定位于对我国科学谋划和推动空管现代化建设的参考性与指导性，以空管体系建设的实际需求为牵引，以前沿资料为基础，将资料翻译与分析、提炼与归纳、总结与综合紧密结合，力求体现书稿的客观性、科学性、系统性、可读性。

本书适合国务院、中央军委空中交通管制委员会成员单位和军民航各级空管单位广大从业人员参考阅读，也可作为高等院校空管相关专业或方向的师生的参考教材。

图书在版编目（CIP）数据

世界空管概况及发展趋势/胡明华，张洪海著. —北京：科学出版社，2017.12

ISBN 978-7-03-055417-8

Ⅰ. ①世… Ⅱ. ①胡… ②张… Ⅲ. ①空中交通管制–概况–世界 Ⅳ. ①V355.1

中国版本图书馆 CIP 数据核字（2017）第 282515 号

责任编辑：阚　瑞　余　丁 / 责任校对：彭珍珍
责任印制：张　伟 / 封面设计：迷底书装

科学出版社 出版
北京东黄城根北街 16 号
邮政编码：100717
http://www.sciencep.com

北京九州迅驰传媒文化有限公司 印刷
科学出版社发行　各地新华书店经销
*
2017 年 12 月第 一 版　开本：720 × 1000　1/16
2017 年 12 月第一次印刷　印张：27 3/4　插页：3
字数：546 000

定价：156.00 元
（如有印装质量问题，我社负责调换）

前　言

　　空管是国家组织实施空域规划与管理、提供飞行管制和空中交通运行服务的总称，在国防建设和国民经济发展中起着举足轻重的作用。在研究筹划我国空管改革与发展、全面建设新一代空管系统的重要历史时期，迫切需要全面系统、客观准确地了解和掌握世界空管概况及发展趋势，学习借鉴航空发达国家空管新理念、新政策、新技术及经验做法，使国务院、中央军委空中交通管制委员会（简称国家空管委）成员单位、军民航各级空管单位从业人员以及相关专家、学者等开阔眼界、拓宽思路，以国际为视野，以先进为标杆，发挥后发优势，以战略的高度、广阔的视野、开放的策略科学谋划和推动我国空管现代化建设与跨越式发展，是本书编撰的指导思想和目的。

　　本书将介绍性与论述性相结合，在国外空管资料搜集的基础上，摒弃了资料简单"堆砌式"的编撰方式，对资料进行整理与分析、综合与提炼、归纳与概括，力求客观准确和系统深入；本书将实用性与可读性相结合，为适应空管成员单位和广大军民航空管从业人员，概念内涵与外延交代清楚，理念、技术与方法阐述深入浅出，全书结构清晰，语言朴实、流畅；本书将系统性与全面性相结合，内容丰富，信息量大，涵盖面广，囊括了空管体制、运行机制、技术应用、设备系统、法规标准、教育培训等内容，并分别阐述了历史演进、现状、特点及发展趋势等。

　　本书系统阐述空管的概念与内涵、发展历程与现状、发展特征与趋势；概述空管体制的历史沿革、发展概况、体制特点与发展趋势，空管运行机制及发展趋势，空管基本技术、新技术与新概念，空管系统建设及发展趋势，空管法规标准体系、特点、制定过程及发展趋势，以及管制员培养、培训、晋升及执照管理模式；列举有关空管技术设备研发机构的发展规模、组织结构、主要研究领域及相关空管产品等。

　　本书由国家空管委办公室统一策划、统一组织、全额资助，由南京航空航天大学胡明华教授、张洪海教授主编，张辉、赵征、彭瑛、李桂毅、王湛等老师，以及张晨、张进、田文、杨尚文、刘方勤等博士参与编写，其中，张洪海教授、张辉副研究员负责统稿。本书编撰受到国家空管委办公室领导的亲切关怀，得到兄弟院校及科研院所专家的帮助和指导，同时还吸纳借鉴了国内外有关专家、学者的研究成果，在此一并致以崇高的谢意。

　　我们希冀本书能够为国家空管委成员单位、军民航空管单位从业人员等提供体现权威性、准确性和系统性的第一手参考资料，在充分吸收借鉴国外空管发展的经验教训、立足战略高点谋划我国空管发展中发挥其应有价值。但面对国际空管快速的变革与发展，由于资料搜集渠道的局限性以及航空发达国家空管先进技术的保密性等，我们很难穷尽国际空管发展的历史、现状与趋势。编撰工作所做的是以既有空管科研课题研究成果为基础，广泛搜集相关国际民航组织及国家空管官方网站资料，以及充分吸收近年来出国考察资料，采取翻译整理与研究分析相结合的方法，尽可能揭示国际空管发展的路径与策略。我们深信，本书在读者的关心中，在研究者的进一步探索中，一定会得到不断完善。

目　录

第1章 绪　论

1.1　空管概念与内涵

空管是国家组织实施空域规划与管理，提供飞行管制和空中交通运行服务的总称，主要由空域管理、流量管理和空中交通服务等业务组成，涉及空管通信导航监视、军民航协调、安全管理和绩效管理等相关内容。其中，空域管理是指依据国家空管发展及国防安全需要，优化空域结构，改善空域环境，实现空域合理、充分、有效利用，满足各类航空用户使用需求；流量管理是为保障飞行安全、有序和快捷地运行，确保最大限度地利用管制服务并符合有关当局公布的标准和容量，而设置的一种运行服务，具有优化流量分布、缓解空域拥挤、减少飞行延误、提高资源利用率的作用；空中交通服务包括管制服务、情报服务和告警服务，管制服务旨在防止航空器与航空器相撞以及障碍物相撞，情报服务旨在向飞行中的航空器提供有益于安全和有效地实施飞行的建议和情报，告警服务旨在向有关组织发出需要搜寻援救航空器的通知，并根据需要协助或协调搜寻救援工作。空管各组成部分的功能定位和目的作用各有不同，具有交叉性、互补性和不可替代性，它们各司其职，共同有效地维护和促进飞行安全，维持飞行秩序，保障空中交通畅通。

为全面提升空管业务效能，促进空管一体化和现代化，空管概念已从传统的业务层面延伸拓展到现代综合管理层面，是指在所有空管组织协作的基础上，通过提供完备的设施设备和无间隙的运行服务，进行安全、经济和高效的动态化、一体化组织与管理过程，涵盖空管体制、运行机制、应用技术、设备系统、法规标准、教育培训等方面，是由各方面紧密联系、相互作用而构成的有机整体。

其中，空管体制是指一个国家或地区为有效保障飞行安全、有序与高效运行而确立的空管组织机构、管理权限、职能划分和制度安排的总称，即采用何种组织形式以及如何将这些组织形式结合成为一个合理的有机系统，并以怎样的手段、方法实现管理的任务和目标。其中，空管组织机构在空管各要素中处于主导地位，决定着空管活动的性质、方向、效率和效果。因此，为实现统一、安全、高效的空管，首先需要建构科学的管理组织体系。

空管运行机制是指空管系统维持功能的内在机能及其运行方式，是影响空管运行各因素的结构、功能及其相互关系，以及这些因素产生影响、发挥功能的作用过程、作用原理和运行方式的总称。各因素相互联系、相互作用，为保证空管各项工作目标和任务实现，必须建立一套协调、灵活、高效的运行机制。空管的内涵及任务决定了空管运行的多范围、多层次、多维度，涉及空管内外部系统，包括空域管理、流量管理、军民航协调、安全管理以及绩效管理等。欧美航空发达国家已逐步形成了国家统一、协调一致的运行机制，保证了空管系统满足用户需求，运行安全、高效和顺畅。

空管应用技术是支撑整个空管系统正常运行的保障，新技术研发应用是系统保障能力不断提升的关键。空管不断追求高品质和高效率的行业需求，使其成为一个技术密集型领域，众多科学技术都可以在空管系统中得到综合交叉应用。随着科学技术的高速发展，空管大量采用现代卫星、信息、网络和自动化技术，为构建适应 21 世纪需求的、星基系统与现行陆基系统相结合的新一代空管系统奠定了基础，为全球无缝隙的空管一体化运行提供了支撑。

空管设备系统建设是空管安全、高效运行的重要基础与前提条件。空管的工作性质与特点决定对其工作条件和工作手段有必然要求。维系空管安全，保证空管运行的良好品质，有赖于"人-机-环-管"的全面优化。设备系统建设的关键在于军民航空管系统建设统一规划、统一标准、逐步完善、同步升级，始终保持全系统的信息畅通；同时需要不断增强空管系统的自我保护功能，对异常、超载、故障、失效、超限等非常状态具有自我调节、转换、联锁、保护等功能，并具备不间断、无冗余、自备份能力。

空管法规标准是对空管各要素进行规范与规约的系统化、层级化、序列化、标准化的体系。从一定意义上说，空管过程就是执行法规、贯彻标准的过程。军民航法规标准统一，国家法律、政府法规和部门规章，是各类航空用户享有权利和履行责任的共同依据。国家顶层要有立法机构颁发的航空法，作为规范管理各类飞行活动的基本依据；政府应依据法律赋予的职责，制定颁发行政法规，确立空管部门的组织机构、职能区分及执法权利等；空管行业主管部门依据行政授权，以规章或规范性文件形式，明确空管工作运行程序、操作规范和技术标准等。

空管教育培训是空管从业人员职前学历教育和在职人员培训的总称。在空管作业中，人是唯一的起主导、能动作用的关键要素。建立运行品质卓越、效能高的空管系统，不仅是量的累积，更是量变到质变的过程，其核心是科技创新和管理创新，归根结底是人才。空管人才队伍建设是一个系统工程，涉及人才的选、聘、留、用等方面，是一个需要对人力资源开发与管理进行科学的顶层设计，并有效贯彻实施的综合体系。

1.2　发展历程与现状

1. 空管的发展是一部空管科学技术发展史

空管是航空发展的产物，随着科技进步和应用，其经历了一个从无到有、由低级向高级渐进发展的历程。在早期的航空活动中，空中只有少量航空器，航空器凭借目视飞行和地标领航，在天气良好的条件下，沿江河、铁路线等地标中低空飞行，无须实施管制。随着飞行流量增长，人们很快意识到，应该建立某些飞行规则，借助相关技术手段对航空器实施管制，以保障飞行的安全、有序和便捷。1919 年，空中航行国际委员会成立，开始制定空中交通通用规则，随后在大部分相关国家实施。1926 年，美国《空中商业法案》的诞生标志着一系列空中交通规则的确立，包括航空器识别与安全间隔保护、安全飞行高度、飞行最低高度限制、航空器交汇飞行航线、天气指南、信号和夜间灯光等。机场开始设置风斗和 T 字布，凭借旗帜、信号灯、信号弹与航空器进行联络，引导航空器起降，成为空中交通管制的雏形。随着低频电台的推广使用，美国一些重要机场和主要航线开始建立通信网。1930 年，克利夫机场开始使用无线电空中交通指挥塔，地面人员可以通过指挥塔与飞行员联络，通告着陆条件和天气情况，引导航空器起降。航空公司成立后设立航务部门进行签派调度，根据平面通信提供的沿途、目的地气象条件组织放行起飞。飞行途中没有管制，航空器到达机场时往往需要进行空中盘旋以等待着陆机会。随着航空运输量的增加，航线竞争越来越激烈，大量航空器争先起降致使机场秩序紊乱，危险时常发生。为此，1934 年，美国民用航空委员会在华盛顿主持召开了商业航线飞行员会议，要求航空公司建立各自的空管系统；同年，美国四家航空公司在纽瓦克机场废弃高塔上建立了一个管辖机场周围80 公里范围的空中交通管制机构，成为第一个试验性塔台。1936 年，美国民用航空委员会在纽瓦克、芝加哥和克利夫正式建立了机场塔台；同年，全美正式建立了 73 条民用航线，促进了空中交通管制由终端区向航路延伸。1938 年，美国民航局颁布了民航管理法则和空中交通规则，要求飞行员按照仪表指示，严格遵守管制指令飞行，程序管制由此开始。20 世纪 50 年代，美国空军将过时的雷达交给民航管制使用，雷达成为空中交通监视的重要手段。1946 年，美国印第安纳州建成了世界上第一个装备雷达的机场塔台。20 世纪 60 年代中期，二次雷达和计算机技术的普及应用，实现了雷达显示与航空固定电信网飞行动态信息自动相关，雷达真正用于间隔航空器，标志着雷达管制的正式采用。20 世纪 70 年代中期，美国联邦航空局组织建成了雷达和计算机技术并用的半自动化空中交通管制系统。为适应流量快速增长的需求，美国联邦航空局制定了国家空域系统规划，配备了更先进的航路、终端管制系统,建立了现代化飞行服务站,改进了地空监视与通信。在国家空域系统规划下,美国联邦航空局推行空管现代化建设,致力于技术多样性与先进性开发,侧重于星基技术的研究和应用,倡导"自由飞行"等重大举措。可见,空管的发展是为满足航空发展,将科学技术应用于管制领域的一部发展史。

2. 空管的现状呈现为各国立足国情促进空管要素不断进步

(1)立足国情构建空管体制是世界航空发达国家的普遍做法。美英等航空发达国家空管发展先后经历了军方统管、军民分管和国家统管三个阶段,体制变革都是由于航空发展、特别是民用航空的快速发展,对空管服务保障提出了更高要求,由政府决策自上而下进行调整改革。在不同空管体制下,各国或地区根据自身政治、经济和文化特点建立各级空管组织与机构,并通过各类法律、规章与运行标准确保它们有效协作与高效运行,提高飞行安全水平,促使空域资源充分利用,满足经济、军事和社会等方面的发展需要。主要表现:一是均以健全立法和公正执法为保障。各级空管组织和机构均是以法律或法规形式获得授权、行使权利,同时依据法律法规要求在职权范围内组织和管理日常业务,独立或共同承担责任和风险。各级组织和机构同样依据法律法规要求协调关系,相互协作、相互制约。此外,有关独立机构和民间组织同样根据法律法规要求建制和运行,并作为重要监察力量依法监督各级空管组织和机构的行政过程与行政效力。因此,空管体制建设发展需要健全立法和公正执法。二是多以大部制集成为主要形式。无论从法制体系建设着眼,还是从风险管理角度看待,安全有效生产的基本原则是发现和排除隐患,不断改善生产流程,使之更符合用户需求。随着航空事业不断发展,加之先进技术越来越广泛的应用,空管系统功能不断扩大,逐渐向纵深发展。随之而来的空管组织管理复杂化带来协调难度增加、安全隐患增多等负面效应。解决这些问题的有效途径是将相关功能机构整合,对空管组织和机构进行大部制集成。大部制集成便于梳理简化缺失的环节或琐细的流程,促使部门设置精细化,资源配置合理优化。因此,成为航空发达国家普遍采用的建制方式。三是普遍实施政企职能分离。许多航空发达国家明确将空管行政决策权力从空管运行服务机构剥离,交由独立机构负责。例如,英国空管将空域政策制定和安全监管等行政职能交由民航局与军航局负责,空管运行保障等服务职能由国家空中交通服务控股有限公司负责,空管运行与监管职能有效分离。又如,欧洲航行安全组织将其职能分为决策、执行和监管三个层次,在此基础上再根据职能作用对象与属性进行同层划分,欧洲空中交通管制委员会作为决策与监管机构,负责制定相关方针政策并监督执行;欧洲空中交通管制局作为方针政策的执行机构,负责实施落实。职能分离可以有效保障空管部门权力兑现,也为适度实行市场竞争、维护用户权益提供了前提条件和制度保证。四是适度引入市场化竞争。适度引入市场竞争是空管组织和机构更经济、更高效地提供服务的有效措施，可以促进空管部门现代企业化改制，降低运行成本，提高空管系统的整体绩效。在引入市场化竞争中，英国的做法具有代表性。英国保留空管关键业务以维持国家垄断地位，逐步放开其他业务进入市场，以吸引更丰富、更优质的资源，使航空用户、投资者和空管业部门取得共赢。五是坚持走特色建设发展之路。每个国家或地区的政治、经济、军事、文化等都各有不同，相应的空管建设条件、发展目标和实施路径也都不同。国际民航组织在推动国际空管行业发展进程中也积极鼓励和引导各国与地区走特色发展之路，开辟更多、更好的区域性发展模式。澳大利亚和巴西最为典型，因地制宜、因时制宜地立足国情分别坚持政企分离和军方统管特色，确立各自的空管发展目标，选择相应的体制建设途径，切实增强了软硬实力，因而跻身于世界空管先进国家行列。六是兼顾不同用户需求，促进军民航协同发展。各国或地区可持续发展离不开综合实力的提升，国防力量与经济实力均是体现综合实力的重要方面，缺一不可。因此，在空管体制建设的任何阶段，针对军民航实施统筹兼顾与全面协调，已成为世界空管体制建设发展中的一致共识和普遍做法。

（2）空管运行机制变革与创新，使得空管在保障安全和提高效能等方面富有成效。横跨军地、纵贯各级，决定了空管系统组织协调的多范围、多层次、多维度性，也使得运行机制成为整个空管系统运作的轴线。空管运行机制发展一直遵循以需求为导向、以技术为保障之路，从简单运行到全球空管一体化运行，着重在空域管理、流量管理、军民航协调、安全管理和绩效管理等五个关键方面维系空管安全与效能。一是在空域管理方面，随着航空运输量的不断增加，空域结构划设的科学性、运行管理的有效性和灵活性逐渐成为各国空域管理的关注重点，并随着通信导航科技进步和设施更新，空域管理理念和运行模式也发生变革，通过充分利用各种设施设备、技术手段等，全面提高空域运行的安全性、灵活性和有效性。尤其是欧美等航空发达国家，其空域管理发展历史较长，体系架构、运行机制、技术手段和设施设备等较为先进，可为世界各国空域运行管理提供参考范例。二是在流量管理方面，欧美等航空发达国家针对自身运行实际和发展需求，形成了职能全面、信息共享、流程顺畅的协同运行管理机制。采用由全局统筹到分步实施的层级管理模式，明确各层级流量管理的运行原则、实施目标和职责要求，建立各部门流量管理的职能衔接关系、工作协调方式和信息交互流程等，制定各阶段流量管理的实施对象、管理方法、运行程序和保障手段等，实现了分层管理与协同决策并存、流量管理与管制服务兼容、与空域管理融合，保障了全国流量的科学规划、合理调配和高效管理。三是在军民航协调方面，欧美等航空发达国家立足于自身政治体制，针对军民航之间的矛盾问题，通过设置行政机构和职能部门满足军民航之间的协调需要，突出顶层决策层面的统筹协调能力及现场运行层面的实际调控作用，构建了不同层面、不同阶段下重点突出、作用明显的军民航协调组织架构；借助不同层面各个阶段的管理手段，强调总体协调与运行落实，体现空域调配、信息共享、平战转换等方面的无缝衔接，形成了军民航双方运行目标共识、机构配置有效、系统建设统一、空域划设合理的协调机制。四是在安全管理方面，欧美等航空发达国家通过设立专门的安全监管部门，从人员配置、法规标准、措施推动、监管实施、文化建设等方面不断完善安全管理体系，识别可能导致事故发生的潜在危险源、评估其风险，并监视规避、降低风险的所有举措执行效果；将设计、发展和实施安全管理系统作为未来发展与完善航空安全体系的重要内容，不断健全空管安全管理规章体系；通过战略规划、调查监控、风险评估、文化建设等手段，充分体现安全管理独立运行的作用职能，满足安全管理规范要求，形成了较为完善的安全管理理念架构和实施体系。虽然各国或地区管理机制或有不同，但大都以国际规范为标准，立足于本国安全管理实际，形成了统筹规划、职能分层的健全的安全管理体系。五是在绩效管理方面，国际民航组织以及欧美等航空发达国家或地区通过构建绩效管理机构、推行绩效管理方案、制定实施计划等措施，不断完善各自的绩效管理过程和运行体系；参照国际民航组织提出的 11 个关键绩效领域，从安全、安保、容量、环境影响、成本效益、飞行效率、灵活性、可预测性、准入性和公平性、参与协同、全球互用性等方面，针对本国或地区重点关注内容和发展目标，建立较为完善的评价指标体系，形成了强调安全、兼顾效益、关注环境、保证服务的运行机制。

（3）空管应用技术是支撑空管系统有效运行的重要保障。欧美等航空发达国家或地区围绕安全、高效两大目标，考虑机场、空域、航空器、环境和人等诸多运行相关因素，融合运筹、计算机、自动化、通信、导航等学科，形成了一定的空管理论、方法和技术体系，处于国际领先水平。根据空管技术的产生、发展和应用情况，空管技术可分为基本技术、新技术与新概念两大类。世界各国和地区由于经济、科技发展水平的不同，在空管技术研究与应用上存在一定的差异，即使一国之内空管技术也不尽相同。空管技术应用表现为基本技术与新技术并存，并向新技术与新概念过渡的现状。主要表现：一是近几十年在空管实践中形成了理论较为成熟、应用较为广泛、效果较为稳定、能够保证系统正常运行的空管基本技术，主要包括空域系统容量评估、流量管理、飞行间隔安全管理、机场运行优化、空管保障等技术。空域系统容量评估根据评估对象可分为机场、终端区、航路、扇区和区域容量评估等，主要方法有基于计算机仿真模型的评估、基于历史统计数据分析的评估、基于数学计算模型的评估和基于管制员工作负荷的评估等。流量管理是保证空中交通有序、高效运行的重要手段，可按管理时效、空间和级别进行分类，主要方法包括航班时刻优化、地面等待、排序、改航等。飞行间隔安全管理旨在探测飞行冲突、评估飞行冲突及碰撞风险，主要包括飞行间隔安全评估、飞行冲突探测与解脱等。机场运行优化用于充分利用机场设施、优化分配机场资源、方便旅客、提高机场运行效率，主要包括停机位分配和滑行路径优化等。空管保障技术是采集与处理空管信息、实现空管基本业务的技术基础，包括通信、导航、监视、航行情报服务、航空天气预报等。二是空管技术发展不断吸收先进技术，涌现出一大批在当前及今后一个时期内代表先进水平、发挥引领作用的新技术或新概念，主要包括动态空域管理、协同流量管理、四维航迹管理、协同天气预测、先进场面管理、地空通信组网、广播式自动相关监视、基于性能导航、数据链技术、广域信息管理等。

（4）空管设备系统是保障空管高效运行的重要设施。美英等国家完善高效的空管信息传输体系及先进实用的设施设备系统，在其航空运输和空防建设中发挥着至关重要的作用。欧美等国家和地区空管设备系统建设的共同特点是军民航统一规划、统一标准、逐步完善、同步升级，始终保持全系统的信息畅通。由于现代系统的硬件失效原因大都涉及电子、软件和机械等方面的各种缺陷，欧美国家十分重视设施的本质安全研究与应用，不断增强空管系统的自我保护功能，使空管装备等物质运动系统对其异常、超载、故障、失效、超限等非常状态具有自我调节、转换、联锁、保护等功能；同时鉴于空管涉及国家安全，空管设施设备要具备不间断、无冗余、自备份的能力。主要表现：一是以统一理念为指导，以满足需求为目标，以"分层设计、综合集成"为原则，以详细规划为保障进行建设发展，提高了空管系统的安全和高效。在全球空管一体化运行概念下，各国空管系统建设既有共性，又具特色。例如，美国在统一理念下军民航建成了相应的空域管理系统，并通过数据共享实现了协同运行；而欧洲由于成员国空域运行管理机制差异，空域管理系统建设大都基于各自的运行要求，进展程度不同，尚未形成欧洲统一的空域管理系统；而其他国家的空域管理系统或处于研究阶段，或尚未成熟。二是空管系统建设是复杂的系统工程，需要辅以详细建设规划保证实施。各国或地区空管系统建设规划根据自身环境充分整合相关研究资源，以全球空管一体化运行概念为指导，密切结合用户实际需求，开展详实的建设发展实施计划研究。美国下一代航空运输系统和欧洲单一天空空管研究计划最为典型，它们是美国和欧洲面向全球空管一体化发展趋势制定的符合自身发展要求的建设方案。它们不仅包括空管系统建设实施计划，还包括及时总结完成情况，提出应变计划，以及如何整合管理相关研发资源，实现优势互补和高效协作，有力保障了空管系统建设的顺利实施。三是空管系统设计以符合信息系统和计算机系统规范为前提，实现数据资源与硬件资源综合集成，应用软件分层规划设计。通过包括通信、导航、监视、航空气象和航行情报等保障系统建设，实现空管数据全方位采集和高度集成融合，为空管业务系统建设提供设施环境和数据资源。空管业务系统设计以统一规范为指导，以实际需求为牵引，开发实用性好、功能性强的实际应用系统，以保证空管设备性能和系统效益的发挥。

（5）空管法规体系是对行业各要素进行规范与规约的系统化、层级化、序列化的体系。美国、欧盟等航空发达国家及地区一直十分重视空管法规建设和空管法规体系的健全。国际民航组织是负责制定国际航空法规最重要的机构之一，扮演统一立法和执法的角色。国际民航组织制定了四层规范和标准体系，包括国际民用航空公约、标准与建议措施、航行服务程序、地区补充程序以及其他指导材料。除此之外，国际民航组织还负责制定技术手册、空中航行规划、指南、通告和指导材料等，以完备法规体系。世界航空发达国家的航空法规体系普遍脉络清晰，自上而下层层深入，军民航法规标准统一，国家法律、行政法规和部门规章是各类航空用户享有权利和履行责任的共同依据，军民航遵守统一的运行程序、操作规范和技术标准，提高协调效率。纵观各国航空法规体系，普遍按照法律规范的纵向关系将航空法划分为法律、行政法规和部门规章三层级体系。空管法规是航空法规体系框架下的重要组成部分，同样符合该划分方式。以最为典型的美国空管法规体系为例，联邦航空法作为一级法律构成了航空法规体系的上层，是美国航空界的最高法律，也是一切航空法规（包括空管）的法律渊源；联邦航空条例是二级法规，对航空器、空域、一般运行规则等诸多方面进行了规定；针对内部行政管理的指令和针对行业用户的咨询通告是美国法规体系的三级法规，尽管它们并不具备法律层面的强制执行性，却是法规体系中不可或缺的重要组成部分，用于规定具体事务的实施办法、管理程序或对条款解释说明等，为实施空管行业管理提供有效的补充手段。在三层法规体系指引和约束下，美国各级空管部门根据明确、具体的行政授权各司其职，保证了国家空管系统的有序运行，其他国家的情况与美国类似。欧盟作为一个区域性质的多国联盟，由于法律渊源与立法目标，其法规体系与国家性质的法规体系存在较大的差异，空管法规（单一天空立法）建设还处于起步阶段，但随着相关立法部门的正规运作，欧盟空管法规体系正趋于完善。

（6）世界航空发达国家空管教育培训立足国情形成了各具特色的管制员教育培训体系。主要表现：一是管制员学历教育普遍在专门的管制学校或机构，并根据国际民航组织建议设计了符合自身需求的课程体系和教学内容。二是学历教育坚持"学以致用"的教学理念。在教学安排上，采取交替培养模式，建立学生参观实习制度。学校安排了很多不同目的的参观实习任务，管制单位也希望与学校建立这种联系。将管制员学校教育和管制单位见习结合起来，各阶段教育循序渐进地开展。学生轮换在学校和管制单位接受教育，学校和管制单位负责不同的模块，共同承担教学任务，直至考取民航管制执照。同时，建立了校企联合培养机制，校企关系密切，企业参与学校管理，参与制定学校发展战略，讨论教学计划的修改，学校参与企业教学模块的设置，促使教学培训不断适应现代企业和劳动市场需求。此外，还实行管制教师—管制员轮岗计划，管制教师去一线管制岗位实践，直接参与值班，管制单位选派管制教员去院校授课，相互补充，从而建立一支成熟、专业、稳定的校企合作管制专业师资队伍。三是形成了较为成熟的培训模式。国际民航组织提出了管制员培训和运行管理骨干培养的基本框架，并把管制员培训分为初始培训、岗位培训、高级培训和管理培训四个阶段。世界航空发达国家依据国际民航组织建议，建立了适合自身国情的管制员教育培训体系。欧洲空中航行安全组织和欧洲各国结合各自实际情况，普遍采用两级在职管制员培训体系，即学校教育和管制单位培训。美国主要采用三级在职管制员培训体系，即学校教育、管制中心（或飞行情报区）培训和具体管制单位培训。四是管制员教育培训投入巨大。欧美等国家和地区管制员培训普遍使用模拟机，包括机场管制模拟机、程序管制模拟机和雷达管制模拟机，通常还配有供学生飞行训练用的轻型飞机和全动飞行模拟器练习器。充足的经费保障有利于提高管制员培训质量，提高队伍整体素质，促进人的全面发展。

1.3　发展特征与趋势

1. 组织建制集约型，并朝大部制集成系统化管理发展

处于主导地位的空管组织机构设置和管理权限划分，决定着空管的性质、任务、方向和效能。尽管各国或地区基于空管功能确立组织机构的基本思路与需求大致相同，但是其建制方式不尽相同，大致可分两种：一种是欧洲航行安全组织、澳大利亚的空管建制模式，即安全规章的制定监管部门与航行服务的实施单位之间职能相互分离；另一种是美国和巴西的空管建制模式，即设立整体统一的空管机构，并在其内部设立相互制约的独立部门。虽然具体建制方式不同，但是总体而言，各国空管机构建制的架构明确、功能清晰，层级间衔接无缝，整体上实现了集约化的空管机构组织运行管理方式。纵观航空发达国家空管体制，一是空管机构架构体系集约化，即大多数国家均采用大部制将功能相关的诸多部门统一设置在同一较大规模的部门内。例如，欧洲航行安全组织根据其决策、执行与监管三大职能，规定其下欧洲空中交通管制委员会属于决策与监管机构，负责制定欧洲航行安全组织的政策并监督执行，欧洲空中交通管制局属于执行机构，负责政策落实事宜。美国联邦航空管理局作为独立的行政机构，全面负责美国航空业的经济、军事和社会活动，却没有将空管决策、监督和实施的职能进行层级的明确分割，而是通过强大的信息服务平台实现研发与运行单位之间、运行与地区服务联络单位之间的环环相扣。二是空管机构组织布局集约化，即合并或集成同层级

相关功能，并由单一机构负责实施。例如，欧洲空中交通管制局的协作网络设计部，其下合并了欧洲空管部、中欧空中交通服务中心战略规划发展处与研发仿真中心、欧洲航行安全组织实验中心、空中航行服务研究所和监督管理单位等机构的所有职能，集中负责泛欧洲协作网络设计工作。美国联邦航空管理局的空中交通处涵盖了塔台管制、下一代航空运输系统规划等六个独立运行主体，足见美国空管机构建制的集约化程度之高，大部制的应用广泛深入。

通过集约化的空管机构建制模式，空管日常运行管理系统化特点日益突显，从机构职能设置到管理阶段划分等方面，建立了一套自上而下的完整的运行管理方式：一是空管运行管理层次化。运行管理明确了各级空管机构在各运行层面的具体职责。例如，在空域管理方面，美国联邦航空管理局处于美国空域管理系统的顶层，负责制定涉及整个国家空域的法律、规章及制度，其下几大区空域管理机构根据联邦航空管理局制定的空域管理细则负责空域协调和每日空域分配，再下级的航路管制中心、终端进近管制中心等进行空域管理数据的传输、使用与协调等具体事务。二是空管运行管理阶段化。针对不同的空管运行管理需求，明确了阶段性任务及其实现目标。例如，欧洲航行安全组织从对泛欧洲空域管理的战略性远景规划、预战术中期协调和战术性灵活调配的需求出发，通过实施空域管理的战略、预战术和战术三个阶段，分别实现了国际和国家层面的空域规划与调整、空域逐日管理和分配，以及空域实时分配处理等。

2. 法制体系日趋完备，并朝纵深方向发展

空管法制体系建设是空管体制建设的重要基础。尽管各国家或地区的政治、经济、军事、文化环境各不相同，但是因地制宜、因时制宜建立与各自国情相匹配的空管法制体系，从法制体系的系统规划、层次划分、业务保障等各方面健全法制体系的发展方向、实施路线、保障措施等内容，保证空管法制体系的完备性，其共同特点：一是空管法制体系建设层次清晰、法系完整。为保证空管运行有序展开，各国结合自身法制体系建设特点，建立了一系列法律、法规、规范或指导性文件，形成了从整体规范到具体指导、由上至下的空管法规体系。二是空管法系为空管运行管理体系提供了建制依据。为理清空管各机构、各阶段的职能划分和权责界定，实现空管体系的规范化、体系化和制度化，从空域管理组织架构、运行机制、实施细节、协同合作等方面，为空管运行管理体系提供了建制依据。三是空管法系为空管运行发展提供了指导纲领。随着全球空管一体化进程的不断推进，国际性组织构建的法制体系从增强各成员国之间的协调与共识出发，为其体制建设指明了发展思路。因此，国外空管法制体系建设，尤其是国际性组织的法制体系建设，更着眼于行业未来走向与成员国协调发展，以取得区域或地区间的产业平衡。

法规体系从涉及的范围到内容，表明法规体系趋向健全、框架结构趋向清晰。无论美国、欧洲国家、澳大利亚还是中国的空管法规体系均具处于不断健全、完善之中。以美国的法规体系为例，美国法典、联邦法规汇编和联邦航空局内部规章，形成了美国航空法规建设的一条主线，沿着这条主线可以清楚地了解美国航空法规自上而下、逐步深入的法规建设层次结构。它把行政授权、责任分工、工作程序、操作规范和技术标准等有机结合起来。在法规体系方面，其自上而下、层层深入的特点非常明显，无论是哪一部规章和规范，都能做到"上有法可依、下有具体的程序支撑"，真正做到了有章可循。空管立法提升到国家级立法层面，法规体系与组织管理体系更为匹配，法规体系发展及完善呈现以我为主特征，法规体系框架结构持续改进，更为突出行业管理及其内部管理的划分，以及利用先进技术辅助法规工作等，都是典型国家及地区空管法规体系的发展趋势。

3. 空管技术全方位跟进，并朝加快科技创新发展

空管技术综合了许多学科的理论和方法，其应用涉及人、机、环境的诸多方面。空管技术研发、改进和应用融入越来越多的要素，也影响越来越多的事物，呈现出全方位发展的特征。空管技术朝着全方位化发展，其共同特点：一是多学科系统性、综合性影响，促进了空管技术水平的提升，使空管技术在服务航空运输的整体背景下，向着多学科交叉、融合方向迈进，充实完善着本身的理论水平和应用范围；二是在建设环境友好型经济、走可持续发展道路的今天，空管技术将充分考虑节能减排的要求，促使航空运输减少油料消耗及噪声、尾气等污染；三是更加重视人为因素的影响，在系统建设中充分考虑人的可靠性、操作的稳定性等有关人的不确定因素，评估相应的安全风险，制定相应的避险策略，从而提高空管系统的整体安全性和稳定性。

空管的发展关键在于技术创新，加快技术创新是航空发达国家所采取的重要发展战略，也是航空发达国家空管处于领先地位的根本原因与不竭动力。以通信、导航、监视、航行情报管理、天气预报等技术为代表的保障技术是空管系统的关键技术之一。优质的空管保障技术不仅是安全飞行的有力保证，而且是缩小间隔标准，实施自由飞行（美国）或自由航路规划（欧洲）的基础，有利于提高空域容量。空管技术朝着更加集成、协调、信息化的方向发展。主要表现：一是多种空管技术集成。世界各国在国际民航组织全球空管一体化运行概念框架下，结合本国或本地区经济、社会发展状况及趋势，尤其是航空运输发展趋势和空管系统现状，制定了各自的空管一体化发展计划和运行概念，集成多种空管技术，系统性地提升空管技术的功能，丰富空管技术的内涵，产生新的空管技术手段，使空管技术更好地满足各种用户多目标和多需求，适应不断发展变化的空管环境和越来越复杂的空中交通。二是信息化。未来航行系统的建设，实现由陆基导航向星

基导航的转变，广泛应用并改进区域导航、所需导航性能等技术；机载设备的改进，完善机载防撞系统和地空数据链功能，为缩小间隔标准做好准备；从基于空域的空管转向基于航迹的空管，可允许航空器根据其性能寻找最优航迹飞行。

4. 利益相关者协同化，并朝全球一体化发展

随着世界经济、社会的多元化发展，在未来航空运输中将呈现出种类越来越多的利益和需求。为了满足多元化发展的需要，将有越来越多的相关方被纳入空管决策，同时对决策协同性提出了更高的要求，空管正朝着更加协同化的方向发展。协同决策包括军民航空管、机场、航空公司、旅客等相关方联合决策，它是协调各方利益，使收益最大、损失最小的有效手段。主要特征：一是相关方决策权重改善。权重确定将更加动态化、灵活化，更加体现空域、时隙等资源利用的公平性，一些权重较低、需求较少的相关方利益将进一步得到重视和满足。二是空域、流量、场面等要素协同优化。提高空管要素内部及其相互之间的协同性，建立相应的协同空域管理、协同流量管理、空域与流量协同管理、场面协同运行等机制与策略，从而提高国家或地区、整体或局部的空管效能。

由于航空业具有全球规模，全球协调一致的技术和程序对任何航空运输系统发展来说都是至关重要的。世界各国虽然国情不尽相同，但在国际民航组织全球空管一体化运行概念框架下，各国和地区制定的发展战略与运行概念却是大同小异。空管全球一体化趋势主要体现在：一是国家或地区空管一体化。国家或地区空管一体化是政治层面上的、大范围的、总体的空管一体化概念，它涉及空管区划的划分、单位之间的关系、运行体系等方面的内容。空管一体化的重要表现是整合交通管理和空域资源，合并空管单位、管制区，淘汰设备落后、服务能力低的单位，建立覆盖范围广、服务能力强的大区单位。衔接国家之间空管标准和程序，缩小各国相关标准和程序差异，建立各国均可接受的空管体制机制，是空管一体化的重要基础。二是军民航一体化。军民航一体化涉及国家安全，对各国而言都是比较敏感、具有较大争议的话题，需要各国在相互尊重主权和领土完整的基础上妥善协商。例如，空域灵活使用和动态管理概念的应用。军民航协调的效率直接影响空域使用的效率，一体化的空管需要高效的军民航协调机制以满足各国及其用户的空域需求。

5. 人才培养多元化，并朝提升教育培训有效性方向发展

世界各国对于作为空管关键要素的人力资源能力建设空前重视，按照空管专业特点，教育培训将具有更强的针对性、科学性，将极大地增强空管教育培训的有效性。以管制员教育培训为例，主要表现：一是管制员教育与培训一体化。航空发达国家管制员教育培训普遍采取学校养成教育和在职培训相结合的模式。二

是教育培训理论与实践紧密结合。管制工作涉及国家航空事业安全和效率，管制员工作具有实践性、应用性、操作性强的鲜明职业特色。由于行业的特殊性，管制单位所需要的专业技术技能人才无法通过社会人才市场进行交流和引进，在职员工从业资格和岗位资格培训也不能在社会上获得，必须依靠专门的专业培养和严格的在职培训。西方航空发达国家管制员培养基本上采取职业化教育的思路，课程体系按照实际岗位需求设置，重点强化实际管制技能训练。管制学校和管制单位都大量采用高仿真度的管制模拟设备进行教育培训，以提高管制员的实际操作能力。

未来管制员教育培训，一是信息化教育同传统教育协调发展。世界航空发达国家将更加注重信息化教育模式，使信息化教育同传统教育协调发展，在教学过程中使用信息化教学手段、数字化教学资源与学习方式，结合传统教育的优点，在教师、学生之间展开协商讨论，合作学习，促进管制员教育健康快速发展。二是管制员教育培训更加规范化、国际化。各国在教育规划中更注重培养具有"全球视野、本土行动"能力的人才，用国际视野把握和发展教育。世界航空发达国家不仅承担本国管制员的培养，而且为其他有需求的国家培养管制员，呈现出国际化的培养发展趋势。当前，世界航空发达国家都在大力采用国际民航组织推荐的通话程序、训练大纲、训练教程和训练方式，以达到接轨国际、统一标准的目的；并在继承传统模式的基础上，充分利用现代教育教学手段，大大提升管制员教育培训的有效性。

第2章 空管体制

　　空管体制是一个国家或地区为充分有效利用空域资源，科学组织飞行活动而建立的空管组织形式和管理制度，决定了空管工作的组织模式、制度安排和运作方式。在不同空管体制下，各个国家或地区根据自身政治、经济和文化特点建立保障航空器运行的空管各级组织与机构，并通过各类法律、规章与运行标准确保它们之间的有效协作与高效运行，提高飞行安全水平，更好地利用空域资源，满足国家或地区在经济、军事和社会等方面的发展需要。

2.1 概　　述

　　空管自诞生起就随着各国航空业的发展不断改变自身轨迹，并始终本着服务经济、军事和社会发展的宗旨，为各类航空活动提供全面的运行保障。空管体制作为空管体系的主干和根本基础，在世界航空业的成长过程中发挥了重要作用。20 世纪 20～30 年代，美国航空处制定了一系列飞行规定，成为组织大规模飞行活动的重要依据，随后空中交通管制相关组织机构开始设立，空管体制逐步形成。第二次世界大战结束后，随着各国民用航空迅速发展，传统的军事管制与日益增加的民用航空飞行活动的矛盾剧增，世界各国都在探索适应本国军用航空和民用航空活动的管制体制，以解决军事飞行与民用航空飞行的矛盾和冲突，能尽可能灵活、经济地利用难以再扩大的世界空域。同时，国际民用航空组织也在国际民用航空组织公约附件十一中提出了如何处理军用航空和民用航空之间的航空管制问题，以及如何处理协调那些可能危及民用航空器的飞行活动问题。但鉴于各国的具体情况不同，国际民用航空组织没有也不可能提出一个解决军用航空和民用航空矛盾的全球性的空管体制。经过 60 多年的发展，世界各国都探索和建立了适应本国国情的、相对完善的空管体制，以解决普遍存在的军民航飞行矛盾。目前，尽管世界上没有哪两个国家的空管体制完全相同，但基本上属于两种体制模式：一体化模式和联合模式。其中，一体化模式是指由一个统一的国家空管机构向所有航空器的飞行活动提供管制服务的模式，而无须考虑航空器的军、民性质。其特点是管制权限高度集中；和平时期国家空域资源可得到最有效的利用；但对空管系统硬件功能及其管理水平的要求较高。此模式以美国、巴西等国为代表。联合模式是指由军民航两部分管制员共同组成一个机构，军民航在一个机构内联合向航空器的飞行活动提供管制服务的体制模式。其特点是一般不轻易划分军民航管制界限，当某一空域的飞行活动需要军民航共同负责时，就共同联合管制，当离开需要共同协调的空域时，双方各自保留自主性和独立性；双方仍然利用统一的空管系统，且对空管系统的硬件功能要求也较高；参与人员必须有能力和经验对军民航的飞行活动进行管制。此模式以英国、俄罗斯、澳大利亚、德国等国家为代表。

2.2　世界相关国家空管体制

2.2.1　英国

1. 历史沿革

英国 1920 年建立交通运输部，同年伦敦克里登终端启用，英国开始为商业飞行提供空中交通管制服务。第二次世界大战之后，民航部承担空中交通管制和制定民航法规的职责，并从 20 世纪 50 年代开始着手航路航线网络建设。1959 年，国家空中交通管制方案筹备组成立，负责提炼军民航的未来需求，以建立一个具有统一标准的国家性空管组织及其系统，平等地满足所有空域用户的需要。1962 年 12 月国家空中交通管制机构成立，全面负责民航飞行的管制服务。在军航穿越民航航路的区域，国家空中交通管制机构与英国皇家空军协调实施飞行管制。1972 年英国民航局成立，负责在安全性、空域与服务收费等方面制定法规并监督。国家空中交通管制机构随即并入民航局并更名为国家空中交通服务机构，负责提供全国空中交通服务。

1967 年，民航运输调查委员会的成立启动了英国空管行业全面改制的进程，规章制定、监督机构与服务实施机构开始分离。该委员会建议将贸易委员会、航空运输颁证委员会和航空注册委员会的民航业务整合，并由单一行政机构负责履行。1988 年，下议院针对空管安全的调查直接推动了国家空中交通服务机构的职能转变。翌年，民航局的安全监管处正式接管国家空中交通服务机构制定空管安全规章的职能。在政府投资预算逐年削减的背景下，为了确保国家空中交通服务机构的运营资金，民航运输调查委员会于 1994 年对国家空中交通服务机构进行审计，建议将其改制为从资本市场融资的营利性公共事业单位。民航局则建议在公司法的框架下对国家空中交通服务机构进行重组，使其成为单一提供空管服务的公司。经辩论，保守党政府采用了民航局建议，并于 1996 年将国家空中交通服务机构重组为民航局的全资子公司——国家空中交通服务控股有限公司。根据国家空中交通服务控股有限公司与国防部的运行协议，民航局与国防部通过国家空中交通服务控股有限公司提供空中交通服务，并将制定空域政策及规划方案的职能全权交付空域政策处。为了监督空域政策处的工作，1996年民航局董事会成立了联合航行服务理事会，由民航局局长担任主席，空域政策处、消费者权益保护处和军航空管部门分派代表组成。1998年，根据英国议院的《运输法案2000》，国家空中交通服务控股有限公司公私合营计划浮出水面。2000年，工党政府正式采纳公私合营改制方案，并于2001年选择航空公司联盟作为优先考虑的合营伙伴。航空公司联盟包括英国航空公司、英国大陆航空公司、维尔京大西洋航空公司、汤姆逊航空公司、君主航空公司、易捷航空公司和托马斯库克集团。改制后，国家空中交通服务控股有限公司成为一家政府持股的私营公司，企业职工持股5%，航空公司联盟持股46%，国家持股49%，公司不再完全受财政部控制。"9·11"事件造成的航空业衰退，使国家空中交通服务控股有限公司出现巨额亏损。在此背景下，英国机场管理局有限公司向航空公司联盟支付6500万英镑购得国家空中交通服务控股有限公司4%的股份，直到2003年国家空中交通服务控股有限公司才完全摆脱债务危机。

2002年，国家空中交通服务控股有限公司宣布与加拿大空管局联合开发香维柯自动化空中交通系统，以取代海洋飞行数据处理系统。同年，国家空中交通服务控股有限公司完成了爱尔兰海空域结构调整。2003年，国家空中交通服务控股有限公司启动了耗资10亿英镑，历时10年的雷达网络全面重建计划。为了满足各种空域使用需求，英国2003年发布了未来空中运输白皮书，确定采用可持续发展方式扩充英国机场容量，使机场建设与空域容量扩充相匹配。随着英国空域结构日益复杂，尤其是英格兰东南部交通密集地区，空域结构逐渐限制了空域容量。为此，运输部、国防部、民航局与国家空中交通服务控股有限公司制定未来空域战略，旨在2030年前通过引入先进技术，实现英国空域更加便捷、灵活的管理，并与全欧洲共享相关系统、技术与空域。2005年，国家空中交通服务控股有限公司启动了可持续航空业发展计划，旨在减少航空业对环境的负面影响。为了在2050年前将二氧化碳排放量降至2005年水平之下，政府承诺将航空业列入"排放交易计划"范畴。2006年，国家空中交通服务控股有限公司与国防部签订了一份价值72460万英镑并延续15年的合约，以促使军民航航路空中交通管制服务的全面合并。两年后，国家空中交通服务控股有限公司与国防部签订了另一份合约，为54个国防部的机场重新设计飞行程序。2006年，阿富汗尼姆罗德XV230海上侦察/攻击机坠毁事件导致16名军事人员死亡，是英国自马岛战争以来死亡人数最多的事故。2007年，英国国防大臣就此展开尼姆罗德审查。2009年，王室法律顾问查尔斯·哈顿·魁伍公布了审查报告，呼吁对军事适航规章进行改革。以此为背景，2010年英国军航局成立，原有航空规章与安全管理处处长、空域及空中交通处处长、航空系统集团以及军事试飞协调员的监管职能被大幅整合，使军航局作为独立组织，以国防大臣的名义对国防领域航空活动与技术发展实施监督和管理，确保所有军事航空系统的设计与使用满足实际防务需要。

2. 体制现状

英国航空业受交通运输部、国防部、民航局、基础设施规划委员会和国家空中交通服务控股有限公司 5 个实体部门的监督管理，整体架构如图 2-1 所示。交通运输部旨在制定更好的运输战略，领导所有运输相关部门，并与区域、地方及私营部门合作，为每一个公民提供运输服务，其最高管理机构是交通运输部委员会。作为专门的航空规则制定机构，民航局负责为国家空中交通服务控股有限公司私有化提供稳固的法律保障；保持与国际惯例的兼容统一；向航空业各环节的企业与用户阐明规则，避免分歧与误解；在解决空域政策问题方面，保持良好的军民合作关系，并按照《空域宪章》协调有关空域变更的正式协商。国防部的军航局旨在构建一个独立配置的有效组织，成为军事航空安全制度的新的主导机构与开发核心。基础设施规划委员会是英国负责考虑和决定国家重大基础设施规划申请的独立机构，十分关注机场建设方案的地面基础设施方面。其中，机场建设方案包括空域设计方案，但根据英国空域变更程序，机场建设方案中空域规划与决策工作仍由英国民航局负责。

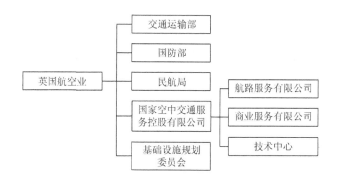

图 2-1　英国空管的主要机构组织

国家空中交通服务控股有限公司包括航路服务有限公司、商业服务有限公司和技术中心，负责为全英国管制空域提供统一的空中交通服务，包括航路、终端区、进近、机场、越洋和北海地区的飞行。航路服务有限公司由民航局授权并监管，垄断运营民航的航路空中交通管制业务，并根据民航局资费标准向航空器运营人收取航行服务费用。航路服务有限公司负责英国最主要的两个管制中心，即斯旺尼克与普雷斯蒂克空中交通管制中心的运营任务，其下 80% 的管制员都在这两个中心工作。目前，航路服务有限公司的各类运行与工程技术人员约 3000 名。

商业服务有限公司总部设在希思罗机场大厦,负责覆盖英国的 15 个重要机场的塔台运营。根据自由化市场竞争规则,商业服务有限公司为英国机场和海外提供管制服务以及相关工程、技术和培训服务。技术中心位于怀特利,是国家空中交通服务控股有限公司的技术总部,负责提供最卓越的工程技术支援与人员。工程师岗位包括系统工程师、软件工程师、测试工程师、集成工程师、系统安全工程师、环境工程师 6 类。

　　1)民航局

　　作为独立的公共事业单位和航空监管机构,民航局负责空域及财务政策的规范与调整、航空安全监管、消费者权益保护和环境咨询等。由于民航局员工既非政务官,又非民航服务人员,所以民航局更多充当交通运输部执行和咨询机构的角色,由包括主席在内的 12 名成员组成委员会,负责平衡航空业安全及其整体效益之间的矛盾。民航局没有直接的政府财政支持,经费完全来自行使监管职能所收取的费用。

　　在具体职能分工方面,民航局和交通运输部没有清晰与封闭的界线。在民航领域,交通运输部经议会批准,负责制定民航局的法律框架,规定其职责和责任,并作为民航局发起人监督其职责的履行情况。交通运输部部长可以修改民航局法律框架,指定民航局董事会组成人员,并在特定情况下通过制定指示或指南补充民航局的法律框架。当民航局的法定职责使其涉及其他政府部门或运输政策领域时,交通运输部有权处理出现的任何问题。民航局应就这些领域的主要进展,向交通运输部及时通报。在交通运输部的法律框架内,民航局有权加入包括起草二级立法在内的准备工作。一般来说,当涉及的政策领域与非航空业政府部门相关,或涉及高级国际与欧盟活动时,交通运输部代表英国参与决策;在民航局法律框架内的活动则由民航局实施,特别是安全等方面的重要技术性决策由民航局负责,确保行业政策不受无关政治因素的影响。

　　英国民航局顶层组织架构如图 2-2 所示。民航局董事会是民航局委员会的执行和顾问机构,空域政策处处长等董事会成员根据各自的岗位职能参与民航局执

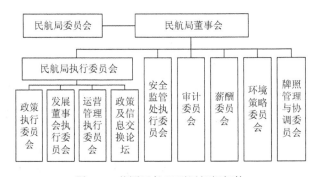

图 2-2　英国民航局顶层组织架构

行委员会事务。民航局执行委员会是政策执行委员会、发展董事会执行委员会、运营管理执行委员会、政策及信息交换论坛的统一体，这种多角色的组织框架有利于形成民航局在行政管理实践中就行业新问题展开辩论的特殊机制，旨在更加灵活地指导与管理政策制定过程中的组织与协调工作，监管各项日程事务。行政总裁统领各个执行委员会的工作，每月召开例会，并保证民航局执行委员会以任一委员会形式行使职能时，直接参与的处级单位不少于 4 个。

其中，政策执行委员会负责签署重大监管决策，提交民航局董事会的关键文书；商讨并制定民航局在国家、欧洲乃至国际范围内所有与监管活动有关的政策；回顾民航局监管职能的绩效与服务品质；审议并通过修订立法的相关动议；把握民航局与其董事会所授权的职能单位之间的关系；根据民航局的实际情况，讨论并通过民航局发展计划相关政策。发展董事会执行委员会负责审议通过民航局发展计划，监视、指导计划的实施情况，监控资金与资源管理中的风险。运营管理执行委员会负责审议政策实施过程中的运行问题，并形成管理决策；审查所有运营管理决策，监督其实施过程中的人力与预算使用；签署各项提交至民航局董事会的费用计划；对运营中的风险危机加以防范，确保管理持续性；批核民航局发展计划外的主要收支；审查与批复民航局人力资源战略及其相关的实施措施。为了便于欧盟委员会（简称欧委会）针对安全监管处的各项活动的一般管理和协调，由安全监管处处长和首席运营官等组成安全监管处执行委员会。审计委员会由民航局的非执行董事组成，内部审计总监担任委员会秘书，每年至少举行 1 次年会，3 次常规会议，主要负责任命外部审计人员并评估其独立性；确定审计费用和免除外部审计的相关政策；确定内外部审计范畴、步骤、程序及协议；任免审计总监；审查所有财务流程及相关风险控制与管理；审查审计政策及其实践中的各种变化因素，考虑其与相关法律、标准的一致性，并在提交文书前确定其适用性。薪酬委员会由民航局的非执行董事组成，人力资源处处长担任委员会秘书，负责监督民航局在绩效、奖励、养老金、停薪留职、停职等方面的政策实施，包括政策执行的透明性、公平性与一致性；根据交通运输部的规定，协商确定行政总监、各处处长与非执行董事的绩效目标和奖酬方式，批准其开支授权；确保在年度报告与审计文件中公开以上所有薪酬信息。环境策略委员会由经济监管处处长、空域政策处处长、欧洲及国际战略处处长等组成，负责监督民航局范围内所有涉及环境与可持续发展的事宜，促进气候变化、噪声、空气质量等与航空业有关的环境问题的政策制定、协调及实施；审查涉及环境问题的民航局活动的法律基础，并对可持续发展与环境策略及环境目标进行年度回顾；监视与提高民航局环境专家、顾问及各种相关研究渠道的能力与水平；确保环境战略与计划的实施。牌照管理与协调委员会由经济监管处处长、安全监管处处长、空域政策处处长等组成，并由经济监管处的任职领导兼任牌照管理主管，主要负责确保运营管理执行委员会及时了解牌照管理情况,并就有关牌照的重要策略与决策分歧,为其提供建议及措施,协助其制定并完善相关政策。

英国民航局有近 1000 名员工,其中约 800 名员工在盖特威克的安全监管处工作,其余员工分别在伦敦霍本民航局大楼内的空域政策处、经济监管处与消费者权益保护处,以及英国境内的区域办事处和海外办事处工作。民航局的主要职能由上述四个处级单位共同承担,其行政结构如图 2-3 所示。

图 2-3　英国民航局行政组织结构

（1）安全监管处

安全监管处与欧洲航空安全局结成战略伙伴关系,其下有各类精于公共运输和通用航空的飞行员、教练员与试飞员,熟悉航空器设计、制造与维护新技术的机师,机场运行与空中交通管制专家以及航空类医师等,在兼顾成本的条件下,通过合作方式制定与执行航空安全方面的各类标准,确保航空器的合理设计、制造、运行与维护;指导相关法人与自然人取得并保有从业资质;促进机场及空中交通服务安全可靠;实现通用航空活动安全有序。安全监管处下设空中交通服务标准部门,负责与相关国际性组织共同建立整体安全性监管体系,针对各项新战略在安全性领域进行研究,保证全球化空中交通服务新技术的及时引入;对涉及空中交通服务的国际民航组织标准、建议和措施以及欧委会立法进行解释与落实,并通过监督组织机构、从业人员、设施设备,以及管理流程的认证、授权和审批等工作,确保民航空中交通服务的安全运行;与机场及其标准制定部门紧密合作,推动空中交通服务与机场领域的安全管理系统有效运行;与同级军事组织密切联络,针对航空事故与事故征候,重点针对其空中交通服务开展调查并进行报告,审查飞行事故调查处空中交通标准部门的案卷以及国家运输安全委员会建议,并为其他调查机构提供情报咨询;为航空无线电基站的运营与服务企业提供便利条件,使其能够通过网页浏览及时得到所需指导文件,了解更新的监管需求;作为空域及安全性倡议论坛的主要参与者,调查并杜绝重大空域运行安全隐患;在欧洲单一天空框架下,参与筹划具体实施计划与方案。空中交通服务标准部门还涉及从业资质认证工作,主要包括制定相关课程,建立培训标准与程序;及时更新从业许可发放要求,保证教育培训质量的国际化水准;评估、审批有关大学和学院等教育与培训资质;根据国际民航组织与欧洲联盟要求调整相关政策。

（2）经济监管处

经济监管处负责处理与机场、空中交通服务机构和航空公司有关的经济政策事宜，以及收集、分析和发布航空公司与机场的各种统计数据，并通过解除政府对航空市场的准入限制提升市场支配自由，促进航空基础设施的规范化和有效供给，为航行用户提供持续的最佳收益。经济监管处主要包括竞争管理政策、国际政策、统计、情报四个部门。其中，竞争管理政策部门负责根据机场法、企业与竞争法中有关机场和航行服务的规定，定期审查机场、国家空中交通服务控股有限公司的航路服务有限公司的收费事宜，规范和控制机场之间及航空公司之间的竞争。国际政策部门负责协助交通运输部磋商双边或多边航行服务事务；为环境局就航空排放交易计划等环境政策提供咨询，参与制定航空器噪声豁免条例；提供航空基础设施相关政策建议，以及泛欧空管事务的经济政策咨询；协助安全监管处，处理航空器出租相关事宜。统计部门负责从经济角度分析航空公司间的自由竞争情况，并预测政策、法规与公司规划的前景；为双边或多边航行服务事务磋商准备统计简报；为旅客调查及机场数据小组提供统计技术支持；针对航空运输业的各类发展问题进行经济分析。情报部门负责为各类企事业单位和国际组织收集、验证来自机场及航空公司的飞行数据，出版和发布相应的统计报表；为国际民航组织提供航空业运行与经济数据；管理乘客调查专项基金，研究航空旅客的出行行为，出版和发布相关的行业报告。

（3）消费者权益保护处

消费者权益保护处负责监管旅行业经营法人假日航班的贩售票价；管理航空旅行经营牌照系统；根据欧委会有关航空公司国籍、财务与承担旅客死亡、伤残以及保险责任的规定，监管航空公司经营牌照的有效性；按法律规定执行航空旅客权益保护的其他举措。

（4）空域政策处

空域政策处由军民航专家组成，负责开发、发布、实施和监控国家空域政策以确保空域高效、可持续使用，兼顾国土安全、航空器运营人需求和环境影响下，为空中导航提供必要的通信导航基础设施，保证航空器安全、高效运行。具体职能包括：审批和建立管制空域，并在国际空域政策与空域设计过程中发挥主导作用；建立、完善和实施空域分类，设计相关规范、条例与标准；规划航路外空域；分配包括无线电频率与二次监视雷达代码在内的有限管制资源；统筹非正常航空活动；制定民航气象服务政策及规划；参与空域与安全性倡议论坛，调查并杜绝重大空域安全隐患。空域政策处的所有工作由空域政策委员会负责监督。此外，空域政策处还通过国家空中交通服务控股有限公司和民航局，与国防部签订理解备忘录，落实军民航空中交通联合统一服务政策，并由联合空中航行服务理事监督其政策执行情况。空域政策处组织结构如图 2-4 所示。

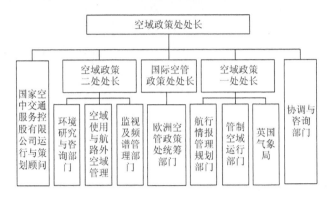

图 2-4　空域政策处组织结构

①空域政策处处长

根据《运输法案 2000》、部长级航行服务指南以及空域宪章的规定，空域政策处处长既是民航局董事会、空域政策委员会的成员和联合空中航行服务理事会的主席，又是欧洲航行安全组织临时委员会、欧委会欧洲单一天空委员会内部英国交通运输部民航总干事的顾问，总体负责与英国空域有关的所有决策事宜。

②国家空中交通服务控股有限公司运行与策划顾问

国家空中交通服务控股有限公司运行与策划顾问主要负责从国家空中交通服务控股有限公司的立场，为空域政策处和安全监管处空中交通标准部门的交叉业务提供高端渠道与平台，使国家空中交通服务控股有限公司可以评价空域设计与管理政策，使民航局相关主管能更好地了解国家空中交通服务控股有限公司在相应问题上的立场与策略。该顾问还负责推动英国空域战略以及希思罗机场可持续发展等问题的局内讨论，并以国家空中交通服务控股有限公司的立场，协调其与空域政策制定部门的关系，参与空域政策处的重大决策。

③协调与咨询部门

协调与咨询部门是空域政策处与民航局内其他同级政策制定部门的联络与协调机构，负责管理国家空管委，监测包括财务管理在内的各类业务规划与绩效，分析其风险与可持续性；按照国际标准化组织 9001 认证体系运行品质管理系统，组织相关培训与研发；维护与空域政策信息有关的内外计算机网络，发布空域宪章；调查与协调处理涉及环境的各项事宜；就空域政策与国际民航组织协调；为国家空中交通服务控股有限公司航图制作提供支持；提供空域变更需求分析等方面的咨询。

④国际空管政策处处长

国际空管政策处处长负责协助空域政策处其他部门制定空域使用政策；推动民航局的空中航行战略向欧洲乃至全世界传播。其下的欧洲空管政策统筹部门负责关注所有影响欧洲空管发展的行业变化，并为民航局及工业界提供相应资讯情报，加强民航局与欧洲各类相关机构的沟通联系，辅助民航局以更宽的决策视野制定空域政策；代表民航局参与欧洲单一天空委员会、欧洲互用性战略欧盟政策及传讯工作组的相关工作；就涉及欧盟机构的高阶空管举措为交通运输部及民航局决策高层提供咨询与建议。

⑤空域政策一处处长

空域政策一处处长负责英国境内管制空域变更事宜，确定其审批计划及操作流程与方法，并指导未来空域需求提炼工作；在空域灵活使用的框架下，根据航图制作与发布政策，制定英国民航的航线规划政策；作为航空公司工作组主席，以联络人身份协调区域导航或缩小垂直间隔运行方式的实施；作为空域政策处代表，以执照管理协调委员会成员的身份参与管理国家空中交通服务控股有限公司的航路服务有限公司。此外，一处处长还身兼空中交通服务监管咨询委员会委员、英国气象局参事、欧洲航行安全组织利益攸关方顾问组的英国民航局代表、空域侵入工作组与空域战略指导工作组主席、空域政策委员会成员、空域政策/安全监管处联络工作组联合主席、国际民航组织空管需求与绩效小组以及欧洲与北大西洋区域规划小组英国代表等多重职务。

空域政策一处下设的管制空域运行部门负责批复管制空域划设政策与方案，以及有关区域导航及缩小垂直间隔的实施政策、进离场程序、无线电失效程序和高度表设置程序的设计与审批政策；确定航管监视最低高度及相关地面净空需求；为空域变更事宜提供指导与建议；分配与管理国际民航组织四字位置码、三字电信码与五字航路码；目视参考点及航线规划、流量管理与特别飞行通告的管理。该部门的导航系统技术顾问负责为民航局提供导航领域政策建议，协助其发布导航需求通告，确保英国导航政策符合国际民航组织与欧洲标准，并满足国内航空业需要；代表英国参与国际民航组织导航系统专家组和基于性能导航研究小组、欧洲基于性能导航专责小组、欧洲航行安全组织导航子组与区域导航进近专责小组的各项事务。

管制空域运行部门一般空域监管员共有 6 类，除了针对管制空域的划设审批与变更流程制定有关政策并提供专业咨询等基本职能，还承担以下不同职责：第一类监管员主要负责规划管制空域，开发空域灵活使用程序，制定无线电失效应急方案；担任管制空域运行部门的过渡空域协调联络人，并代表英国参与航路网络开发子组的日常事务。第二类兼任航空公司工作组秘书，以及管制空域运行部门未来空域战略事宜的联络人。第三类负责有关机载防撞系统、目视参考点的政策制定与许可审批；担任欧洲航行安全组织航空标准化规则项目工作组主席和空域侵入工作组秘书；参与空域战略指导工作组 F 类技术子组、伦敦管制区开发组、空域安全创意交流与培训计划工作组的日常事务。第四类担任欧洲/本地单一天空实施计划报告工作组联络人；代表英国参与欧洲航行安全组织航行小组日常事务；参与空域战略指导工作组 B 组的工作。第五类负责为军航提供空域规划与管制空域运行的咨询建议，担任空域战略指导工作组 F 类技术子组秘书，参与航管程序工作组日常事务。第六类负责国际空中交通服务相关管制协议的制定与协商，并参与军事用户空域协调小组与奥运会、残奥会指导小组的有关事务。

除了 6 类一般空域监管员，管制空域运行部门内还专门配备导航领域空域监管员、仪表飞行程序设计人员和空管程序设计专家等。其中，导航领域空域监管员，负责针对影响管制空域运行的导航技术变化提出建议，同时也针对空域与空中交通服务航路的结构设计标准为国际民航组织和欧洲航行安全组织提供导航领域的咨询建议；更新与维护航行资料汇编中以区域导航运行方式为前提的导航技术内容；参与制定空域结构设计与空域划设的政策制定，提炼不断变化的空域及空管新需求；分析与评估影响空域需求及其政策的新航行系统动议及举措；就合理布设地面导航辅助设施，更好地利用全球导航卫星系统实施区域导航，改进长程导航提供建议，协助推动欧洲空域政策的改善与更新；担任基于性能导航实施工作组秘书以及航线规划政策工作组主席；制定英国航线规划政策、容量与流量管理政策；为国际民航组织提供未来航线规划建议，并为其空管需求与绩效小组提供咨询；监督欧洲无线电导航计划与欧洲卫星导航系统的开发与实施；制定英国实施区域导航的运行规范；针对国家空中交通服务控股有限公司的区域导航空域安全监督职能，制定审查措施；根据国际民航组织四字位置码、三字电信码与五字航路码的规范，制定分配与管理政策；为警务飞行单位与直升机紧急医疗服务机构制定飞行呼号分配政策；作为安全管理系统联络人，引入并普及安全管理系统常识。

仪表飞行程序设计人员负责制定基于传统和卫星导航方式的仪表飞行程序相关政策；针对仪表飞行程序及其导航辅助设施提供专家建议；依据空域宪章及仪表飞行程序设计规范，对民航局认可的第三方仪表飞行程序设计组织/个人的资质进行定期或阶段性审查，对其提供的方案进行可行性与可用性评估，为管制空域运行部门提供审查意见，并在航行资料汇编收录其仪表飞行程序前进行程序认证；参与国际民航组织仪表飞行程序委员会相关事务，支援海外属地在仪表飞行程序领域的监管工作。目前，英国民航局认可的仪表飞行程序设计组织包括斯洛伐克的航空服务与程序有限公司，以及国家空中交通服务控股有限公司的商业服务有限公司。

空管程序设计专家负责为国际民航组织与英国提供离场仪表飞行程序设计标准的指导建议；为仪表离场程序的设计与运行提供政策建议；分析机场周边开发项目对仪表离场程序和航管监视最低高度图的影响，并提供指导建议，必要时提供仪表离场程序设计服务并指导审查，确保仪表离场飞行程序符合国际民航组织及英国标准的要求。空管技术助理担任英国单一天空实施计划的数据经理，负责仪表飞行程序的数据处理与管理工作；维护空域政策处管理信息系统数据库；维护品质管理系统；参与流量管理审批豁免系统相关事务。

与空域政策一处相关的英国气象局部门根据国际民航组织附件 3、欧洲单一天空一般需求、收费与互操作规章的要求确保并监管国际、国内的民用航空气象服务，并为国际民航组织提供有关气象政策与标准建议，参与其未来气象系统开发规划。

空域政策一处下设的航行情报管理规则部门，作为民航局在航行情报管理领域的联络单位，负责相关政策的制定和实施，并根据民用航空法、国际民航组织附件 4 与附件 15、民航局航行服务指南与航行情报管理服务规章所规定的民航局法定义务，管理监督航行情报管理服务机构，确保其活动与欧洲单一天空一般需求与互操作规章等欧洲立法一致，并为国际民航组织就航空情报管理领域的政策、标准和建议措施提供范例。

⑥空域政策二处处长

空域政策二处处长负责针对航路外空域的运行规划及其方法制定相关政策，处理军民航在航路外空域的空中交通服务共享事宜；根据《无线电信法》从无线电通信局获得频率使用授权，制定无线电频率与二次监视雷达代码的使用政策及规范，并监管其实施；制定有关军演等非正常航空活动的统筹或通告政策；制定危险区域的空域管理政策；通过环境研究与咨询部门，针对航空业环境影响提供公正、独立的技术咨询；制定无人机运行规范与政策。二处处长也身兼多重职务，包括空域使用部门指导委员会主席、管制空域外空域管理指导委员会联合主席、航空环境工作组联合主席、环境委员会成员、空域政策委员会成员、欧洲航行安全组织军航空管委员会成员、北大西洋公约组织空管委员会以及欧洲航行安全组织军民航联络常务委员会的英国代表。

空域政策二处下设的空域使用与航路外空域管理部门，负责调解、协商与通告所有军民航活动冲突；监管 F 类和 G 类空域管理政策的实施情况；为管制空域外的空域运行与飞行活动提供咨询和建议。空域使用与航路外空域管理部门共有 6 类空域专员和 5 类航路外空域专员。

在 6 类空域专员中，第一类负责针对军方参与的展示性航空活动，统筹相关空域与管制服务；参与常规及低空编队飞行、皇家空军猎鹰空降兵表演等事宜，以获得最佳的现场效果。第二类负责对民用航展及竞赛、无动力飞行及滑翔跳伞、航模试飞、航空校验与调查、航行情报服务、S 模式数据链、二次监视雷达豁免等空域使用事宜进行监察。第三类负责在开放天空政策框架下管理开放天空空域与管制服务统筹小组；处理由北大西洋公约组织、英国军事单位发起的空中演习及训练活动、各类民间跳伞活动，以及美国空军伞兵训练等事宜；兼任联合行动小组、联合空中航行服务理事会、空域安全性行动协调小组、国家空域危机管理单位的秘书。第四类负责制定英国皇家/元首航班飞行的空域使用政策；处理由北大西洋公约组织、海上联合演习单位发起的空/海演习以及与反恐演习、军事跳伞训练、爆炸物拆除与引爆、非盟陆演、军航二次监视雷达代码分配有关的事宜。第五类负责气球与风筝的放飞许可审定；制定气象研究气球放飞政策；提供系留气球与风筝放飞咨询及建议。第六类负责空域立法修订事宜，包括有关飞行限制及其豁免规章、焰火、激光与探照灯条例，以及大型吊车的使用许可等。

在 5 类航路外空域专员中，第一类负责牵头编制空域管理手册等灵活使用空域政策文件；制定超高频与甚高频紧急服务要求；制定超高频紧急操作训练频率使用规定；启动遇险及转移程序；制定大型火箭发射规定；参与管制空域外空域管理指导委员会的事务，并担任空域战略指导工作组 B 组的秘书。第二类负责针对穿越航路的军航飞行，制定交通服务规则；制定管制空域外空中交通服务规章；制定自主雷达系统及其授权使用单位的审批政策；担任夜间通用航空安全协调员；担任危险区域用户工作组秘书，参与危险区域的空域管理事务；处理空域及空中交通服务违规事宜；发起制定涉及充氢气球、焰火、激光与探照灯的操作指南。第三类担任通用航空工作组的秘书；负责与国防部、空军司令部和低空飞行联盟联络，协商制定有关军事低空飞行的空域政策，并确保其与适用于民用航空器通告程序的低空空域用户不发生冲突；制定涉及近海石油与天然气工业的直升机空域和交通服务政策；协调涉及英国皇家/元首航班飞行的空域与交通服务政策。第四类负责规划与部署低空空域雷达服务计划；制定无人机运行指南，规范无人机空域使用规则与程序；制定军用机场交通区的划设与管理规范；担任民航局与国家空中交通服务控股有限公司雷达网站服务计划的联合主席，以及北大西洋公约组织空管委员会协调员。第五类负责 G 类空域仪表进近保护区的相关事宜；制定航路障碍物灯光规范；处理与空域和空中交通区有关的鸟类与其他动物事宜。

空域政策二处下设的监视及频谱管理部门，包括监视及频谱管理人员和无线电牌照管理人员，主要承担国家敌我识别/二次监视雷达委员会与监视及频谱工作组秘书处的工作；根据英国电信监管机构的航空领域无线电信授权法，与贸工部、交通运输部、国防部等就敌我识别/二次监视雷达与频率的监管进行沟通和协调；规划与管理军民航通信与导航专用频段，对敌我识别/二次监视雷达的频率使用进行审定；负责监视设备领域的立法、政策制定与装备监管工作；参与调频研究组织、国际民航组织航空通信委员会国际电讯联盟与频谱战略委员会的相关事宜；担任 S 模式工作组的主席。

空域政策二处下设的环境研究与咨询部门，包括各类噪声廊线描制专家、噪声生理影响专家、噪声监管专家、航空器噪声与性能建模专家及航空器排放专家，负责为开发航空器噪声廊线模型提供财务与管理支持；参与航空器噪声监察咨询委员会的研究工作；协同其他部门提炼与航空及环境事宜有关的问题；为交通运输部、民航局提供独立公正的技术方案与建议。

2）军航局

军航局总部设在国防部巴斯分局，并在皇家空军的诺索尔特、海威科姆和怀顿基地、国防部博斯科比顿和阿比伍德分局以及布里斯托尔的菲尔顿设立了分支机构。军航局是国防部管辖下的独立组织，负责国防航空业务及技术领域的监管、监督、检查和维护，以确保军事航空系统的安全设计及使用；负责整个国防航空安全监管的各个方面，对所有国防航空活动的全面执行进行监督。

军航局由执行委员会负责总体管理，局长任主席，其他成员包括运行处处长、技术处处长、国防部高级法律顾问。作为执行委员会的顾问，安全咨询委员会由来自学术领域、规章制定部门和高风险行动运输单位的资深专家组成，独立运行。运营人理事会由运营机构高层的利益攸关人组成，以论坛的形式供各领域利益攸关人就战略、政策与标准事宜交流彼此见解。连续与可持续发展处负责为局长提供涉及安全性建议，并负责处理跨部门的安全、环境保护和可持续发展事宜。军航局局长负责建立一套审批、许可和制裁制度，以确保既定章程、规则和程序的贯彻执行。运行处负责规范和保证一般飞行、试飞和空管的正常运行。技术处负责发布技术规范与许可，确保军航相关的设施设备在技术上均达到适航要求。军事航空事故调查处负责协助局长处理有关军事事故的调查与质询。

3）国家空中交通服务控股有限公司

国家空中交通服务控股有限公司是典型的工商企业公法人，其董事会由主席、执行董事、航空公司联盟董事、英国机场管理局有限公司董事、政府任命的伙伴关系董事组成。其中，执行董事由首席执行官、财务总监、运行战略与标准总监、航路服务有限公司总经理组成。

执行小组辅助首席执行官开展工作，为其分担在不同范畴内的具体职能，重点管理公司内部航路服务和商业服务有限公司的主营业务。执行小组包括总法律顾问兼公司秘书、财务总监、运行战略与标准总监、安全总监、人力资源总监、欧洲及政府事务总监、公司/客户/环境事务总监、航路服务有限公司总经理与商业服务有限公司总经理。

执行小组又分别设立航路服务有限公司执行小组和商业服务有限公司执行小组。其中，航路服务有限公司执行小组除了航路服务有限公司总经理、总法律顾问（兼公司秘书）、财务总监、安全总监这4位首席执行官，还包括发展和投资总监、斯旺尼克管制中心运行总监、普雷斯蒂克管制中心运行总监、培训与模拟总监、人力资源总监、供应链及商业服务总监、内部传讯主管、工程技术与项目总监。商业服务有限公司执行小组由商业服务有限公司总经理、财务总监、工程技术总监、机场运行总监、传讯总监、人力资源总监、运输方案总监和安全总监组成。

斯旺尼克空中交通管制中心是英国最大的管制中心，由航路服务有限公司负责运营，包括伦敦区域管制中心和伦敦终端区管制中心，军民航管制席位共250个，负责覆盖威尔士、英格兰至苏格兰的高空空域交通管理，以及伦敦周边和英格兰东南部直至海岸线（西至布里斯托尔，北至伯明翰）的低空空域空管。其中，军方管制员负责为高空飞行和穿越航路的航空器提供雷达管制服务，并为遇险航空器提供援助。英格兰南部的管制空域通过所覆盖的低空雷达系统，为私人飞行提供避让建议，确保公共运输安全。伦敦终端区管制中心接收来自12个雷达基站的飞行动态数据，使用国家空域系统维护定期航班数据库，处理相关进程单。

位于艾尔郡的普雷斯蒂克空中交通管制中心是英国另一个主要管制中心，合并了原曼彻斯特区域管制中心、苏格兰区域管制中心、洋区区域管制中心和英国皇家空军普勒斯威克区域管制中心的业务，负责英格兰中部、北部，苏格兰直到北大西洋东部大部分空域的航路与终端区管制服务。原曼彻斯特区域管制中心负责英格兰北部大部分、英格兰中部和威尔士北部地区2500~28500英尺（1英尺=0.3048米）空域内的飞行管制服务。原苏格兰区域管制中心负责苏格兰、北爱尔兰、英格兰北部以及北海地区2500~66000英尺空域内的飞行管制服务；其军事部分，即原英国皇家空军普勒斯威克区域管制中心负责为飞行在苏格兰和英格兰北部空域的军事航空器提供管制服务，并为遇到紧急情况的军民航航空器提供遇险及转移服务。原洋区区域管制中心负责北大西洋东部一半洋区，从亚速尔群岛至冰岛边界66000英尺以下空域内的飞行管制服务。目前，通过香维柯洋区管制区穿越北大西洋的空中交通仍主要采用程序管制方式。航路服务有限公司下属的测试与测量中心位于培尔墩，负责测试设备校准、自动化测试程序开发以及各种航路设施设备维修与改造。

商业服务有限公司为覆盖英国的15个重要机场提供全面的进近和/或场面交通服务。在这些机场中，伦敦的希思罗和斯坦斯特德机场、南安普敦机场、阿伯丁机场、爱丁堡机场和格拉斯哥国际机场隶属于英国机场管理局有限公司。伦敦的盖特威克机场隶属于全球基础设施独立投资基金集团。其余机场包括伦敦的城市机场与卢顿机场、贝尔法斯特国际机场、布里斯托尔国际机场、伯明翰国际机场、加的夫国际机场、范堡罗机场和曼彻斯特机场。

此外，商业服务有限公司与航路服务有限公司合作，为主要运行于阿伯丁、设得兰群岛、亨伯赛德郡、诺威奇与北德纳的近岸海上直升机提供空中交通服务。商业服务有限公司还为伦敦的比金希尔机场和范堡罗机场提供部分的管制服务，为肯特机场和英国皇家空军的圣阿森机场提供雷达进近管制服务，为英国皇家空军设在直布罗陀海峡的海外基地提供直布罗陀机场的空中交通服务，并与新成立的英国军航局进行合作。导航服务有限公司是商业服务有限公司的子公司，业务主要涉及欧洲的地球同步卫星导航重叠服务，以及欧洲单一天空架构下的航空全球定位系统增强服务。

技术中心的工程技术学院负责工程技术人员计划，旨在通过约 18 个月的系统培训，为不同地区、不同领域的技术人员调岗、换岗提供可能。工程师的各类岗位中，系统工程师是用户与供应商的中间环节，协助用户提炼需求，负责按既定规范在预算内设计、维护和升级各类固定设施与工程系统。根据系统工程师设计要求，软件工程师负责提供解决方案。在既成系统投入运行前，测试工程师负责对其进行严格测试，保证新系统安全可靠。集成工程师负责保证现行或遗留系统在装载新系统或组件后，不降低原有服务品质。系统安全工程师是民航局安全监管处、公司安全部门与各类项目的联络人，负责项目的安全与质量管理。环境工程师负责营建良好的团队文化，促进所有员工携手合作，互相支持，创造轻松和谐的工作环境。

3. 体制特点

1）军民航行政权定位明确

英国军航局是国防部的直属机构，英国民航局是交通运输部部长根据法律成立的执行和咨询机构，为军航局分担行政职责。因此根据英国的基本行政体制，民航局是为规范与调整空域及财务政策、监管航空安全、保护消费者权益和环境等目的设立的部门，且在交通运输部制定的法律框架内行使权力，负责安全等方面的重要技术性决策。鉴于英国内阁实行集体责任制，集立法、行政、司法大权于一身，使得民航局职权范畴也具有一定的集权性。在内阁频换的时期，作为以常任文官为主的机构，民航局较之交通运输部而言，对英国国内航空业的影响将更为重大。

2）行政权力与服务职能分离

与欧洲航行安全组织类似，英国明确地将行业的行政决策权力从实施空管服务的机构剥离，交付独立机构负责。不同的是，英国空管将有关空域政策的决策职能和安全监管职能切割，并交由民航局与军航局负责，使得提供空管保障的国家空中交通服务控股有限公司成为较为纯粹的服务机构，充分实现了空管运行与监管职能的分离。值得注意的是，英国的基本行政制度中，作为最高决策机关和政府活动领导核心的内阁部门，同时充当规则的制定者、执行者和裁判员，而在空管的行业管理领域，民航局显然未能掌握所有大权。职能分离有效遏制了民航局作为交通运输部执行与咨询机关的权力，也为航空领域充分实行市场自由竞争、维护消费者权益提供了前提条件。

3）垄断经营与市场竞争并存

国家空中交通服务控股有限公司是一家公司合营企业，部分业务实行垄断，其他业务参与市场竞争。这种体制的形成与英国的经济环境不无关系。作为欧盟国家之一，英国积极推进经济与市场自由化。然而，航空服务的高风险属性使得提供空管服务必须由政府主导为宜。特别是空管服务往往涉及军事活动，作为国家战略的重要领域，没有理由完全放开空管服务。因此，英国在长期空管体制改革摸索中寻找到一条可行的权宜路线，即与航空公司联盟、机场管理局有限公司合伙经营国家空中交通服务控股有限公司，并将其空管服务分离，由不同的下属有限公司经营。这样一来，属于较敏感服务领域的航路服务仍由公司垄断经营，而与市场接轨较为密切的其他服务则完全投入市场竞争，从而确保公司的活力与稳健。

2.2.2　美国

1. 历史沿革

1926 年颁布的《航空商业法案》授权商务部长签发并执行空中交通规则、签发飞行员执照、审定航空器适航、建立航路、运行并维护导航设施设备等职能。商务部设立了航空处具体管理这些事项，并于 1934 年将其更名为航空商务局。航空商务局支持建成了美国第一个航路管制中心，并于 1936 年接管了中心。该管制中心为覆盖纽瓦克、新泽西、俄亥俄、克利夫兰、芝加哥和伊利诺伊的航路提供管制服务。这一时期，联邦政府负责航路的空中交通管制，而机场塔台的日常运行仍由机场属地政府负责管理。由于飞行事故频发，航空商务局的监管工作遭受质疑。为了改善航空安全性，1938 年《民用航空法案》颁布，组建独立的民用航空局，以及主导事故调查和安全建议事务的航空安全委员会。该法案扩大联邦政府的职权范围，民用航空局有权决定承运人的经营航线并调整航空公司票价。1940年，民用航空局从原来的独立机构分离，重新隶属于商务部，保留其管制服务、空勤人员及航空器适航认证、安全管理和航路建设的职能，其他业务由民用航空委员会负责，包括安全规则制定、事故调查和对航空公司的经济管理与规范。第二次世界大战期间出于防御目的，民用航空局在参战前接管了机场塔台的日常运行，并在战后继续为绝大多数机场提供管制服务。

1956 年一起严重的飞机相撞事故为航空安全特别是空中防撞敲响了警钟。1958 年《美国联邦航空法案》颁布，将航空安全职责赋予一个新的独立的组织——联邦航空局，退役将军埃尔伍德·皮特·克萨达成为其首任局长。面对缺乏协调的国内运输系统现状及伴随的安全隐患问题，时任总统约翰逊提议组建一个能够统筹所有运输方式的内阁部门，负责制定和实施综合运输政策及方案。1966 年国会授权成立交通运输部。作为其下属组织，1967 年联邦航空局更名为联邦航空管理局。同年，国家运输安全委员会接管民用航空委员会职能。为了监控甚至限制航路管制中心之间的飞行活动，联邦航空管理局于 1970 年在其总部设立了集中流量控制机构，收集并处理全国范围的空中交通和天气数据，发现潜在冲突区域，提供解决方案。同年空中交通管制系统指挥中心建成，整合了集中流量控制机构、机场使用预订办公室、空中交通服务应急指挥中心和飞行高度集中预定机构的系统功能。1981 年工会大罢工后，联邦航空管理局于 1982 年发布了首个国家空域计划，对建立一个现代化空管系统做了长期而系统的规划。1991 年在原有空域计划的基础上，增加了更加高端的管制自动化、通信、雷达和天气预报系统项目。1988 年《航空安全研究法案》颁布，要求联邦政府加强针对安全问题的长期研究的规划。

2000 年克林顿总统签署了温德尔·H·福特航空投资和改革法案，并在 12 月的行政命令中要求联邦航空管理局组建一个基于绩效的组织，专注于提高空中交通管制系统的运行效能。2001 年 "9·11" 恐怖袭击后，布什总统签署了《航空运输安全法案》，在交通运输部下设运输安全管理局，并于 2002 年 2 月接管联邦航空管理局的安全保卫职能。同年《国土安全法案》颁布，将运输安全管理局划入国土安全部。2003 年交通运输部长宣布了重组的空中交通组织的业务结构，空中交通组织通过构建更紧凑和有效率的机构组织合并联邦航空管理局原有的空中交通服务、研发、并购和自由飞行项目等业务。2004 年空中交通组织正式运行，其业务涉及航路及洋区、终端区、一般飞行服务、系统运行维护和技术操作 5 项，相关的岗位性质分为安全、通信、运行规划、财政、并购及商务服务 5 类。

2003 年颁布的《远景 100——航空的世纪之授权法案》原则上勾画了下一代航空运输系统的概念。交通运输部部长发布了一个延伸至 2025 年的航空运输系统计划，并在联邦航空管理局组建联合规划和发展办公室统筹美国联邦航空管理局、国家航空和航天管理局、交通运输部、国防部、国土安全部、商务部，以及科学与技术政策白宫办公室等单位的派驻人员，共同拟定并监督实施下一代航空运输系统的各类计划。2004 年交通运输部公布了新一代航空运输系统的综合计划。新一代航空运输系统的优势体现在更低的运行成本、改善的服务质量、更大的系统容量和更智能的安全保卫举措。联邦航空管理局的远景基于安全性、安保、效率和环境兼容性 4 方面的整体绩效。在 2007 年公布的《新一代航空运输系统运行概念（2.0 版）》中，对空管的总体目标与架构、基本特征与服务形式、职责与功能任务定位，以及空管、机场和空域的协同运行等关键内容进行综合描述。通过内部整合与对成本-效益的有效控制，新一代航空运输系统致力于对空中交通和空域进行综合的动态管理，主动响应交通需求、空域环境以及人员的变化，广泛使用自动化技术管理各个应用领域的信息，更多地向战略管理与决策转移，以适应空域用户的飞行偏好，提供更加灵活、可靠和反应迅速的无缝隙服务。

2. 体制现状

依照美国行政管理体制的基本框架，美国联邦航空管理局对其空中交通实施统一管制，平时隶属交通运输部，战时划归国防部，是典型的独立管制机构。作为美国管理和监督民用航空事业的主要政府组织，联邦航空管理局的使命是不断为美国公众和利益攸关方提供世界上最安全与高效的航空系统，在系统安全性、效率和环境方面达到更高水平，以保持本领域的全球领袖地位。根据《联邦航空条例》，其功能定位与职责是：规范和保证民用航空的运行安全；推动民用航空科学技术的发展与应用；研发、运营航行与空中交通管制系统，为民用和军用航空器提供航行服务；建立国家空域系统；制定和执行各项方案措施，管理并控制民用航空运营造成的噪声及其他环境影响；规范美国的商业空间运输。

联邦航空管理局机构分总部、地区机构和地方机构三级，其主要业务及职能部门如图 2-5 所示。其中，联邦航空管理局总部设在华盛顿，分为 15 个总部机构。作为行业行政立法机构，联邦航空管理局总部负责制定民用航空的政策与规划、颁布规章制度、处理国际民用航空事务、领导本系统各地区和地方机构工作。

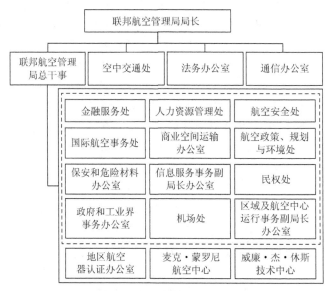

图 2-5　联邦航空管理局的主要业务及职能部门对应关系

美国境内大陆地划分 9 个地区，分别设立相应的地区办公室，是管理地区民用航空业务的政府机构，负责审查、颁发本地区民用航空领域内各种认证文件以及技术、业务人员执照，对所辖地方机构实行技术指导和管理。地方机构是各种不同类型的民航基层管理机构，如航路管制中心、飞行服务站、各种质量检查和标准审定办公室、航空保安机构等，直接担负空中交通管制任务，为飞行提供导航服务，接受各种认证申请，监督和检查安全质量，参与调查飞行事故和违章事件，进行飞行现场的保安管理等。

9 个大陆地区办公室及其覆盖的州府为：阿拉斯加地区、中部地区（爱荷华、密苏里州、堪萨斯及内布拉斯加州）、东部地区（新泽西州、特拉华、马里兰州、弗吉尼亚州、宾夕法尼亚州、西弗吉尼亚州、纽约和华盛顿特区）、大湖地区（伊利诺伊州、印第安纳州、密歇根州、明尼苏达州、北达科他州、俄亥俄州、南达科他州和威斯康星州）、新英格兰地区（康涅狄格、缅因州、马萨诸塞州、新罕布什尔州、罗得岛州和佛蒙特州）、西北山区（科罗拉多州、爱达荷州、犹他州、俄勒冈州、蒙大拿、怀俄明州、华盛顿）、南部地区（阿拉巴马州、佛罗里达州、佐治亚州、肯塔基州、密西西比州、北卡罗来纳州、南卡罗来纳州、田纳西州、波多黎各和维尔京群岛）、西南地区（阿肯色州、路易斯安那州、新墨西哥州、俄克拉何马和得克萨斯州）、西太平洋地区（亚利桑那州、加利福尼亚州、内华达州和夏威夷州）。

此外，联邦航空管理局还设立了 5 个咨询委员会和 7 个规则制定委员会辅助各机构规范各航空业领域，确保国家空域系统的安全高效运行；以及麦克·蒙罗尼航空中心与威廉·杰·休斯技术中心等机构。

1）机场处

机场处涉及业务及职能单位对应关系，如图 2-6 所示。机场处为规划和发展安全、高效的国家机场系统提供指导，负责制定与机场设计、建造和运行有关的标准，并监督标准的执行情况，同时负责所有与机场安全及监察有关的事务。机场处根据社会发展需要及环境要求制定国有机场各类规划，并考虑机场私有化和附加险等政策，调控机场运营税率及收费政策。

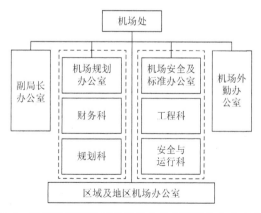

图 2-6　联邦航空管理局机场处业务及职能单位对应关系

机场规划办公室包括财务科和规划科。其中，财务科负责机场改扩建计划、机场投融资计划、机场建设项目以及与机场相关的财产转让事宜。规划科负责根据国家环保局的要求，与军用机场项目的管理方商洽环境保护事宜，承担军民航重新使用、联合使用机场的规划，以增加机场系统的容量。

机场安全及标准办公室包括工程科及安全与运行科。其中，工程科负责制定民用机场布局、设计、设施装备、运行规范的工程化标准并监督其执行，以及建设维护机场专项补贴投资的设施。安全与运行科主要负责机场安全运行及其认证，包括航空器的消防与救援，机场应急运行程序的管理和实施，遭遇袭击或自然灾害时涉及机场的联邦活动及机场的运行恢复。

机场外勤办公室负责对机场赞助商解释、评价并制定分歧解决方案，裁决投诉及联邦航空管理局内部调查，监察机场赞助商对机场收入的合理使用。

区域及地区机场办公室包括阿拉斯加办公室、中部地区办公室、东部地区办公室、大湖办公室、新英格兰地区办公室、西北山区办公室、南部地区办公室、西南地区办公室、西太平洋地区办公室等。

2）空中交通处

在联邦航空管理局约 48000 名员工中，38000 余名员工隶属于空中交通处，包括各类管制员、研发人员、工程师和后勤保障人员。该处成立于 2003 年，作为联邦航空管理局的主要职能部门，负责管理国家空域系统，保证空中交通安全与高效，其主要服务对象是商业航空用户、私人航空用户和军方。

空中交通处内部管理基于绩效目标，主要由一名首席运行官、四名高级副总裁和八名副总裁负责日常运行。其中，四名高级副总裁分别负责日常运行、财务、新一代航空运输系统运行规划、战略与绩效四类业务，八名副总裁分别负责航路与洋区管制中心、终端区管制中心、系统运行部门、运行安全部门、技术保障部门、通信服务部门、信息采集和商业服务部、专业技术培训。空中交通处负责管理的业务及对应的职能单位如图 2-7 所示。

（1）日常运行科

日常运行科在国家空域系统和其他美国管辖空域内，为用户提供安全、高效的空管和航行情报服务，主要包含四个业务服务单位和两个办公室，各机构由主要职能如下。

①系统运行服务单位

系统运行服务单位着眼于航空运输系统安保、空域管理、航行情报管理、区域导航标准及程序、所需导航性能标准及程序等业务，为空中交通处的组织及运行制定安保政策和程序；为空域管理、流量管理、航行情报管理制定政策、标准和程序；为满足国内和国际飞行服务需求制定政策、标准、策略、计划，提出有效管理方法，促进可航空域更高效使用。在牵涉航空运输系统的安保事宜时，系统运行服务单位代表空中交通处与国防部和国土安全部交涉。系统运行服务单位下设机构及其主要职能包括以下 9 部分。

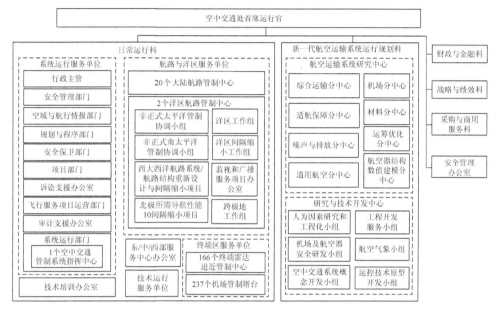

图 2-7 联邦航空管理局空中交通处业务及职能单位对应关系

空域与航行情报部门负责指导空域分配、航路结构方面的规章、政策和标准建设，并对其环境影响进行分析，具体管理航路和扇区设计，制定区域导航/所需导航性能标准及程序，授权无人机系统在国家空域系统内的运行，管理航行情报、运行手册的编写、发布、修改和更新。

飞行服务项目运营部门针对所有由洛克希德·马丁公司生产的飞行服务站所覆盖地区，如美国大陆、阿拉斯加、波多黎各和夏威夷等，指导其飞行计划、咨询和搜救协调服务，并监督国家空域系统飞行服务绩效与成本，掌握空域用户对飞行服务的满意程度。

规划与程序部门主要负责新一代航空运输系统的工程服务、运行规划和机构设施计划；未来运行概念研发；尾流项目、数据通信项目和天气指标的研发应用；参与空中交通程序研发小组、多机构空中交通管制程序协调小组，以及国际民航组织专家组下属的空中交通程序咨询委员会。

项目部门负责指导现有流量管理基础设施的日常维护；研发并推动流量管理硬、软件和通信设施的现代化；通过提供软件更新并增加新功能，改善交通流预测能力；通过提供协同空管技术增加整个系统容量，以增强数据采集、运行指标及性能评估的能力；坚持协同决策理念并付诸实施；规划、设计、开发、部署和维护流量管理产品，战略优化国家空域系统的交通流量。

安全管理部门负责促进、引导和监督系统运行服务单位内部的安全管理活动，协同制定安全管理系统的政策、标准、正式和非正式指导文件；指导安全管理系统的设计、开发、验证、进程规划、培训及实施；监督和指导安全风险管理活动，确保在所有业务领域应用安全管理系统；承担安全性审查和安全风险管理评估，并分析和评估用于缓解风险的安全策略。

安全保卫部门负责安全、高效整合国家空域系统保安工作，作为空中交通处各机构与国防部、国土安全部的联络部门，保护美国利益免受任何事件威胁；采取一切适宜行动降低威胁及相关事件影响。

系统运行部门负责对所有与联邦航空管理局使用的空中交通管制系统有关的项目进行规划、指导、实施和监督，其中包括设置在弗吉尼亚州赫恩登的空中交通管制系统指挥中心。该中心负责监测各空管子系统运行状态和天气变化，分析其潜在影响；根据国家空域系统容量变化确定交通管理方案执行时机；主导和规范全国范围内交通管理方案实施；监视交通管理方案实施效果，及时取消或更改预设的管理措施；仲裁并决定交通管理各单位间的执行权限。

审计支援办公室负责制定财政政策，提出财务管理目标及其战略措施，建立成本/计划管理度量目标，监督所有业务服务单位的预算编制和预算使用情况。

诉讼支援办公室负责处理与执法、诉讼、《信息自由法案》等相关事宜，作为空中交通处与司法部及联邦航空管理局首席律师执行办公室的中介，担负涉及飞行员叛逃的执法行动，以及因航空器事故造成的人身伤害、财产损失和/或不当死亡等事宜的诉讼活动。

②航路与洋区服务单位

航路与洋区服务单位包括 23 个航路管制中心，管理范围覆盖美国大陆地区、大西洋和太平洋地区的中高空空域，提供交通管理服务，分别是阿拉斯加州的安克雷奇管制中心、加利福尼亚州的洛杉矶管制中心和奥克兰管制中心、科罗拉多州的丹佛管制中心、佛罗里达州的杰克逊维尔管制中心和迈阿密管制中心、佐治亚州的亚特兰大管制中心、夏威夷州的檀香山管制中心、伊利诺伊州的芝加哥管制中心、印第安纳州的印第安纳波利斯管制中心、堪萨斯的堪萨斯城管制中心、新罕布什尔州的波士顿管制中心、明尼苏达州的明尼阿波利斯管制中心、新墨西哥州的阿尔布开克管制中心、纽约管制中心、俄亥俄州的克利夫兰管制中心、田纳西州的孟菲斯管制中心、得克萨斯州的沃斯堡管制中心和休斯敦管制中心、犹他州的盐湖城管制中心、弗吉尼亚州的华盛顿管制中心和利斯堡管制中心、华盛顿的西雅图管制中心。

其中，安克雷奇管制中心和奥克兰管制中心为洋区航路管制中心，采用先进的洋区管制技术和程序替代纸质与手工进程单处理，集成处理航班信息与雷达数据，探测航空器冲突，支持基于卫星的数据链通信与监视。其余 20 个大陆航路管制中心监视飞越美国大陆的航空器并提供航行服务，使用用户需求评估工具减少对飞行进程单的人工处理，并不断升级改进信息显示系统，为管制员提供自动化程度更高的电子化数据显示工具。

航路与洋区服务单位还配置了 8 个直接与洋区空管有关的专业小组。其中，非正式太平洋管制协调小组负责针对安克雷奇、奥克兰、那霸和东京海洋飞行情报区的容量与效率问题，组织空域和空中交通运行人员进行非正式共同研究，包括召开会议、起草工作报告、撰写论文等。非正式南太平洋管制协调小组由澳大利亚、斐济、新西兰、巴布亚新几内亚和美国共同组建，旨在为南太平洋地区提供安全、经济可持续的航空服务环境，目前由新西兰航空公司的杰夫·德贝津和美国联邦航空管理局的大卫·梅纳德担任联合主席。洋区间隔缩小工作组负责审查并提出洋区间隔标准修改建议，以改进洋区空域的安全、容量和效率。跨极地工作组由来自俄罗斯、加拿大、冰岛和美国的航行导航服务组织代表和国际航空运输协会、国际商用航空理事会等国际航空运输组织代表组成，合作研究跨极地和/或俄罗斯远东地区空域的空中交通服务问题，以期为相关飞行提供安全、高效和无缝的空中交通服务。洋区工作组建立之初由奥克兰航路管制中心和国内、国际航空公司的基层管理人员组成，是一个由太平洋地区空域用户和航行服务单位共同参与的工作组，每季度至少召开一次会议，主要致力于解决奥克兰飞行情报区内有关洋区空域容量、运行效率和安全的问题。西大西洋航路系统/航路结构重新设计与间隔缩小项目将为在西大西洋航路和相邻管制区内飞行的、且具备所需导航性能 10 或 4 能力的航空器之间配备 50 海里侧向间隔，并在此基础上重新设计航路结构。北极所需导航性能 10 间隔缩小项目将为极地空域飞行的、具备所需导航性能 10 或 4 能力的航空器之间配备 50 海里侧向间隔。监视和广播服务项目办公室于 2005 年成立，其致力于通过广播式自相关监视技术，结合全球卫星网络提供的精确位置数据，改变基于雷达技术的交通管制系统。

③终端区服务单位

终端区服务单位涵盖各类终端雷达进近管制中心和机场管制塔台，使用各种先进技术为进离场航空器提供交通管理服务，引导航空器安全高效地进离机场和终端区。在 166 个终端雷达进近管制中心中有 140 个进近管制中心与机场管制塔台合一设置，此外还有 97 个独立机场管制塔台。国防部和联邦航空管理局正在推广数字化机场监视雷达-11，逐步取代机场监视雷达-7、机场监视雷达-8、AN/GPN-12、AN/GPN-20 和 AN/GPN-27 等系统，以便引入最新的数字化技术，探测各类机场周边的交通和天气情况。

④技术运行服务单位

技术运行服务单位为国家空域系统内各类系统、设施和设备提供反应迅速，成本有效的维护保障，约9000名员工确保每天超过41000个设备单元的正常运行。

⑤东/中/西部服务中心办公室

分设于亚特兰大、沃斯堡和西雅图的东/中/西部服务中心办公室是日常运行科系统运行服务单位、航路与洋区服务单位、终端区服务单位和技术运行服务单位分享运行经验、沟通交叉业务、协调调度资源、统一管理标准的内部组织平台，也是空中交通处与联邦航空管理局其他组织机构沟通交流的联络处。

⑥技术培训办公室

技术培训办公室负责空管、技师类学院培训计划。其中，空管类学院培训计划与大学、学院合作，旨在培养具有大学学历的管制员。在校学员可以接受或不接受模拟培训。技师类学院培训计划与大学、学院和技校合作，联合培养相关专业学生，还为联邦航空管理局内部员工提供在职培训。课程设计可以满足总工程师、航路交通运输系统专家、电子工程师、环境技师、电子技师的岗位需求，并由具备资质的院校负责实施。

（2）新一代航空运输系统运行规划科

新一代航空运输系统运行规划科为开发新一代航空运输系统并实现其国内、国际目标制定战略与方案，由航空运输系统研究中心以及研究与技术开发中心组成，各中心的主要构成及职能如下。

①航空运输系统研究中心

1990年颁布的用于综合预算协调的《航空安全和扩容法案》是建立航空运输系统研究中心的立法背景，该法案授权联邦航空管理局拨款资助高校建立和运营区域性的研究中心，主导航空领域的科学与技术研究。航空运输系统研究中心由综合运输、材料、噪声与排放、通用航空、机场、适航保障、航空器结构数值建模、运筹优化八个分中心组成。

其中，哈佛大学、普渡大学、奥本大学、博伊西州大学、堪萨斯州大学、加州大学伯克利分校、新泽西医学与牙医学院主攻综合运输系统领域；华盛顿大学、威奇托州立大学、埃德蒙兹通讯学院、西北大学、普渡大学、俄勒冈州立大学、加州大学洛杉矶分校、特拉华州立大学、华盛顿州立大学主攻航空材料领域；麻省理工学院、佐治亚理工学院、哈佛大学、普渡大学、斯坦福大学、北卡罗来纳州教堂山大学、密苏里科学技术大学主攻噪声与排放领域；恩布里•里德尔航空大学、阿拉斯加大学、北达科他大学、威奇托州立大学主攻通用航空领域；伊利诺伊大学、伦斯勒理工学院主攻机场领域；亚利桑那州立大学、贝勒大学、卡内基梅隆大学、恩布里•里德尔航空大学、佛罗里达国际大学、乔治•华盛顿大学、爱荷华州立大学、约翰霍普金斯大学、宾州里海大学、密西西比州立大学、新泽西理工学院、北卡罗来纳州立大学、西北大学、俄亥俄州立大学、俄亥俄大学、宾夕法尼亚州立大学、普渡大学、罗格斯大学、塔斯基吉大学、亚利桑那州大学、加州大学伯克利分校、加州大学洛杉矶分校、加州大学圣巴巴拉分校、代顿大学、马里兰大学、密苏里-哥伦比亚大学、北达科他大学、犹他大学、华盛顿大学、韦恩州立大学、威奇托州立大学主攻适航保障领域；拉特格斯大学和佐治亚理工学院主攻航空器结构数值建模领域；加州大学伯克利分校、麻省理工学院、马里兰大学、弗吉尼亚理工学院、乔治梅森大学主攻运筹优化领域。其中，运筹优化领域的五所高校联合组建了"NEXTOR"机构,1996 年以来配套资金已达 5 亿美元,专门从事空中交通管制、人为因素、系统绩效及其评估、安全数据分析、通信/数据采集和分发、航空经济学方面的研究。

航空运输系统研究中心的合作伙伴包括美国航空宇航局、加拿大交通部、国防部、美国国家交通系统中心等，大型项目超过 750 个，配套资金超过 1.2 亿美元。各类学者和专家通过研究中心与同行和其他领域的从业人员探讨研究方法及思路，介绍并发布最新研究成果，招募人员并对其研究工作加以指导。学生有机会与相关领域的权威学者合作，参与其实际项目并寻求行业就业机会。政府、企业及相关高校通过研究中心拓展、加强伙伴关系，协调整个国家研究力量，监督与指导科学研究方向和进程，筹募、分配各种配套科研资金，储备各种航空领域专业人才。

②研究与技术开发中心

研究与技术开发中心负责甄别、确定、实施和管理与新技术有关的研究和工程开发项目，确保这些项目与新一代航空运输系统运行概念、联邦航空管理局的各类业务计划协调一致；指导和协调人为因素计划、航空器与机场安全计划；管理联邦航空管理局设在美国航空宇航局艾姆斯、兰利研究中心的联络办公室；作为联邦航空管理局研发领域的发言人，与其他政府机构、工业界企业和外国政府保持密切联系。

研究与技术开发中心下设六个专业小组。其中，空中交通系统概念开发小组负责设计并指导针对未来国家空域系统运行/技术概念的研发和验证模拟。运控技术原型开发小组负责分析、仿真、建模、原型开发和现场测试新技术，验证相应原型系统的性能和运行效益，确保所提新技术和方案符合联邦航空管理局、业界构建新一代航空运输系统的远景目标，并加速这些技术方案在运行处各服务单位过渡实施过程。机场及航空器安全研发小组负责管理和协调机场及航空器安全性与持续适航领域的研发项目，主要研究各项目涉及领域的相关法规和认证要求，包括技术、情报、工具、标准及措施等。航空气象小组负责提供准确、易获得的天气预报，研发、管理新一代航空运输系统网络化天气项目，以提高系统的整体安全性、容量和效率。工程开发服务小组内部分为航电、导航和监视系统三个小组，各组成员分别负责甄选用于国家空域系统架构升级的各领域技术方案，涉及广播式自动相关监视系统、空管雷达系统/S 模式机载设备、应答机系统、全球定位系统局域增强系统、交通告警和防撞系统等。人为因素研究和工程化小组负责开发和认证促进国家空域系统安全和效率的人为因素相关政策、规章、方案与程序，制定和管理人为因素研究项目，并为相关收购和管理活动提供支持，是为联邦航空管理局局长提供人为因素咨询及建议的主要顾问。

（3）其他部门

除了日常运行科、新一代航空运输系统运行规划科，空中交通处还设有财政与金融科、战略与绩效科、采购与商用服务科，以及安全管理办公室。各部门的主要职能如下：

财政与金融科主管各类财务工作，负责比较分析生产力指标，评估分析各类商业案例、竞争性采购业务，并在国会为空中交通处建立良好信誉。

战略与绩效科为执行和整合空中交通处面向当前运行和未来发展的计划、方案和活动提供框架，确保空中交通处始终以绩效为中心来高效运行。

采购与商用服务科负责确定采购政策，处理采购合同并提供相关的质保服务；提供包括广泛信息技术与电信服务在内的信息技术服务；负责管制员培训项目，监管飞行服务单位的人力资源配置。

安全管理办公室主要以日常运行科的下设业务服务单位为工作对象，负责完善报告制度，营建安全文化，全面实施风险管理，维持和确保安全性标准的贯彻实施。在具体的航空器间隔保障与防撞工作方面，安全管理办公室按照安全管理系统运行的一般原则，汇集并掌握空中交通处各个业务服务单位的运行信息，识别碰撞风险及其影响；对国家空域系统的安全绩效进行测试与评估；对安全及交通服务品质的管理与控制工作进行经常性检查，对所有可能威胁安全性或改善安全及服务绩效的举措予以通告；协助航空安全事务副局长及有关单位实施有助于提高系统整体安全性的特别计划与项目。

3）国际航空事务处

国际航空事务处通过与各种双边、区域和多边航空伙伴的合作，促进安全和规章领域更完善的监管，拓展覆盖全球的无间隙运行理念，包括非洲、欧洲和中东地区办公室、亚太地区办公室、西半球地区办公室、国际政策与运行办公室，涉及事务包括涉外人员在联邦航空管理局的访问、航空合作项目、国际民航组织相关事宜、有关新一代航空运输系统的国际交流、技术援助、国际培训、国际航空安全评估和国际航空领域就业等。

4）航空政策、规划与环境处

航空政策、规划与环境处负责美国在环境与能源领域的航空政策和战略制定，为雇员提供安全与健康保障，处理与航空保险计划有关的事宜。其中，航空政策与规划办公室负责推动政策与机构目标的不断调整，预期未来航空活动与技术，并对有关规范的经济影响加以分析。

环境与能源办公室负责处理包括与环境、能源相关的航空器噪声和排放事宜，研究、建议并协调国家范围的相关政策制定。环境事宜具体包括空气质量、气候变化、土地使用兼容水平、噪声和野生动物等方面。联邦航空管理局的航空噪声申诉专员作为公众联络代表，接受各种有关航空器噪声的问题咨询或投诉。

环境及能源研发计划办公室为达成下一代航空运输系统计划的环保目标提供各类科学研究与新技术开发支持，以更准确地测量噪声及排放水平，评估其对环境的影响，提出既能减轻环境负面影响又具有良好费效比的建议与方案，发现提高能源效率的方法，开发替代性燃料。

5）航空安全处

航空安全处主要负责涉及航空器的生产许可和适航认证，以及与飞行员、机械师等涉及航空安全职业的从业资质认证。此外，航空安全处还参与相关规章的制定，负责美国民航业内航空器运行与维修企业的业务经营认证，并对包括主要航空公司在内的将近 7300 个航空运营人进行安全监督和持续认证。航空安全处的主要组成机构及职能如下。

事故调查与预防办公室是联邦航空管理局和美国国家运输安全委员会联络、负责航空器事故调查的最主要机构，旨在联合一切力量识别可能导致事故发生的潜在危险源、评估其风险，并监视规避、降低风险的所有举措执行效果。

航空航天医学办公室负责内容广泛的医疗事务，包括所有涉及航空航天领域的医疗培训与教育、人为因素研究、药物、酒精与毒品测试，执行员工健康意识计划，促进职业卫生，根据联邦航空管理局的医疗标准对所有安全敏感部门的从业人员（特别是飞行员和交通管制专家）进行体检和针对性筛查。

空中交通安全监督科主要参与管制空域国际标准的制定与协调事宜，针对空中交通处的运行和服务制定安全性标准，并不断制定、更新监督章程，对空中交通处的安全管理体系进行独立的监督和审查。

航空器认证服务办公室负责与上级航空职能单位、航空产品制造商等共同协商，针对民用航空产品的设计、制造和适航等环节，制定、调整有关安全性标准，并监督标准执行，维护安全绩效管理系统。

飞行标准科主要针对空勤、地面服务等航空运行从业人员，负责建立认证标准并监督其执行情况，管理民用航空器注册和空勤人员记录系统。

航空器评估小组办公室负责协调并辅助航空器认证和持续适航事务，包括长滩、波士顿、堪萨斯城、福特沃思和西雅图五个分支小组。

认证管理办公室主要对大型航空公司和国际航空培训中心进行认证与监督，在 15 个州设有 19 个分支机构。

国际事宜办公室负责授权国外航空公司及其在美国注册航空器的境内运行活动，审批相关航空器的维修计划，对以上活动进行监视与监督，对美国境外维修站点进行认证和监督。

6）金融服务处

金融服务处为联邦航空管理局提供预算与绩效管理、财务管理和金融管理方面的规划与方案建议。其中，首席财务官负责监管联邦航空管理局 140 亿美元的业务预算以及成本会计和财务管理系统的开发与应用。预算办公室确保联邦航空管理局清楚了解并编制预算需求，同时有效使用拨款和其他资源。金融管制办公室为联邦航空管理局提供成本控制方案，协助实施方案，并对其成本削减措施的执行情况予以监督。财务管理办公室负责了解和监督联邦航空管理局的财务收支情况，汇总财务相关信息。

7）人力资源管理处

人力资源管理处协助联邦航空管理局局长处理有关雇佣、赔付、人力资源信息自动获取、人力资本规划、测量与评估、劳资关系、职业发展与职业环境等方面的事宜，提供专业指导与建议，负责协调与沟通，以确保联邦航空管理局各项计划、方案与措施的实施始终配备充分的人力保障。人力资源管理事务副局长为局长提供人力资源管理事务的建议，协助局长指导、协调和确保管理局人力资源各项方案与举措的执行。

8）法务办公室

法务办公室负责为联邦航空管理局局长与总部、区域或中心级的局内组织提供及时的法律援助，涉及立法、诉讼及一般法律事务、国际事务及法律政策、机场与环境法、人事及劳动法、执法、规章等诸多方面，裁决组织内民事纠纷和采购争议，并代表联邦航空管理局处理与美国国家运输安全委员会、考绩制度保护委员会、公平就业机会委员会、采购纠纷争议办公室和美国联邦法院等机构的法律事务。法务办公室还与运输部总法务办公室紧密合作，处理日常管理中的公共事务或国家层面航空业领域的重要与棘手问题。

法务办公室约有 300 人的法律团队，由首席律师管理并直接对局长负责，包括一个由执法、机场与环境法、人事与劳动法三个部门组成的总部机构，覆盖阿拉斯加、中部、东部、大湖、新英格兰、西北山区、南部、西南部和西太平洋九个地区的区域顾问办公室，以及设置在迈克·蒙罗尼航空中心与威廉·杰·休斯技术中心的两个法务办公室。

9）商业空间运输办公室

商业空间运输办公室负责规范商业空间运输行业，以确保公众健康与安全、个人财产安全和国家安全，并保证商业空间运输符合美国国际义务与外交利益；鼓励、促进和推动非政府筹资的商业空间发射与回收活动；根据实际情况对商业空间运输领域的联邦法律、条约、法规、政策、计划和程序提出修改建议；巩固和拓展美国的空间运输基础设施建设。

商业空间运输办公室代表联邦航空管理局发布轨道和亚轨道火箭的发射许

可, 还负责发布非联邦发射场址的运行许可。目前, 已有八处非联邦发射场得到了运营执照, 包括范登堡空军基地的加利福尼亚州发射场、加利福尼亚州的莫哈韦航空航天港发射场、卡纳维拉尔角空军基地的佛罗里达州发射场、弗吉尼亚州沃尔洛普斯飞行基地的中大西洋区域发射场、阿拉斯加科迪亚克岛的科迪亚克发射场、俄克拉何马州伯恩斯伯恩斯弗拉特的俄克拉何马发射场、新墨西哥州拉斯克鲁塞斯的美洲发射场、佛罗里达州杰克逊维尔的塞西尔发射场。

商业空间运输办公室的主要组成机构及职能如下。

空间系统发展科负责空间系统工程、空间政策、经济和发射预测等方面的事宜。通过开发先进发射概念和发射场运行技术的需求和标准, 评估新型运载火箭和发射场址的环境影响, 将航天发射活动集成到国家空域系统现代化战略——空间和空管系统子计划, 协助商业空间运输办公室实施监管职责。

执照及安全科主要负责发布商业空间发射和回收许可, 以及非联邦发射场运行许可, 包括许可申报咨询、政策审查、负载审查、安全评估、财务责任认定和环境审查等工作, 以确保公众健康和安全; 此外, 还负责商业空间发射活动的保险等财务事宜。

系统工程与培训科针对现有和新型的太空发射及回收系统、发射场站, 定义适合的安全标准, 同时负责为从事空间运输的部门和个人提供特别专家咨询与培训。目前商业空间运输学习系统是专门针对商业空间运输设计的训练系统, 通过中央数据交换装置, 为商业空间运输业界和公众了解商业太空运输活动与业务中的经验教训提供平台, 以期降低实际运行的风险成本。

10) 通信办公室

通信办公室负责联邦航空管理局通信方面的政策制定、技术导向和日常管理, 以满足管理局内部对万维网广播和图形化界面等先进媒体的需求, 并为全国范围各业务机构间的及时通信与联系提供解决方案。

11) 政府和工业界事务办公室

政府和工业界事务办公室是联邦航空管理局局长处理有关国会、航空工业集团以及其他政府组织的事务时最主要的顾问和代表。办公室不仅致力于会同联邦航空管理局的其他部门制定和审查与上述组织有关的计划和战略, 同时与交通运输部的政府事务次秘书长保持密切联系, 确保与交通运输部产业政策的同步一致。

12) 信息服务事务副局长办公室

信息服务事务副局长办公室由信息服务事务副局长 (兼首席信息官) 领导, 负责在与信息技术相关的资本规划、企业服务、数据与情报管理、信息系统安全、投资组合与方案服务、隐私、研发等领域提供政策引导。信息服务事务副局长办公室下设信息技术企业服务办公室、信息系统安全办公室、优化办公室和研发及首席信息官办公室, 指导和管理为联邦航空管理局提供信息技术应用及基础设施的所有相关企事业。

13）区域及航空中心运行事务副局长办公室

区域及航空中心运行事务副局长办公室通过覆盖全国的九个区域办公室和迈克·蒙罗尼航空中心维护国家航空系统的基础设施，并提供各类金融财务、应急准备、信息情报、维护大修、商务应用、物流和供应链管理服务，保证国家空域系统的可靠运行。办公室还与联邦航空管理局其他部门合作，为改善机场运行演进计划中的跑道能力和机场障碍物标准委员会发布进离场程序相关标准提供咨询与建议。

14）保安和危险材料办公室

保安和危险材料办公室负责保护美国联邦航空管理局的员工和设施不受犯罪与恐怖行为的威胁，确保国家空域系统完好性。其下的有害物质办公室致力于防止航空器上发生有害物质引起的事故，提高航空运输安全性。安保办公室致力于确保与联邦航空管理局有关的机构、个人和合作伙伴不受间谍、盗窃、恐怖主义，以及其他破坏性犯罪活动的威胁。应急行动、通信和调查办公室负责调查涉嫌犯罪活动的空勤人员，以及其他美国联邦航空管理局证书持有人，并调查涉及未经许可的航空器零部件、伪造证书与公文、触及保安条例的非法或疑似犯罪行为等事宜。

15）地区航空器认证办公室

分设在安克雷奇、亚特兰大、波士顿、芝加哥、丹佛、福特沃思、洛杉矶、纽约、西雅图和威奇托的 10 个地区航空器认证办公室辅助联邦航空管理局有关部门处理与航空器设计审批和认证、生产许可、工程排故、厂方代表监督与事故调查等有关事宜。

16）麦克·蒙罗尼航空中心、威廉·杰·休斯技术中心、美国联邦航空管理局研究院

麦克·蒙罗尼航空中心的美国联邦航空管理局后勤中心具有国际标准化组织 9001：2000 资质，目前有 600 余名员工，为美国本土以及 44 个国家的空中交通管制系统提供咨询、建设、维修、配送等全面技术服务，全天候维护美国国家空域系统基础设施与设备，具有特别丰富的灾害应急保障和维修经验及能力。

威廉·杰·休斯技术中心是联邦航空管理局下设的国家级科研测试基地，前身是国家航空设施实验中心，目前已是全球首屈一指的航空研发、测试和评估机构，负责涉及空中交通管制、通信、导航、机场、航空器安全与保安的所有软、硬件系统设施、设备和程序等的改进、改造、预研和开发。技术中心包括各类实验中心、测试机构和后勤保障机构，还包括大西洋城国际机场和一个非商业航空器机库，在国土安全部、国家运输安全实验室、美国海岸警卫队大西洋城航空站和新泽西州空军国民警卫队第 177 战斗机联队也设有分支。

美国联邦航空管理局研究院是国家版权局首个认可的联邦非军事培训机构，具有为航空业界提供技术和管理培训的能力。

17）各类委员会

联邦航空管理局的咨询委员会由交通部批准并认可，包括空中交通程序咨询委员会负责审查现行空中交通管制程序及措施；航空无线电技术委员会负责为航空领域中涉及电子、计算机和电信技术的问题提供解决方案与途径；研发及工程技术咨询委员会负责审查各类航空研究计划的需求、目标、计划、方法、内容和成果；航空法规咨询委员会负责审查所有涉及航空安全事宜的法规、规章制定工作；商业空间运输咨询委员会负责为影响美国商业空间运输行业的事宜提供建议。

联邦航空管理局直接批准并认可的规则制定委员会包括：起飞/着陆效能评估规则委员会为美国航空业界研讨与 121、135、125 和 91 部中涡轮喷气发动机与涡轮螺旋桨飞机起飞/着陆运行有关的性能评估方法提供论坛；129 部航空规则制定委员会为联邦航空管理局与境外航空承运人研讨在美国境内的运输业务提供论坛，同时研讨美国注册航空器的境外运行事宜；国家公园飞越服务咨询组规则制定委员会为联邦航空管理局局长提供涉及飞越/接近国家公园的商业航空旅游业务的建议和措施；基于性能导航航空规则制定委员会为美国航空业界讨论与解决涉及飞行标准的问题提供论坛，并促成各方在美国全球协调立场方面达成统一共识；业余制造航空器规则制定委员会在 14CFR 的范围内为联邦航空管理局和航空业界研讨涉及使用业余制造和装配航空器的适航审定事宜提供论坛；广播式自动相关监视航空规则制定委员会为美国航空业界研讨、审查基于广播式自动相关监视的规则修改结果通告提供论坛，并为制定广播式自动相关监视指令及其他相关事宜提供建议；小型无人驾驶航空器系统航空规则制定委员会协助联邦航空局对无人驾驶航空器系统进行安全性分析，并针对其设计、运行和注册等事宜制定、颁布相应的联邦法规。各类委员会的分类及归属如图 2-8 所示。

3. 体制特点

1）独立控制机构

作为最主要的空管机构，美国联邦航空管理局是典型的独立行政机构，虽隶属于交通运输部，但在活动上具有很大的独立自主性，部长较少控制。为了有效控制航空业的经济、军事或社会活动，使其不受政治的影响，保证行业公平制定政策和规范，法律给予联邦航空管理局非常大的独立地位。虽然联邦航空管理局不能完全摆脱部长的影响，但其在法律范围内可以单独地决定政策，以确保美国始终位于国际航空业发展的前驱。

2）大而全

尽管美国是联邦制国家，但相较于欧洲国家来说，美国不仅国土面积大，而且联邦政府具有的职权也较联盟组织的建制完整和统一。加之美国实行独任制，宪法规定行政权属于总统，总统监督法律的执行。总体来说，美国空管体制庞大并进行

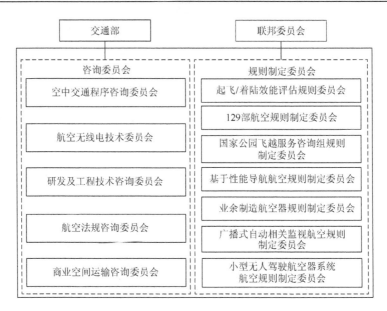

图 2-8 联邦航空管理局的各类行业委员会建制

统一管理，没有通过法定的实体组织将空管决策、监督和实施的职能进行明确分割。从组织内部来看，美国空管机构十分庞杂，联邦、地区和地方均设立了空管机构，航路管制中心和终端区不仅数量多，而且分布广。因此，美国空管体制建设的面很宽，涉及的功能全面，总体的建制规模庞大。

3）集成程度高

美国空管机构建制的集成化程度，就空中交通处来看，涵盖了从塔台管制到下一代航空运输系统运行规划的所有空管主体，包括 6 个处一级单位，再从联邦航空管理局整体架构来看，从研发机构到一般运行单位再到地区的服务联络组织，环环相扣，依靠的是强大的信息服务平台的支持。因此，空管体制建设不仅需要从功能层次进行集成，将业务紧密联系的运行实体集成在一起，还要从技术保障的角度进行考虑，运用适宜的信息管理手段和通信技术将空管各个机构和单位有机地联系在一起。

2.2.3 德国

1. 历史沿革

政府在第二次世界大战以后负责提供全面的航行服务，军事空中交通服务组织与民航尽管使用同一区域管制中心的公共管制设施，却分别提供独立的服务。冷战结束后，德国摆脱了华沙公约的束缚，空管机构的改制时机成熟。1988 年

6 月，空中交通服务专家组成立，负责为空中交通服务组织的重组事宜提供建议。1989 年 2 月，该小组提交了一份报告，对根据公众法与私有企业法重新组建空中交通服务组织的方案进行论证，认为按照私有企业法组建公司能够更灵活有效地满足空中交通服务的需求。12 月，联邦政府决定将空中交通服务的职能交由按照私有企业法组建的公司负责，由联邦运输部持有德国空中交通管制股份有限公司 100% 的股份，并以现代化企业框架对其进行全面指导与管理，军事空中交通服务仍由军事组织提供。作为改制的法律前提，修订航空法和宪法引发了一场政治争论，反对党社会民主党要求，以解散军事空中交通服务组织作为修改德国宪法、推动改制的前提条件。最终，修宪没有成功。

1991 年 11 月 6 日，联邦运输部和国防部达成了部际协议，决定将军事空中交通服务整合到民航单位。1992 年 7 月、10 月分别完成了航空法与宪法的修订。1992 年 10 月 16 日，基于私人企业法，德国空中交通管制股份有限公司正式成立，直接隶属德意志联邦共和国。1993 年 1 月 1 日德国空中交通管制股份有限公司运行，军事空中交通服务单位的军事人员并入公司的区域管制中心并开始工作。同一天，德国空中交通管制股份有限公司的前身——联邦航行服务局解散。1997 年 1 月 1 日，德国最后一个军事单位整合到荷兰的马里斯特赫特的区域管制中心，德国空中交通管制股份有限公司整合军事空中交通服务的历程圆满结束。

2. 体制现状

联邦运输部负责安全法规、空域法规、服务收费法规的制定与监管。部际联合指导委员会在国务秘书之下，主要负责董事会的会议事宜，决策实行一致通过原则，若无法达成一致，则采用国防部和运输部共同的规则和程序。空军参谋部门的飞行运行单位代表国防部负责日常工作中军事相关事宜。德国空中交通管制股份有限公司的管理委员会由运行部经理、系统技术部经理和人力资源部经理组成。发展中心由企业发展部经理、企业财务部经理和军事事务部经理组成。军事事务部经理为空军上校衔级人员。公司监事会由 12 人组成，6 人来自持股方，6 人来自雇员方。监事会成员由股东委派，均为联邦运输部、国防部官员和财务部官员。

德国空中交通管制股份有限公司是一家股权不公开的有限责任公司，由联邦运输部、国防部和部际联合指导委员会共同管理。德国空中交通管制股份有限公司负责在和平时期向德意志联邦共和国空域内的民航和军航空中交通提供空中交通服务，但不包括军用机场的本场军事飞行活动管制和民航使用的军用机场飞行活动；在重要部门根据平等雇佣合同安排军方人员任职；负责包括军事战术科目在内的全部管制人员培训课程；在监管层安排国防部人员任职；承担军事管制设施的飞行校验；负责包括卡尔斯鲁厄、慕尼黑、兰根、不来梅等区域管制中心在内的 22 个管制单位的日常运行管理（包括进近管制室服务），其中 17 个管制单位为机场塔台。

2.2.4　俄罗斯

1. 历史沿革

俄罗斯民用空中交通管制在军队管制的基础上逐渐发展起来。随着民用航空运输的迅速发展以及航空法的颁布，空中交通管制工作开始由军民航分别指挥。民航空中交通管制部门负责航空器在航路、终端区走廊以及民航机场上空的飞行指挥，军民合用机场由军方任指挥员，民航任副指挥员。军民分管模式无法满足流量的迅速增加，致使空中危险接近及相撞事故不断发生。苏联在 1973 年成立了由各航空部门专家组成的专门委员会研究空管体制，提出建立"统一的空中交通管制系统"方案。该方案中，国防部和民航局分别负责军方管制单位和民方管制单位。拟由国防部和民航局共建的"统一的空中交通管制系统"历经了 10 年的改进和完善，1983 年开始发挥作用。为了更有效地使用空域，苏联政府在 1990 年成立了空域使用及空中交通管制委员会，负责修订空域使用法规、起草建立"国家空域使用统一系统"建议书以及协调空域使用。但民航局和国防部对成立国家统一的空管系统各持己见，因此建立国家统一管理空管系统的初衷当时未能贯彻实现。

1992 年 2 月，根据俄罗斯总统命令，200 多名专家组成的"俄罗斯联邦政府空域使用及空管服务委员会"成立，作为苏联空域使用及空中交通管制委员会的合法继承者。自此，俄罗斯开始向建立国家级空中交通统一管制系统过渡。该系统仍由国防部和运输部共同负责，并采用民航负责航路，军方负责其余空域的分工管理体制。

俄罗斯引入国外空管公司、制造厂家为其研发和投资空中交通管制系统。该系统的现代化经历了 4 个阶段，各阶段虽相互重叠，但仍呈现渐进式螺旋前进趋势：第一阶段为 1997 年前，主要更新一些区域管制中心的空管系统，并开始在机场塔台和终端进近管制中心安装现代化设备；第二阶段为 1995～1998 年，主要完成区域管制中心设备更新；第三阶段为 1996～2000 年，进一步加强空管系统自动化程度，并在此基础上广泛实施未来空管；第四阶段为 1998～2005 年，向未来空管系统过渡。目前，俄罗斯空管系统仍然存在许多不足和局限，为此俄罗斯联邦制定了统一空管系统现代化计划。该计划旨在基于全球空管运行概念、全球及欧洲航行计划以及与国际民航组织搜救程序相契合的组织方案和先进技术，建立和开发俄罗斯的未来航行系统，加强飞行安全性，提升空域使用效率。现代化计划拟建立统一的区域管制中心，实施集成的军民航自动化空中交通管制系统，完成向基于新航行系统的先进空管运行方式的转变，实现航行情报和气象情报系统的现代化和自动化，建成公共航空搜寻及救援系统。

2. 体制现状

俄罗斯联邦航空直接受 7 个实体部门监督管理，包括交通运输部、航空运输署、航行署、运输监管署、国防部、民航委员会和民航委员会注册办公室。

其中，交通运输部的行政权力主要针对包括航空运输在内的运输领域，制定相关国家政策，处理包括航空、空域使用和航空导航服务在内的法律规范等事务。航空运输署是交通运输部下级单位，持有管理民航等航空运输领域国有资产的行政权力，并提供国家范围的相关服务，但空域使用及航空导航服务事务不在其职权范围内。航空运输署规范与客、货航空运输有关活动，对机场进行认证，决定是否许可注册民用或其他类型机场。航行署也是交通运输部下级单位，是一个特别授权机构，其职责在于管制、监督和管理空域使用和航空导航服务领域的国有资产。运输监管署也是交通运输部的下级单位，主要负责管理和监督民用航空的立法事宜，包括代表俄罗斯签订国际协定，但不涉及航行署的行政权力。

国防部规范空域的一般使用，并通过下设的管制指挥部门负责航路（航线）以外特定使用空域的飞行指挥。民航委员会负责协调与空域使用及空中交通管制有关的活动，认证航空器、机场及其设备，勘查航空事故，规范统一的航空规则，建立航空运输协调政策，协调发展和实践之间的科学与技术规划。民航委员会注册办公室是运输监管署负责民用航空器适航管理的主要部门之一，负责制定其成员国一致采纳的航空规则，并管理其实施履行，以及发布航空器、航空发动机的类别认证、噪声与排放认证、出口许可和生产许可等。

依照俄罗斯联邦法律，和平时期民航具有空域优先使用权，国家空域侧重向民航飞行提供服务。国家航空系统研究院是俄罗斯航空业和航空运输领域的主要研究中心之一，主要从事先进航空系统概念开发；空中交通管制计算机系统和应用技术研究；建立飞行测试实验室；涉及医药与环境控制以及其他科学和工业领域的研究。当前俄罗斯联邦拥有一个统一的空管系统，将国防部下属分支、航空运输及航行署和系统不同部分的设施、设备联系起来，覆盖整个国家的每个区域。除了空间上的行政划分，该系统还以军民航划分扇区，包括 1 个国家管制中心、8 个大区管制中心、6 个辅助大区管制中心、70 个地区管制中心和 63 个辅助地区管制中心，各管制中心通常由军、民两部门组成，个别地区由单一部门构成。国家管制中心负责俄罗斯领空范围内所有的飞行组织、协调和管制工作。当大区管制中心受地理条件影响，不能实施协调服务时，辅助大区管制中心将协助大区管制中心，实施协调服务与相关的管制工作。地区管制中心直接实施飞行指挥的单位，负责进近和航路飞行的对空指挥。辅助地区管制中心是协助地区中心进行指挥的单位。1996 年成立的国家空管公司负责向航路（航线）飞行提供空中交通服务。下设的空管中心是俄罗斯联邦统一空管系统民用部分的主要运行单位。对大区管制中心、区域管制中心和民用航空机场管制单位，强制执行该单位发布的空域使用、空中交通服务等方面的决策。俄罗斯联邦统一空管系统的组织架构如图 2-9 所示。

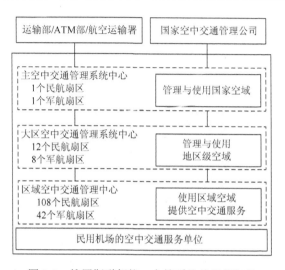

图 2-9　俄罗斯联邦统一空管系统的组织架构

2.2.5　澳大利亚

1. 历史沿革

澳大利亚空中交通管制始于 20 世纪 20 年代，1920 年 3 月，澳大利亚联邦政府开始筹建置于联邦政府管辖下的民航管理机构。1936 年 4 月，民航管理归于民航委员会，并直接由国防大臣负责。1938 年 11 月 14 日，民航部成立。1938 年，国家航空导航法案获得通过，成为国家法律并实施。1982 年 5 月 7 日，航空部成立。1982 年 12 月，航空部与澳大利亚卫星公司签订合同，使澳大利亚成为第一个在空中交通管制中大规模使用卫星技术的国家。1995 年，澳大利亚设立了由原国家运输与通信部长直接负责的 4 个实体，即澳大利亚航空服务公司、民航安全局、交通与地区服务部，以及航空安全调查局。其中，澳大利亚航空服务公司和民航安全局是在原民航局基础上分成的 2 个政府实体。

2. 体制现状

澳大利亚空管发展成为由民航安全局、澳大利亚航空服务公司和基础设施、运输、区域发展与地方政府部构成的"三位一体"的管理体制（原交通与地区服务部和航空安全调查局现隶属于基础设施、运输、区域发展与地方政府部）。各部门各司其职，均由基础设施、运输、区域发展与地方政府部部长直接负责，作为一个集成系统，为澳大利亚提供安全的航行环境。截至 2008 年 11 月 10 日，澳大利亚空管体系组织结构如图 2-10 所示。

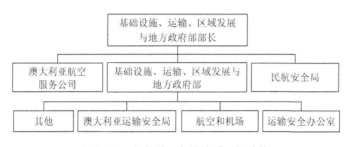

图 2-10　澳大利亚空管体系组织结构

1）基础设施、运输、区域发展与地方政府部

基础设施、运输、区域发展与地方政府部负责为政府在航空政策，调整国家航路及航空安全方面提供建议。其中，澳大利亚运输安全局根据 2003 年交通安全调查法成立，是基础设施、运输、区域发展与地方政府部下的独立运行实体，作为英联邦政府法定机构，负责维持和改善澳大利亚航空运输安全，独立调查飞机事故和严重的空难事件，包括所有涉及澳大利亚飞行安全的事故和事件，以及在澳大利亚注册的飞机在海外发生的事故和事件。安全局委员会由一个全职委员和两个兼职委员构成，也会指派更多的兼职委员，以便在特殊调查中发挥兼职委员的专业技能。

作为澳大利亚交通运输安全框架的基本组成部分，安全局调查并非以行政监管为目的，也不针对犯罪行为，而是从调查中获取教训，实施安全措施，以减小未来事故和事故征候发生的可能性。事故相关者不会参与安全局的调查，避免利益冲突与外部干预。安全局的报告包括调查发现和事实、安全研究材料和数据、安全措施以及可能改善安全利益攸关方关系的建议。尽管安全局调查的核心是购票的客运业务，但所有事关飞行安全的事故和事故征候，包括海外的澳洲注册航空器均需要向安全局报告，以便获取数据，并进行可能的调查与分析。

2）澳大利亚民航安全局

澳大利亚民航安全局于 1995 年 6 月作为一个独立实体成立，主要负责航空安全标准制定、飞行员和航空工程师的执照颁发、飞机与运营者认证、航空安全教育和培训程序，以及与运输安全局合作调查航空安全事故和空难事件等。"理解协议"是描述两个安全局组织关系、安全目标和潜在价值的关键性文件，对提高航空安全,增加公众对航空安全的信心等具有重要作用。2007 年 7 月 1 日生效的《空域法 2007》明确授权民航安全局调整空域的部分职能,要求其将空域作为国家资源进行管理。2007 年 7 月,空域监管办公室成立,负责在保证国家安全、环境保护和空域公平使用的前提下, 调整和管理空域。

3)澳大利亚航空服务公司

澳大利亚在 1995 年《航空服务法案》的基础上,成立澳大利亚航空服务公司。澳大利亚航空服务公司是政府所有的商业化公司,主要负责提供航空情报、通信、无线电导航服务、航空救援和消防服务等。该公司作为一家国营公司,为包括澳洲两个飞行情报区在内的全世界近 11%的空域提供空管服务。为了能提供"流水线式"航行服务,2007 年澳大利亚航空服务公司取消"未来商务指导组",成立战略协调单位,用于确保整合战略发展规划。2008 年 1 月,又进行部门调整,把原"空中交通管制改革商务组"改成"空中交通管制组",并成立"国家运控中心",用于建立集中管理的国家空管体系。

澳大利亚航空服务公司拥有世界领先的通信、导航和监视系统,与国际民航组织共享信息和技术,维护全球航空安全。该公司主要定位在澳大利亚境内,在航空安全、规章、搜索与救援方面,与澳大利亚其他政府组织紧密合作,如基础设施、运输、区域发展与地方政府部、国防部、民航安全局、澳大利亚运输安全局和澳大利亚海事安全局等。该公司还努力拓展国际市场,例如,与瑙鲁、所罗门群岛政府签订合约,为其提供高端的空中交通服务;与美国联邦航空管理局签订协议,为许多太平洋岛屿机场提供空中交通塔台管制服务等。

2.2.6　巴西

1. 历史沿革

巴西幅员辽阔,但道路交通很不发达,飞机成为城市之间的重要载运工具。巴西航空工业公司在激烈的国际竞争中脱颖而出,成为世界第三大民用飞机制造商,特别在公务机市场上对欧美同行形成巨大压力。近年来,由于对基础设施建设投资过少、设备老化以及从业人员收入差距悬殊等,巴西航空工业面临衰退危机。2006 年,作为"巴西人的旗帜和骄傲"的大河航空公司因经营不善而破产,标志着巴西航空业开始步入艰难时期。

巴西民用空中交通管制长期由军方的防空和空中交通联合管理中心负责,军人担任民航的空中交通管制员。近年来,空管人员罢工频繁,导致全国范围机场瘫痪、大面积航班被延误或被迫取消,逐渐暴露出其空管乃至航空领域深刻的体制和技术问题。为了确保航空安全,尽早排查隐患,维持航空业界秩序,巴西政府着力解决现有问题,并着眼未来发展,斥资 20 亿美元改善空管系统,力争 2011

年前建成独立的民用空中交通管制中心。

2. 体制现状

目前，巴西空管组织体系如图 2-11 所示。其中，空中运输总指挥部行使空管
最高权力，负责巴西空军活动的编制与实际执行；实施空军司令部拟定的军航活
动；在军航活动中，规划、指导、监督、协调、执行和评价各类巴西空军活动。

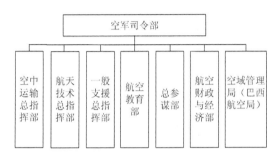

图 2-11　巴西空管组织体系

航天技术总指挥部包括 BARREIRA DO INFERNO 发射中心、ALCANTARA
发射中心、飞行协调委员会、航空技术研究所、航空航天研究所、高等研究所、
工业促进与协调研究所、圣何塞 dos Campos 基础设施与支援设备集团和特种飞行
试验小组等。航空教育部为航空教育机构，与航天技术总指挥部合作，负责巴西
境内所有空军学校的教育管理与协调工作。

一般支援总指挥部设在里约热内卢，负责参与空军司令部计划组织活动的管
理及控制，提供后勤保障，以满足巴西航空航天、军民航装备、基础设施、消防、
采购、运输物流、通关以及人力资源等项目的需求。一般支援总指挥部的下属机
构包括航空材料及军事部、航空工程董事会、航空运输中心以及航空运输研究所。

总参谋部主要负责对巴西航空业的发展、规划提供咨询意见；协调军民航活
动和各部门工作；承担巴西空军司令部人事组织的总体设计、规划与实施。总参
谋部主要负责下设卫生局、人事局、档案与机要中心和航空心理学研究所等部门。

航空财政与经济部主要负责巴西航空活动的财务管理、会计和审计，该部门
发展成熟，能够起到沟通空军部与其他部门的作用，成为支撑巴西空管正常运行
的重要支柱。

空域管理局为政府组织，隶属于巴西国防部和巴西空军，负责全境空域安全
与效率的相关活动，确保国土防空安全，管理巴西主权空域内的空中交通。空域
管理局在全国 27 个州几百个城市中均设有永久机构，总计约有 14000 名军民航员
工，负责全国空域系统的正常运行。空域管理局下设 15 个执行部门，为空域管理

局所属军事机构,提供空管、航行资料汇编、搜救、航行情报、航空气象、飞行检查和航空电信服务。该局在全国范围内设有 4 个地方管理局、4 个军民航联合管制中心、1 个位于圣保罗的区域飞行保护服务中心、5 个区域管制中心、47 个进近管制中心、59 个塔台、79 个区域空域管理部门和 90 多个航空通信站。

巴西空管运行方式为中央决策模式,除了巴西空域管制系统,还包括飞行保障系统、空军通信系统和搜救系统。作为巴西空域管制系统的主管部门,空域管制部负责对与空域管制系统活动相关的设备和系统进行计划、审核与部署,同时负责监督支持技术与组织的运行。

2.3　欧洲航行安全组织空管体制

2.3.1　历史沿革

出于协调欧洲航空运输的目的,欧洲民航会议于 1955 年在斯特拉斯堡举行首届会议,并成立宪法委员会。欧洲民航会议采用加盟方式,每三年召开一次全会,全会期间每年召开欧洲民航会议的论坛,相关国家就一些重要专题进行非正式的战略协商。欧洲民航会议所有形式的会议中,针对航空运输发展中遇到的新的和重要的问题,各国以协商方式取得共识,任何决议必须通过各国政府许可,并由合适的代表国家主导实施。欧洲民航会议国家包括阿尔巴尼亚、亚美尼亚、奥地利、阿塞拜疆、比利时、波斯尼亚和黑塞哥维那、保加利亚、克罗地亚、塞浦路斯、捷克共和国、丹麦、爱沙尼亚、芬兰、法国、格鲁吉亚、德国、希腊、匈牙利、冰岛、爱尔兰、意大利、拉脱维亚、立陶宛、卢森堡、马耳他、摩尔多瓦、摩纳哥、黑山、荷兰、挪威、波兰、葡萄牙、罗马尼亚、圣马力诺、塞尔维亚、斯洛伐克、斯洛文尼亚、西班牙、瑞典、瑞士、前南马其顿、土耳其、乌克兰和英国。联合航空局是欧洲民航会议的联合机构,负责监管成员国在推动和实施共同安全法规、标准与程序等方面的事宜,包括设在欧洲航空安全局的一个联络办公室和设在荷兰霍夫多夫的一个培训办公室。

根据 1960 年 6 国签署的欧洲航行安全组织国际公约,1981 年 12 国签署的欧洲航行安全组织国际修订公约,以及 1997 年 15 国签署的欧洲航行安全组织国际修订公约,欧洲航行安全组织的使命是协调与整合欧洲空中航行服务,为军民航组织建立统一的空管系统,确保欧洲空中交通的安全、有序、迅速和经济,并最小化对环境的不利影响。因此,包括 38 个缔约国以及欧洲共同体(简称欧共体)组织的欧洲航行安全组织是欧洲空管系统的管理核心,也是沟通军民航的政府间组织。就欧洲航行安全组织的性质而言,它与其他欧洲联盟组织一样,属于超国家的联邦机构。欧洲航行安全组织缔约国家包括英国、法国、德国、意大利、荷兰、比利时、卢森堡、丹麦、爱尔兰、希腊、葡萄牙、西班牙、奥地利、瑞典、芬兰、马耳他、塞浦路斯、波兰、匈牙利、捷克共和国、斯洛伐克共和国、斯洛文尼亚、立陶宛、罗马尼亚、亚美尼亚、阿尔巴尼亚、波斯尼亚、克罗地亚、前南马其顿、摩尔多瓦、摩纳哥、黑山、挪威、塞尔维亚、瑞士、土耳其、乌克兰和保加利亚。其中，欧盟和欧洲民航会议中非欧洲航行安全组织的国家只有爱沙尼亚和拉脱维亚。欧洲航行安全组织演进过程如下。

1. 初创与过渡

1960 年 12 月，比利时、法国、联邦德国、卢森堡、荷兰和英国在布鲁塞尔共同签署了欧洲航行安全组织国际公约，以期在航行安全领域开展充分的合作，成立欧洲航行安全组织。公约于 1963 年 3 月 1 日正式生效。在筹建欧洲航行安全组织的过渡期内，6 国积极推进在管制方法及设施设备等方面的合作，于是建立一个旨在持续研发空管科技研究中心的设想初露端倪。1967 年，欧洲航行安全组织实验中心正式在法国的布雷蒂尼苏欧日成立。该中心最重要的功能是在新开发的航空产品投入使用之前对其进行各方面模拟测试，以加速其成品化进程。为了培养马斯特里赫特高空区域管制中心第一批管制员，1969 年空中航行服务研究所成立，并逐渐成为欧洲航行安全组织缔约国空管人员接受国际化高级培训的重要机构。整个 60 年代是欧洲航行安全组织的初创时期。

2. "统一"的尝试

1971 年欧洲航行安全组织开始引入航路收费系统，对其缔约国的航空器运营人进行统一收费。根据飞行距离和载重，系统以架次为单位向空域用户收取费用，用于偿付导航设备、空中交通管制设施、雷达系统以及其他航行保障与安全服务的费用。根据双边协议，航路收费系统逐步扩展为非欧洲航行安全组织缔约国使用。使用航路收费系统后，相关的平均管理费用不足所缴费用的 0.3%，并有继续降低趋势，其余缴费均退费给欧洲航行安全组织各缔约国。

1972 年马斯特里赫特高空区域管制中心投入使用。按照国际民航组织完全整合空中交通服务的倡议，该管制中心是当时欧洲实际建立的第一个国际性空中交通管制中心，覆盖了德国北部、比利时、卢森堡与荷兰的高空空域，标志着欧洲航行服务与管理的合一，初步实现了建立欧洲航行安全组织的初衷。该管制中心当时使用了全新管制技术与系统（如自动数据处理和显示系统），在军民航管制服务的合作方面也成为之后其他管制机构与系统建设的标杆。以其为参照建立的中欧空中交通服务中心成为欧洲单一天空的重要模块。同年，新建的爱尔兰香农河高空区域管制中心引入了马斯特里赫特高空区域管制中心使用的自动数据处理与显示系统。

1977 年覆盖比利时、卢森堡、荷兰与德意志联邦共和国高空空域的卡尔斯鲁厄高空区域管制中心投入使用，成为欧洲第二个国际性空中交通管制中心。该管制中心同样参照马斯特里赫特高空区域管制中心建设，使用相同的管制系统标准确保飞行数据自动交换，将所需电话协调降至最低水平。然而直到 20 世纪 70 年代末，绝大部分协约国并未实质性释放领空，欧洲航行安全组织的工作重点不得不从统一空域向建立更加安全、高效与和谐的欧洲空域系统转变。

3. 从"统一"到"合作"

20 世纪 80 年代末欧洲空中交通总量比 70 年代初期翻了一番。尽管航空需求仍然稳步增长，但恰逢航空基础设施的投资低潮，管制人员缺口严重，致使拥塞频繁发生，延误加剧。扩容开始成为除安全以外欧洲航行安全组织最主要的目标之一，欧洲各国的合作也变得比以往任何时候更加急迫，加入欧洲航行安全组织的缔约国越来越多，特别是东欧剧变促使许多东欧国家加盟了欧洲航行安全组织。欧洲大陆地缘政治与经济变化为欧洲航行安全组织进一步建立欧洲范围的广泛合作提供了条件。

1986 年欧洲航行安全组织拟建立欧洲高空空域统一管制系统的旧约被废止，取而代之的是欧洲范围航行服务领域的全面合作。新公约从近乎理想的理论框架走向已成现实的继往实践。1988 年第一次以欧洲空中交通系统为主题的欧洲民航会议运输部长会议召开并决议建立中央流量管理单位。相比于五国分别建设和管理的流量管理中心，中央流量管理单位可以利用欧洲各管制中心的飞行计划和实时数据进行流量需求预测，并对空域、机场和天气变化做出及时反应，统一调配欧洲大陆流量，最大限度地缓解拥塞与延误。中央流量管理单位于 1996 年开始全面负责所有 36 个欧洲民航会议成员国的流量管理，其建设过程成为统筹考虑政治、社会、财务、金融与运行机制等欧洲空域管理领域一系列问题的重要里程碑。

1990 年第二次以欧洲空中交通系统为主题的欧洲民航会议运输部长会议决议启动欧洲空中交通管制协调与集成计划。在中央流量管理单位最大化使用既有空域容量的基础上，欧洲空中交通管制协调与集成计划试图通过全新的合作方式扩充新的容量。该计划中，欧洲民航会议所有成员国将于 1999 年前通过兼容空管系统与无间隙化交通管理程序促成欧洲空中交通服务的和谐一致。欧洲航行安全组织也将发展成为欧洲空管规划组织，为建立欧洲通用的空管设施提供体制框架。

1992 年第三次以欧洲空中交通系统为主题的欧洲民航会议运输部长会议决议启动机场/空中交通系统界面战略。欧洲民航会议试图扩充欧洲机场及其邻近区域空管系统的容量。为了处理好与欧洲空中交通管制协调与集成计划的关系，颁布了机场/空中交通系统界面战略。该战略还期望通过使用欧洲延误分析系统，研发管制程序及系统验证方法，以实现高密度跑道运行概念，扩充更多的机场容量。

为了最大限度地扩充容量，为军民航用户提供所需的飞行空域，欧洲航行安全组织致力于更加直接的扩容方式，通过加强军民航的联系与合作、分离公共运输与通用航空飞行、减少空域分割、改善空域管理效率来实现空域灵活使用，从整体上增加欧洲空域有效容量。1996 年欧洲航行安全组织正式提出空域灵活使用概念，并负责加速推广该概念在泛欧区域的全面应用。

4. "千禧"之际

由于巨大的航空运输需求，欧洲各国已有空管系统都面临着空前压力与挑战，而通过空管行业技术更新与运行方式创新，有望使欧洲各国更加安全与平稳地迎接 21 世纪的机遇与挑战，1997 年第五次以欧洲空中交通系统为主题的欧洲民航会议运输部长会议初步达成空管 2000+战略协议，确立欧洲 21 世纪最初 15 年空管目标旨在使整个欧洲的空中交通规划与管理更加和谐，空管系统统一无隙。同年，欧洲航行安全组织修订公约得以签署，其提出的门到门运行概念赋予欧洲航行安全组织管理航路、跑道直至滑行道运行的职能，并由其统筹空管领域的科研以及与其他欧洲机构间的合作。欧洲航行安全组织负责引入欧洲空管绩效审查与目标设定系统，提供更高效的决策流程与手段，用于确定、调解并实施军民航的合作事宜。签订修订公约的同一天，另一份重要协议——中欧空中交通服务计划签署。根据该计划，2007 年之前在维也纳将建成一个高空区域管制中心，用于管理覆盖奥地利、波斯尼亚与黑塞哥维那、克罗地亚、捷克、匈牙利、斯洛伐克、斯洛文尼亚和意大利东北部分领空的联合空域。在联合空域中划设航线和扇区时，国界限制将被取消，军民航运行将被适当整合。该计划还确定在布拉格建立一个战略规划与发展机构，在捷克建立一个研发与仿真中心，在意大利弗利建立一个培训中心，作为计划实施的支援和保障。

空管监视追踪与服务系统于 1997 年交付荷兰，翌年投入使用，铺平欧洲空管系统监视数据处理和发布标准化的道路。新系统不再采用传统的雷达固定连接方式，而是将不同雷达采获的所有类型的监视数据进行融合，然后分发给不同管制中心，以得到无间隙的准确交通态势信息。1998 年欧洲航行安全组织开始在欧洲实施基本区域导航并获得巨大成功。1999 年欧洲空中交通管制协调与集成计划结束时，欧洲新建了 8 个管制中心，数据交换范围已覆盖 85%的欧洲民航会议成员国，空域容量增长近 4 成。为了与空管 2000+战略相适应，欧洲空中交通管制协调与集成计划更替为欧洲空管计划，以建立统一的空管系统，在欧洲全域实现门到门的运行目标。在此背景下，机场运行单元和利益攸关者公关与国际协调单元成立，以适应欧洲航行安全组织职能范围的拓宽，同时开始关注欧洲航行安全组织相关投资与人力投入的实质性成效。1999 年欧洲航行安全组织、欧盟和欧洲空间局开始参与欧洲全球导航卫星系统的研发与协调。伽利略全球导航卫星系统与美国和俄罗斯当时研制的二代全球导航卫星系统功能相似。同年，为了解决其高频频道短缺问题，欧洲航行安全组织根据国际民航组织建议，开始使用 8.33kHz 甚高频频道间隔，有效缓解因频道不足造成的容量问题。

1999 年爆发的科索沃冲突造成欧洲部分区域约 40% 的延误增长。为了应对复杂局面，中央流量管理单位在冲突爆发后立即筹建北约小组，并在维琴察北约总部设立终端，与北约组织和国际民航组织一起，确保改航安全，最小化公共航空运输领域由冲突引致的负面影响。这次危机增强军民航之间的合作，中央流量管理单位内部开始常设北约组织联络处。2000 年第六次以欧洲空中交通系统为主题的欧洲民航会议运输部长会议正式启动空管 2000+战略。

由于航空公司的飞行计划系统与机载飞行管理系统发展十分迅速，欧洲航行安全组织期望为航行服务提供商与航空器运营人统一提供一个包含各类动、静态航空数据的中央数据库系统，以实现完整、简洁和准确的航行情报，改变以往按运行日提供航空数据的传统发布方式。为此，欧洲航行安全组织于 2001 年与 GroupEAD Europe SL 公司签订开发维护欧洲航行情报服务数据库系统的合约，用于改善欧洲全域的安全和容量水平。同年 7 月，一架飞往巴黎戴高乐机场的美国航空公司班机与马斯特里赫特高空区域管制中心首次使用管制员/飞行员数据链通信系统，通过航空电信网实现指令与消息的发送和传递。经过三年艰苦准备，2002 年欧洲安全航行组织引入缩小垂直间隔运行方式，并在 41 个国家正式实施，使空域容量一举增长 20%，节约了约 39 亿欧元的航空器运营成本，提高安全性水平，大大减少污染物排放，被视为欧洲 50 年内最大的空域调整。

5. 欧洲单一天空

1997 年欧洲航行安全组织修订公约签署，为欧共体加入欧洲航行安全组织提供可能。2002 年欧共体通过外交途径正式成为欧洲航行安全组织成员。欧共体的加盟不仅推进修订公约的认可进程，同时巩固欧洲航行安全组织的法律地位，为其推动欧洲单一天空筑实道路。2004 年欧委会和欧盟理事会批准通过"欧洲单一天空"第一组立法包。该组立法包同年生效，并以安全、拥塞和延误作为其议题焦点。第一组立法包将空域视为公共资源和连续的管理对象，可公平地被所有用户使用；定义改善安全性的宏伟目标，注入充足资源确保社会监管的独立；促进欧盟监管机构与欧洲航行安全组织的协同，积极支持欧共体加盟欧洲航行安全组织；采用适当机制确保军事当局介入针对性或日常运行事务；以安全为首要前提，积极引入新技术，提高已有系统与引入技术的互操作性；在欧盟层面，通过对话形式促进专业化组织和工会组织的涉入。根据欧委会指令，欧洲航行安全组织制定相关实施细则和技术规范，完善"欧洲单一天空"的总体框架。

作为"欧洲单一天空"计划的一部分，"欧洲单一天空空管研发计划"将为欧洲提供高绩效的空中交通管制基础设施，确保欧洲航空运输朝着安全和环保的方向协调发展。2007 年，依据欧盟法律，以欧洲航行安全组织和欧委会为创始机构，成立"欧洲单一天空空管研发计划"共同事业部，负责集中和协调欧盟内部所有研发力量，实现欧洲空管系统的现代化转型。

然而"欧洲单一天空"并未在如"功能空域区块"等重要领域实现预期目标，因此为了应对绩效与环境方面的挑战，提升欧洲空域的安全性，实现其可持续发展，2008 年欧委会通过"欧洲单一天空"第二组立法包，专注于 4 大焦点领域：加强现有单一天空立法应对绩效与环境挑战；通过"欧洲单一天空空管研发计划"采用面向未来的新技术；将欧洲航空安全局的职能扩大到机场、空管和空中导航服务领域；实施针对机场容量、效率和安全性的行动计划，保证充足的机场容量。

2.3.2 体制现状

1. 基本行政框架

欧洲航行安全组织的战略目标是实施欧洲单一天空，改善空管系统性能，提供泛欧地区高效的空中交通管制服务。该组织采用企业化管理方法，保证内部决策与管理透明性，维持并促进成员间良好的伙伴关系。欧洲航行安全组织总部设在布鲁塞尔，包括欧洲空中交通管制委员会、临时委员会和欧洲空中交通管制局三个机构。其中，欧洲空中交通管制委员会和临时委员会是决策与管理机构，欧洲空中交通管制局是执行机构。

欧洲空中交通管制委员会作为欧洲航行安全组织缔约国部长级组织，负责决策、监管并审议欧洲航行安全组织的年度预算和五年计划；审定各执行机构年度结算；任命欧洲航行安全组织总干事与干事；拟定合同、财务和员工条例。

欧洲空中交通管制临时委员会作为欧洲航行安全组织缔约国（包括欧共体）总干事级组织，每年会晤至少三次，负责欧洲空中交通管制委员会决议政策的实施事宜，并监督欧洲空中交通管制局工作。欧洲航行安全组织总干事全权负责管理欧洲空中交通管制局，执行欧洲空中交通管制委员会或临时委员会委托的任务。总干事每月召集所有干事进行一次会晤，并通过设立专门的管理委员会，根据业务计划评价各干事所负责部门的绩效。

在欧洲航行安全组织的行政框架中，还包含直接对欧洲空中交通管制委员会及其临时委员会负责的咨询机构。这些咨询机构负责掌握欧洲空中交通管制局行政的情况，监督特别领域的实际运行，加强沟通并促进特定范围内计划实施的部门间相互协调。

其中，审计局通过临时委员会向欧洲空中交通管制委员会负责，独立审查欧洲空中交通管制局和航路收费系统的年度结算并形成报告；评价欧洲空中交通管制局行政程序及其决策透明度，评估缔约国相关投诉，并上报给欧洲空中交通管制委员会。绩效评估委员会负责建立独立、透明的绩效评估系统，通过设定和推行绩效目标确保欧洲空管系统的高效运行。

安全管理委员会负责推动欧洲空管系统安全管理目标和要求的协调发展，通过发布安全监管规定，指导欧洲航行安全组织各缔约国的实施与执行工作，确保欧洲民航会议成员国的空中交通持续维持高安全水平。

军民航协调常务委员会由各国军民航高级官员组成，作为临时委员会顾问机构，负责审查各项计划或活动的军事意义，提出、解释军事航空的具体需求，并在考虑国防需要的前提下，对空管各项规划提出指导性建议，以确保未来发展满足国土安全需要。

航路收费扩展委员会是确定航路空中交通服务成本结构、制定航路收费一般原则的决策机构，也是监管航线收费系统正常运行的执行机构。该委员会每年至少会晤三次，各国就航路收费事项进行多边协商，并在每年11月确定下年度费率。

财务常务委员会是空中交通管制临时委员会所属的专家委员会，对影响欧洲航行安全组织的所有预算和财务问题提供建议。

马斯特里赫特协调小组于1986年由比利时、德国、卢森堡与荷兰联合组建，由四国分别派遣军民航高层代表组成，负责协调和处理马斯特里赫特高空区域管制中心航行服务中的争议。

2. 空中交通管制局

欧洲空中交通管制局是欧洲航行安全组织执行机构的顶层组织，该局与其下属机构的组织关系如图2-12所示。欧洲空中交通管制局的核心业务之一是空管协作性网络设计，由空管协作性网络设计部负责。该部于2009年基于包括欧洲空中交通管理部、中欧空中交通服务中心的战略规划发展处及中心的研发与仿真中心、欧洲航

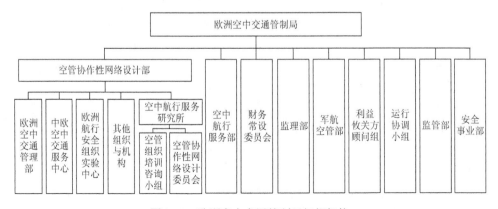

图2-12　欧洲空中交通管制局组织架构

行安全组织实验中心、空中航行服务研究所和欧洲军民航空管协调官、监督管理单位等在内的已有部门重新组建，同时根据新的战略规划还增设了相关新部门。

目前，空管协作性网络设计部主要负责针对与泛欧网络部署、欧洲单一天空落实等业务进行定义和规划，并委托专家中心负责实施。其工作内容主要涉及与"欧洲单一天空空管研发计划"共同事业部有关的分包业务，包括完善空管总体规划、长期纵向创新性研究、横向领域研发、网络运行及其管理信息系统等。其中，与空管网络有关的业务主要来源于空管总体规划的第一项中期实施计划，以及涉及欧洲空域网络动态管理、空域网络/机场业务整合、空管网络支持服务和频谱管理中的技术更新与部署。与落实"欧洲单一天空"有关的业务包括：管理欧委会授权执行的"欧洲单一天空"指令；为各项规范提供技术支持；为各国或利益攸关方提供指令实施的指导与支持，确保各方实施计划与空管总体规划保持同步；管理军民航空管协调工具。

1）欧洲空中交通管理部战略处

欧洲空中交通管理部战略处包括"欧洲单一天空空管研发计划"及空管战略、情报分析、业务管理和利益攸关者实施服务四个部门，主要负责涉及空管协作性网络设计的任务整合、"欧洲单一天空空管研发计划"的合同管理和频谱管理。任务整合旨在维持空管协作性网络设计的远景、战略与信息发布的一致性和完整性，以推动落实"欧洲单一天空空管研发计划"定义阶段确定的总体规划。

作为"欧洲单一天空空管研发计划"定义阶段合同的客户方，战略处代表欧洲航行安全组织负责项目的合同、风险与资源管理，监督计划进展并评估其政策影响，向欧委会联合指导委员会递交有关报告与建议；代表欧洲航行安全组织处理欧洲邮政与电信会议以及国际电讯联盟的有关事宜，制定欧洲频谱分配与使用策略，开发相关自动化工具，确保空管安全性、容量与保安不受频谱资源分配的影响。其下的情报分析部可为所有利益攸关方提供空中交通统计与预测、延误分析、制图和数据仓库服务。

2）欧洲空中交通管理部发展处

欧洲空中交通管理部发展处负责各项计划的具体实施，包括航行情报管理部门，机场营运与环境部门，空域、空管网络规划与导航部门，管制应用及系统部门，通信系统部门，安全性、保安与人为因素部门，以及监视系统部门。组织关系如图 2-13 所示。

（1）机场营运与环境部门

机场营运与环境部门负责通过增加协同数据交换效率、参与修正尾流安全间隔标准、采用场面活动引导与控制系统改进低能见度时的运行程序、将机场运行完全集成到空管网络规划中、研发环境评估指标体系等手段，在现有或规划基础设施的条件下，最大可能地增加机场运行绩效。

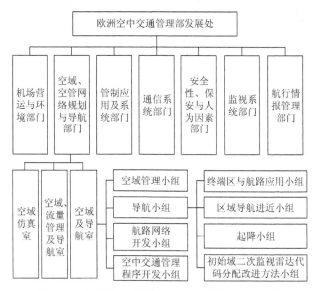

图 2-13 欧洲空中交通管理部发展处的组织架构

（2）空域、空管网络规划与导航部门

空域、空管网络规划与导航部门根据交通服务航路网络和终端区空域改善项目，积极规划与配置新的空域结构，引入和充分利用卫星、数据链、精密区域导航、降低最小垂直间隔等技术推动空管流程改造，在推广星基导航设施的同时，优化与权衡现有地基导航设施的布设，由简化的空域类型和先进的空域管理流程挖掘可使用的空域，推动诸如集中式二次监视雷达代码分配系统、基于时间的最后进近间隔管理等项目消除容量限制，以落实欧洲空管网络容量计划，推动欧洲空域网络的动态管理计划。空域、空管网络规划与导航部门组成机构及主要职能如下。

①空域仿真室

空域仿真室负责使用空域宏观分析系统、管制容量分析系统和管制模拟系统——重组空中交通管制数学仿真工具等工具验证设计或使用的空域结构及航路网络、分析空管系统的容量及其运行效率、测试新的管制运行概念。

②空域、流量管理及导航室

空域、流量管理及导航室负责在空管新概念开发过程的预备和实施阶段与空管流程有关的支援业务。

③空域及导航室

空域及导航室是空域、空管网络规划与导航部门拟制业务计划的咨询部门，为其提供空域设计与容量规划、空域管理及程序、导航设施布设与使用、空域网络运营评估等方面的支援服务；作为与欧洲空管局运行协调小组和利益攸关方顾问组的联络单位，接受在长期战略与政策以及中短期改进项目方面的指导，并向临时委员会传递有关建议。该室下设空域管理小组、航路网络开发小组、空中交通管理程序开发小组和导航小组。

其中，空域管理小组的建立标志着空域灵活使用运行概念的开发阶段结束，其前身空域灵活使用小组就此解散。空域管理小组负责协调空域结构的定义与规划，总体协调空域管理的运行事宜；确保空域管理各环节符合国际民航组织有关欧洲区域的规划文件；针对集成飞行情报系统开发，提炼空域管理需求；监督空域战略实施情况；评估空域管理运行效益；在空域战略整体框架下，开发新的空域管理概念；为流量管理开发空域管理功能与程序。

航路网络开发小组负责根据空域用户需求和空中交通量，逐步完善交通服务航路网络，合理划分管制扇区；参与国家间的区域性协调会议，协商或签署相关协议；参与造成空域重大变化的各类项目。

空中交通管理程序开发小组负责不断识别交通服务程序的不足，并采用先进的技术手段加以更新；审查飞行计划以及航空器与设备状态信息的处理程序，提出改进建议；根据用户需求、技术发展水平，以空管 2000+战略为基准，确定在评估、更新和验证机场、终端区和航路交通服务程序等方面的研究需求；评估由于技术引入而改变的交通服务运行需求，确认变化的需求能够增加空域容量、提高空域使用率或降低用户飞行成本；验证空域管理或流量管理程序与交通服务程序的一致性。

导航小组负责将欧洲民航会议有关 2005～2025 年的导航战略分解为可行任务，并准确地反映在导航领域行动计划中，同时确保各项任务按照进度顺利完成。导航小组下设四个小组：终端区与航路应用小组负责提炼与定义在终端区和航路空域应用区域导航的需求，同时考虑成本效益与实施所需导航性能的可能途径；区域导航进近小组负责统筹与实施区域导航进近程序有关事宜；起降小组负责与精密进近、全天候机场运行有关的导航领域事宜；初始域二次监视雷达代码分配改进方法小组负责建立集中式二次监视雷达代码分配运行概念的总体实施规划，预备与其实施有关的材料。

（3）管制应用及系统部门

管制应用及系统部门负责定义与验证扇区水平的未来运行模式与自动化系统，统筹需求并协调实施，以便运行部署与系统交付，同时通过推进针对航迹管理增加系统的可预测性。席位自动化系统将考虑人为因素以兼顾安全性和管制效率，采用数据链技术改善地面监视和机载间隔系统，通过航迹管理贯穿其在整个空域网络内的运行，实现进离场的集成管理，强化全系统信息管理，实现各管制中心的互操作运行以及空域功能块概念。

（4）通信系统部门

通信系统部门负责贯彻通信战略，研究通信新概念与灵活的机载通信技术及其在空管领域的适用性，满足国际民航组织关于发展标准的需求，同时满足欧委会在监管方法、实施细则、社会规范等方面的指令要求。

（5）安全性、保安与人为因素部门

安全性、保安与人为因素部门负责实现成熟安全管理系统的全面运行，实施安全性绩效评估与趋势分析；提供符合欧洲安全监管规定的指导性材料，建立安全意识与健全的报告系统及网络；针对新运行概念与人员职能转变，评估保安与安全性应对措施的成本和效益；针对蓄意的非法行为提出最小化保安风险的方法措施；对运行人员未来的分工与职能、技巧与能力培养以及安全意识进行需求识别和定义，对适应组织性转变的管理原则予以明确；为民航会议各成员国雇佣与选拔管制人员提供初选测试服务。

（6）监视系统部门

监视系统部门负责开发诸如欧洲监视信息标准化数字格式等监控体系与标准，促进监视设施建设与布设的合理化和标准化；实施与改进二次监视雷达 S II 模式的代码分配程序，推进诸如增强绩效的空中防撞系统 II 等与 S 模式相关计划的实施；为在欧洲民航会议各成员国部署基于通信与监视的合作性空中交通服务和机场运行计划提供支援服务；为空管监视追踪与服务系统、雷达信息转换和发布设备与监视分析支持系统等设施设备提供高质量的及时支援、维修和维护。

（7）航行情报管理部门

航行情报管理部门负责在中短期内扩展航行情报的内容，并将其发布方式从以产品为中心逐渐向以数字化数据为核心转变，在 10～15 年实现全系统的信息管理。

3）中欧空中交通服务中心

中欧空中交通服务中心覆盖斯洛文尼亚、匈牙利、克罗地亚、塞尔维亚、黑山、挪威和希腊，其 1999 年设立于布拉格的战略规划发展处，由项目协调人、联络人、秘书处以及各类专家组成，自 2007 年开始致力于中欧空中交通服务中心协调小组发起的中欧功能空域块项目的可行性研究，处理与其相关的运行、技术、人力资源、财务和日常行政管理等事务。中欧研发与仿真中心负责中欧空中交通服务计划所需空域调整、运行概念和工具的开发、仿真和验证；中欧空中交通服务中心管制人员的培训；以及与布达佩斯、格拉茨、日利纳、贝尔格莱德、帕多瓦、的里雅斯特和德累斯顿等大学在空管领域的创新合作。

4）欧洲航行安全组织实验中心

欧洲航行安全组织实验中心的科学家、工程师、管制员以及行政与后勤人员来自各个缔约国，目前已超过 250 人。实验中心占地 90000 平方米，实际使用建筑面积约 15000 平方米，包括办公空间、一般会议室、视频会议室、各类实验室与工作间。其中，实时管制仿真中心是最早的全数字管制仿真实验中心。

欧洲航行安全组织实验中心主要负责空管网络、机场、管制和通信/导航/监视等领域的研究与论证工作。其中，空管网络研究包括复杂性及容量分析、空管网络容量评估与可视化，以及宏观仿真工具三个方面。复杂性及容量分析通过对不同管制中心运行指标的比较精炼出与空域相关的、可有效评价空管运行难度的指标，同时研究复杂性、管制负荷与容量之间的关系。空管网络容量评估与可视化基础分析中央流量管理单位数据，对各管制中心及整个欧洲的空管网络进行预先规划，以增加或维持系统容量。机场方面研究主要以机场设施的优化利用为核心，涉及机场动态容量管理、机场运行程序改进等。管制领域研究分为应用、实施和技术验证三类，如地中海自由飞行、汇聚控制等项目属于应用类研究，大规模欧洲自相关监视实施前项目属于实施类研究，自相关监视技术与试验属于技术类研究。通信/导航/监视领域研究包括数据链 2000+、区域导航、精密进近与着陆地基增强系统、二次雷达 S 模式、广播式自动相关监视等项目。

5）空中航行服务研究所

空中航行服务研究所自 1996 年开始参照欧洲质量管理基金会的卓越模型实施质量管理，负责研发空管培训系统，并为军民航机构的航行服务人员与欧洲空中交通管制局职员提供培训服务。研究所自 1969 年成立至今已培训 45000 余人，涉及空管领域的内容主要与空管协作性网络设计有关，包括针对马斯特里赫特高空区域管制中心定制的培训计划、教材和工具。空中航行服务研究所还包括两个咨询机构，其中，空管组织培训咨询小组由各缔约国代表组成，对利益攸关方顾问组负责；空管协作性网络设计委员会主要由干事及高级主管组成，对空管协作性网络设计部负责。

6）其他组织与机构

欧洲空中交通管制局还包括空中航行服务部、财务常设委员会、监理部、军航空管部、利益攸关方顾问组、运行协调小组、监管部和安全事业部。其中，空中航行服务局部负责联结主要的航行服务，并将其有效纳入欧洲航行安全组织监管体系，以便临时委员会通过欧洲空中交通管制局的业务计划及与之相关的财务预算，并将更多的业务授权给空中航行服务局。

作为官方军事机构，2007 年成立的军航空管部在所有决策、规划与协调过程中以高层军事代表的角色负责从军事角度就空管战略事宜为总干事及临时委员会提供建议。各军事团体针对军事活动中的空管政策和战略，通过军航空管部进行内部协调并取得共识。军航空管部下设的军事协调组建立之初隶属于军民航协调常务委员会，由各国军事代表组成，负责在政策和战略层面确立与推动新航行系统有关事务在欧洲范围的军事定位，以改善军事团体间的和谐与合作。

利益攸关方顾问组负责推动战略性空管系统的发展，以支持合作网设计。

运行协调小组负责与短期（运行当日）/中期（3～5年）空域网络优化、容流量一体化管理有关的网络运行协调和监控。监管部由总干事、两名航行服务商代表和一名用空域户代表组成，负责为各级干事提供执行特定任务的指导和建议，签署业务计划并监督其实施情况。安全事业部通过欧洲安全计划指导欧洲民航会议成员国所有航行服务组织与欧洲航行安全组织内部的安全管理工作，负责识别安全隐患并发起评估，分析原因并提供建议，推动改进计划的落实并予以监督。

此外，还设置了军民航空管协调官和专家中心。其中，军民航空管协调官作为欧洲空中交通管制局及其空管协作性网络设计部处理军航和军民航事宜的联络组织，主要负责加强军民航之间及军航内部的协调与合作，为空管协作性网络设计部与专家中心提供专家支援，管理与军民航有关的通信导航监视/空管计划、保安计划与包括"欧洲单一天空空管研发计划"在内的其他事宜。

专家中心涉及6大类25个业务领域的资源利用与部署，包括空管（空域、容量及程序，管制运行及系统，机场，环境）、信息管理（航行情报、交通预测与分析、泛欧信息数据库、企业级架构）、通信/导航/监视（通信、导航、监视、监视产品及售后）、培训（培训、研发协调、商业培训与管理、马斯特里赫特高空区域管制中心特别培训）、验证基础设施（实时管制设施，基于模型的管制设施，容流量一体化管理工具、航空器性能数据库及建模，系统品质支持）和绩效评估（安全、人类绩效、保安、商业案例与应用）。

3. 中央流量管理单位

位于布鲁塞尔的中央流量管理单位是欧洲航行安全组织的执行机构之一，负责容流一体化空管服务，每月审查管制容量与预期交通的对比情况，并根据用户提供的飞行计划与管制中心流量管理席的统计数据安排计划路由方案，预备隔日的流量管理通告，分配航班运行当日的起飞时间或为其另置规避容量瓶颈的改航措施，以最有效地使用空域，尽可能减小延误。当政治危机、危险情况与保安事件猝然发生时，中央流量管理单位负责快速反映这些重大事件，并成为事件处理的情报中心。中央流量管理单位使用分置在哈伦（布鲁塞尔）和布雷蒂尼苏欧日（巴黎）的初始飞行计划综合处理系统接收来自560个机场的各种飞行计划，每天处理约25000个航班的38000多组计划信息，其中12%需要人工介入，且96%的人工处理能在10分钟内完成。

各高空区域管制中心均设有流量管理席，为中央流量管理单位提供40个管制中心及其覆盖范围内所有机场的运行状态信息和实施流量管理措施的情况报告。所有国家通过欧洲航行情报服务数据库系统向中央流量管理单位提供本区域的空域数据与情报。在欧洲航行情报服务数据库系统由系统开发阶段转至服务管理后，航行情报部负责维护该系统的日常运行并根据用户的需求对其进行更新与升级。中央流量管理单位运行室使用先进交通流量管理系统进行战术容流量一体化管理。航空器营运联络办公室作为航空公司代表与中央流量管理单位、管制单位联系沟通的组织，负责了解不同阶段空域与流量管理的情况，反映影响航空公司高效运转的空管问题，并监督流量管理过程的公平性。用户关系部负责中央流量管理单位各类运行报告与情报的管理，如每月网络运行状况报告、交通服务状况报告、高峰流量及其演变情报等，并通过同一天空在线发布交通需求、受限交通、航班平均延误时间、影响网络的当日限制、容流量一体化空管每日摘要、交通及延误完整清单等情报。

4. 管制中心

管制中心也是欧洲航行安全组织的执行机构。根据欧洲航行安全组织公约和相关协议，比利时、荷兰、卢森堡和德国委托欧洲航行安全组织管理马斯特里赫特高空区域管制中心并提供 24500 英尺以上空域的航行服务，同时保留其管理权限。德国空管局负责其西北部空域的军航管制。布鲁塞尔、汉诺威和三角洲/海岸线扇区分别覆盖布鲁塞尔、汉诺威和阿姆斯特丹飞行情报区，是马斯特里赫特高空区域管制中心最主要的管制扇区。管制中心的运行方式是"欧洲单一天空"中功能空域块运行概念的雏形，更体现四国间的政治承诺。欧洲航行安全组织下设的马斯特里赫特协调小组负责四国在空域组织、运行概念、雇员管理、预算和应急规划等方面的具体协调。管制中心的运营成本分摊基准一年修订一次，收费及退费则根据航路收费系统的相关协议执行。管制中心运行室约有 1100 平方米，装置的运行输入与显示系统包括雷达与飞行数据备份系统、记录与重放设施以及全系统设备状态监视工具。1998 年，运行室开始使用管制员/飞行员数据链通信系统，并逐步采用基于其高频数据链的航空电信网代替自动通信与报道系统传输消息。

欧洲航行安全组织规划和建设的卡尔斯鲁厄高空区域管制中心负责德国西北部和东北部（柏林情报区）高空空域的管制运行。参照马斯特里赫特高空区域管制中心的自动数据处理和显示系统，卡尔斯鲁厄高空区域管制中心使用高级编程语言而非 IBM 汇编语言重写航班数据处理软件，设计并构建卡尔斯鲁厄自动数据处理和显示系统，以减少飞行数据的传输与交换规模。1984 年，欧洲航行安全组织设立卡尔斯鲁厄自动数据处理和显示系统软件小组，并以协议方式代表欧洲航行安全组织同德国空管局联合保障该中心的日常运行。软件小组由 7 名欧洲航行安全组织官员、6 名德国空管局工作人员和 7 名合同雇员组成，负责为系统开发新的功能与用户界面，在硬件升级时移植软件系统，进行包括故障诊断在内的系统维护。

2.3.3　体制特点

1. 统一与协调并重

欧洲航行安全组织的使命是协调和整合欧洲空中航行服务，为军民航组织建立统一的空管系统，确保欧洲空中交通的安全、有序、迅速和经济，并最小化对环境的不利影响。但从欧洲航行组织建立以来，实现其使命的道路并不平坦。究其原因主要是欧洲航行安全组织本身超国家组织的性质决定其必须依据"制度平衡"与"辅助性原则"来推行其战略和行业政策。因此，欧洲航行组织采取迂回的方式渐进地达成远景目标与根本使命。具体来说就是从统一的理念走向多方合作。

反映在体制建设方面，欧洲航行组织采用"统一"与"协调"并重的方略。"统一"体现在两个方面，即从财政制度、技术规范入手，统一泛欧地区的空管服务收费政策和区域空中交通管制系统，从而为实现"协调"打下坚实基础。最早在经济领域建立欧洲联盟，在欧洲各国不愿轻易放弃领空主权的条件下，欧洲航行组织最先通过其收费制度打破僵局实现统一。为了便于各国间结算交通服务费用，航路收费系统应运而生，并逐渐扩展到空管服务的各个领域。航路收费系统的巨大成功使得欧洲航行安全组织迅速从6国联盟组织扩大到泛欧区域组织，成为欧洲航空联盟最重要的组织之一。

安全飞行是所有国家发展航空业的首要目标，各国飞行管制系统数据处理不统一的问题会造成严重的安全隐患，妨碍不同管制机构间取得对相同交通态势的共识，因此航行安全组织根据完全相同或类似的数据处理标准与协议，在繁忙的国际间空中交通覆盖的重要地区新建一批区域管制中心。基于相同或相似的技术规范，这些管制中心内不同管制单位间的协调大幅减少，也使得在此基础上建设中央流量管理单位成为可能。由于管制系统建设标准的统一，不同国家管制员可以在相同管制中心工作，或者同一管制中心可以方便地为不同国家的航空器运营人提供同一品质的服务，使得欧洲空管系统效率得到提升，同时降低空管设施设备开发、更新和维护等运营成本。

在上述"统一"的基础上，欧洲航行安全组织开始推动欧洲单一天空部署，采用的路线是协调而非统一。在对空域的调整与重新配置方面，欧洲航行安全组织利用统一的区域管制中心系统推动空域功能区块的部署建设，协调相邻国家空域的联合使用。通过空域功能区块的分步建设，可以达成部分欧洲空域的"单一天空"运行。此外，统一的收费系统和管制系统也为欧洲航行安全组织空域的灵活使用创造了条件，以协调不同空域用户的飞行需求，达到协调空域使用的目的。

空域灵活使用的举措可以大幅挖掘空域潜在可用容量,为缓解、消除不必要的拥塞与延误提供了关键性手段。

2. 集成与分布并施

欧洲航行安全组织就其职能划分而言首先是高度集成。一方面,欧洲航行安全组织将其职能进行功能分层;另一方面,对各层的不同功能采用集成建设方式。分层划分并非平面的功能划分方式,原因在于不同的专业领域越来越精细,其间存在较多的联系或交叉,只能根据功能性质或模糊标准进行区分,使得分层划分更加易于操作,同时便于同层不同功能区域的有机组合。

欧洲航行安全组织的功能基本分为三层,分别是决策功能、执行功能与监管功能。在此基础上根据功能作用对象及其属性进行同层功能划分。为了实现各功能,欧洲航行安全组织在设置机构时将相关的功能进行合并与集成,并由确定的单一机构负责实施。例如,欧洲空中交通管制委员会是决策与监管机构,仅负责制定欧洲航行安全组织的政策并监督执行,而欧洲空中交通管制局是履行方针政策的执行机构,仅负责政策的落实事宜。又如,空管协作性网络设计部作为欧洲空中交通管制局的核心机构,合并欧洲空管部、中欧空中交通服务中心的战略规划发展处及其研发与仿真中心、欧洲航行安全组织实验中心、空中航行服务研究所和监督管理单位等的职能,集中负责泛欧空管协作性网络的设计工作,而相关事宜的具体实现是通过专家中心不同领域的业务人员完成的。专家中心是集成大量专门人才的单一机构。集成的建制方式有利于更高效地统一分配和利用有限的资源,也是当今工程技术领域专业越来越细分的必然结果。

欧洲航行安全组织在集成建制方式的基础上十分注意不同组织机构在各国之间的协调分布。因此欧洲的许多国家都能主导欧洲航行组织在某一方面的职能发挥。例如,欧洲中央流量管理单位设在布鲁塞尔,欧洲航行安全组织实验中心设在法国,而马斯特里赫特高空区域管制中心设在荷兰。分布配设功能性单位的方式有利于欧洲航行安全组织的力量平衡,也促使各成员国更加积极地参与到超越国家界限的各项事宜中,为各国进行国际间的协调合作提供体制上的基础与保障。

2.4　发　展　趋　势

1. 以立法和公正执法为保障,夯实空管体制建设的制度基础

纵观欧美等航空发达国家的空管体制建设现状,均以健全立法推动空管体制建设,以公正执法保障管理制度运行。世界各国和地区由于政治、经济、军事、文化环境不尽相同,其空管目标与可行方案也不尽相同。澳大利亚和巴西的例子

最为典型，因地制宜、因时制宜确立空管发展目标，制定与之相匹配的法律法规，切实保障空管的软、硬实力发展建置基础、组织管理和协同运行方式是世界空管发展建设的一般认识和普遍趋势。

2. 以大部制集成为主要形式，优化空管机构设置方式

新一代航空运输系统的发展，使空管在原有功能领域进一步扩大的基础上，向纵深层面快速发展，加深组织管理的复杂性并产生诸多影响，如协调难度增加、安全隐患增多等。为了及时发现并排除隐患，不断改善生产流程，使之更符合用户的要求，需要空管机构的架构体系与组织布局共同发展，将功能相关的诸多部门统一设置在同一较大规模部门内，合并或集成同层级相关功能，并由单一机构负责实施，提高效率、降低成本。以欧洲为例，通过重新梳理管理与运行流程，欧盟国家空管业务的职权进一步分类，尽可能精干原有部门设置，更好地优化管制资源配置，实现决策、实施和监管主体的相互牵制与互为协调，保证空管功能的整体性和一致性、科学性和可行性。

3. 引入市场化竞争，提升空管行业绩效

为了使空管部门更好、更经济地为用户提供服务，引入市场化竞争成为有效措施。该趋势促进空管部门的现代企业化改制，有助于增加生产效能，降低生产成本，提高空管行业的整体绩效。在引入市场竞争的过程中，英国的做法很有代表性，即一部分关键的业务作为保留执行垄断，其他部分逐步放开，引入更优质的资产，使得用户、投资者和空管部门获得多赢。

第 3 章　空管运行机制

任何一个系统，机制都起着基础性、根本的作用。空管机制是指不同责任主体间依据已确定的原则或是通常惯例，通过科学、确切的方法、手段与程序具体实现所赋予的职能。空管涉及国家领空安全、空域分类与利用、军民航协调、航线布局、流量管理等方面，横跨军地，纵贯各级，决定空管系统组织协调的多范围、多层次、多维度，其中空域管理、流量管理、军民航协调、安全管理和绩效管理五个方面的运行机制是关系空管安全和效能的关键。

3.1　概　　述

伴随空管技术的推陈出新，航空器运行保障手段日益增多，特别是通信、导航与监视技术的突飞猛进，使得空管在保障空中交通安全和有序方面发挥越来越关键的作用。20 世纪 20～60 年代，是空管技术从初步发展到广泛推行、不断进步的时代，极大地提高了航空器运行安全性，增强了空管对飞行动态的主动干涉能力。随着管理与控制能力不断增强和功能角色更加多样，航空业界对空管提出了更高的要求。在航空器种类越来越多、性能差异越来越大的背景下，空域用户飞行偏好越来越广泛与特殊。国际民航组织逐渐认识到，通信、导航与监视技术本身并非空管系统发展的目的，空管体系需要在更加明确的需求基础上进行更深层次的飞跃性开发。因此，空管在新的运行环境下需要考虑更多的因素和目标，单纯依赖技术进步而获得能力的提升不足以充分挖掘空管发展的潜在需要。空管变革需要创新出路，业界开始将目光转向空管自身以寻求答案。

1998 年 3 月，国际民航组织成立空管运行概念专家组，负责拟定一套完整的空管系统运行概念。于是，满足不同空域用户差异化的飞行需求逐渐成为主导空管发展的强力动因，并逐步取代技术中心论原有的至上地位。与许多变革中的高科技服务行业类似，在先进保障系统的支持下，空管运行越来越多地面向用户体验。其中，最为核心的用户心声，即对空域分配公平和效率的渴望，特别是公平分享空域资源的热切呼声对于保障多样化的航行服务提出客观需求。在此背景下，国际民航组织于 2003 年 9 月通过并启动基于绩效的"全球空管运行概念"的实施工作，旨在更多地关注空管自身的运行需求，并以其作为所有工作的出发点和中心，选择合适的先进技术实现空管自身的使命和目标。自动化、信息化和功能集成的运行理念及其实体系统逐渐为获得充分的容量、较高的经济效益、高效和无缝隙的运行过程、较少的环境污染、更灵活的空域使用方式、更好的参与性和预测性，以及更为充分的航空安保提供内部条件和外部环境。于是，在新一代运行理念的驱使下，空管运行方式经历又一次重大变革，并向着越来越集成和统一的现代空管系统转变。一些典型的地区和国家积极顺应这一趋势变化，从当前以及未来空域用户的需求出发，参照国际民航组织提出的空管运行体系，分别确立适合自身情况、面向新纪元的空管运行理念，在落实这些理念的道路上为国际空管业界提供难得的范式与借鉴。

追溯欧美等航空发达国家空管运行机制的发展历程，主要涉及空域管理、流量管理、军民航协调、安全管理、绩效管理等。其中，空域管理立足欧美等航空发达国家空管体制背景和运行发展需求，以其管理体系、组织架构、运行方式和管理规范等为主体内容，关注空域灵活使用、低空空域管理和平行航路飞行等热点问题，为世界各国空域管理运行提供参考范例。流量管理针对自身运行实际和发展需求，从组织体系、管理方式、内部机制等方面形成功能全面、流程顺畅、协同灵活的运行管理机制。军民航协调是军、民航运行管理部门为实现空中交通安全、顺畅而相互制约、相互妥协的过程，是充分利用有限空域资源、解决双方飞行矛盾的重要途径，既包括协议的讨论与签订，又包括飞行过程中双方协议的执行与信息沟通，还包括为解决新矛盾、新冲突所做的修订。欧美等航空发达国家的军民航协调立足自身政治体制，针对军、民航双方在飞行过程中的现实矛盾，从组织体系、协调方式、内部机制等方面形成涵盖行政与运行两方面的运行机制。安全管理是指为实现安全目标而进行的有关决策、计划、组织和控制等方面的活动，主要运用现代安全管理原理、方法和手段，分析和研究各种不安全因素，从技术、组织和管理等方面采取有力措施，解决和消除各种安全隐患，防止事故发生。在空管运行机制中，安全管理是在管理层面提高或维持安全性的一种手段，通过科学、合理的管理方法与技术工具，达到航空器与空域安全运行。绩效管理是指各级管理者和员工为达到组织目标共同参与的绩效计划制定、绩效辅导沟通、绩效考核评价、绩效结果应用、绩效目标提升的持续循环过程。在空管运行机制中，绩效管理的目的是提高空管日常运行业务的经济管理效率，集中精力更好地满足利益相关者期望并提高客户满意度，改革管理方式，以满足形式发展需要，促进国家航空系统的安全和效率。

3.2 空域管理

3.2.1 空域管理组织体系

1. 美国

美国负责国家空域管理总体事务的机构主要为空域规则部门、空域管理规划办公室，隶属于联邦航空管理局空中交通处的系统运行服务单位下设的空域和航行情报管理中心，其组织结构关系如图 3-1 所示。

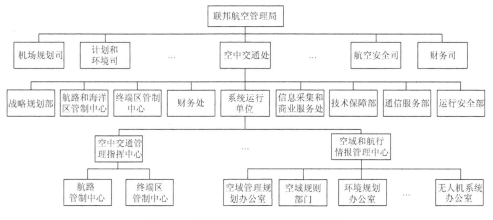

图 3-1　美国空域管理部门的组织架构

空域规则部门的具体职能包括负责建立国家空域系统相关政策、规章、安全标准；为空域分配提案的潜在效益分析和测试提供指导；为制定特殊使用空域政策提供指导和建议。

空域管理规划办公室的具体职能包括为空域利用新技术、设备、基础设施和程序开发提供国家级预案；为空域重新设计项目提供项目管理监督、资源和工具；提供最佳的项目管理服务，并保证空域重新设计（包括航路和终端区）能尽可能广泛地反映相关空域用户的最大效益，满足环境和安全要求。

此外，地区服务中心办公室隶属于联邦航空管理局空中交通处，分别负责美国九大区域的空域管理事务，包括评估已有和拟划设空域，确定空域调整修改内容，并向空域规则部门递交调整修改提案。

2. 欧洲航行安全组织

为了实现整个欧洲的单一天空计划，基于空域灵活使用概念，建立空域三级管理体系，并通过自上而下的组织机构支持实现，包括国家高级空域政策实体和空域管理单元。

其中，国家高层空域政策实体是欧洲空域管理的顶层机构，由每个欧洲民航会议成员国分别设立，代表各国国防部和运输部的最高级别，并保证其军民航联合实体的性质，用于实现空域管理第 1 级战略管理阶段的军民航联合机制，综合考虑国家和国际空域用户的需求，制定国家空域管理政策并执行所需的战略计划工作。其战略目标包括：积极寻求并保持提高空域及其组织结构安全性与管理有效性的方法；执行公平、高效的空域管理规则；通过咨询与合作手段，建立空域调整规划者与实施者之间的信心和尊重；通过有效计划和监控高层实体关键步骤与活动，保持并提高其服务水平；协调所有用户共享国家空域资源；协调相邻国家间的空域管理程序。为了实现上述目标，国家高层空域政策实体具备以下职能：制定国家空域管理政策；定期评估国家空域结构和空中交通服务航路网，尽可能在高空及低空空域（包括终端区）规划灵活的空域结构和程序；证实需要空域隔离的活动，评估该活动对其他空域用户的风险级别；建立所需条件航路、临时隔离区域、临时保留区域、跨国界区域、危险区和限制区，并进行安全评估；如果有需要且实际可行，将危险区和限制区替换或修改为临时分配区域；结合空域灵活使用概念，进行空域分类；协调在运行日前计划需要隔离空域的重大事件，如大规模军事演习，并发布相关信息；建立假期时间汇总表，说明可能减少的军事活动空域资源使用信息，允许临时将第 2 类条件航路转变为第 1 类条件航路，并通报其改变；定期评审空域管理第 2 级的运行程序及其效率、相关审批机构的空域申请提交状况，以及空域管理单元的资源分配协商程序和优先规则；定期评审空域管理第 3 级的运行程序及其效率，以及军民航协调方法的使用情况；通过制定国家间的空域协作计划和空域管理协调程序，提供国境区域连续、透明的操作处理。

空域管理单元作为执行空域管理事务的主要部门，隶属于国家高层空域政策实体。目前，全欧洲共设 31 个空域管理单元，分布在各成员国境内。空域管理单元按照国家高层空域政策实体所建立的空域分配优先级、协商规则和协议开展工作，通过建立军民航联合机制，促进军民航协调和国际协商，管理空域以增加空域灵活性，提高空域利用率。其具体职能包括：将一国或多国的空域管理第 2 级即逐日空域管理作为主要关注点；收集和分析所有可能需要空域临时隔离的申请，包括在空域管理第 1 级针对重大军事演习、航展等活动的空域分配决定；预测交通需求和容量，分析流量管理席接收的预计延误信息，评估条件航路可用性申请；解决临时隔离区域和条件航路的申请冲突；与邻国空域管理单元协调跨国界条件航路的使用；响应任何由中央流量管理单位、区域管制中心的流量管理席及其他机构提出的附加申请，以便提供帮助，或响应由重大空中交通服务航路不一致或未预见的重大事件引起的一些状况；在完成核对、协调、分析、协商和解决过程以后，决定国家临时隔离区域和跨国界区域的分配；按建立的程序，在 2 小时内，激活第 2 类条件航路；将空域使用计划发送到邻近的空域管理单元、国家批准机构，包括区域管制中心/流量管理席和流量管理/空管信息交换单位，公布空域分配信息；尽可能快地以统一的公共格式发布空域使用计划，最晚不得迟于世界协调时 14：00（夏季）/15：00（冬季），以便在第二天 06：00 至第三天 06：00 生效；在空域使用计划发布后，交叉检验条件航路可用性信息草案；在运行当天，从国家批准机构收集和分析已在空域使用计划中公布的、有关撤销临时隔离空域/临时保留空域的最新信息；运行当天，如果空域限制有效期被删除或更改，需要公布更新的空域使用计划；参加空域分配事后分析；在被授权场合进行空域管理第 3 级的协调工作。

空域管理过程中，空域管理单元不仅与国家高层空域政策实体紧密联系，与其他相关机构之间也不可分割，如图 3-2 所示。空域管理单元接收流量管理席、批准机构和其他空域管理单元的临时空域需求，根据既定的指导原则，通过灵活的空域结构和程序的运用对空域进行分配与再分配，生成空域使用计划，再将其发送给各相关单位。

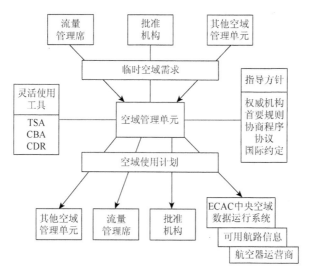

图 3-2 空域管理单元与其他机构之间的关系

3. 英国

英国空域政策董事会负责第 1 级空域管理，考虑各类航空器所有者及运行人员需求，保证空域最高效使用、航空器安全运行、空中交通加速流动，降低对环境的影响，并保障国家安全。空域使用部门和空域管理单元负责第 2 级空域管理。其中，空域使用部门作为空域政策董事会的组成部分，负责处理对空域的所有需求。空域管理单元位于斯万维克的伦敦区域管制中心，作为军民航联合体，由民用空域管理员、军方空域管理员、相关的保障人员组成，主要负责综合考虑军方空域预订和协调部门、预战术规划部门、苏格兰和海洋区管中心、空域预约部门、军方空域用户及其他英国空域结构的管制当局的运行需求，编制英国空域使用计划，并将该计划传给中央流量管理单位。

4. 法国

法国空域管理指导委员会作为永久性高层战略决策机构,负责法国第 1 级空域管理事务,进行国家层面的空域战略规划与军民航决策协调,下设 4 个地区委员会。此外,还依照欧洲的空域灵活使用概念设立本国空域管理单元,负责第 2 级空域管理,执行日常空域分配协调任务。具体组织结构如图 3-3 所示。

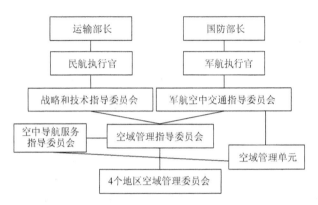

图 3-3　法国空域管理的组织架构

5. 澳大利亚

空域监管办公室作为澳大利亚民航安全局下设的空域管理部门,具有空域设计、分类和划分的决策权,在保证国家安全、环境保护和空域公平使用的前提下负责调整与管理空域。

6. 巴西

空域管理局是巴西政府组织,于 2001 年 10 月 3 日正式成立,其前身为电子与飞行保障部,现隶属国防部和空军司令部,总部位于里约热内卢。作为巴西空域管制系统的主要组织,空域管理局承担空管、航行资料汇编、搜救、航行情报、航空气象、飞行检查和航空电信服务等工作。

7. 日本

日本福冈空管中心直属于国土资源、基础设施和交通运输部管辖,负责日本全国空域管理,并专设空管员负责具体事务,通过协同决策机制,与美国空军和日本国防部协作,确定可用空域范围。其具体职责包括:设计空域使用计划,通过广泛评估并确认流量,获得最大的空域使用容量,并根据空域使用状况,划设新航路、训练空域等;整合空域使用协调方式,通过与国防部联络官合作,协调空域的有效使用，并建立灵活可变的训练空域；与美国空军协调，获知其任务需求及特殊使用空域；协调规划民航训练空域，掌握并管理实时空域使用状态；辅助调整管制员工作量，并依据空域运行状况进行灵活、可变的空域划分，增加整体空域容量。

3.2.2　空域管理运行规范

1. 美国

美国空域管理规范性文件以《联邦法规汇编第 14 卷》和美国联邦航空管理局组织手册系列为基础，包括第 7400.2 号令《空域事务处理程序》、第 7400.8 号令《特殊使用空域》、第 7400.9 号令《空域设计与报告点》和第 7450.1 号令《特殊使用空域管理系统》，为联邦航空管理局总部各部门以及区域、服务区域和现场机构的空域管理事务提供政策、标准、指导和程序依据。

2. 欧洲航行安全组织

空域灵活使用概念贯穿于欧洲空域管理全过程，是欧洲空域管理的核心理念。为了进一步规范、深化空域管理机制，制定一系列空域灵活使用规范性材料，为各成员国建立空域运行机制提供参考。其中，应用性文件包括《欧洲航行安全组织空域管理手册》、《欧洲航行安全组织空域灵活使用实施规范》、《欧洲航行安全组织空域规划手册》等；指导性文件包括《空域灵活使用概念实施指导性文件》和《系统支持功能规范》等；安全性文件包括《空域管理-空中交通流量容量管理程序 3-初步安全案例报告》、《增强空域灵活使用程序-安全计划》和《增强空域灵活使用程序-安全政策》等；规范性文件包括《委员会条例 No730/2006》、《委员会条例 No2150/2005》、《增强空域管理/空中交通流量管理/空中交通管制程序运行需求文件》、《增强空域管理/空中交通流量管理/空中交通管制运行概念》、《委员会条例 No549/2004》～《委员会条例 No552/2004》和《实施空域灵活使用概念所需组织结构与程序报告》等。

3. 英国

英国在欧洲航行安全组织提出的空域灵活使用概念基础上，建立本国空域管理运行规范系列文件，主要包括《空域宪章》、《空域变更程序指导性文件》和《英国空域管理政策》。

4. 澳大利亚

澳大利亚的空域运行规范主要包括《空域法 2007》和《空域法 2007（相应及

其他措施)》、《空域规范 2007》、《澳大利亚空域政策声明 2010》和《空域监管办公室空域变更手册》等。

3.2.3　空域管理运行方式

1. 美国

美国空域管理运行方式主要以空域分类规则为基础，根据不同的空域类型，实施不同的划设和运行程序。1958 年，美国国会通过法律明确美国联邦航空管理局为美国空域的"唯一管理者"，公民有平等使用权。根据空域中飞行器的密度、飞行活动的特点和复杂程度、飞行安全要求和国家利益需求，美国将空域分为绝对管制空域（即 A 类空域）、管制空域（即 B、C、D、E 类空域）、非管制空域（即 G 类空域）以及包括禁区、限制区、告警区、军航活动区、警戒区等在内的特殊使用空域。该分类方式使美国国家空域系统更加简单、高效，使空域用户更易理解不同类型空域对飞行执照、航空器机载设备、空中交通管制服务的要求，为航空器提供最大限度的灵活性和机动性，满足美国航空业快速发展要求。在空域使用上，联邦航空管理局拥有最高决定权，并从管理机构设置和程序上，保证军事单位对空域使用的要求。7%～8%的可航空域用于军方的固定使用空域，空域范围从地面到 60000 英尺，未经军方同意，民航不得使用；25%划给军方临时使用，由军方提出申请，联邦航空管理局批准，飞行后撤销。根据第 7400.2 号令《空域事务处理程序》，美国空域的划设和运行程序根据不同空域类型进行规范。

B 类空域必须划设在主要繁忙机场附近，航空器在该类空域内飞行时，规定遵守相应的飞行规则和设备要求，减少繁忙机场周围空域的潜在飞行冲突。地区服务中心办公室负责对美国 B 类空域和拟划设为 B 类的空域进行两年一次的评估，依据评估结果提出空域调整修改建议。地区服务中心办公室委托相关机构进行集体研究，确定 B 类候选空域。集体研究内容包括：相关空域的文字和图表描述；空域运行情况分析，包括目视飞行规则下的航路穿越情况、航路高度及路线、空域划设范围，以及仪表飞行规则条件下的航路情况、标准仪表进近程序和标准仪表进离场程序；空域运行参数分析，包括空域内飞机数量和受影响机场类型、航空器是否需要接受空中交通管制服务，目视飞行规则下绕飞终端区的航空器数量和接受空中交通管制服务下的平均延误时间，以及仪表飞行规则和目视飞行规则所能提供的空中交通管制服务能力等；人员设备需求分析，包括目前的人员配备情况和设立 B 类空域后预计的人员需求、空域用户需求，以及相关空中交通服务设备需求等；当地环境情况分析；最后结论，包括建立或修改空域以后的管理程序等。空域的调整结果及所有关于 B 类空域的修改计划都需要同时上报给空域规则部门批准，由空域规则部门负责监督整个 B 类空域的设计和修改过程，并公布相关空域设立和修改结果。B 类空域划设和修改的程序还要与空域用户协调，这也是空域划设和修改的最后步骤。与空域用户的协调过程分两步进行：第一步，在公布空域规则修改结果之前，考虑空域用户意见，由空域用户代表组成的专门的委员会，提出空域设计意见和建议。依据已进行的分析研究，地区服务中心办公室决定是否继续公布空域规则修改结果，并且将提议和所有的相关文件转交给空域规则部门。如果继续，则报空域规则部门批准公布空域规则修改结果。第二步，在公布空域规则修改结果之后，地区服务中心办公室将审查空域用户关于空域规则修改结果的意见，并与有关部门协调处理相关问题，将最终结论连同地区服务中心办公室推荐的最终方案转交给空域规则部门，完成对 B 类空域的划设和修改。

　　C 类空域主要划设在能够提供塔台管制服务和雷达进近管制服务的机场上空，目的是减少终端区空中碰撞风险，提高安全水平。区域服务区办公室负责评估确定候选 C 类空域和已有 C 空域的修改，提出方案并提交空域规则部门批准。空域规则部门负责监督 C 类空域的设计和修改，审批和发布所有空域规则修改结果通告，协助区域服务区办公室设计和修改 C 类空域。评估 C 类空域及其候选空域之后，需要进行集体研究，主要包括以下内容：交通量、交通密度和交通类型；空域范围内的地理特征、相邻空域以及空中交通管制设施情况；目视飞行规则下进入、离开和穿越情况，以及仪表飞行规则下受影响航路结构（包括过渡航路）内的交通流情况、标准仪表进近程序、仪表离场程序、标准仪表进场程序、优先进离场航路、卫星机场名称和位置、交通运行情况等；空域用户建议分析、空中碰撞危险评估、设立 C 类空域的有利和不利方面、对空中交通管制和空中导航设施预算的影响；最后结论，包括建立或修改空域以后的空域管理程序等。进行集体研究以后，还需同空域用户协调，分为两步：第一步，在公布空域规则修改结果通告之前，空域用户代表组成的专门委员会，提出空域设计意见和建议。依据分析研究结果，地区服务中心办公室决定是否继续空域规则修改结果通告程序，地区服务中心办公室将提议和所有相关文件转交给空域规则部门，如果继续空域规则修改结果通告程序，则报空域规则部门批准，公布最后结论。第二步，在公布空域规则修改结果通告之后，地区服务中心办公室将审查空域用户关于空域规则修改结果通告的意见，与有关部门协调处理相关问题，将最终结论连同地区服务中心办公室推荐的最终方案转交给空域规则部门，完成对 C 类空域的划设和修改。

　　D 类空域主要划设在拥有管制塔台的中小机场上空，目的是保证航空器飞行时遵守相应的飞行规则，满足规定的设备配备要求。区域服务区办公室主要负责对 D 类空域进行评估和确定候选 D 类空域，每两年进行一次。如果评估结果表明该空域需要修改，那么该机构还负责修改工作。最终方案移交给空域规则部门审批并公布。无论在何种气象条件下，所有在 D 类空域内飞行的航空器必须与塔台建立无线电通话联系，包括进入和离开该空域的航空器。D 类空域中的气象观测十分重要，一般委托空域内的主要机场承担，由获得联邦航空管理局认证的气象观测员或相关观测系统组织实施。观测员承担常规（每小时一次）和特殊观测任务，使用自动观测系统时，自动天气观测系统能提供连续的天气观测。气象观测结果可以通过自动飞行服务站/飞行服务站、国家天气服务和其他手段公布。空域用户如果希望了解卫星机场的天气情况，也可以通过自动飞行服务站/飞行服务站获得。如塔台不工作，但又能够提供气象服务，则将 D 类管制空域转化为 E 类管制空域，气象标准低于目视气象条件时，将所有飞行转入仪表飞行；不能够提供气象服务时，D 类空域将转化为 G 类空域。

在美国国家空域系统中，E 类空域是面积最大、应用最广、种类最多的一类空域。其主要包括以下几类：底部高度为平均海平面高度 14500 英尺，上限高度为平均海平面高度 18000 英尺的空域；机场中划设的地表空域，一般被划设在没有管制塔台的机场，其范围同时还包括机场仪表进离场程序；过渡空域，作为航路空域和终端区空域的过渡，其下限高度被设计为地表以上场压高度 700 英尺或地表以上场压高度 1200 英尺；州内支线航路空域，目的是向航路内的仪表飞行规则飞行提供空中交通服务；联邦航路空域，其下限为场压高度 1200 英尺，上限为平均海平面高度 18000 英尺，通常包含联邦航路和低高度的区域导航航路；海面上的空域，其下限为某一特定高度，上限通常为平均海平面高度 18000 英尺。E 类空域作为一种基本管制空域，可以保护在其他管制空域范围外的仪表飞行规则飞行，包括仪表进场、仪表离场、仪表飞行规则等待飞行以及仪表飞行规则航路飞行，还可以作为一种过渡空域，连接终端区和航路，以及航线和航路等。

在美国国家空域系统中，特殊使用空域划设需要遵循相关工作程序。地区服务中心办公室负责收集特殊使用空域划设的申请和提议，提交给联邦航空管理局总部进行最后批准和管理。特殊使用空域在划设时，首先需要提交设立特殊使用空域提议，特殊使用空域提议的内容包括提议内容的概述、需要划设的特殊使用空域的描述、划设该类空域的需求、给特殊使用空域提供支持的空中交通管制部门、提议划设的特殊使用空域内存在的航空活动、特殊使用空域范围内的地理环境信息、通信设备和雷达设备的性能、空域安全水平信息、空域航图信息等。设立特殊使用空域提议完成以后，将对提议进行多方面协调，包括先期提议协调以及管制服务部门之间的协调。非军方性质特殊使用空域的划设提议可以直接提交给地区服务中心办公室处理，军方性质的特殊使用空域提议需要由地区服务中心办公室同相关军航代表机构一起处理。地区服务中心办公室的主要作用是处理划设特殊使用空域的提议，分析相关需求，分析具体提议方案对航空环境的影响。地区服务中心办公室可以否决相关划设提议，但需要合理的理由，同时也可以对相关提议提出修改建议。通过地区服务中心办公室审议的划设提议，将由地区服务中心办公室提交给联邦航空管理局总部进行最后审批。对于所有特殊使用空域提议都需要进行航空学研究，确定划设该特殊使用空域后对现有空域和航空运行程序的影响。划设禁区、限制区、军航活动区、告警区时都需要进行航空学研究，划设管制射击区和警戒区时，由地区服务中心办公室决定是否需要进行航空学研究。航空学研究内容包括：分析划设特殊使用空域后对其他空域运行的影响；对终端区内仪表和目视飞行的影响；对航路仪表飞行的影响；对航路或航线中目视飞行的影响；对其他划设特殊使用空域提议的影响；对相关影响的评估、对管制设备和服务评估。假如影响特别重大，提出备选方案解决问题。提案经航空学研究通过后，由联邦航空管理局总部进行划设和公布。美国已有的特殊使用空域都需要进行评估，由相关空域评估小组承担。禁区、限制区、军航活动区、告警区需每年评估一次，管制射击区和警戒区由地区服务中心办公室决定评估情况。空域评估的目的是确定空域使用者是否需要继续使用该空域、空域是否达到当初的划设要求、空域大小和使用时间是否合理、空域运行是否达到联合使用的目的等。

2. 欧洲航行安全组织

空域灵活使用作为欧洲航行安全组织空域管理的基本概念，贯穿整个欧洲空域管理的过程，主要实现目标包括：推行最优空域结构，满足民用和军事空域需求；减少飞行距离、时间和燃油，增加飞行效率，提高环境效益；优化空中交通服务航路网络及相应扇区划分，实现容量增加；增强军民航实时协调；减少管制工作负荷；减少空域隔离/保留需要，更好地反映实际军事需求。为了实现上述目标，建立空域三级管理体系，即基于空域灵活使用概念下的战略、预战术和战术空域管理。

空域管理第 1 级 "国家和国际空域政策的建立" 是战略阶段的空域管理，即基于国家整体利益，考虑国内和国际用户空域需求，制定合理的国家空域管理政策，建立国家空域结构体系，对空域进行战略性管理，使军民航双方就联合使用空域达成共识。为了建立和保持一个灵活的空域结构体系，国家迅速收集民用和军用航空信息资料，在三级管理实行前充分了解其对各部门的影响。国家对空域和航路结构进行评估和审查，空域管理第 1 级要为第 2 级和第 3 级建立有效的空域结构体系，并给予最低限度的授权，以便后者能灵活地开展工作。第 1 级还要为空域管理第 2 级和第 3 级制定工作程序、优先权规则和空域分配的商议程序。为了不断提高空域使用效率，国家空域管理部门定期审查空域和航路结构，详细分析空域管理第 1、2、3 级制定的空域管理计划和使用情况。

空域管理第 2 级 "空域的逐日分配" 是预战术阶段的空域管理，即通过建立国家级或次区域级空域管理单元，对空域进行逐日管理和临时分配。各空域管理单元基于军民航联合运行，负责收集、分析各国家批准机构和流量管理席/区域管制中心的空域分配需求，并通过发起各方参与的协商合作程序，实现各方对所分配的条件航路、临时保留空域/临时隔离空域、跨国家区域等的使用。

空域管理第 3 级"空域的实时使用"是战术阶段的空域管理，包括实时激活、去激活空域，或实时取消第 2 级分配的空域，以及解决民用和军用空中交通服务部门、管制员和/或军事管制单元之间的特殊空域问题和/或交通情况；实时获取所有必要的飞行数据，实现空域资源最优利用，减少空域隔离需求。通过各相关机构和程序充分的实时协调，提高军民航协同容量，充分贯彻空域管理第 1、2 级所建的灵活使用概念，增强空域使用灵活性，提高军民航双方联合使用空域的潜力。

基于空域三级管理体系，欧洲航行安全组织又提出"动态空域管理"理念，目的是对空域三级管理加以补充，进一步灵活使用空域，建立动态利用空域的过程，使空域运行管理尽可能接近实际情况，满足用户需求，并与不断进化的空域网络运行相一致。动态空域管理强调动态空域结构的规划、分配和使用，以便实现空域容量的最优利用。动态空域管理包括空域结构规划、空域结构分配和空域结构信息发布，各步骤在空域管理各阶段的具体职能见表 3-1。

表 3-1　各阶段空域运行管理内容

空域管理		第 1 级	第 2 级	第 3 级
空域结构规划	基本的空域灵活使用	空域设计程序 空域结构建立	无	无
	动态空域管理	空域结构建立，旨在提供更多航路选择，提高延伸/分割军事训练区域的灵活性 临时空域规划程序	临时性空域结构	临时性空域结构
空域结构分配	基本的空域灵活使用	优先规则和协商程序	现有空域单元处理	限于实时激活/去激活
	动态空域管理	预定义剧本程序	增强的更近于运行时间的空域管理单元处理	短期协同决策过程
空域结构信息发布	基本的空域灵活使用	航行资料汇编航行通告	空域使用计划/更新的空域使用计划/条件航路可用性信息草案	电话/传真/无线电/航行通告/数据处理
	动态空域管理	空域数据存储	空域数据存储	空域数据存储/电话/无线电/数据链接

其中，空域结构规划在空域管理各阶段的具体职能包括：第 1 级动态空域结构规划，即基于第 1 级空域管理以及战略阶段的空中交通流量与容量协同管理下

的交通分布状况，与欧洲网络运行框架紧密联系，在国家和次区域、区域层面通过协同合作，设计并建立包括条件航路、运行中的空中交通航路，以及临时保留空域/临时隔离空域/跨国家区域在内的空中交通服务航路结构，为空域管理第 2、3 级日常临时空域结构规划提供明确的标准。第 2 级临时空域结构规划，即空域管理单元根据第 1 级所建标准和过程，实施标准程序，同时与所有空域用户、空中导航服务提供者、临近空域管理单元及中央流量管理单位相互协同，通过收集、分析和解决空域资源供需冲突，实现临时空域结构的短期规划，以便快速、有效地应对空域使用需求。第 3 级临时空域结构规划，即根据第 1 级所规定的标准和过程，第 3 级执行临时空域结构的实时规划，满足用户需求和交通流量需求，并利用通用空域设计工具，保证协同空域数据信息交互，遵守第 1 级规定的程序和指导进行临时航路与空域设计，并通过自动化空域结构仿真向所有相关管制工作席位显示。

空域结构分配在空域管理各阶段的具体职能包括：空域管理第 2 级动态空域结构分配，即针对特定空域需求和/或航路优化，通过空域规划与分配实现基于预定义和/或临时空域结构下该特定空域结构的分配，并通过更广泛的有关过载交通需求的信息，中央流量管理单位和既定空域管理单元直接协同激活空域运行剧本，解决容量问题或军事运行需求，空域管理单元、区域管制中心/流量管理席和中央流量管理单位协同、动态地进行航路激活/空域分配，满足本地、次区域和区域内短期需求，并评估本地空域管理单元对于过载交通环境的决策影响，如图 3-4 所示。空域管理第 3 级动态空域分配，即空域结构激活/去激活过程，针对空域可能需要在短时间内被需求并实现其规划的问题，各相关方之间主动合作，建立有效的协同决策过程，并在战术层面直接在相关民航和军事单位之间进行基于协议书内明确规则与程序的空域分配，如图 3-5 所示。

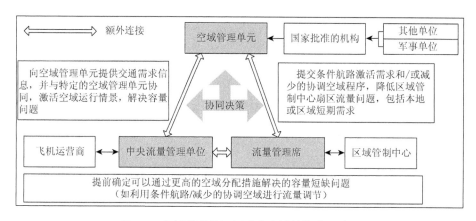

图 3-4　空域管理第 2 级动态空域结构分配过程

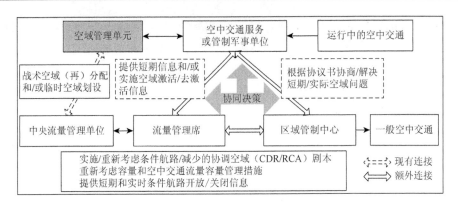

图 3-5　空域管理第 3 级动态空域分配过程

空域结构信息发布在空域管理各阶段的具体职能包括：空域管理第 2、3 级利用系统支持工具，通知由动态空域管理过程造成的空域改变而受到影响的所有空域用户和服务提供者，增加对运行环境的认知共享。

3. 英国

英国在欧洲统一的空域灵活使用概念基础上，通过建立空域管理三级体系分配本国空域，通过国际间军民航协作对计划过程及其后续实施建立通用框架，协助各成员国获得必要程度的共同需求，同时适当保留本国自身需求。

第一级战略规划阶段，实施国家空域管理政策、计划和协调。由空域政策董事会负责，主要职责包括：准备和维护协调战略，规划英国空域使用和空中导航；完善与英国空域分类有关国家政策，包括制定标准、规则、方针和通用程序；协调和发布英国空域使用的临时变更信息，满足特殊的空中导航需要；根据需要为交通运输部和国防部提供建议；负责国际空域政策、空域设计和常规事务。此外，还设有空域战略指导组，负责按照欧共体欧洲单一天空有关文件，对欧洲民用航空委员会空域战略进行一致性监控，并将有关英国空域结构和分类的变更提议通知给交通运输部。

第二级预战术规划阶段，实施空域日常管理和临时分配，主要由空域使用部门和英国空域管理单位负责。其中，空域使用部门负责处理对空域资源的所有使用需求；空域管理单位负责编制英国空域使用计划，并将其传送给中央流量管理单位。

第三级战术运行阶段，承担实时的空域激活、去激活和再分配，以及实时的军民航协调工作。通常，由军方区域管制中心或空中监视和管制系统，以及单独的危险区机构负责监控军方预订空域内所执行的任务。如果已知航空器不能迅速飞抵某预订空域，则负责该空域的第三级有关机构有责任从用户所属部门确定用户意图。如果该用户不再需要该时间段，则第三级管理者可以将其重新分配给其他空域使用者；如果其他空域使用者也无使用需求，则该时间段将会交还军方空域管理者，并由军方空域管理者将该空域向其管制服务部门释放。

此外，英国采用国际民航组织空域分类标准体系，将空域划设为六类空域，包括 A 类、B 类、D 类、E 类、F 类和 G 类空域，以及一些特殊使用空域，包括禁区、限制区、危险区、机动战术空域、高密度飞行区、高强度无线电发射区、鸟类庇护空域、自由跳伞区等。其中，禁区是禁止任何航空器飞入的空域；限制区是在满足特定条件时才能使用的空域；危险区是可能危及飞行安全的区域，在其生效时间内禁止航空器进入；机动战术空域是用于战斗机训练的空域，分为战斗机机动飞行和编队飞行，必须联系相应的管制部门方能进入；高密度飞行区是军用、民用或军民共同飞行的、密度较高的空域，该空域内机动飞行频率高，进入飞行时要时刻注意观察，强烈建议提供雷达服务，在航图和航行资料汇编上可以查到区域范围、管制单位和联系频率；高强度无线电发射区是有高强度无线电波，可能损害通信和导航设备或人体健康的空域，该类空域可能导致通信导航设备失灵，航空器应避免进入；鸟类庇护空域，飞行员应绕飞，避免打扰鸟类安静的生息环境；自由跳伞区，强烈建议飞行员绕飞，默认跳伞区域内有跳伞活动。

英国空域内还存在皇家飞行，即军用或民用航空器承载皇室成员/外国领导人的飞行，遵守皇家飞行保障要求：当固定翼飞机执行皇家飞行时，管制部门应该保证附近没有目视飞行规则下的其他航空器，在起飞和降落机场需要建立管制地带，如该区域没有建立管制地带，可以建立临时管制地带，范围是以机场为中心，半径 10 海里的空域，高度范围为地表至皇家飞行使用的高度层；在非管制空域划设临时管制区为皇家飞行提供管制服务。临时管制区和管制地带的生效时间都是皇家飞行到来前 15 分钟，取消时间为皇家飞行离开或落地后 30 分钟。

4. 德国

德国空域管理于 1995 年引入空域灵活使用概念，其空域管理运行方式基本与欧洲航行安全组织要求一致。但由于德国周末无军事飞行活动，该国位于兰根的空域管理单元只在周一至周五工作，休息期间由位于曼彻斯特的上层区域管制中心负责相应事务。日常空域运行主要由空域管理单元负责，流程如图 3-6 所示。当日上午 10：00 与相邻空域管理部门协调跨区飞行条件和航路开放时间；12：00 确定临时使用空域和条件航路，列出下一工作日军事活动所需临时空域、特殊军事飞行和范围等；12：00 以后确定空域使用计划，进行军民航协调和跨区飞行协调。

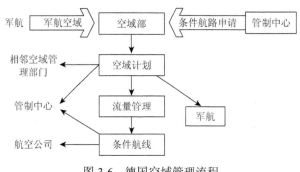

图 3-6　德国空域管理流程

　　德国的空域分类方案同国际民航组织空域分类标准存在很大不同,包括 C 类、D 类、E 类、F 类和 G 类五类,没有 A 类和 B 类空域。其中,C 类空域为管制空域,一般把高空管制区、标准气压高度在 10000 英尺或 13000 英尺以上的中低空管制区和终端区空域划设为 C 类空域。C 类空域中,所有航空器都需要同空中交通管制部门保持连续双向通信,对仪表飞行提供空中交通管制服务,对目视飞行提供交通情报服务。航空器进入 C 类空域之前需要获得空中交通管制部门的许可,同时要求标准气压高度 10000 英尺以下的目视飞行速度低于 250 节,对于仪表飞行无速度限制。

　　D 类空域为管制空域,一般把机场管制地带划设为 D 类空域。所有航空器都需要同空中交通管制部门保持连续双向通信,对仪表飞行提供空中交通管制服务,对目视飞行提供交通情报服务。对仪表飞行提供间隔服务,航空器进入之前需要获得空中交通管制部门的许可,同时要求标准气压高度 10000 英尺以下的所有航空器速度低于 250 节。

　　E 类空域是管制空域,高度范围一般为场压高度 2500 英尺至标准气压高度 10000 英尺或 13000 英尺。只要求仪表飞行同空中交通管制部门保持连续双向通信,对仪表飞行提供空中交通管制服务,对目视飞行提供交通情报服务。对仪表飞行提供间隔服务,仪表飞行的航空器进入之前需获得空中交通管制部门的许可,目视飞行不需要,同时要求标准气压高度 10000 英尺以下的所有航空器速度低于 250 节。在有些 D 类空域上空划设强制应答机保护区,要求空域内所有航空器安装应答机,保护 D 类空域运行安全。强制应答机保护区划设为 E 类空域。

　　F 类空域是非管制空域。只要求仪表飞行同空中交通管制部门保持连续双向通信,对空域内的所有航空器提供交通情报服务,对仪表飞行提供间隔服务,仪表飞行的航空器进入 F 类空域之前需获得空中交通管制部门的许可,目视飞行则不需要,同时要求标准气压高度 10000 英尺以下的所有航空器速度低于 250 节。

　　G 类空域是非管制空域。不需要航空器同空中交通管制部门保持连续双向通信,对空域内的所有航空器提供交通情报服务,不需要为航空器提供间隔服务,航空器进入之前不需要获得空中交通管制部门的许可，可以自由进入，要求标准气压高度 10000 英尺以下的所有航空器速度低于 250 节。

5. 法国

法国空域管理运行方式完全按照空域灵活使用概念和欧洲单一天空规章，按三个层面实施空域管理。第一层为战略层，成立空域管理指导委员会，负责法国军民航决策与协调。该委员会在空管规章方面由民航指导和军航指导共同负责。空域管理指导委员会有 4 个地区委员会，拥有正式的军民航技术员工。作为永久性高层战略决策机构，空域管理指导委员会的主要工作有：评估现行国家空域和航路结构；规划临时空域结构；制定军民航协调程序和优先权规则；定期检查机构工作；评估国家空域需求；对军民航空管单位发布工作指导意见；组织规章制定者、空管部门和空域用户之间的对话沟通；协调法国在欧洲空域管理中的地位。第二层为预战术层，成立空域管理单元，负责军民航用户的日常空域分配，主要工作有：收集并分析所有的空域使用需求；内部协商分配相关空域，每天在空域使用计划中发布；分析空域使用情况。第三层为战术或实时层，通过每个军航空管中心的民航协调部门，获取空域空中交通状况的实时信息，并实时协调军民航空域资源使用。

6. 澳大利亚

澳大利亚空域运行管理方式以空域分类规则为基础，围绕空域划设和变更展开。空域分类方案采用国际民航组织空域分类标准，分为 A、C、D、E、G 五类，没有 B 类和 F 类空域。其中 A、C、D、E 类空域为管制空域，G 类空域为非管制空域，同时澳大利亚还划设称为通用航空机场程序的管制地带，等同于 D 类空域。针对不同空域类型，空域运行管理的主要职能包括：确定空域与管制机场，包括空域范围和类型、变更类型空域的有效时间及变更条件等；划设禁区、限制区和危险区，书面声明空域范围和有效时间，将由于军事需要禁止航空器通过的区域划设为禁区，将由于公共安全利益或环境保护需要限制航空器在特定条件下通过的区域划设为限制区，将航空器通过存在潜在危险的区域划设为危险区；发布空域划设方案，通过航行资料汇编或航行通告等方式公布禁区、限制区和危险区的划设方案和有效时间，限制区的发布内容还应声明航空器通过该区域的条件，危险区的发布内容还应包含使飞行员预先防御危险的信息；划设飞行训练区，需针对存在飞行训练活动，且对飞越航空器产生潜在危险的空域划设为飞行训练区，划设方案应包含该区域的边界范围和有效时间，并通过航行资料汇编或航行通告等方式发布；空中交通服务，通过航行资料汇编或航行通告公布为某空域内飞行所能提供的空中交通服务方式；发布不可用空中交通服务，如果在一段时间内无法为某空域提供空中交通服务，则必须通过航行资料汇编或航行通告公布不可用空中交通服务的细节；划设航路航线，划设本国所辖空域内的航路航线，确定使用条件，并通过航行资料汇编或航行通告公布；航路、航线及其机构的指导，对所划设航路航线及其机构提供指导。

针对空域变更问题，澳大利亚民航安全局的空域监管办公室建立《空域变更手册》，明确规定整个空域变更的管理过程。手册规定如下。

（1）空域变更提案的启动。空域变更主要针对空域分类、禁区/限制区/危险区划设、空域运行方式和/或其使用条件、变更空域结构所需临时条件、既定空域管理机构等问题，空域变更建议者需要根据空域审查结果、航空学研究结果或军民航空域管理机构运行需求，提交空域变更提案及相关资料，促使空域监管办公室及时地掌握和评估该提案。

（2）空域变更提案的处理。一旦接到紧急空域变更提案，空域监管办公室就需确定是否进行简化评估；如果需要，则根据空域变更提案初步评估资料清单中所提供的空域变更信息，确定并进行所需咨询、研究和/或其他信息搜集，开展评估工作，并将评估结果反馈给提案建议者；提案建议者根据评估结果建议中的下一步工作安排，针对提案开展空域监管办公室所需的咨询、解释以及文档证明整理等工作，搜集提案相关信息和数据；提案建议者将所有所需信息和文件提交后，运行经理及相关空域专家对此提案进行评估；如果评估结果满足要求，则将评估与正式批准表发送给澳大利亚航空服务公司和国防部，一旦收到上述单位的反馈信息，则将空域变更提案递交给这些单位批准。具体流程见图3-7。

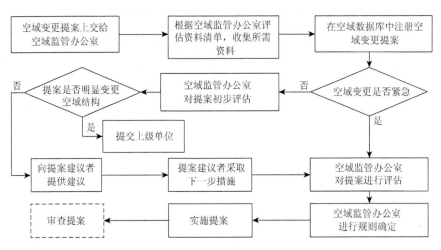

图3-7　空域变更提案处理过程

（3）空域变更监视。空域监管办公室监视交通数量和乘客数量，分析变化趋势；通过空域风险注册记录和空域安全风险追踪，监控交通运行和事故统计数据，尤其针对非管制状态下航空器冲突风险，确定需深入分析的空域范围；定期审查相关部门报告，分类和记录事故数据；判断是否符合启动航空学研究的标准，提出研究建议，确定开展研究的责任方。具体流程见图 3-8。

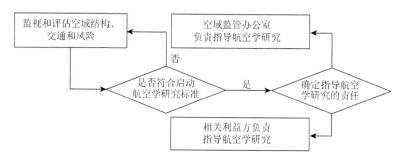

图 3-8　确定航空学研究监视过程

（4）空域变更审查。空域监管办公室建立定期审查项目，每五年对整个空域结构审查一次，审查依据优先权包括空域管理者、服务提供方和空域用户需求、空域监管办公室确定特定空域范围内的空域使用及其他参数发生变化；随机选取空域进行审查。具体流程见图 3-9。

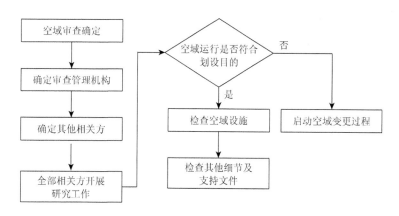

图 3-9　空域变更审查过程

3.2.4　空域灵活使用

1. 美国

美国国家空域系统中，除了 A、B、C、D、E、G 六类空域，还包括特殊使用空域，约占全国空域面积的 1/7，共计 51 万平方英里（1 平方英里=2.589988 平方千米）。特殊使用空域是指存在某些特殊活动并对进入其间的航空器飞行安全可能造成影响的空域，包括禁区、限制区、告警区、军事活动空域、警戒区、管制射击区和国家安全空域。通过对上述各类特殊使用空域的划设和管理，美国国家空域系统可以进一步实现其灵活使用。尤其是通过联合使用政策，将约 85%的特殊使用空域辟为联合使用空域，实现此类空域的军民合作协调使用。

特殊使用空域"联合使用政策"是指：大部分特殊用途空域指定由使用机构和管制机构合用，即特殊用途空域用于军事行动时，由使用机构管制该空域；在指定行动不使用特殊用途空域时，将之开放给公众使用，从而最大限度地利用国家空域系统。具体内容包括：在联合使用概念下，当特殊使用空域不用于其划设目的时，就释放给管制单位，用于非规定活动类型的航空器通过；限制区、告警区和军事活动区遵从联合使用概念，除非联合使用方式有损空域使用机构的任务；联合使用程序根据各空域使用机构和管制机构之间的联合使用"程序书"或"协议书"制定，程序书或协议书应提供空域实时激活/去激活信息及该空域的服务能力，以及空域活动每日改变、撤销或完成的时间，用于明确管制单位允许非参与航空器穿越该区域或在该区域内运行的条件和程序，并及时通知管制机构；空域使用单位应保证当某联合使用的特殊使用空域不再需要用于执行其划设目的的任务后，该空域将归还管制单位负责。其中，管制单位是指特殊使用空域未激活状态下执行该空域管制任务的联邦航空管理局空中交通管制机构，空域使用单位是指在特殊使用空域内执行任务需要的军事机构或其他组织。空域使用单位有责任保证：特殊使用空域只用于其设计目的；建立并执行适宜的程序计划；管制单位可以随时获知计划活动的改变，直至每日活动的完成；保证与管制单位的联络，使其可以检验任务执行时间表，获知重大事件和恶劣天气变化等信息。综上所述，通常情况下特殊用途空域只由军方使用，民航的飞行活动受其限制；当军方暂时不使用某个特殊空域时，在与军方协调之后，基于联合使用政策，可用于商用航空。具体流程如图 3-10 所示。

军航通过手工、传真或电话方式，向民航扇区管制员通报当日 24 小时内特殊空域使用计划，包括特殊用途空域的名称、使用时间和使用高度，并随时通过电话或传真调整，调整

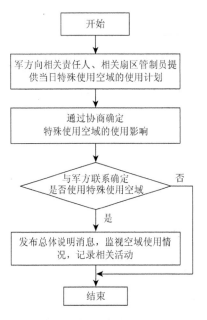

图 3-10　特殊空域工作流程

时间通常应提前 2 小时。民航管制员应将其相关信息通报军航。在空域使用前 2 小时左右开始军民航协调,确定所使用特殊空域对其他空域的影响,以及能否使用该特殊用途空域:如某特殊用途空域可由军方使用,则民航扇区管制员需要发布总体信息说明,并监视该空域的使用情况,记录相关活动。

2. 欧洲航行安全组织

欧洲航行安全组织通过规范空域灵活使用概念,提出空域不应再被指定为民用或军用空域,而应看作一个连续的整体,任何必要的空域限制和隔离都只是临时性的,且在逐日分配基础上最终实现最有效地使用空域。通过国家高层空域政策实体和空域管理单元对空域进行三级管理,采用条件航路、临时隔离空域、临时保留空域、跨国界区域、减少协调空域以及预先协调空域等灵活的空域结构和程序,实现空域分配和灵活使用。

条件航路是一种空中交通服务航路,只在某些特定条件下才可以计划和/或使用。条件航路在空域管理第 1 级建立,或与潜在的临时保留空域关联,并根据相关军事活动建立航路开放/关闭条件;或者建立特定管制条件(如交通限制或管制扇区划分兼容性),并根据民用需求建立航路开放/关闭条件。按预见的可用性和飞行计划可能性,条件航路分为三类:第一类为条件航路 1,即永久可计划的条件航路,在相关国家的航行资料汇编公布时间内可永久性规划,且大部分时间内可用,与空中交通服务航路进行同样的永久性规划,若短期内不可用,则依照空中交通管制指令改航到可用的临时隔离空域航路;第二类为条件航路 2,即非永久可计划的条件航路,需要根据空中交通管制容量需求进行每日分配,并根据每日空域使用计划和可用航路信息进行规划,是预先定义的航路;第三类为条件航路 3,即非计划条件航路,通过空中交通管制指令激活,作为短期航路使用。上述三类条件航路通常在空域管理第 1 级建立,再由空域管理单元在第 2 级中分配,由区域管制中心在第 3 级中使用。条件航路的建立和使用是空域管理单元执行预先策略工作的主要手段之一,可以增加更多直接的或可供选择的航路,并能重新构建空域结构。

作为具有确定范围的空域,临时隔离空域可以通过临时隔离或分配空域,实现特定用户在一个确定时期内空域资源的单独使用,并限制其他任何形式的空中交通活动。临时隔离空域建立之前,通常需要证实某空域的限制/隔离活动,并考虑联合使用空域的可行性,然后在空域管理第 1 级建立,由空域管理单元根据每日申请在第 2 级分配,并在第 3 级对应民用或军用空域用户要求实时激活。

作为具有确定范围的空域,临时保留空域可以通过临时保留或分配空域,满足特定用户在确定时期内空域资源的特殊使用需求,并允许其他航空器在管制批准的条件下在此期间通过该空域。

作为一种为国际边界上空应对特定运行要求建立的临时隔离区，跨国界区域使边界空域能够最大化使用，优化航路结构。如果可以在国界两侧建立跨国家区域，则有关国家应努力优化国界区域的空域和航路结构，适当建立相关条件航路。相邻国家间的政治和军事协议对建立与使用跨国界区域非常重要，必须关注国家主权、国防、法律、运营、环境、搜救等各方面内容。跨国界区域会被多个国家的空域用户使用，各国用户间的空域分配问题也变得更为突出和重要，因此负责此类空域分配的空域管理单元必须具备相应权限，并且按照有关行政当局事先签订的协议以及优先级规则进行分配和管理。

作为一种特殊空域，减少协调空域允许一般空中交通"偏离航路"飞行，无须一般空中交通管制员发起与运行中的空中交通管制员的协调。负责运行中的空中交通与一般空中交通分离的空中交通管制员自动了解一般空中交通穿越减少协调空域的条件而不需要进行协调。无须实行间隔，运行中的空中交通和一般空中交通都能安全地使用空域。

作为特定的管制空域区块，预先协调空域根据军、民航空中交通服务单位预先制定的协议，允许相关军航飞行活动。

此外，实现空域灵活使用还离不开与现有空域结构的衔接，包括空中交通服务航路、空域限制区、管制空域和非管制空域。空中交通服务航路即一般空中交通航路以及为提供空中交通服务所指定的特定航路，包括上层航路航线、咨询航路、标准仪表出发航路或标准到达航路、区域导航航路或条件航路。通过规定"永久空中交通服务航路"，将非条件航路的空中交通服务航路纳入空域灵活使用管理范围中，并规定此类航路不受空域管理单元第2级的每日管理。

空域限制区包括危险区、限制区和禁区，即针对引入空中交通流量与容量管理概念后，在运行前一天不可计划的某些空中活动将继续对其他用户产生潜在危险的情况，各成员国保留已有的或新建的危险区、限制区或禁区。当空域限制在第2级可管理时，危险区、限制区可以由临时隔离空域或临时保留空域取代；对于需要继续维持的危险区和限制区，应当以与临时隔离空域或临时保留空域相同的方式，分配和激活这些区域；对于不适合第2级管理的危险区、限制区和禁区区域，将仍保持现有使用方式不变。

在管制空域内，条件航路、临时保留空域、临时隔离空域和/或空域管理单元管制危险区或限制区在第1级被制定为"预定"空域结构，以便由空域管理单元在第2级逐日分配或去激活，由所涉及民用和军事用户级管制单位在第3级管理使用。

3. 英国

英国空域灵活使用政策与欧洲航行安全组织的《空域管理手册》规定和解释

基本保持一致。其中，条件航路同样分为条件航路 1、条件航路 2 和条件航路 3
三类，且均投入使用；在英国，临时隔离空域是指公布的与条件航路相交的危险
区，且在指定时间段内可按日分配；临时保留空域创建于第 1 级空域管理层面，
由英国空域管理单元在第 2 级空域管理层分配，并在第 3 级空域管理层进行激活
和去激活操作；英国目前尚未使用跨国界区域；减少协调空域可允许通用空中交
通在航路外飞行，不需要通用空中交通管制员主动与运行中的空中交通管制员进
行协调；管理危险空域作为英国与欧洲航行安全组织规定的唯一不同的空域灵活
使用类型，是指特定时段内的临时隔离空域，全部或部分位于公海上空，由军用
空域协调部门负责，用于军事临时隔离。

4. 澳大利亚

澳大利亚政府希望通过空域灵活使用最大化利用空域资源，提供不兼容用户
活动下所需的空域分割，从而使航空器在约束更少、更有效、环境更友好的方式
下运行，满足安全标准要求。灵活使用空域主要针对民航与军航之间的协作优化，
目的是保证任何时间下的安全和运行要求，实现军民航协作灵活性下的全局收益
高于运行成本。澳大利亚民航安全局下属的空域监管办公室已经明确空域使用更
加高效的关键问题，并于 2010 年 11 月公布了一份更加清晰的指南，对全体利益
相关方说明限制区及管制类型，增加了其管理的透明度，实现了效能与环境双赢
基础上的空域利用最大化。国防部、澳大利亚航空服务公司和相关行业将继续通
过空域监管办公室及其他机构的工作增进军民航空域使用的灵活性，保证未来澳
大利亚空管系统的通用性和互通性。

限制区原有分类为：第一类限制区依照管制空域的管理方式，在激活状态下
由空中交通管制员负责管理，空域用户此时可以计划并申请穿越，在允许的交通
条件下获得批准。第二类限制区对军事活动具有优先权，无须管制员管理，此类
空域可能用于空对空演练或海军炮射，且对非活动参与方的运行具有一定风险。
如果将其优先权交与非参与方，则军事活动的运行成本过高，因此只在军方激活
此类空域当前却无使用的情况下，允许非参与方穿越。第三类限制区用于保护非
空域运行参与方，针对如炮射区等运行风险过高的空域类型，且所辖军方管制员
不具备为民用航空器提供空中交通服务资格，因此当此类空域激活时，民航空域
用户不能获得穿越空域的许可。由于 2010 年 11 月之前上述空域类型尚无明确的
管理说明，飞行员通常根据航行通告或地图标识及其经验判断能否获得穿越许可，
11 月之后有望对现有限制区进一步细化，并通过规定条件状态说明其可用性：条
件状态 1，即空域激活时用户可以计划穿越/期望允许穿越；条件状态 2，即空域
激活时用户不能计划穿越/不应期望穿越允许，虽然管制员可以提供战术轨迹跟踪
服务；条件状态 3，即除紧急情况下，空域激活时用户绝不允许通过。

5. 巴西

巴西空域管理通过寻求空域灵活使用，增加航空运行的容量、灵活性和有效性，包含管制空域、非管制空域和条件空域三部分内容。其中，管制空域内所有交通都作为管制对象实体，要求飞行员满足既定运行方式，保证航空器飞行安全，此类空域包括航路、管制空域和管制区域。非管制空域内的航空器飞行在已知环境中，并服从空域运行规则，但无空中交通管制服务，仅有飞行情报服务和告警服务。条件空域内一旦有特殊活动运行，不允许提供空中交通服务。

6. 日本

日本的空域灵活使用旨在实现管制空域的协同运行和训练空域的灵活有效利用。2006 年，日本开始实施民用训练试验空域的集中化管理、自卫队和美军军事训练空域等的运行规划和协同，以及实现商用航空器可以通过"调整路径"穿越自卫队和美军军事训练空域。在此基础上，2008 年日本逐步推行扇区空域结构的灵活设计和使用，并引入空域评估工具，提升扇区容量；此外，还进一步加快实现训练空域的协同和有效使用，包括：对自卫队和美军训练空域进行规划、协同和使用管理；调整未使用训练空域，加强其有效使用；调整民用航空器航路使用结构；集中化管理民用训练试验空域。

3.2.5　低空空域管理

1. 美国

为更加有效地组织空域，支持包括通航在内的航空运输系统的运行和发展，1996 年美国根据实际情况有选择地引入国际民航组织的空域分类标准，建立简单、有效的国家空域系统。美国国家空域系统包括 A、B、C、D、E、G 六类空域和一些特殊用途空域。其中 E、G 两类空域为通用航空创造宽松、规范和安全的低空运行环境。E 类空域是美国面积最大、应用最广的空域，也是通航运行的主要空域，该类空域内可以混合运行目视飞行和仪表飞行；仪表飞行需要管制放行许可，接受与其他飞行之间的间隔服务；目视飞行仅在管制员工作负荷允许时提供交通咨询服务，飞行情报服务和告警服务由飞行服务站提供。在 E 类空域内的目视飞行处于非管制状态下：航路阶段采用"看见—避让"的规则保证安全间隔；机场附近则需要在通用空中交通咨询频率上按飞行程序报告位置，由飞行员监视附近航空器动态和协调安全间隔。G 类空域为非管制空域，美国大多数 G 类空域高度范围都是地表至真高 1200 英尺；但在美国西部山区，当空域不包含航路区域时，也划设为 G 类空域，高度范围是地表至平均海平面高度 14500 英尺。G

类空域允许目视和仪表飞行，但不提供管制服务。美国空域划设调整由地区服务中心办公室、空域和法规处共同负责。地区服务中心办公室负责每两年对所划设和拟划设的空域进行一次评估，并根据评估结果指出需要进行调整的空域。空域和法规处负责监督空域设计与调整过程，对空域调整进行预演和影响分析，公布有关调整和实施方案，制定相应规章、政策和标准。

为保证低空通航安全与效能，美国采取一系列保障措施：一是规范适航、运行及其人员资质。美国主要通过法律、法规和标准的方式规范低空内通用航空活动。联邦航空条例第 23 部、25 部、27 部、29 部规范航空器适航，第 91 部规范运行和飞行一般规则，第 61 部规范人员资质。美国现有通用航空规章标准涵盖通用航空飞行、维修、监察员执照培训、各类通用航空运行，以及维修机构和训练学校的资质认证等。二是健全安全监管机构与监督检查。美国低空航行安全监管主要通过三级管理机构、规章标准制定和通用航空监察员的监督检查来实施。除了总部，全美设有 9 个地区管理局，其中 8 个地区管理局设有飞行标准部门，108 个现场办公室及 13 个认证办公室。三是规范考试员制度与普及教育培训。美国实行规范的考试员制度，联邦航空规章《局方委任代表》就考试员的资质、职责和权利等做出具体规定。全美拥有经联邦航空管理局批准的飞行员和维修人员培训学校近千家。四是健全低空空域服务机构。美国低空通航服务机构主要有机场、固定基地运营服务站、维修站和飞行服务站等。其中，全美共有 18000 多个机场供低空通用航空使用，任何飞行均可获取拟使用机场的情报以了解其运行状况和保障能力。固定基地运营服务站为小型通用公司及私人飞机提供地面保障。目前全美约有 3500 家固定基地运营服务站，业务范围包括通用飞行加油与维护、通用飞机维修、销售或租赁，以及航行资料有偿提供等。美国维修站点多面广，有约上万家经批准的维修站，其业务范围包括飞机改装、飞机维修和电气设备销售等。飞行服务站负责向低空航行提供飞行情报等服务，以减轻空管系统负荷。飞行服务站可以监视导航设施，转发空中交通管制指令，拍发航行通告，广播航空气象及国家空域系统情报，接收并处理仪表飞行计划，为飞行员提供飞行前讲解、航路通信，还可以提供搜索与援救等服务。

2. 欧洲

欧洲目前拥有通用航空飞机 23.28 万架，包括约 2800 架喷气式飞机、4 万架螺旋桨飞机和用于体育与娱乐的 19 万架滑翔机。拥有约 10 万个机场分布在 8 万个城市，构成错综复杂的运输网络，覆盖定期航班很少的地区。由于欧洲各国通航发展不均衡，欧盟期望在"欧洲单一天空"框架内，能够结合空域管理经验与通航实际需求，统筹规范低空通航的创新发展。

欧洲各国空域划设在采用国际民航组织建议的标准基础上进行相应调整。为了统一使用欧洲低空空域，促进通用航空发展，欧洲航行安全组织以维持和增强空中交通安全水平、满足空域用户实际需要为主要原则，自 2005 年起对其成员国低空空域分类进行协调和简化：一是将 19500～28500 英尺的空域划设为 C 类空域，允许通航在该空域的保留空域或者按照航行导航服务单位要求进行目视飞行；二是将 9500～19500 英尺具有已知交通环境的空域划设为 C 类或 D 类空域，在具有高密度和/或复杂交通的空域可过渡性地使用限制更高的空域分类，并允许通航在该空域的保留空域，或者按照航行导航服务单位要求，或者在按目视规则建立的永久性或临时性走廊空域，进行目视飞行；三是将 9500～19500 英尺具有未知交通环境的空域划设为 E 类或 G 类空域。欧洲航行安全组织拟进一步统一和简化现有空域分类，在空域交通环境分类的基础上，推行 U（19500 英尺以下）、K（19500～24500 英尺）、N（24500 英尺以上）的空域分类方式，并最终归为 U、N 两种空域分类，实现一体化欧洲空域的战略构想。

为了适应通航多样化的运行方式，促进欧洲空域使用的统一与高效，欧洲航行安全组织计划将对空域的灵活使用扩展到低空空域。欧洲航行安全组织于 2005 年拟定低空空域灵活使用的实施路线：一是对空域的实际运行进行安全验证和风险评估；二是按照欧洲单一天空立法包的原则，根据空域灵活使用的政策框架和实施细则修改相关军民航协议；三是根据空域灵活使用的需要，对低空空域分类进行协调和简化；四是将低空空域灵活使用相关的决策活动提升到国家级别执行。

3. 英国

英国规定其低空空域为高度在 9500 英尺以下的空域。除了被通知所飞行的空域为 A 类空域，白天且符合目视气象条件下，英国空域内允许目视飞行。最低限度的目视气象条件由空域类别、高度和空速确定。总体而言，飞行间隔标准不是由空管或目视飞行规定确定的，而是由飞行员在目视飞行中自行掌握飞行间隔，但在 C 类空域飞行过程中管制员还要掌控目视飞行和仪表飞行之间的航空器间隔，但不负责控制目视飞行航空器之间的间隔。

英国的低空空域运行管理方式主要通过制定低空空域目视飞行规则实现。其目视飞行规则要求航空器根据相应空域类型的最低目视飞行条件飞行。此外，除非被空中交通管制部门授权，否则在管制空域（除 E 类空域）实施飞行，航空器负责人必须发布一个包含空中交通管制许可的飞行计划，并持续在某频率守听，执行空中交通管制单位发布的所有指示。主要规则如下。

（1）最低天气标准。要求管制空域中（C～E 类空域）按照目视飞行规则的飞行；直升机要求无云且地表可见；对于管制地带中起飞和降落的航空器，空中交通管制发布的实际气象能见度应作为飞行能见度。英国飞行情报区中无 B 类空域，并且 C 类空域只在 19500 英尺以上存在，为适应 19500 英尺以上的目视飞行规则以及军事独立行动，引入临时保留空域，并将其作为通告空域，按照英国管制空域以外空中交通服务规则提供空中交通服务。非管制空域（包括 F 类和 G 类空域）按目视飞行规则飞行；直升机要求无云且地表可见。

（2）速度限制。要求 10000 英尺以下空域速度限制为 250 节。

（3）飞行计划要求。明确 E 类空域之外的其他所有管制空域内均需要飞行计划，且包含足够的信息以备空中交通管制单位发布许可及提供搜索和救援时使用。

（4）空中交通管制许可和空中交通管制指令。空中交通管制许可在除 E 类空域外的管制空域中被要求，遵守空中交通管制指令是强制性的。在 E 类管制空域中执行目视飞行规则的飞行员被强烈要求将当前状态告知相应的空中交通管制单位，并执行空中交通管制指令。管制空域以外的区域，航空器接受某空中交通管制单位服务，并希望执行空中交通管制指令，除非飞行员有其他建议。

（5）目视飞行规则下空中交通管制责任。要求管制空域中，C 类空域内在仪表飞行规则和目视飞行规则飞行之间提供间隔；提供有关其他目视飞行规则飞行的交通信息和指令，以使飞行员执行规避和整合；D 类空域内提供交通信息和指令，以使飞行员顺利规避和汇合；E 类空域内有关 D 类的已知飞行均适用。非管制空域（F 类和 G 类空域）中，可以从空中交通管制单位获得雷达咨询服务/雷达信息服务。

（6）C 类空域中 19500 英尺以上的目视飞行规则。要求除非 19500 英尺以上的民用航空目视飞行规则飞行符合相应空中交通服务当局的特殊要求，否则不允许。目视飞行规则飞行只可以在如下情况下被批准：备用空域；备用空域以外直到 28500 英尺，并且仅当在管制空域中按照非标准程序飞行的情况。

（7）机场交通地带。明确其设立在每个机场周围，目的是在公布的时间段内遵循英国空中领航规则中的规则 45。规则 45 规定航空器在机场交通地带内不可以飞行、起飞或降落，除非航空器机长已取得本场空管的许可，或者在本场没有空管单位的情况下已经取得机场飞行情报单位的情报以保证地带内的飞行安全，或者本场无空管单位和机场飞行情报服务单位的情况下已从机场的空中/地面无线电台取得信息以保证飞行安全。

（8）军事机场交通地带。明确军事机场交通地带的目的是提供一定空域，让航空器在盘旋、进近和爬升的关键阶段得到增强的保护，通常包括：距最长跑道的中点 5 海里以内，从地表到机场基准高以上 3000 英尺的高度的空域；从上述空域投影下来沿其中心线 5 海里长，并与选定的一条进近路径在一直线上，4 海里宽（中心线两侧各 2 海里），从机场基准高以上 1000～3000 英尺的一个空域。尽管不强制民航飞行员能够识别军事机场交通地带，但鼓励其尽量能够识别，并遵照机场交通地带规则。

4. 意大利

意大利低空空域是除 A、B、C、D 四类用于公共运输航空用途的空域，以及特殊用途空域之外剩余的其他空域，上限为 5947 米（FL195），由 E 类和 G 类空域构成。其中 E 类空域中可能允许仪表飞行，意大利空管服务公司通过 4 个区管中心向境内的 E 类空域提供空中交通咨询服务和飞行情报服务，而对 E 类空域的目视仪表和 G 类空域中的飞行仅提供飞行情报服务。

意大利的低空空域运行管理主要通过制定低空空域的目视飞行规则及其飞行计划实现。在低空空域飞行全过程中，允许目视飞行，但强制要求提交飞行计划，机组或飞行员应对地面或者障碍物与飞机间的间隔负全责。要求在规定高度区间内飞行，但高度可由飞行员选择，并保持与地面间的及时联络。在目视飞行过程中，意大利区管中心可以根据飞行员的请求提供相应的监管服务，包括雷达监管和雷达引导。当雷达引导可以预先判断间隔时，飞行员需要采用主动方式调整间隔，但是即使是这样，保持与自然障碍物间间隔以及与地面联络依然是飞行员的责任。

在终端管制区内飞行时，飞机必须沿航路所示的最高高度飞行，如果飞机能够维持目视气象条件，并且经区域管制中心允许，则可以在授权高度上进近。如果不满足目视飞行条件，则必须通告区域管制中心以获得正式的航路放行许可到达目的机场。在管制地带内飞行时，如果起飞、着陆机场在管制地带中，则按规定应在目视航路的最高高度飞行。如果没有进近/塔台的许可，则飞机不得使用供仪表着陆所用的航路。由进近转为塔台管制时，飞行员需要报告并按标准着陆方式三边降落或按塔台指示降落。如果不满足目视飞行条件，即地面能见度小于 5 千米、云高小于 1500 英尺，目视仪表操作应暂停执行。

飞行员在目视飞行时可以申请全程飞行计划、重复飞行计划和简略飞行计划。其中简略飞行计划用于提供部分飞行航段的信息，在起飞前可以通过电话报告，而在飞行途中可以通过无线电话报告，形式较为灵活与便捷。只有提前向管制单位报备整个飞行过程的目视飞机信息，才会被告知目的机场，因此目视飞行飞机要在较为繁忙的机场着陆，最好选择报备飞行计划。

一般来说，意大利规定飞行员在起飞机场提交手工填写的飞行计划，需按照统一格式填写。该机场所属的交通服务机构负责核查飞行计划，但最终对飞行计划负责的仍然是飞行员或飞机所属机构。该飞行计划应在飞机推出前至少 60 分钟提交。如果起飞机场没有运营中的交通服务机构或者一时不能连接航空固定通信网，则飞行员可以在临起飞前向目的机场相关责任人通知此次飞机的预计到达时间。如果距离通知的预计到达时间超过 30 分钟，该飞机仍没有到达机场，则目的机场的相关责任人必须第一时间通知上级航管部门，由上级部门根据实际情况采取搜救等告警行动。如果飞行员一时无法联络或者无法得知如何联络目的机场的相关责任人，则该飞行员必须在起飞前联络相应航管单位，并告知其具体情况以及自己的能力范围，并且应在预计到达时间前的 30 分钟再次联络先前的航管单位。如果不进行 2 次联络，则将触发告警，引起不必要的误报。

意大利的目视飞行可以在提交飞行计划后更改计划的部分细节，只需要向接收第一份飞行计划的机构发送符合规定格式的修改报告（但并不是简单的修改第一份飞行计划）。若遇到延误的情况，则按照国际民航组织规定，当预计到达时间超过原计划到达时间 30 分钟以上时，低空空域飞行的通航飞机应向相关单位发送适当的延误报。当遇到其他需要修改飞行计划的情况时，如机型、速度、航线等，飞行员应发送修订领航计划报，尽可能降低对相关管制单位的影响。当出现变更呼号、起飞地点或者目的地时，需要取消飞行计划，此时应发送取消领航计划报，飞行员应确认原先收到飞行计划的单位是否收到取消领航计划报。

5. 巴西

巴西按照国际民航组织的空域分类标准划设 A、C、D、F 和 G 五类管制空域。巴西非管制空域大多划设在中部平原丘陵地区，高度一般在 500 米以下。通用航空在非管制空域内飞行通常只需提交飞行计划。不同空域对通用航空器机载设备的要求不尽相同，进入管制空域或在繁忙地区飞行的通用航空器，必须配备雷达应答机。

3.2.6　平行航路飞行

1. 美国

平行航路作为提高空域容量的重要手段之一，是发掘空域资源潜在利用价值、缓解交通运行压力的有效方法。美国主要是利用区域导航航路设置灵活、不依赖于地面导航设备的位置等特点，通过划设区域导航平行航路实施。目前，美国的平行航路以基于区域导航 2 的 Q 航路为主要运行方式。Q 航路是指可以用于配备区域导航设施的航空器在 18000～45000 英尺飞行的航路。未来，还将实施 T 航路，它是指可以用于配备区域导航设施的航空器在 1200～18000 英尺飞行的航路。

2000 年，区域导航被推荐使用，旨在实现美国国家空域系统导航性能的高效性、降低航空器飞行距离、减少航路冲突、增加空域容量。2003 年，经联邦法规修改，允许区域导航航路在全美空域内实施。此后，第一批区域导航航路在美国西海岸建立，从西雅图南侧向南延伸到旧金山和洛杉矶盆地，并在明尼阿波利斯中心与加拿大多伦多中心的东西走廊所辖区域导航航路连接。这些航路被标示为 Q 航路，用于装备区域导航设备的航空器在 18000～45000 英尺的飞行。区域导航航路的系统安全通过航空器导航精确性、航路间隔、空中交通管制雷达监视和通信共同保证。联邦航空管理局 Q 航路建设规划主要集中在美国西南部和沿南部边界，目的是实现特殊使用空域和空中交通管制区域影响的最小化；此外，Q 航路还将在得克萨斯州、佛洛里达州和田纳西州设立，用于缓解这些地区的交通繁忙状况。至 2007 年 3 月，全美共建成 43 条 Q 航路，还有位于西雅图和凤凰城之间的 1 条以及位于阿拉斯加的 8 条 Q 航路列入建设计划。Q 航路较之传统航路，可以提供直飞航路，且允许在已有单一航路上建立平行航路，从而使具有区域导航能力或所需导航性能能力的航空器可以在高密度航路上沿近距平行路径安全飞行。通过推行 Q 航路，提高空域容量，缓解空域拥挤，降低航空器运营商的直接运行消耗。目前，联邦航空管理局已经将 Q 航路列入下一代航空运输系统的主要战略之一，旨在通过 Q 航路建设提高繁忙机场之间交通流运行的高效性，尤其是通过建立平行航路来满足不断增长的国家空域系统需求。

以联邦航空管理局咨询通告《平行 J80 航路程序》（*Dual J80 Route Procedure*）为例，该文件规定平行航路 J80 的实施和使用程序。新的 J80 平行航路位于当前 J80 航路北侧，基于已有的区域导航定位点和导航设施建立，以 Q 航路方式建设，目的是通过减少纽约、费城等机场西向航班及纽约北侧飞越航班在 J80 航路上的拥挤问题，增加航路容量，提高空域使用的灵活性，为空域用户提供更有效的空中交通服务。J80 平行航路穿越纽约、克利夫兰、芝加哥、印第安纳波利斯和堪萨斯城五大航路管制中心，飞行员根据要求在飞行高度层 340 及其以上飞行，或者服从空中交通管制要求。J80 平行航路的实施主要通过编码离场航路方式实现：纽约航路管制中心针对该航路建立一系列条件航路，作为一种预先计划飞行航路，条件航路可以实现飞行员、管制员和自动化系统之间的快速协同和交互，并以缩写格式传达给飞行员；如果某航班需要使用 J80 航路，则飞行员可以通过查询条件航路选定路线，也可以通过管制员为其指定条件航路。其中，商用航班必须与离场交通管理部门达成谅解备忘录，通用航空飞行必须熟悉条件航路程序，并在飞行计划上注明"可以实施条件航路"。J80 平行航路运行管理服从航行情报手册第 4 章第 4 节第 4-4-5"编码离场航路"和联邦航空管理局第 7210.3V 号令第 17 章的规定。

　2. 欧洲航行安全组织

欧洲平行航路通过"B-RANV 航路网"方式运行，即以 B-RNAV 为主要导航方式，在整个欧洲民航会议航路空域范围内构成基于 B-RANV 的航路网络。B-RNAV 即为基本区域导航，是欧洲区域导航类型之一，是指满足至少 95%的时间内能够保持±5 海里的所需航迹精度的区域导航运行。1998 年 4 月 23 日，B-RNAV 强制成为整个欧洲民用航空委员会 FL95 以上空中交通服务航路空域网络的主要导航方式。随着 B-RNAV 导航方式的推行，较之传统基于地面的导航方式，B-RNAV 在保证安全的同时，还能通过重新定位交叉点改进交通流管理，通过更加灵活的空中交通服务航路结构和空域灵活使用概念提升空域利用效率。主要表现在以下几个方面：建立直飞航路（双重或平行）容纳更大量的航路交通流；建立绕飞航路，使航空器飞越高密度终端区；规划或临时建立备选或应急航路；优化等待位置；优化接运航路；减少飞行距离，节省燃油消耗；减少地面导航设施。

3.3　流量管理

3.3.1　美国

1. 流量管理组织体系

1）组织结构

在美国流量管理体系中，组织结构包括联邦航空管理局空中交通处及其下设在空中交通管制系统指挥中心、航路管制中心和终端区管制中心的交通管理部门及管制塔台，以及地区服务中心办公室。组织结构如图 3-11 所示。

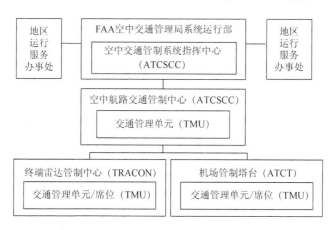

图 3-11　美国空中交通流量管理组织结构

2）职能划分

（1）系统运行部门职能

负责开发国家交通管理项目；管理空中交通管制系统指挥中心并配备人员；为涉及国家交通管理项目与政策的交通管理系统提供指导和方向；与相关总部部门/服务机构协调地区办事处的特殊程序申请；直接与指定的地区办事处/机构交通管理代表协调影响机构间交通流量的计划、程序和运行；在实施任何新的国家交通管理项目之前，应确保已完成所有相关协调工作；为联邦航空管理局和航空业界适当等级部门提供当前系统状态、目前/未来交通管理项目等内容的简报；在所有交通管理项目中，与相关地区办事处及其他美国联邦航空局服务机构保持密切联系。

（2）地区服务中心办公室职能

负责任命地区交通管理代表，为联邦航空管理局其他办事处和用户集中处理与交通管理有关事务；为现场机构提供地区办事处交通管理项目开发及实施的指导和方向；定期审查和评估交通管理项目，以评价其有效性，确保项目符合地区办事处/国家的要求；调解地区办事处间的交通管理冲突；确定设立交通管理部门的终端区机构，并向空中交通管制系统指挥中心的系统运行部门主管呈报可行性报告和人员配备需求，以便其做出最终决定。

（3）空中交通管制系统指挥中心职能

负责空管系统的具体运行。空中交通管制系统指挥中心与各交通管理机构、用户和气象信息服务商协作，保证交通管理系统的安全与效率。具体负责：执行国家交通管理策略；监视分析天气状况和系统运行状态，防止系统冲突；调节每日交通管理方案；确定执行交通管理策略的时机，应对国家空域系统容量降低；必要时实施国家交通管理预案，保证国家空域系统内空中交通的有序运行；当国家交通管理预案不适用时，因时制宜执行备选方案；终审所有交通管理机构交通管理预案；评估交通管理预案的适宜性。空中交通管制系统指挥中心一周7天24小时均有人在岗，席位布局如图3-12所示。

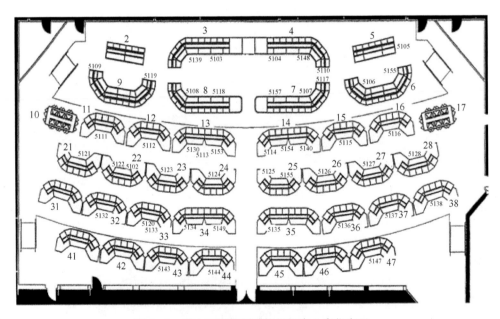

图 3-12　空中交通管制系统指挥中心席位布局

其中，国家运行经理（席位34）是空中交通管制系统指挥中心各部门的最高职位，对管理操作和国家空域系统的安全负最终责任，负责与客户、联邦航空管理局内部和外部其他部门保持联系。国家交通管理员直接向国家运行经理负责，对特定区域进行指挥和控制，并与客户和现场操作人员沟通，进行电视电话会议等。东部中心（席位 14、15、16、25、26、27、28）和西部中心（席位 11、12、13、21、22、23、24）的交通管理专家分别负责监视东部、西部 9 个和 11 个航路管制中心，以及指定终端管制中心的交通和资源；当辖域内主要机场需要执行交通管理措施时，他们负责与本地交通管理协调员制定和协调计划。航线中心（席位）负责响应用户对非联邦航空管理局优选航路的使用请求。恶劣天气中心（席位 2、9）负责收集和评估天气数据，与航空公司天气部门协作，为联邦航空管理局和航空公司提供天气预报信息，制定回避恶劣天气的航路使用计划。战略规划组（席位 3、4、7、8）负责领导空中交通管制系统指挥中心流量管理策略和措施的开发。战术客户咨询组（席位 5、6）直接向国家运行经理负责，与国家交通管理官员联合工作，评估和协调客户需求，参加电视电话会议。中央高度预留功能席（席位 47）通常由一名负责预留飞行高度的军方联络员担任。特殊交通管理职位负责运作机场预留办公室，履行国家运行经理交付的其他工作。首席交通监管协调员在国家运行经理的指导下负责监督所有交通管理措施和每天交接班的运行管理。交通监管协调员和交通管理协调员，在首席交通监管协调员的指导下工作。安全系统在发生如飞机失事等突发事件时使用。其他席位还包括：美国商务航空协会（席位 38）主要作为商务航空的代表；空中运输协会（席位 37）作为美国主要航空公司的行业组织代表；航空公司联合席；航空系统标准席（席位 36）；航行通告/维护席（席位 45、46）；国家运行控制中心（席位 35）；设备席（席位 41、42、43、44）；打印机席（席位 10、17）。

其中，设有交通管理专家的席位有国家运行经理、国家交通管理员、东部中心或西部中心、航路中心、恶劣天气中心、战略计划编制、战术客户咨询、国家运行控制中心、航空系统标准、特殊交通管理等席位。他们主要负责监视系统天气、容量和交通态势；管理国家范围内的航线变更、地面停留和延误程序；协调和监视流量限制；参加外部协调；编制预先事件计划；处理重复出现的系统问题；记录、审阅并分析系统信息等。

（4）各级交通管理部门职能

空中交通管制系统指挥中心的交通管理部门负责：引导交通流量和实施批准的交通管理预案；按照联邦航空管理局 7210.55 令中关于"运行数据报告需求"的规定报告延误情况；与地区办事处协调特殊程序的申请；向空中交通管制系统指挥中心通报将要影响空中交通系统运行状态的所有变化（针对可能会影响国家空域系统容量的事件应立即通报，如助航设备/雷达关闭、跑道关闭、通信中断、计算机故障或服务中断，以及影响主要终端区和/或中心的程序变化等）；通过空中交通管制系统指挥中心，主动与邻近交通管理部门协调交通管理策略，优化国家空域系统交通流量；与空中交通通信系统、观测系统、气象服务提供商和空中交通管制系统指挥中心协同开发、实施、监视和分析其责任范围内的特殊交通管理程序或预案；管理部门日志，记录地面延误程序、距离限制等所有交通管理行为和预案，包括其起始、延续和终止时间，受影响机构及其应用原因等。

航路管制中心机构的交通管理部门负责：任命交通管理代表，负责与中央气象服务单元和管制人员交互信息；与终端管制中心交通管理机构协同改进到达策略，充分使用机场到达率；定期回顾、分析交通管理过程，并进行必要的调整，保证各类方案的有效性；充分发挥增强型交通管理系统交通态势显示、监视和报警功能，主动调整空中交通流量，并将批准的本地交通管理信息发布给空中交通管制系统指挥中心及相邻机构、可能受影响较大的其他航路管制中心，以及相关飞行服务站等。此外，还负责仲裁终端管理机构间的冲突，代表终端区雷达管制中心或塔台与交通管制系统指挥中心进行协调。其中，纽约终端区雷达管制中心可直接与空中交通管制系统指挥中心协调，由指挥中心负责召开相关航路管制中心协调会议。例如，航路管制中心交通管理部门无法解决各终端区机构间的争议问题，由空中交通管制系统指挥中心仲裁决策。

终端管制中心的交通管理部门负责：通过与航路管制中心交通管理机构和/或相邻的终端管制中心交通管理部门协调，平衡到达流量，监控离场点流量；通过与塔台和终端管制中心协调，确定机场到达率，协助航路管制中心交通管理机构和相邻终端管制中心交通管理机构改进各类方案；实施登机门等待程序，减少场面阻塞；与机场协调，降低跑道、滑行道和其他机场设施关闭对运行的影响；确保最佳的空域/跑道配置；定期回顾、分析交通管理过程，并进行必要的调整，保证方案的有效性；向相关单位通告本地交通管理预案。

航路管制中心和终端管制中心交通管理机构全天候都有人在岗。交通管理专家的工作岗位包括首席交通监管协调员、交通监管协调员、交通管理协调员、中心天气服务单元与空中交通管制员之间的交通管理岗位。其日常职责是：监视天气和容量；管理扇区容量；管理下属机场进离港流量；管理飞越航路管制中心流量；管理海洋空域和交通；处理反复出现的问题并评估其对交通管理程序的影响；记录、审核并分析设施信息；参加外部协调；编制预先事件计划等。其中，洛杉矶航路管制中心还专门设立一个空域委员会组织，其成员来自联邦航空管理局、空中交通管制部门、航空公司、机场和军方等机构，其中的流量管理人员由 1 名官员、5 名主任协调员、1 名分析员和 21 名协调员组成。

管制塔台全天候都有人在岗。交通管理协调员在塔台流量管理席工作。其日常职责是：监视天气和容量；管理机场进离港流量；处理反复出现的问题并评估其对交通管理程序的影响；记录、审核并分析设施信息；参加外部协调；编制预先事件计划等。

3）组织关系

在空中交通管制系统指挥中心，国家运行经理受空中交通管制系统指挥中心的监督；国家交通管理员受国家运行经理监督；交通管理专家受国家交通管理员监督。在国家交通管理员缺席的情况下，由一名当值交通管理专家履行其职责。

在航路管制中心，航路管制中心交通管理协调员受交通监管协调员监督。当值交通监管协调员负责监督所有交通管理方案的实施以及航路管制中心日常的运行管理。当值交通监管协调员受空管人员或运行主管监督。运行监督员通过交通监管协调员对航路管制中心的运行情况进行全面了解。

在终端管制中心，终端交通管理协调员受交通监管协调员或当值交通监管协调员的监督。交通监管协调员受运行经理监督。当交通监管协调员缺席且班组内有一个以上的终端交通管理协调员时，由一名交通管理协调员负责监督所有交通管理方案的实施和日常运行管理。在交通管理协调员缺席或终端雷达管制中心（或塔台）交通管理协调员未被授权的情况下，当值运行主管负责实施交通管理方案。

2. 流量管理主要方式

美国通过发布适当的交通管理预案和启动适当的空管程序实现空域资源的充分使用，并在保证飞行安全的前提下平衡空中交通流量与空域系统容量，最大限度地减少延误。具体做法是：由相应的地区空管部门根据机场设施容量、通信/导航/监视设备的工作情况、天气状况、机场和终端区未来流量预测结果等，综合分析制定流量管理预案和程序，并由空中交通管制系统指挥中心统一监控这些措施的实施情况，适时对其进行修正或取消。流量管理方案通过两种途径实施：一是由管制员直接改变流量管理程序，用于小范围时间段内的调控；二是由各相关流量管理机构协调实施流量管理程序，用于较大范围、全国乃至与邻国的交通管理和协同。美国流量管理阶段划分如表 3-2 所示。

表 3-2　美国流量管理阶段划分

执行阶段	战略		战术			后期操作
	设计空域	预测流量	监视和预测交通流量	制定解决方案	执行解决方案	性能分析
执行功能	制定政策设计空域设计程序	预测供需	发现问题评估影响	协同解决问题寻找解决方案评估解决方案选择解决方案	协调解决方案执行解决方案	监视和分析系统性能改进和完善系统性能
要求能力	空域分析程序分析	容流平衡模拟评估判断能力执行能力	实时监视自动告警	实时模拟判断与执行能力解决方案优化能力	协同决策能力	实时性能分析后操作性能分析
参与者	指挥中心、管制中心		指挥中心、管制中心、航空公司、其他用户			

美国流量管理运行采用协同决策机制，空域管理者与空域用户间密切合作，工作方式如图3-13所示。其中，顶层的协同决策利益相关者集团由联邦航空管理局组织的航空运输协会、国家公务航空协会和支线航空协会的主要领导组成，主要负责向联邦航空管理局提出关于协同决策权力和职责方面的建议。作为核心部分的中间层，协同决策利益相关者集团提出的重要动议由相关各方派出专家组成各种专题技术组进行专门研究，并草拟协同决策决议，最终由联邦航空管理局派出的主席和企业界主席联合签署。底层是联邦航空管理局以及企业界在运行层次的协同决策，协同决策内容、程序和规则等完全建立在中间层所签署的决议之上。在决议签署过程及其执行过程中，各机构单位对协同决策工作任意方面的建议可通过其参加协同决策利益相关者集团的领导及时反馈到协同决策利益相关者集团，从而实现闭环反馈。这种组织方式与大型企业进行重大决策时的决策机制非常相似，不仅保证决策的科学性、公平性和可行性，还可使各利益相关者的权益在决策过程中得以实际有效的体现。

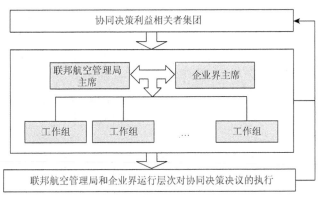

图 3-13　美国协同决策机制的组织结构

1）电话会议

一般由空中交通管制系统指挥中心发起并主持日常电话会议，参与者可包括一线机构、相关副主席和首席运行官等。交通管理部门/交通管理协调员也可发起电话会议，以促进所有相关方了解交通管理部门的角色功能，参与者可包括相关航路管制中心交通管理部门、邻近终端机构/塔台、空中交通管制系统指挥中心和管制区域的交通管理分支机构（或负责交通管理的管制区域办事处）等。会议资料可通过联邦航空管理局的远程传输站和华盛顿运行中心获得。电话会议同时可用于实现"热线电话"功能，为联邦航空管理局和其他利益方解决复杂空域及交通问题提供快速的通信手段，减少战略合作所需的协作资源需求。

2）特殊航班处理

空中交通管制系统指挥中心，航路管制中心和雷达进近管制联合中心根据联邦航空管理局办公室颁布的 JO7610.4 规章（特殊运行）第 12 章（特殊军事飞行和运行）第 14 节（特殊利益航班）处理有关当局特殊利益航班的相关事宜。

3）日常情报分析

交通管理部门具有收集和分析与容量、流量、拥挤点等关的情报数据职能。相关情报包括扇区需求（按小时）、扇区流量（航路/高度）、按用户类型进行划分的扇区交通状况、防止扇区饱和所需的一般预案、防止或缓解交通拥挤与冲突的备选方案、满足潜在用户需求所需的扇区班组配置方案、延误地点（按扇区和机场）等。

4）特殊应急情况处置

交通管理部门掌握空中交通运行相关领域的动态信息，协助当值交通监管协调员处理日常出现的特殊情况。在这些相关领域的运行规范中，大量的机构协议通常包含在当值交通监管协调员的相关综合计划中。当出现限制空中交通服务的灾难或紧急情况时，这些应急计划可以保证空中交通服务的持续性。此外，计划还包含涉及空中交通和空中助航设备的防御与物理安全的说明。其中，事故处理程序/爆炸威胁/搜寻及援救程序，由联邦航空管理局 8020.11 令航空器事故与故障通告、调查及报告、爆炸威胁、国家搜寻及援救手册，以及 1270.1 令信息自由化法案纲要等进行规范。电子攻击活动由 7610.4 令特殊军事行动进行规范。劫持事件由 7610.4 令特殊军事行动及 7110.65 令空中交通管制进行规范。可疑航空器由 1600.29 令法定实施的告警信息系统及 7110.67 令法定实施/军事组织的特殊航空器运行进行规范。特殊航班运行由联邦航空管理局 7110.65 令第九章进行规范。

5）改航恢复

改航指航班由于飞行员或航空公司无法控制，在非计划目的地着陆。改航恢复是空中交通管制系统指挥中心和系统用户为最大限度地降低改航的破坏性影响而采取的一种方案，旨在确保改航到其他机场的航班尽可能不增加额外损失或延误。应适时采取改航恢复。确定为改航恢复的航班从出发点开始就具有优先权，如"高"优先级表示用户在航空公司内的优先权，必要时用户可更改提交的优选优先级。用户恢复优先申请表如表 3-3 所示。

表 3-3　用户恢复优先申请表

以下航班申请优先处理飞往其原目的地，请将此申请通知联邦航空管理局相关部门								
航空器名称	改航至	预计离场时间	管制离场时间	目的地	起飞机场管制中心	落地机场管制中心	优先级	备注
ZZZ111	MDW	2210Z	—	ORD	ZAU	ZAU		—
ZZZ222	PIT	2200Z	—	ORD	ZOB	ZAU	高	—
ZZZ555	ATL	2300Z	2320Z	IAD	ZTL	ZDC		—

注：预计离场时间=预计抬前轮时间

在改航恢复程序中，空中交通管制系统指挥中心负责：实施改航恢复；通知现场运行机构和用户改航恢复方案已实施，改航恢复工具已激活；在情况改变时对预案进行必要的调整；在改航恢复工具已关闭时发出通知。航路管制中心负责：根据空中交通管制系统指挥中心的指示执行改航恢复；如果航路管制中心不打算使用改航恢复工具，则应向空中交通管制系统指挥中心汇报。此时，空中交通管制系统指挥中心每60分钟向航路管制中心发送一次含有表3-3中所规定信息的消息，直到改航恢复失效。终端雷达管制中心和塔台负责快速处理改航航班使之重返系统；若使用改航恢复工具，则应向上级航路管制中心交通管理部门汇报。

6）机构间协调

在时间允许的条件下，使用协同决策通信技术和态势感知工具通过口头协议或自动方式进行协调，必要时并用这两种方式。对于可能影响国家空域系统的事件，所有机构必须及时交流协调，利用国家交通管理日志记录背景信息和处置方案。

其中，空中交通管制系统指挥中心必须：为联邦航空管理局其他部门提供空中交通管制系统指挥中心相关数据用于分析；为所有航路管制指挥中心的交通管理部门和指定终端区提供国家交通管理日志；与各机构和服务区域代表交流交通管理运行评价和未来交通管理计划；与在计划、程序、运作等方面影响交通流量的具有代表性的服务区域协作；与气象信息提供商协商，确保及时获取气象预报（包括协同对流天气预报）、观测到的终端区气象变化及对国家空域系统有重要影响的气象数据；就每日更新气象数据事宜与交通管理部门协作，解决不同机构间的运行管理分歧；与终端区联系时，必要时与受影响的航路管制中心交通管理部门协商；必要时召开电话会议取得信息，并提供运行信息和其他影响国家空域系统的重要事件信息。

航路管制指挥中心的交通管理部门和指定终端区必须：将需要执行交通管理预案或者有关国家利益的情况和条件通知给空中交通管制系统指挥中心；将未解决的邻近交通管理单位冲突提交由空中交通管制系统指挥中心解决；如果预期容量有显著变化或已经发生变化，则需要通知空中交通管制系统指挥中心；如果需要协调任何交通管理问题、倡议、项目或者信息，则与相关基础设施部门联系获取信息并及时传输给空中交通管制系统指挥中心；如果业务热线被呼叫，则应将需求信息通知空中交通管制系统指挥中心，包括所需的设备和有需求的客户，并协助空中交通管制系统指挥中心确定客户及其他航空/机场资源的需求。

终端区机构必须：与相关航路管制指挥中心配合，确保了解相关情况及实施交通管理倡议的所需条件；如果预期容量将有显著变化或已发生变化，则需要通知空中交通管制系统指挥中心；将交通管理冲突传递给航路管制指挥中心交通管理单位；在适当的时候，咨询空中交通管制系统指挥中心、受影响的航路管制指挥中心交通管理单位、其他终端区，以及有关客户组织。

7）管理日志维护

国家交通管理日志用于记录各级交通管理机构的交通管理活动。国家交通管理日志并不是交通管理机构本身的运行日志，但相应内容可以作为机构运行日志的一部分。拥有国家交通管理日志的机构需建立相应的数据接口，没有国家交通管理日志的机构由其第一个具有国家交通管理日志的上级机构负责相应国家交通管理日志记录输入，从而保证所有机构了解国家空域系统运行情况。交通管理机构人员必须及时在相应模板中输入数据，必要时进行口头协调。"及时"是指这些数据对当前查看的人是有效的。例如，因工作负荷情况或状态原因导致数据未能及时输入，该信息将随后输入或延迟输入，或记录在相应的表格上。内容、备注或额外的解释性信息发生重大变化时，应在随后或延迟的输入中完成。

国家交通管理日志每天自动创建日志，并自动记录登录使用者的运行代号。遗留内容既可由专家输入，又可通过基于"结束/日期/时间"组合模式的软件自动输入。日志的创建和截止时间与当地时间一致，但数据的输入时间必须统一使用世界协调时。如果需修订先前记录，可通过普通计算机进行；数据库将自动标记，但数据恢复必须由系统管理员执行。国家交通管理日志中的数据必须符合联邦航空管理局互联网技术的安全规定。各机构优先使用国家交通管理日志。国家交通管理日志是自动化的联邦航空管理局 7230-4 表格（机构运行日常记录），用于记录运行代号和机构。根据联邦航空管理局 1350.15 令记录组织、传输和销毁标准，运行代码有效期为 6 个月。各机构通过权限处理国家交通管理日志。

8）延误报告

按照相关协议，各机构口头通知空中交通管制系统指挥中心所有进离场延误和达到或预计达到 15 分钟的航路延误，不包括空中交通管制系统指挥中心实施的地面延误程序或地面停留所造成的预计离场放行时间延迟。口头通知内容必须包括实际延误的航空器数量、预计延误的航空器最大数量以及预期突发延误的航空器数量。当延误时间降至 15 分钟内时，该机构必须口头通知空中交通管制系统指挥中心和受影响的机构。

各机构必须通过国家交通管理日志更新各自的延误状态。没有国家交通管理日志的机构必须向上级机构口头报告 15 分钟内的延误增量，由第一个具有国家交通管理日志的上级机构负责输入该延误信息。当某机构存在延误状况时，空中交通管制系统指挥中心和所有受影响的机构必须通过国家交通管理日志批准延误报告，直至该机构口头通知延误影响消除。除了由地面延误程序造成的预计离场放行时间延误，当延误达到或者预期达到 90 分钟以上时，这些机构必须以适当的协议口头通知空中交通管制系统指挥中心。除了地面等待程序造成的延误，当延误达到 90 分钟时，也必须通知该机构管理者。

9）交通管理措施应用

交通管理措施用于平衡国家空域系统容量与交通需求，有利于空中交通安全、有序和畅通运行。某些交通管理措施也被看作"管制指令"或程序，两者的区别在于所处理事件的重要程度、协调过程及实施时段。某些交通管理措施，尤其是与距离限制结合时，也可看作"限制"。交通管理人员可采用最小限制方法，最大限度地降低延误。交通管理措施主要包括以下几方面。

（1）高度调整。利用高度分割交通流，或者分配申请进入指定区域的航空器数量。

（2）尾随间隔管理。其指航空器之间按照特定标准必须保持的间隔距离。该特定标准内容可能是间隔、机场、定位点、高度、扇区或特定航路。利用距离限制可调配交通流量，同时可为将要加入交通流的航空器汇聚或分散提供空间。

（3）时间限制。其指连续航空器间必须保持的间隔时间。通常用于非雷达管制环境或转入非雷达管制环境，或者航空器由于气象条件绕飞时所使用的空域。

（4）定位点平衡。为航空器分配定位点，以平衡交通供需。

（5）空中等待。通常在运行环境支持空中等待并且气象条件能够在短期内改善的情况下实施此操作，以保证机场容量的有效利用。

（6）排序程序。主要有三种排序程序：一是离场排序程序，用于分配航空器放行时间，平滑经过公共点的持续交通流，通常是指多机场离场程序；二是航路排序程序，用于分配航空器离场时间，疏导航空器加入航路交通流；三是进场排序程序，用于分配航空器穿越到达定位点时间，疏导航空器顺畅进场降落。

（7）改航策略。改航是指选择不同于飞行计划的航路，用于确保航空器远离特殊使用空域，规避恶劣气象条件区域或容易造成偏航或禁飞的区域，缓解空域拥堵。美国有关航路信息的资料与规范主要有机场/设施指南、优选航路信息、航路管理工具、北美航路手册、联邦航空条例、航行通告，以及空中交通管制系统指挥中心建议等。

（8）地面延误程序。地面延误程序是一种由空中交通管制系统指挥中心执行的交通管理程序。该程序用于解决由于机场容量突发下降而造成严重航班延误问题，通过分配航空器目的机场的到达时隙而生成预计离场放行时间，使航空器在其起飞机场地面等待，以平衡特定区域容量和需求，从而减少空中等待，降低运行成本和安全风险。目前该程序已成功应用于所有美国机场及少数周边加拿大机场，发挥重要作用。

在地面延误程序执行中，空中交通管制系统指挥中心负责：适时召开受影响机构和用户会议，确定机场到达率，审查系统需求及其他已知或预知因素，考虑地面延误程序对空中交通管制机构和用户造成的影响，确定地面延误程序的执行时间，并将执行建议和预案发布给有关空中交通管制机构和用户，提供地面延误程序的实施、修改、压缩和取消等信息。适时通过增强型交通管理系统和国家空域数据交换网将航班预计离场放行时间和延误分配表格发布给航路管制中心交通管理部门及相关用户。通常情况下，由增强型交通管理系统自动向航路管制中心系统发送预计离场放行时间信息，并显示在飞行进程单上。如果增强型交通管理系统与国家空域系统的计算机通信失效，则经空中交通管制系统指挥中心批准，由航路管制中心交通管理协调员将调整过的预计离场放行时间人工输入航班时刻监控系统，也可以通过增强型交通管理系统进行修改。持续监视地面延误程序并适时进行调整或取消，必要时发布有关咨询。与相关部门协调，在工作负荷允许的情况下利用交通状况显示和航班时刻监视系统监控程序运行情况，获取进离场航空器信息，确保程序有效使用。

航路管制中心交通管理部门负责：向所有塔台和飞行服务站发布一般情报信息，通知地面延误程序。提前向未安装飞行数据输入/输出设备的塔台及用户发布预计离场放行时间信息，保证其有充分的时间采取适当的管制措施及计划安排。终端雷达管制中心负责向其附属部门发布预计离场放行时间信息，评估延误分配结果。对于未收到预计离场放行时间的航空器及飞往航路管制中心范围外的航空器，需要联系空中交通管制系统指挥中心以获取预计离场放行时间。如果终端管制部门通知航班不能在预计离场放行时间离场，则应向空中交通管制系统指挥中心重新申请一个预计离场放行时间，收到修正的预计离场放行时间后，及时通知终端管制部门。

终端区交通管理机构负责：使用航班时刻监控系统从航路管制中心交通管理部门获取预计离场放行时间信息，并向有关塔台、用户发布信息，确保预计离场放行时间包含在飞行许可中。按照相关协议向空中交通管制系统指挥中心呈报单位小时进离场航班总数，以便及时调整地面延误程序。当目前或计划的到达率受到影响时，应及时与相关航路管制中心交通管理部门协调。终端区机构也可以利用航班时刻监控系统获取地面延误程序信息，监视分析地面延误程序执行效果。

在地面延误程序执行过程中，用户可以直接与空中交通管制系统指挥中心协调。一是中途着陆协调。为了控制航班到达终端管制区的时间，航班将在中途机场着陆，协调提供必要的中转延时。二是航班替换协调。允许用户交换时隙或替换航班，但必须符合协同决策相关协议。但在机场到达率变化较快、工作负荷较大等情况下，空中交通管制系统指挥中心可拒绝替换请求。

如果取消地面延误程序，则空中交通管制系统指挥中心负责：与相关受影响机构和用户协商，制定并发布相关计划建议，声明取消地面延误程序，清除增强型交通管理系统中的相关航班等。航路管制中心交通管理机构和终端区交通管理机构负责：使用正常的通信方式提前向下级机构发布取消信息，以便其及时制定计划和采取管制措施等。

（9）空域流量程序。该程序通过图形化描述方式提供流量限制区域约束信息及飞越该区域的航班信息，以提高用户对国家空域系统的反应灵活度，也可提供改航咨询及可选择的航路列表。利益相关方可通过相关设施设备监控限制区域空域。

（10）地面停留程序。该程序要求符合某些条件的航空器无预计地停留在地面，预计放行时间另行通知。这些条件可能针对特定机场、空域或设备等，如要求所有飞往旧金山的离场航空器和所有飞往约克镇扇区的离场航空器地面停留。地面停留优先于其他交通管理程序，通常在没有预告的情况下突然执行。没有地面停留指定人员的批准，航空器不能退出该程序。由于地面停留是受限最多的交通管理方式，所以应尽量考虑采用其他程序。地面停留一般在以下情况下使用：容量严重下降（如大大低于进场标准，机场或跑道关闭）；避免延长空中等待时间；避免邻近扇区/管制中心达到饱和状态或机场阻塞；全部或部分管制机构不能提供服务；由恶劣天气或灾难性事件造成航路不可用等。

3. 流量管理内部机制

1）分层管理模式与协同决策模式并存

美国形成由空中交通管制系统指挥中心、航路管制指挥中心、终端管制中心及塔台的交通管理单元构成的三层级流量管理组织机构。空中交通管制系统指挥中心与各航路管制中心及部分繁忙终端管制中心进行适度分权，从而形成层次管理模式。空中交通管制系统指挥中心承担着全国流量管理的主要责任。交通管理者与空域用户之间密切合作、协同决策，公平、有效地使用国家空域和管理空中交通。利益攸关方通过对交通管理预案和程序的分析与动态协调使用，尽可能减少航班延误。

2）流量管理模式与管制指挥模式兼容

美国的空中交通管理主要指的是流量管理和管制指挥，流量管理组织体系是以嵌入式的方式置入美国空中交通管制体系中而成的，二者互为依托、互相兼容，融为一体。因此，美国流量管理是以交通管理为统称的。美国空管组织体系的各级管制机构内下设交通管理单元，即流量管理部门。各级交通管理人员和运行规范也指流量管理人员及相应规范。

3.3.2　欧洲

1. 流量管理组织体系

1）组织结构

欧洲流量管理旨在通过航空用户、机场和空管部门之间的密切合作，防止空管系统超负荷运行。目前，欧洲航行安全组织成员共包括34个国家和地区，核心业务包括：泛欧程序管理，用于促进欧洲空管容量和安全的研发工作；保障中央流量管理单位的正常运作；代表其成员国以及签署双边协议的非成员国收取航路费用；在欧洲或境外提供空中导航服务的培训、教育和知识传播；提供空中交通服务。欧洲空中交通流量管理系统采用两层体系架构，由中央流量管理单位和位于各区域管制中心的流量管理席组成，如图 3-14 所示。

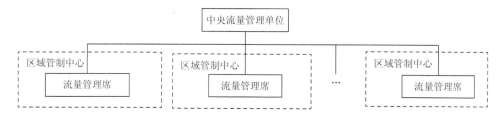

图 3-14　欧洲流量管理组织体系结构

目前除了俄罗斯，大部分欧洲国家区域管制中心设置流量管理席，在中央流量管理单位的统一指挥下实施流量管理。中央流量管理单位与多个流量管理席作为空中交通管制系统的补充，共同对欧委会成员国的空域实施流量管理，组织机构如图 3-15 所示。

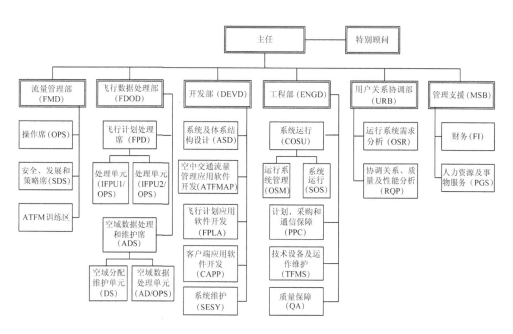

图 3-15　中央流量管理单位组织机构

　　其中，流量管理部和飞行数据处理部是中央流量管理单位主要的运行部门。流量管理部负责规划、协调、实施和监视空中交通流量管理策略的执行情况，飞行数据处理部则将所有数据处理后输入空中交通流量管理系统。

　　2）职能划分

　　（1）中央流量管理单位职能

　　中央流量管理单位是欧洲的流量管理机构，其职责是在所有欧洲民航委员会成员国领土上空实施流量管理。中央流量管理单位的主要目的是在保证空中交通运行安全的前提下，最大限度地利用空域资源，使交通流量在时间和空间上合理分布，避免空中交通管制系统超负荷运行，尽量减少由于空中交通拥挤而造成的航班延误。中央流量管理单位通过大型计算机处理网络系统预测未来的空中交通流量，与航空器运营商及空中交通管制单位进行协调，将超出容量的航段与区域内高峰时段的流量拉平，使航班时刻与飞行航路的流量得到重新分配，并将流量管理信息分发给各流量管理席，由流量管理席实施具体的流量管理工作，避免某时段或航段的流量出现过载，充分利用空域系统现有资源和可用容量，优化管理空中交通流量。

　　中央流量管理单位现有人员约 230 人，主要包括战术席位、预战术席位、战略席位、空域席位、定期航班计划席位等。其中，战术席位采用全天候工作制，共 67 人（五个席位 55 人、协调 5 人、航路规划 5 人、其他岗位 2 人）；预战术席位采用全天 16 小时工作制，共 18 人（网络管理 7 人、网络助理 7 人、其他岗位 4 人）；战略席位采用全天 8 小时工作制，共 85 人（布鲁塞尔 40 人、巴黎 45 人）；空域席位采用全天 16 小时工作制，共 40 人（10 人为副班）；定期航班计划席位共 7 人。中央流量管理单位主要的流量管理职位是现行运行经理、网络管理部门、战术团队等。现行运行经理掌管中央流量管理单位运行室，若流量管理席与中央流量管理单位意见不一致，则由中央流量管理单位负责。网络管理部门改进空中交通流量与容量管理日常计划的准备工作，实行事后分析，成员由网络管理者和网络专家组成，主要职责是空中交通流量与容量管理日常计划工作准备和组织协同决策活动，如电视电话会议等；在战略阶段，通过执行与特定事件或特定过程之间的协调，参与中央流量管理单位相关活动。战术团队负责管理空中交通流量与容量管理的日常运行计划，由流量管理监察员、空中交通管制员、航空器运营商联络员以及战术支持人员组成，主要职责包括：从团队角度出发，执行战术流量管理运行程序；监控交通态势负载和发展；监控实施步骤的有效性，如有必要采取任何纠正行动；分析时隙列表的延误情况，并尽力与流量管理席协调解决；根据要求为流量管理席和航空器运营商提供支持、建议和情报；向流量管理席通告可能影响交通流量的所有运行问题；收集和校对与空中交通流量及容量管理事件有关的数据；执行意外事故程序。

中央流量管理单位的主要用户包括航空器运营商、代表通用航空以及按仪表飞行规则飞行的各相关方（通常指航空公司）。航空公司与中央流量管理单位进行信息交换，通过初始飞行计划综合处理系统填报飞行计划，并采用电视电话会议的方式与中央流量管理单位就流量管理措施进行协调；流量管理席于各国区域管制中心，作为中央流量管理单位的执行机构，向有关管制单位发布流量信息，执行各区域管制中心提出的流量管理战略与战术措施。中央流量管理单位拥有自己的技术研发部门，软件开发与升级一般由技术研发部门完成。

（2）流量管理席职能

流量管理席一般位于中央流量管理单位所辖范围内的区域管制中心内部，所有的流量管理席地位平等，每个流量管理席的规模大小与其所辖区域的复杂程度和具体需求有关。流量管理席是中央流量管理单位与区域管制中心之间的桥梁，通过确保中央流量管理单位和空中交通管制系统之间进行充分的信息交换，分析当地容量和流量需求，向中央流量管理单位提供所负责区域的空域容量数据，并向其建议空中交通流量管理措施，以平衡空中交通管制系统容量供给能力和交通需求。同时，确保空中交通流量管理信息的及时更新，并分析空中交通管制系统的潜在延误及新的容量需求，以保证空中交通流量管理措施的正确、高效和及时执行。

流量管理席通过电话、航空固定电信网络等通信手段与中央流量管理单位进行信息交换。流量管理席应为中央流量管理单位提供当地情况，包括有效执行空中交通流量与容量管理任务时必要和有用的数据或信息；中央流量管理单位应告知流量管理席影响其所属区域管制中心服务的任何事件或信息。在进行空中交通流量与容量管理时，流量管理席是区域管制中心、流量管理席责任区内其他空中交通服务部门（军航和民航）以及当地航空器运营商等多方的合作伙伴。流量管理席和中央流量管理单位遵循相应的协议，共同负责为空管和航空器运营商提供建议与情报。但是，流量管理席在其责任区内以处理空中交通流量与容量管理事务为焦点，根据当地组织决定是否参与为其他空中交通服务单位或航空器运营商提供建议、培训和帮助。

流量管理席采用 24 小时工作制，由符合欧洲航行安全组织安全管理要求的人员担当。如果区域管制中心不能为特定时期或特定职责提供协议的人事配置，则将由中央流量管理单位运行办公室监督员做出安排。流量管理席设有流量管理席主任和流量管理席管制员两类岗位。其中流量管理席主任负责流量管理席责任区的流量与容量管理活动，并在中央流量管理单位的行政和组织事务中担任重要职务。一个流量管理席主任有可能负责多个区域管制中心的流量与容量管理工作，任职要求包括：应能全面掌握区域管制中心的空管运行情况；应能广泛了解相邻区域管制中心的空管运行情况；应能综合掌握中央流量管理单位的组织及其系统；

应能深入理解航空器运营及空中交通流量与容量管理的影响因素；应具有由中央流量管理单位组织的流量与容量管理培训经历。流量管理席管制员负责具体执行流量管理工作，一个专门的流量管理席需要一个流量管理席管制员，该管制员可以是从其他岗位轮岗的流动管制员，也可以是雇佣的常任管制员，任职要求包括：应全面掌握区域管制中心责任区域的空管/空中交通流量与容量管理运行；应具有丰富的区域管制中心管制经验和知识，并深入了解空管事务；应广泛了解临近区域管制中心责任区域的空管/空中交通流量与容量管理运行；应广泛了解中央流量管理单位的运行；应具有中央流量管理单位组织或批准的流量与容量管理培训的经历。各成员国应明确空管资质要求，并根据欧洲航行安全组织的安全管理要求进行升级调整。

2. 流量管理主要方式

空中交通流量与容量管理是一种增强空中交通流量管理效能的服务，旨在通过优化可用资源和充分协调响应，平衡交通需求和空域容量，从而提高空管系统运行性能。空中交通流量与容量管理包括战略、预战术和战术三个阶段。战略管理阶段提前大约一年半实施，主要进行研究、计划及协调等活动，由需求分析预测和评估、潜在问题识别和预案评估组成；该阶段制定次年的容量计划、航路分配计划等。预战术管理阶段在运行当天的六天前实施，主要进行计划和协调等活动，研究分析和制定优化的管理可用容量资源与实施流量管理措施的计划；该阶段生成并发布流量与容量管理日常计划。战术管理阶段在运行当天实施，根据实际流量与容量信息更新各类计划，通过时隙分配和改航进行实时交通管理。

在空中交通流量与容量管理过程中，航空器运营商、中央流量管理单位以及分布在欧洲各地的流量管理席之间通过实施协同决策，合作实现流量与容量管理。欧洲协同决策允许处于有利位置的参与者基于最广泛、最准确的更新信息进行最优决策，使流量与容量管理机构能够及时交换、更新和分享各类事件的相关信息，确保在各飞行阶段的多方面永久性对话，这是实现空中交通流量与容量管理的关键。协同决策具有兼容性、透明性和可信性等特点，并已用于欧洲航行安全组织中央流量管理单位、流量管理席和航空器运营商的日常运行和工作计划的各个方面。为了增强协同决策的实际效能，中央流量管理单位设有航空器运营商联络单位，由航空公司代表组成。航空器运营商联络单位及其联络官作为航空器运营商了解欧洲空域和空中交通流量与容量管理战略及战术信息的门户，与中央流量管理单位运行服务部门、航空器运营商以及空管部门密切联系，基于空域用户和空管部门利益提出中央流量管理单位发展战略，追踪影响运营利益的重复性问题，监控流量管理过程的公正性。

　　1）欧洲空中交通流量管理基本规范

　　欧洲流量管理运行规章是在国际民航组织文件 DOC 4444 和欧洲支持文件 7030 的基础上确立的，并按照国际民航组织咨询方法进行修订。欧洲航行安全组织中央流量管理运行程序与有关政策和战略保持一致，主要包括中央流量管理单位和流量管理席之间的协议书，以及航空器运营商与欧洲航行安全组织的服务协议等。欧洲委员会 255/2010 号令（欧洲空中交通流量管理公共条例）是欧洲空中交通流量管理的主要规范，旨在优化欧洲空管网络的可用容量，并通过建立空中交通流量管理相关规定，增强空中交通流量管理程序。该令于 2010 年 3 月 25 日在布鲁塞尔制定，具有约束力并直接适用于所有成员国，并于 2011 年 9 月 26 日开始应用。该令适用于 551/2004 号令第 1 条款第（3）条中所指定的空域，应用于所有计划航班或者与仪表飞行规则全部或部分一致的航班的所有飞行阶段，涉及航空器运营商、空中交通服务单位（包括空中交通服务报告室和机场管制服务）、航行情报服务、空域管理所涉及的实体、机场管理机构、中央流量管理单位、本地流量管理单位，以及协调机场的时隙协调员。该令规定欧洲流量管理总体框架、有关组织机构或单位的责任和义务、飞行计划与机场时隙一致性要求、重大事件的处理要求、流量管理措施执行情况监测要求、绩效评估要求、安全管理要求及惩罚处置要求。

　　（1）流量管理总体框架

　　中央流量管理单位负责空中交通流量管理措施的计划、协调以及执行。空中交通流量管理措施的实施应当防止空中交通需求超过已公布的空中交通管制扇区或者机场容量；最大限度地使用欧洲空管网络容量，以优化欧洲空管网络使用效率，减小对运营者的负面影响；通过空中交通服务单位对容量增强措施的发展和应用，优化欧洲空管网络容量；支持对重大事件的管理，重大事件是指不正常情况，如容量的突发降低，容量和需求的严重不平衡，以及部门之间信息流严重受阻等事件。对于进入空中交通流量管理措施适用区域的航班的离场时隙分配，应按照航班计划的进入顺序给予相应的优先权；如有特殊情况需要其他优先规则，该规则必须得到正式批准，并有利于欧洲空管网络运行。

　　（2）成员国、空中交通服务单位、航空器运营者、机场管理机构责任和义务

　　成员国的责任包括：确保指定部门全天候履行空中交通流量管理职能；空中交通流量管理措施的定义以及执行应与成员国的安全以及国防要求相容，以确保高效的计划、分配和使用空域；应建立一致的程序，以加强空中交通流量管理职能部门、空中交通服务单位以及空域管理实体之间的协作；创建公共参考文件，包含航路和交通定向的政策、程序和说明，并在适用情况下充分考虑国家航行情报出版物中发布的可用航路信息与公共参考文件的一致性；起草用于申请豁免空中交通流量管理离场时隙的公共程序，该程序与国际民航组织有关规定相一致，

与空中交通流量管理中央单位相协调,并在国家航行情报出版物中公布。成员国应确保中央流量管理单位通过计划、协调和执行流量管理措施,优化欧洲空管网络整体性能;与运营者协商制定流量管理措施;与本地流量管理单位共同确保流量管理措施的有效实施,通过考虑欧洲空管网络的整体性能,鉴定备选航路和实施改航策略,以避免相关空域过度拥挤;运营者和空中交通服务单位及时提供空中交通流量管理信息,包括计划流量管理措施及其相关航班的起飞时间和飞行剖面的影响;监测丢失的飞行计划和提出的混合飞行计划;根据时间容差,在无法满足空中交通流量管理离场时隙或者新的预计撤轮档时间未知时,暂停飞行计划;监测豁免航班数量。

空中交通服务单位的一般责任包括:在应用空中交通流量管理措施时,空中交通服务单位应通过本地流量管理单位与中央流量管理单位进行协调,以确保所选措施能优化欧洲空管网络的整体性能;若需要,则空中交通服务报告室应促进飞行员/运营者和本地/中央流量管理单位之间的信息交换;空中交通服务单位应确保机场空中交通流量管理措施与机场管理机构相协调,以确保有关利益方在机场规划和使用方面的高效性;空中交通服务单位应通过本地流量管理单位向中央流量管理单位报告所有影响空中交通管制容量和空中交通需求的活动;空中交通服务单位应及时向中央流量管理单位提供免费的、高质量的、不断更新的有关数据,包括可用空域和航路结构、空中交通服务单位所管辖的扇区配置和激活情况、机场滑行时间、空中交通管制扇区和机场容量、可用航路和空域(包括可用的灵活使用空域)、更新的飞行位置、与飞行计划的偏差、实际起飞时间等。起飞机场的空中交通服务单位应确保:在航班受空中交通流量管理离场时隙管制时,该时隙必须作为空中交通管制许可的一部分;航班遵守空中交通流量管理离场时隙;参考已实行的时间容差,无法遵守预计撤轮档时间的航班不发布起飞许可;飞行计划被拒绝或者被暂停的航班不发布起飞许可。

航空器运营者的一般责任包括:每架计划航班都应有独立的飞行计划,提交的飞行计划应当正确反映该计划航班的飞行剖面;所有相关的空中交通流量管理措施及变化应当包含在计划航班的运行中,并与飞行员进行及时交流;当航空器从不受空中交通流量管理离场时隙管制的机场起飞时,运营者应负责航空器遵守相应的预计撤轮档时间,该预计时间应考虑国际民航组织相关规章规定的时间容差;如果某飞行计划被暂停,则相关运营者应负责更新或者取消该飞行计划。

机场管理机构的一般责任包括:直接或通过本地流量管理单位/空中交通服务单位,将所有影响空中交通管制容量或空中交通需求的活动通知给中央流量管理单位;如果直接报告给中央流量管理单位,则机场管理单位也应将情况报告给本地流量管理单位以及空中交通服务单位。

（3）飞行计划与机场时隙一致性要求

如果机场时隙协调员或协调机场管理机构提出要求，则成员国应确保在航班起飞前由中央流量管理单位或者本地流量管理单位为其提供航班可接收的飞行计划。机场时隙协调员或者协调机场的管理机构应负责接收中央流量管理单位或者本地流量管理单位提供的飞行计划。运营者应在飞行前向起飞机场和目的机场提供必要信息，以确保飞行计划中所包含的飞行执行者和相关机场时隙管理者的一致性。如果实际时间与所分配的机场时隙存在显著差异，或者以完全不同的方式来使用时隙，并有碍机场或者空中交通运营时，则任何运营者、机场管理机构以及空中交通服务单位都有权向机场时隙协调员报告。如果实际时间与所分配的机场时隙存在显著差异，或者以完全不同的方式来使用时隙，并有碍空中交通流量管理实施时，则成员国应确保中央流量管理单位向机场时隙协调员报告。

（4）重大事件处理要求

成员国应确保建立用于处理重大事件的空中交通流量管理程序，并由中央流量管理单位发布，以减少对欧洲空管网络的损害；在重大事件的准备活动中，空中交通服务单位以及机场管理机构应与受该事件影响的运营者协调应急程序，包括遵照优先权规章所做出的任何调整。应急程序包括：应急组织和协调安排；调控进入受影响区域的空中交通流量管理措施，以防止空中交通需求超过相关空域或者机场容量；优先权规则的使用环境、条件和程序应尊重成员国基本安全和国防政策利益；应急处置与事后恢复安排。

（5）空中交通流量管理措施执行情况监测要求

对于空中交通流量管理离场时隙执行率不超过80%的起飞机场，成员国应确保该机场的空中交通服务单位提供相关航班的取消情况，以及为执行空中交通流量管理离场时隙而采取的措施，该措施应被详细记录，并由相关成员国向委员会提交相应报告。这些机场的空中交通服务单位应提供相应信息，包括该机场无法执行飞行计划的情况，以及为确保对飞行计划的执行而采取的行动，该行动应被详细记录，并由相关成员国向委员会提交相应报告。如果成员国同意豁免超过其年离场航班量0.6%的航班，则中央流量管理单位应将该情况通告给成员国；如果成员国接到通知，则应将同意豁免的详细情况以报告的形式提交给委员会。由于无法执行空中交通流量管理措施，成员国应确保中央流量管理单位将该情况通知给运营者；运营者应向中央流量管理单位报告无法执行空中交通流量管理措施的情况，并提供导致飞行计划丢失或多份飞行计划，以及为解决该情况而采取行动的详细情形。成员国应确保中央流量管理单位完成年度报告，提供关于飞行计划丢失或多份飞行计划的详细情况，并将此报告提交给委员会。成员国应制定空中交通流量管理措施遵守情况的年度评估报告，以确保各有关部门提高执行空中交通流量管理措施的水平。

（6）绩效评估要求

在监测空中交通流量管理措施执行情况时，成员国应确保中央流量管理单位制定年度报告，指明空中交通流量管理运行性能，并且应包括采取流量管理措施的原因、流量管理措施产生的影响、对流量管理措施的遵守情况，以及有关部门对整体网络效果做出的贡献等。成员国应确保中央流量管理单位创建并维护空中交通流量管理数据、飞行计划、运行记录以及相关数据的档案文件。数据提交后应保留两年，确保委员会、成员国、空中交通服务单位以及运营者可以进行充分利用，并对机场协调员以及机场运营者开放，以便其评估已公布的机场容量。

（7）安全管理要求

会员国应在空中交通流量管理系统和程序发生任何重大变化公布之前，确保制定安全评估报告，包括危害识别、风险评估、减轻损失；在空管系统的整个周期内应进行安全管理过程评估。

（8）惩罚处置要求

会员国应制定惩罚条例，以惩罚违法规章的行为，并应采取相应措施以确保其执行。惩罚条例必须有效力，与规章相称，且具有劝阻功效。

2）空中交通流量与容量管理

空中交通流量与容量管理覆盖三类区域：一是流量管理席分布区，为流量管理席通过初始飞行计划处理系统分配领航飞行计划和相关信息的区域；二是流量和容量管理区，为中央流量管理单位提供空中交通流量与容量管理服务的区域；三是流量与容量管理毗邻区，为邻近空中交通流量与容量管理区，来自该区域的飞行一旦进入空中交通流量与容量管理区域，应接受空中交通流量与容量管理措施支配。中央流量管理单位主要负责从空中交通流量与容量管理区域离场的飞行调控，以及来自空中交通流量与容量管理毗邻区的飞行调控。空中交通流量与容量管理兼顾三方面措施来解决容量不足问题，以增强网络管理能力，并最小化交通限制。这些措施包括：最优化容量，即最大化容量使之与交通需求协调；使用其他可用容量，即将交通需求转移到容量可用区域；调配需求，即增加交通限制以调配交通需求。空中交通流量与容量管理解决容量问题的基本思路如图3-16所示。

在流量管理席责任区内执行空中交通流量与容量管理措施的决定应在中央流量管理单位和流量管理席的协作下先行提出，以协同决策方式通过协商达成共识，并提出解决方案。战略阶段，着重分析区域管制中心/机场的主要事件、重大事件或预期容量不足的情况，以制定预战术阶段和战术阶段的空中交通流量与容量管理措施/解决方案。预战术/战术阶段所考虑的空中交通流量与容量管理措施主要用于应对由于交通需求或者空中交通管制系统容量变化而引发的新问题。该过程遵

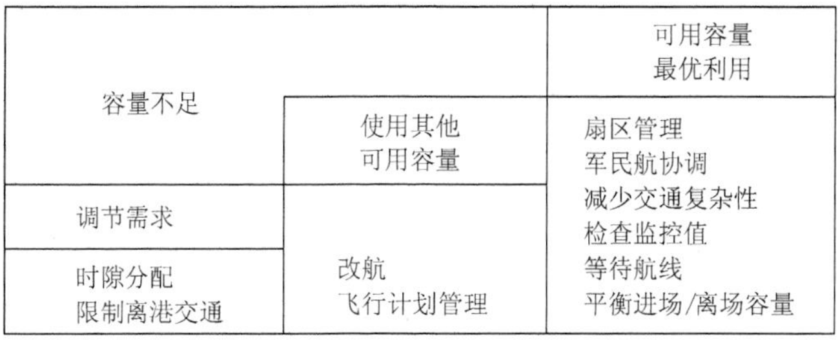

容量不足		可用容量 最优利用
	使用其他 可用容量	扇区管理 军民航协调
调节需求		减少交通复杂性 检查监控值
时隙分配 限制离港交通	改航 飞行计划管理	等待航线 平衡进场/离场容量

图 3-16 空中交通流量与容量管理解决容量问题的基本思路

照协同决策程序方法进行，即通过流量管理席和中央流量管理单位的协作来达成一致。若尝试所有方法之后仍无法达成一致，则由流量管理席负责执行具体规定，中央流量管理单位负责执行网络管理措施，如影响其他流量管理席责任区的改航措施。在流量管理席责任区内实施的网络措施仍由该流量管理席负责，但应向中央流量管理单位通告。如果这种情况持续时间较长，则应设定监测措施并最终升级为高级管理措施。诸如相邻流量管理席之间达成的最小离场间隔和尾随间隔管理等短期措施的实施，应通知中央流量管理单位。

（1）战略阶段

战略阶段提供任何特定时间内计划的最优交通态势，寻求一致的解决方案以平衡需求与容量。该阶段输出网络运行计划文件，网络运行计划文件提供空中交通流量与容量管理整体态势的季节性表述，包括交通量预测、瓶颈识别以及空中交通流量与容量管理和空域管理相关措施的情况说明。网络运行计划是运行计划程序的最终结果，运行计划程序整合空管运行相关者（如航行服务运营人、机场、空域用户、军航）的输入信息，并负责流量、容量、空域管理、机场、军民航协调的欧洲航行安全组织部门的输入信息。

在该阶段，流量管理席负责派代表参加国家或者国际战略计划会议，以确保其参与战略空中交通流量与容量管理计划的准备；向当地航空器运营者通知任务，即通过在国家航行情报中发布相关流量管理席电话号码以提供相关建议和信息，并简述所提供的服务和咨询类型；向中央流量管理单位和空管单位提供精确的、及时更新的信息，以确保战略阶段中央流量管理单位所需的所有重要数据与中央流量管理单位环境数据库中的程序一致，包括：监测数据，扇区配置信息，有可能采取空中交通流量与容量管理措施的机场信息，可能影响流量管理席责任区内/外交通或空中交通流量与容量管理计划的管制程序变化预先警告信息，制定空中交通流量与容量管理措施时需要考虑的当地具体情况，可能需要空中交通流量与容量管理尽快干预的已知问题的预先信息（如大型体育赛事、国际会议、军事演习等事件均有可能扰乱交通秩序），可能影响工作能力的设备变更或长期人事变动的详细情况，对环境造成重大影响的信息（如空域组织和管制扇区的重大变化等），区域管制中心的应急措施,空中交通流量与容量管理执行效果的长期反馈信息等。此外,流量管理席还应确保与国家/总部之间所建立的协作程序能够顺利执行,以便及时了解规划空域或空管组织的变化情况,及时收到关于影响该区域的特殊事件或者军事活动的相关信息;如有可能,应参与讨论变动的时间或者活动的执行情况。

　　流量管理席与中央流量管理单位通过使用交通容量工具来监控和应用空中交通流量与容量管理措施。交通容量是增强型战术流量管理系统预测的元素之一,通过选择某一特定的交通容量以比较激活期间的交通负载与公布的监测值。流量管理席以电子邮件的形式创建、修改或取消某一交通容量的申请。流量管理席通过专用电子邮箱以统一表格的形式向中央流量管理单位提交交通容量;中央流量管理单位收到邮件后 48 小时之内以电子邮件的方式确认。在中央流量管理单位环境数据库中,新的或者修订的交通容量一旦被确定,中央流量管理单位就与相关的流量管理席协作出台制定质量控制办法,通过使用增强型战术流量管理系统确保所测交通量的准确性。在交通容量不按要求执行的事件中,应进行适当矫正。

　　中央流量管理单位负责空中交通流量与容量管理战略计划的整体协调和执行,提前研究、规划、协调空管网络的需求或容量问题并制定有效措施。中央流量管理单位最重要的、最具深远意义的任务是拟定欧洲下一年的容量计划,参与计划的准备工作,实施和使用航路网络资源。中央流量管理单位采用航路可用性文件管理和使用航路资源。航路可用性文件是欧洲唯一的资源规划文件,集成地理上的和垂直方向上的结构需求,以及空中交通流量与容量管理需求,根据航空资料定期颁发制度的周期进行更新。航路可用性文件的目的是促进飞行计划以提高流量与容量管理,同时允许航空器运营商灵活运用飞行计划。它提供一份唯一、完全集成、可协调的航路计划。除了特定用途的航路可用性文件,其余航路可用性文件影响整个中央流量管理单位所辖空域。航路可用性文件有助于空中导航服务提供最大化容量,并通过定义限制降低复杂性。航路可用性文件作为中央流量管理单位流量与容量管理运行的一部分,有利于充分利用现有容量,虽然不能缓解高峰时段管制扇区的拥挤状况,但有利于应用更精确的战术空中交通流量与容量管理措施。航路可用性文件可以协助中央流量管理单位识别并提供改航选择,有助于全球性的需求管理,从而减少延误。航路可用性文件受中央流量管理单位和空中导航服务提供者的管制,以确保其有效性以及是否考虑空中交通管制结构或者组织变化。当中央流量管理单位识别并预测出较大流量时,按照总体计划方案建议实施航路方案,并由增强型战术流量管理系统通过具体规则执行或由环境数据库系统通过动态航路限制执行。航路方案主要有三种类型:一是改航方案,即从某区域强制分流,以卸载交通流量;二是等级方案,即按飞行级别进行限制;

三是备选航路方案，即卸载某些区域的交通流量。中央流量管理单位可以进行空中交通流量与容量管理仿真以评估各方面的容量限制，这种限制可能是由总体延误产生的，也可能是由延误分配或者个别航班延误产生的。流量管理席也可进行仿真。如果同时有多个仿真请求，则中央流量管理单位将给这些请求安排优先顺序，并通知流量管理席。若是关于空域重大变化的仿真请求，则应提前向中央流量管理单位预订。为保证仿真的有效运行，流量管理席应确保按照中央流量管理单位手册的要求向中央流量管理单位提供相关的环境数据。

战略阶段的协同决策通常以网络电话会议的形式进行，所有战略方案的制定均通过战略协同决策会议商定，并经各相关方同意。针对季节性或者具有重要意义的活动，中央流量管理单位通过会议或电子会议形式举行季节性战略协同决策会议。会议结果为一份关于空中交通流量与容量管理措施及其监测程序的报告。

（2）预战术阶段

预战术阶段旨在提取原始预测信息，编制及发布优化和详细的空中交通流量与容量管理每日计划。协同决策活动及所有相关合作伙伴，包括中央流量管理单位、空中导航服务提供者、空域管理部门、航空器运营商等均应支持该程序。

在该阶段，流量管理席协助中央流量管理单位检查扇区配置、活动时段以及监测值的正确性，并在中央流量管理单位预测工具中进行显示，以促进协同决策活动。任何差异均应直接报告给中央流量管理单位的网络管理部门。流量管理席应访问并查看空中交通流量与容量管理每日计划草案。任何希望参与计划讨论的流量管理席应与网络管理部门取得联系。为了确保有充分的时间讨论，并满足空中交通流量与容量管理信息出版物的最后期限，应在世界协调时 11：30～12：30（夏季）/12：30～13：30（冬季）进行。在特殊情况下，如军事活动或技术问题等，流量管理席可能不得不推迟意见的提出，但必须通告网络管理部门。通常情况下，如果在世界协调时 12：30/13：30（夏季/冬季）之前网络管理部门没有收到任何反馈信息，则被视为该流量管理席同意该提议。但是，如果原始解决方案发生重大变化，则网络管理部门应继续与相关流量管理席联系，以发起协同决策程序并讨论必要细节。为了参与预战术计划讨论，有关流量管理席可以参与中央流量管理单位组织的协同决策会议，并向网络管理部门提出空中交通流量与容量管理建议和意见。

中央流量管理单位负责准备和发布空中交通流量与容量管理每日计划，发布条件航路可用信息。在空中交通流量与容量管理每日计划的准备初始阶段，比较历史需求和预计的扇区配置及公布的监测值，以监测容量的不足之处，并应用空中交通流量与容量管理措施平衡需求和容量，优化网络容量，同时降低对实际操作的影响。该工作应在运行日前一天的世界协调时 14：00/15：00（夏季/冬季）之前完成。空中交通流量与容量管理每日计划以空中交通流量与容量管理通告信息和网络新闻的形式发布。空中交通流量与容量管理通告信息由中央流量管理单位发布，并向用户通告空中交通流量与容量管理每日计划中的所有相关措施。空中交通流量与容量管理通告信息在运行时间的前一天确定，并在世界协调时16：00/17：00（夏季/冬季）进行公布。空中交通流量与容量管理通告信息可以通过访问中央流量管理单位的网络运行计划网站获取，其复制件也将通过航空固定通信网络发送给所有注册过的地址。除了空中交通流量与容量管理通告信息，空中交通流量与容量管理每日计划摘要以纯文本的形式于世界协调时16：00/17：00（夏季/冬季）在网络新闻中发布。通过网络新闻，中央流量管理单位向那些预计对网络有重大影响的空中导航服务提供者和航空器运营商提供建议，同时也向航空器运营商提供关于申请航路和高度的建议，以更好地使用网络容量，避免严重的航班延误。流量管理席、航空器运营商以及中央流量管理单位应及时反馈关于空中交通流量与容量管理每日计划质量的评论和意见，以帮助中央流量管理单位查明影响原因并做出纠正改进措施，从而避免类似事件的再次发生。航空器运营商联络室负责搜集航空器运营商的动态反馈信息，流量管理席通过季节性的网络电话会议进行反馈。

预战术阶段的中央流量管理单位协同决策会议通常也是以网络电话会议的形式进行的。中央流量管理单位在每天的世界协调时14：00/15：00（夏季/冬季）简要地把当天的欧洲空中交通流量与容量管理情况告之与会者，并根据中央流量管理单位的计划提前分析第二天的交通状况。无论何时，只要有必要讨论所采取的行动，就应组织召开点对点式的协同决策会议，以准备并监测如工业活动、重大体育赛事等活动。

（3）战术阶段

战术阶段包括考虑实时事件、改进空中交通流量与容量管理每天计划以修复空中交通流量与容量管理的稳定性。由于重要天气、设施设备突发故障、飞行计划数据更新等均可能更改原始计划，所以战术阶段的主要目的是利用一切机会，如开放管制扇区、关闭军事活动区等，最大限度地减少干扰影响。

在该阶段，流量管理席负责通过中央流量管理单位客户端应用程序监测交通负荷，比较交通需求和关键扇区容量监测值，当需求量超过监测值时采取有效措施，包括：调整管制人员部署以增加受影响扇区的容量；增开扇区；与中央流量管理单位协调执行改航方案；申请协调增加容量；监测已执行措施的效应，并适时采取相应的矫正措施；分析时隙列表中的延误问题并与中央流量管理单位协商解决；如有必要，向空管、机场以及航空器运营商提供支持、建议以及相关信息；与中央流量管理单位商议优化扇区配置等。流量管理席向中央流量管理单位提供详细的变更信息，包括：环境数据的变化，如航线或扇区开关、指定机场的跑道运行模式或滑行时间的更改；人员短缺或增加、设备故障、恶劣天气、跑道进场率减少、军事活动变动等；扇区结构、监测值、环境数据以及影响飞行剖面程序的改变等。此外，流量管理席还向中央流量管理单位通报影响交通流量的所有运行问题，确保中央流量管理单位掌握当地空中交通管制措施的执行和更改情况；将空中交通流量与容量管理事件通知给中央流量管理单位，搜集并整理相关流量管理席运行程序的数据；执行应急程序，在不可预见的紧急情况中，确保空中交通管制系统的安全性；检测机场离场时隙的执行情况。

中央流量管理单位参与战术阶段的部门席位包括现行运行经理、战术流量管理主管、战术网络协调员、增强型战术流量管理系统/计算机辅助时隙分配席位、中央流量管理单位流量管理服务台、航空器运营商联络员。其中，现行运行经理全面掌管中央流量管理单位运行室。战术流量管理主管负责现行运行经理的战术流量管理运行，流量管理席和中央流量管理单位之间所有的传真、航空固定通信网络/国际航空电讯协会电报以及电子邮件等均发送给流量管理主管。

战术网络协调员主要负责协调解决战术区域发生的问题，并确保与网络整体交通态势相容，其职责还包括：获取整个中央流量管理单位运行区域的空中交通流量与容量管理整体情况；修改增强网络管理室的计划，以适应战术形势；制定并执行新的战术解决方案，以解决不可预见的问题；确保所有解决方案与整个网络态势相兼容；确保所有参与者都通过合适的信息形式或者远程会议的形式了解当前形势以及解决方案；向相关部门反馈信息以提高未来计划；参与电话会议并负责制定每日战术纲要；根据交通态势的变化评估与修订运行日计划，并确保与整体交通形势相兼容。通常情况下，流量管理席不需要直接与战术网络协调员职能部门接触，但可以与增强型战术流量管理系统/计算机辅助时隙分配席位取得联系。

增强型战术流量管理系统/计算机辅助时隙分配席位负责监测特定区域的交通负载，比较分析交通需求量与关键扇区容量监测值。当需求量超过容量监测值时，与相应的流量管理席协调需求，采取开放新增扇区，使用最佳配置，提高高度上限，改航调配流量，临时增加容量等措施；发起修改现行规则并创建附加规则。当收到紧急情况报告或者容量突发变化时（如设备故障或天气原因），按需要采取紧急行动并执行应急计划。监测激活规则的效果，以减少航班延误并保证公平性。与战术网络协调员协调采取影响网络的必要措施，增强型战术流量管理系统/计算机辅助时隙分配席位只能通过电话与各自相应的流量管理席联系。

中央流量管理单位流量管理服务台用于为航空器运营商提供服务，以帮助其解决通过空中交通流量与容量管理信息交换无法解决的重要运行问题。服务台还可为那些无法访问中央流量管理单位终端或者需要了解空中交通流量与容量管理系统的航空器运营商提供服务。通常情况下，流量管理席不与服务台联系。

航空器运营商联络员由中央流量管理单位具有处理航空器运营经验的职员组

成。在预战术阶段，航空器运营商联络员辅助准备流量与容量管理日常计划，通过传递航空公司的意见协调流量与容量管理措施；在战术阶段，航空器运营商联络员和空中交通流量与容量管理措施涉及的所有航空公司联络。由于航空器运营商联络员与航空器运营商保持密切协调，在欧洲重大危机事件中发挥重要作用。

战术阶段的运行程序主要有时隙分配程序、时隙交换程序、机场不利条件运行程序、短期空中交通流量与容量管理措施、空中交通流量与容量管理豁免程序、战术改航程序、战术日报发布程序。

其中，时隙分配程序通过增强型交通管理系统/计算机辅助时隙分配席位为从空中交通流量与容量管理区域或临近区离场或途经空中交通流量与容量管理区域的所有航空器分配时隙。计算机辅助时隙分配席位是增强型交通管理系统的核心，主要功能是为每架航空器计算和分配起飞时间。流量管理席通过两种方式在时隙分配过程中发挥重要作用：一是预备程序，已收到时隙处于准备状态的航班，航空器运营商可申请让本地空中交通管制发送一份准备报；二是最后一分钟改进程序，通过利用特定区域管制中心或者扇区提供的短时间通告改进时隙分配程序。当流量管理席意识到航班延误的发生地点在区域管制中心内的某一扇区时，首先监测确定时隙分配表中未来 30 分钟内进入该扇区的航班，然后与该扇区和/或其相邻的流量管理席协调，并向中央流量管理单位申请将这些航班从时隙列表中排除。如果程序正确，那么中央流量管理单位接到申请后应排除航班并以传真的方式确认，以保留对该事件的记录。

时隙交换程序。航空器运营商可直接向中央流量管理单位申请交换时隙，也可以通过流量管理席提出申请。但前提条件是两架航班均已分配时隙且受同等程度的管制，而且每个航班只允许交换一次时隙，且应确保两架航班以及两起飞机场都能接受新的起飞时间。如果交换是可行的并且没有负面影响，那么中央流量管理单位将同意进行时隙交换。通常情况下，中央流量管理单位只允许同一航空器运营商的航班之间交换时隙；除非机场发生重要事件，如果流量管理席和中央流量管理单位之间建立适当的程序并由流量管理席申请，则可以允许不同航空器运营商的航班之间交换时隙。

机场不利条件运行程序。机场正常运行可能会受到各种活动的影响，如紧急事件、设备故障或除冰问题等。这些情况都会使机场难以按照预计起飞时间或计算起飞时间运行。中央流量管理单位通过短期协调修改预计起飞时间、新的起飞时间，或者释放豁免个别航班，可以减轻此类事件的影响。当离场受机场恶劣运行条件影响，且预计起飞时间或新的起飞时间无法满足许可的容差范围时，可以启动机场不利条件运行程序。本程序将在启动一小时之内生效，并可根据实际需要进行时间延迟。在机场不利运行条件下，塔台需向当地流量管理席通报该问题，申请临时增加预计起飞时间或新起飞时间的正常容差标准，同时/或者申请豁免一架或多架受管制的航空器。流量管理席应与中央流量管理单位进行协调，以获得有关变化的许可。在大多数情况下，这些许可需经过分析之后才能批准；然而在特殊情况下（如扇区载荷已接近或者已达到其极限），中央流量管理单位可与流量管理席协调制定备选的解决方案。当中央流量管理单位许可延长受管制航班新的起飞时间容差或者非管制航班的离场容差时，这些许可及其适用时间应由中央流量管理单位流量管理人员输入增强型战术流量管理系统中。

短期空中交通流量与容量管理措施主要包括最小离场间隔和尾随间隔管理两种。当来不及采用标准的空中交通流量与容量管理措施时，最小离场间隔成为最后的选择。空中交通管制或流量管理席均可使用最小离场间隔，但必须向流量管理席报告。尾随间隔管理用于航路雷达管制员指挥相同巡航高度层的航空器以保持相同速度/马赫数，作为相对短期的措施，尾随间隔管理的目的是降低扇区复杂度，减少管制工作负荷。

空中交通流量与容量管理豁免程序。根据规定存在四种豁免航班情况：一是飞行计划报被豁免。如果领航计划报的其他情报中插入"STS/…"指示字样，则说明需要特殊处理，用来指示所有相关部门对该航班进行特殊处理。只有遇到国家元首专机、执行搜寻救援任务、执行紧急任务、拥有空中交通流量管理豁免许可四种特殊情况，才可以从时隙分配中自动豁免。中央流量管理单位的处理程序是：如果中央流量管理单位接到航空器运营商的电话申请，则请求批准空中交通流量管理豁免许可，中央流量管理单位应帮助其与国家航行情报相关部门联系；如果没有设置该部门或者无法与该部门联系，则与相应流量管理席联系。如果中央流量管理单位接到航空器运营商或其代理关于重要急救飞行被延误的电话，并请求起飞离场，则中央流量管理单位应在检查负载后手动豁免该航班，必要时需征得有关流量管理席的同意。每月应向各国发送使用"STS/…"指示的所有航班数据，如果发现滥用这一重要程序，则应立即采取补救措施。二是流量豁免，如果航班所属交通流从交通容量中豁免，则该航班同时也被豁免。三是在辖区之外，如果航班从中央流量管理单位区域之外（空中交通流量与容量管理区域及邻近的飞行情报区之外）起飞，则该航班应被豁免。四是当规则执行时，如果航班已经在空中飞行，则应被豁免。

战术改航程序。战略和预战术阶段对航路计划进行规划与准备，战术阶段对航路计划进行执行与应用。在战术阶段，中央流量管理单位负责监控延误情况，并适当分析改航效益。战术改航由中央流量管理单位空中交通流量管制员手工执行，或者由增强型战术流量管理系统自动给出改航路径。此外，配置中央流量管理单位客户应用工具的航空器运营商可以通过航空器运行"假设"航路程序自行改航。另外，该程序还适用于无规则飞行，通过使用释放的条件航路来最大化飞行效能。

战术日报发布程序。每天世界协调时 08：00/09：00，中央流量管理单位会提供一份对当前欧洲空中交通流量与容量管理态势的整体描述，并对 14：00/15：00（夏季/冬季）时的发展趋势进行预测。

（4）后评估阶段

后评估是指对空中交通流量与容量管理每日计划的执行情况进行评估和分析，从中得到启示，从而做出相应改进。由中央流量管理单位战术网络协调员负责空中交通流量与容量管理每日计划执行情况的评估，通常在第二天完成评估工作，评估内容包括管制规则、扇区负荷和结构、管理方案、高度调整以及改航建议等。为解决后期分析中所发现的问题，中央流量管理单位与相关的流量管理席协作采取一系列的后续措施。

3）通信管理

中央流量管理单位和流量管理席之间的通信语言为英语，通信电话均被录音以便进行调查。在战略运行阶段，国家和中央流量管理单位管理层通过双边和多边会议、邮件或者电话等开展战略计划协调。在预战术运行阶段，为了降低电话通信量，中央流量管理单位需求的环境、配置、监测值等其他必要数据应通过中央流量管理单位的流量管理席人机交互接口或电子邮件传送；另外，航空固定电信网/国际航空电信网作为备份通信手段。在战术运行阶段，流量管理席通过拨打分配的号码联系中央流量管理单位，联系人是管理其空域的人员和战术运行的首次联络人，但通常不联系中央流量管理单位服务台。一般情况下，在线环境数据库的变更、条例的修改、新的规定或要求等是通过传真或电邮传递的，如有需要也支持硬复制。

4）特殊应急情况处置

所有航班包括从空中交通流量与容量管理时隙分配豁免的航班，都会受到特情处置程序的影响，除非是从空中交通流量与容量管理区域外或邻近区离场的航班。欧洲特情处理程序主要包括低能见度、机场或空域关闭、人员罢工、机场不利情况以及空中交通流量与容量管理应急情况等。

（1）低能见度

在低能见度的情况下，繁忙机场进场接收率降低，将导致大量空中等待以及邻近管制扇区容量的减少。流量管理席的积极参与是低能见度高效管理的关键。只有在特定和明确的情况（如时隙交换）下，中央流量管理单位才可能直接与当地机场有关合作单位进行协调。当预测到流量管理席责任区内某机场即将出现低能见度时，将在执行空中交通流量与容量管理措施的同时，启动低能见度处理程序。当预测到机场将出现或已经出现低能见度时，机场管制应建议流量管理席同意应用该程序；空中交通流量与容量管理应向航空器运营商发送低能见度告警信息，通知他们可能要应用空中交通流量与容量管理程序，需要在领航计划报的其他情报项中增加最低跑道视程。机场空中交通管制需与流量管理席保持紧密联系，不断更新预报信息和实际情况，流量管理席应辅助中央流量管理单位确定执行空中交通流量与容量管理程序的可能性。如果实际情况恶化，则机场管制和流量管理席协调制定措施，并按照异常条件下的空中交通流量与容量管理规则设置最低跑道视程。

（2）机场或空域关闭

如果机场或空域关闭，则中央流量管理单位根据收到的信息评估关闭持续时间和关闭原因，并采取适当措施。当机场关闭时，中央流量管理单位接收并调整领航计划报；关闭时间较长时可暂停航班运行；当机场重新开放时，延误相应进场或者离场航班。当空域关闭或关闭环境数据库中的空域时，中央流量管理单位将拒收领航计划报，或者与关闭机场一样由增强型战术流量管理系统接收领航计划报进行调整。

（3）人员罢工

中央流量管理单位处理罢工事件的程序与机场或空域关闭时的处理程序类似。

（4）机场不利条件

具体内容见"战术阶段"相关介绍。

（5）中央流量管理单位应急

空中交通服务或空中交通流量与容量管理服务严重失效，导致空域容量急剧降低或空中交通瘫痪时，区域管制中心/流量管理席和中央流量管理单位将分别启动相应的应急程序来应对危机，主要包括以下三种程序。

一是区域管制中心/流量管理席应急程序。在流量管理席应急中，流量管理席应提前制定应急预案，详细定义描述责任区应急事件的配置、容量和策略，从而使中央流量管理单位能够协助流量管理席运行应急程序。流量管理席应与中央流量管理单位协调制定应急计划，负责及时升级应急计划并通告中央流量管理单位。如有应急需求，流量管理席管制员应立即与中央流量管理单位协调实施应急预案。实施应急措施时，流量管理席管制员应使中央流量管理单位能获取更新数据和情报，保证空中交通流量与容量管理措施适应情况的变化，并以空中交通流量与容量管理信息报的形式通告相关部门。

二是增强型战术流量管理系统应急程序。如果增强型战术流量管理系统失效，则中央流量管理单位将采用若干适当的应急措施来减少对客户的影响，应急程序由中央流量管理单位发布。为了在增强型战术流量管理系统恢复后有效和有序地重启时隙分配程序，在执行应急程序的整个周期内，必须持续向初始飞行计划综合处理系统发送飞行计划及其更新信息。突发事件发生时，中央流量管理单位首先重启增强型战术流量管理系统，如果重启失败，再激活增强型战术流量管理系统备份系统，该系统包含增强型战术流量管理系统的基本数据。

如果增强型战术流量管理系统备份系统激活失败，则启动相应的应急程序。在执行应急程序过程中，对于指定机场的航班将开始执行预定的离场时隙，从而可能导致有关航空器运营商的航班出现高延误率；而对于非指定机场的航班，则不受应急程序的影响。

增强型战术流量管理系统应急程序包括告警、激活、运作、恢复四个阶段。在告警阶段，中央流量管理单位获知增强型战术流量管理系统失效后，应向流量管理席、空中交通服务、航空器运营商发送增强型战术流量管理系统失效告警报，告警报指明应急计划的启动时间，同时表明流量管理席是获得应急计划实施详情的重要部门。中央流量管理单位的通信系统失效或者其运行控制室无法使用时，由指定的远程单位发出告警报，中央流量管理单位通过电话通知该单位具体情况；流量管理席和管制塔台一旦收到告警报后，立即执行本地应急计划方案。告警阶段不允许申请改变时隙，但将时隙容许范围向前延长 5 分钟和向后延长 20 分钟，以保障更多的航空器完成起飞；而在该范围之内不能起飞的航空器将按照应急计划进行安排，从非指定机场起飞的航空器不受增强型战术流量管理系统应急计划的影响。在激活阶段，如果增强型战术流量管理系统失效仍未解决，则中央流量管理单位应向流量管理席和指定管制塔台发送激活报，其他空中交通服务单位以及航空器运营商也应收到激活报的副本。流量管理席和管制塔台应采取应急措施，激活应急计划，并指明应急计划的启动时间，一般为增强型战术流量管理系统失效后 2 小时左右。管制塔台根据应急计划启动时间制定航空器的起飞时间，并扩展时隙容许范围。在运作阶段，指定管制塔台和/或流量管理席根据增强型战术流量管理系统应急计划重新安排起飞时间，之前计算得出的起飞时间失效。为向恢复阶段平稳过渡，应提前 1 小时安排离场时间。如果中断超过 6 小时，则在条件允许的情况下，中央流量管理单位工作人员应改变起飞时间，并通知流量管理席以及指定管制塔台。为了减少飞行延误，流量管理席应积极同责任区内的空中交通服务单位进行协调。在恢复阶段，一旦增强型战术流量管理系统恢复使用，中央流量管理单位应向流量管理席以及指定塔台发送恢复报，其他空中交通服务单位以及航空器运营商也应收到副本。恢复报应包括增强型战术流量管理系统的恢复时间，以及临时离场时隙分配系统向标准的新起飞时间离场时隙分配系统过渡的详细信息。一般情况下，过渡时间比恢复时间提前 1 小时开始，并适时在空中交通流量与容量管理通知中发布这一信息。增强型战术流量管理系统恢复之后从非指定机场起飞的航空器应满足空中交通流量与容量管理正常程序的要求。

三是中央流量管理单位设施疏散程序。如果中央流量管理单位设施必须疏散，则中央流量管理单位运行部门将转移到临时应急地点，并立即启动应急程序，直到中央流量管理单位人员和系统恢复可用。

3. 流量管理内部机制

1）分层管理与协同决策并存

中央流量管理单位和区域管制中心流量管理席组成的欧洲流量管理二级组织体系中，各级机构适度分权、分层管理。中央流量管理单位、区域管制中心流量管理席和航空器运营商等各方之间密切合作、协同决策，共同有效、公平地管理欧洲地区的空中交通，并通过航路战略计划、各级流量管理运行程序以及一些特情处理程序，尽可能地减少航班延误，保障欧洲地区交通流的安全、有序和畅通。

2）流量管理与管制指挥兼容

欧洲的流量管理组织体系与美国类似，嵌入管制体系中而成，二者互为依托、互相兼容，融为一体。欧洲流量管理席设置在中央流量管理单位所辖范围内的各区域管制中心内部，空中交通流量管制员成为中央流量管理单位与区域管制中心之间信息交换和沟通的桥梁。根据欧盟各成员国的内部组织形式确定流量管理席责任区的覆盖范围，并确保所有流量管理席之间地位的平等。

3）流量管理与空域管理适应

欧洲的流量管理主要是对流量与容量的协调管理，这就要求流量管理与空域管理模式的互相适应，以实现流量与容量的互相匹配。因此，欧洲流量管理模式的运行需要相关空域管理部门的配合，在一定程度上与空域管理模式相适应。主要体现在中央流量管理单位设有空域席位，负责空域管理问题的协调；另外，欧洲空中交通流量管理公共条例（欧洲委员会 255/2010 号令）已明确指出其适用范围包括中央流量管理单位、本地流量管理单位、航空器运营商、空中交通服务、航行情报服务、机场管理部门，以及空域管理部门等。

3.4 军民航协调

3.4.1 军民航协调组织体系

1. 欧洲航行安全组织

欧洲空中交通管制委员会是一个欧洲航行安全组织缔约国的部长级组织。欧洲空中交通管制临时委员会是一个欧洲航行安全组织缔约国（包括欧共体）的总干事级组织。总干事和干事可以由民航或军航身份的代表担任，总干事全权负责欧洲空中交通管制局的管理。欧洲航行安全组织涉及军民航协调的顶层组织机构如图 3-17 所示。

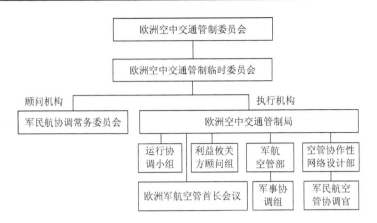

图 3-17　欧洲航行安全组织军民航协调的顶层组织机构

军民航协调常务委员会在 1997 年成立，由各国军民航高级官员组成，是临时委员会的顾问机构，负责审查各项计划或活动的军事意义，提出并解释军事航空的具体需求，协调与其他军事组织的联系，并在考虑国防需要的前提下对空管的各项规划提出指导性建议，以确保未来发展满足国土安全的需要。军民航协调常务委员会中，每个国家可以指定两名代表分别代表民航方面和国防方面的利益。委员会的所有会议都邀请全体委员参加，允许提出和讨论任何问题。军民航协调常务委员会的具体职能包括：在临时委员会决议的框架下，负责一切涉及军民航协调的事宜；对临时委员会动议的军民航协调问题提出建议；解释军航活动的特殊需求以及相关的通信导航监视/空管问题；对空管规划人员提供指导，确保未来发展满足安全需要，尤其是国防方面的需求；鉴定民航空管所提供的信息和服务是否满足空防、军航空中交通和民航空中交通的需要；在民航通信导航监视/空管领域新技术的规划、发展与实施方面，尽可能寻求其与军航未来发展规划的协调；协调相邻空域的军航活动；在军航政策、法规、程序的制定方面确保其对空管资源的持续和有效利用；向临时委员递交阶段性的工作报告。

欧洲空中交通管制局包括军航空管部、军民航空管协调官、运行协调小组和利益攸关方顾问组。其中，军航空管部在所有决策、规划与协调过程中以高层军事代表的角色负责从军事角度就空管的战略事宜为总干事及临时委员会提供建议，并根据临时委员会的要求保证军航与欧洲航行安全组织之间工作计划、决策过程的一致性。各个军事团体针对军事活动中的空管政策与战略，通过军航空管部进行内部协调并取得共识。

军事协调组隶属军航空管部，建立之初隶属于军民航协调常务委员会，由各成员国高级军事专家组成。非成员国和组织的军事代表担任军事协调组的观察员。协调组由军民航协调常务委员会任命的一名委员会的军方代表担任组长，任期为两年，同时邀请欧洲军事单位参加该组的会议。军事协调组向军航空管部提供战略咨询，负责在政策与战略层面确立与推动新航行系统有关事务在欧洲范围的军事定位，以改善军事团体间的合作。军事协调组的具体职责包括：分析空管与军航活动的相互影响；确定特殊空管环境下的军航需求，以保证其正常运行；确定为实施和平环境下的军民航协调，欧洲空管系统应具备的能力；制定各类具体协调方案；在实施军民航协调中争取军航活动的优先权。欧洲军航空管首长会议是以军航空管发展的战略事宜为核心的磋商论坛，邀请各国军航空管的高级军官、北约组织代表、军民航空管协调官和欧洲航行安全组织的代表参加，该会议不形成正式决议。

军民航空管协调官是欧洲空中交通管制局及其空管协作性网络设计部处理军航和军民航事宜的联络组织，负责加强军民航之间以及军航内部的协调与合作，为空管协作性网络设计部与专家中心提供专家支援，管理与军民航有关的通信导航监视/空管计划、保安计划以及包括"欧洲单一天空空管研发计划"在内的其他事宜，相关的组织结构如图 3-18 所示。一名决策顾问和一名研究欧洲单一天空空管问题的资深顾问负责协助军民航空管协调官决策。为了将军航活动纳入欧洲单一天空框架下，军民航空管协调官拟定相关计划：首先按照欧洲航行安全组织关于管制空域仪表飞行条件下的军航飞行协调规则等运行规章，修订各成员国军航飞行规则；然后在军航飞行规则的修订过渡期内，为各成员国提供军航仪表飞行规则转换服务；最后对欧洲范围的军事训练区域进行重新优化配置。军民航空管协调官的下级职能单位包括策略统筹单元、协调与支持单元和保安办公室。其中，策略统筹单元负责保证所有军民航活动与已有的发展战略一致；掌握并协调欧洲单一天空体系下的军民航活动量；指导包括技术标准制定和研究在内的军民航空管长期发展规划；支持军民航空管系统协调发展。协调与支持单元负责推动空管与空域管理领域的发展，并监控空管系统运行状态的变化；协调整个欧洲空域的军航活动；在实施欧洲单一天空及欧洲航行安全组织的规划过程中，支持军航内部及军民航之间的协调；修订更新欧洲航行安全组织的空域安全性计划以及空域安全性规章，并提供空管安全方面的技术支持；提高军民航安全意识；针对军民航空管的协调事宜为相关人员提供培训；保障内外部门之间的联系；提供军航和军民航运行状态评估。保安办公室负责制定包括风险管理在内的一整套安全规章，并对其实施进行监督，保证欧洲空中交通管制局人员、财产和信息的安全。

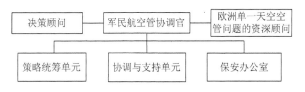

图 3-18　军民航空管协调官下级组织结构

利益攸关方顾问组负责推动战略性空管系统的发展，在运行、技术和影响航空运输业整体发展的战略性问题上向欧洲航行安全组织总干事提供建议，以支持空管协作性网络的设计。它还提供军民航协调方面的建议，并在涉及欧洲空管战略性目标的问题上争取各成员国最大力度的支持。

运行协调小组负责与短期（运行当日）/中期（3～5年）空域网络优化、容流量一体化管理有关的网络运行协调与监控，使处于同等地位的各个机构在欧洲空管系统中安全、最有效地运行，以充分利用可用空域、机场和其他空管资源。

2. 英国

在英国，军航活动的空中交通服务大多由军用机场军航管制员提供，如伦敦区域管制中心及其终端区管制中心的军航部分。沃斯珀·桑尼克罗夫特集团有限公司提供包括空勤人员训练在内的国防后勤保障服务。军航局负责维护军航安全监管体系，处理与规章、标准以及飞行程序有关的事宜，以确保各领域军事航空活动的安全。军航局由执行委员会负责总体管理，主要由运行处和技术处组成。执行委员会下设机构中，安全咨询委员会负责为其提供各类军航安全事宜的咨询建议。运营人理事会为利益攸关人提供战略、政策与标准等事宜的交流平台。连续与可持续发展处负责为局长提供涉及安全性事宜的建议，并负责处理跨部门的安全性、环境保护和可持续发展事宜。运行处负责规范和保证一般飞行、试飞和空管的正常运行。技术处负责发布技术规范与许可，确保军航相关的设施设备在技术上均达到适航要求。军事航空事故调查处负责协助局长处理有关军事事故的各种调查与质询。

3. 德国

德国空中交通管制股份有限公司直接隶属于德意志联邦共和国，负责在和平时期向德意志联邦共和国空域内的民航和军航空中交通提供空中交通服务。涉及军方的服务包括：执行空域灵活使用措施，监视临时使用空域状态；支持任何形式的空中军事演习；保障与北大西洋公约组织联合进行的空中军事行动，以及涉及北大西洋公约组织的危急情况飞行；按照国防部与运输部协议，以及德国与北大西洋公约组织协议，为危机、冲突情况进行战斗准备；为军方人员提供与空中加油飞行、空中警戒及管制系统飞行、特殊侦察任务飞行、空中指挥所飞行等战斗及特殊军事任务有关的空中交通管制训练。德国空中交通管制股份有限公司的监督机构包括部际联合指导委员会、股东大会、监事会和管理委员会。运输部负责系统运行规章与财务制度的制定和监管。部际联合指导委员会负责国防部和运输部的利益平衡。管理委员会负责公司的具体运行与系统保障。运输部、国防部和财务部的官员作为监事会主体，负责公司整体运营绩效的审查。在公司管理层的所有部门和单位，均有军事人员参与方案的决策与执行。

4. 美国

空中交通处是联邦航空管理局的主要职能部门，下属的系统运行服务单位是联邦航空管理局与军方进行空中交通协调的重要机构。系统运行服务单位为空域管理、流量管理、航行情报管理制定政策、标准和程序；为满足国内/国际飞行服务的需求制定政策、标准、策略、计划，提出有效的管理方法，促进可航空域的高效使用。在牵涉航空运输系统的安保事宜时，系统运行服务单位代表空中交通处与国防部和国土安全部交涉。此外，系统运行服务单位代表空中交通处协调军民航等用户对空域资源的使用需求。

系统运行服务单位负责空管系统指挥中心的运行管理。该中心负责军用特殊用途空域外的空中交通流量管理及其军民航协调事宜，旨在通过与各管制部门、用户和气象信息服务商的协作，监控国家空域系统内的空中交通流量，平衡飞行需求与空域容量，在保证安全的前提下确保国家空域系统的最有效使用。飞行高度集中预定机构是空管系统指挥中心的职能部门，为军民航在国家空域系统框架下的飞行高度预约及使用提供协调服务，以确保需要执行安全防卫飞行任务或民航应急任务时，相应单位能够通过特殊协调程序获得空域。飞行高度集中预定机构也是美国履行开放天空条约的协调联络单位。

系统运行服务单位下属的空域与航行情报部门是涉及军民航协调的另一单位。相关职能包括制定与空域资源分配相关的法规、政策和标准；分析空域运行变化对环境的影响；划设航路和扇区，设计区域导航/所需性能导航程序并制定相关标准；授权无人机在国家空域内飞行；为制定特殊用途空域提供政策指导，并发布相关航图、航行通告等航行情报信息。

3.4.2　军民航协调主要方式

1. 欧洲航行安全组织

空域灵活使用是欧洲航行安全组织为实现容量增加、提高空域使用效率目标而采取的主要手段，也是其处理欧洲军民航空域使用矛盾、进行军民航协调的主要方式。空域灵活使用的基本原则是空域不应局限于军航或民航专用，而应根据需求的实时变化灵活分配。为贯彻空域灵活使用的概念，欧委会要求开发欧洲空域灵活使用共同规范，着重描述系统或组织间的协调规程，以利于军民航协调的实施。

1）准备阶段

在空域灵活使用方案的准备阶段，欧洲航行安全组织各缔约国负责制定国家层面的空域管理政策，检查空管环境，并向军民航双方传达和解释空域灵活使用概念，预备联络及协商方式。具体工作包括：根据欧洲航行安全组织空域管理部门制定的空域使用优先权规则、空域使用时间表、军民航空域使用申请程序等要求，调整本国相关规章与程序；评估军民航空域需求，确定适宜实施灵活使用概念的空域；向本国军民航当局宣传空域灵活使用思想，取得广泛共识；建立国家层面空域管理机构，负责空域灵活使用的实施；对军民航空管、空中交通流量管理和航空公司的工作人员进行空域灵活使用培训；与欧洲航行安全组织及其他缔约国的空域管理部门建立协商机制；预先准备提升空管系统绩效的方案；评估已灵活使用的空域的容量变化，并在军民航联席会议中讨论这些空域的灵活使用实施细节；在航行情报中详述实施空域灵活使用的已见成效。

民航在此阶段需对飞行及空域规划等各类人员进行空域灵活使用培训；在空域战术和预战术管理阶段协调空域规划事宜；在申请空域前与军航联系沟通。军航在此阶段需对军航人员进行空域灵活使用培训；确定空域灵活使用的军航实施程序；制定获取可用空域实时信息的方案；根据空域灵活使用第三层要求，建立军民航管制员协调机制；参与各类空域灵活使用协商会议。

2）实施阶段

在空域灵活使用方案的实施阶段，各缔约国需按制定好的程序落实方案，并根据实施效果评估其结果，改进空管系统环境和有关程序。具体工作包括：规划拟实施灵活使用的空域结构；与欧洲航行安全组织及其他缔约国的空域管理部门协商空域需求与分配问题；在国际国内军民航机构间进行空域灵活使用的实时协调；发布空域的实时状态信息，公布其不同结构下的容量情况。

民航在此阶段需根据可用空域信息规划条件航路；审查条件航路的规划和使用情况；审查空域规划程序的实施情况。军航在此阶段需为军航管制员提供可用空域的实时状态信息，按准备阶段拟定的军民航管制员协调机制，落实空域灵活使用的军航实施程序。

2. 英国

1）总体协调

尽管英国法律规定管制空域以外部分由军航负责，但英国空域使用仍侧重民航方面。在总体协调层面，英国《民航法》第 72 部分有关民航局的条款明确空域政策处和联合空中航行服务理事会的作用，规定国防部必须参与国家空中交通服务控股有限公司董事会。任何对国家空中交通服务控股有限公司框架的调整均须满足国防部的战略与运行管理要求。英国军民航各级管制单位通过定期召开联席会议，共同调整政策、规范和程序等事宜，改进与完善本国空管系统，满足航空运输业的新需求。

在空域政策方面，军用机场交通地带、空中加油区域、高强度空中活动区域、航空战略区域和军事训练区域一般只保留给军航使用。其中，军事训练区域是专门为军事训练与军事活动设计的空域，也是军航使用的最主要区域类型。这类空域在周末或夜间停止使用期间，允许民用航空器有条件穿越。穿越军事训练区域的航路只能在没有军航活动的限定时间段内才可使用。民航及军方空域预留与协调单位具有第二层级空域灵活使用的管理职能，这些机构就空域使用计划的编制事宜进行内部及相互协调，以便统筹规划可用空域的使用，并在空域使用计划中发布所有空域的状态信息。此外，洋区空域预约部门负责洋区空域的使用申请与协调事宜。

在系统保障方面，军民航空管单位正在部署自动化飞行数据交换系统，采用点对点的通信方式实施相互间的协调程序，以便实现军民航之间更为统一、高效的沟通与联系。

2）运行落实

在日常业务的运行与落实层面，英国民航主要负责航路、终端区和机场等管制空域内的管制指挥，军航负责管制空域外和 24000 英尺以上高空的军民航飞行，并保持与民航管制员的协调合作，确保航空器安全。派驻民航的永久性军航代表主要负责协调与组织空域规划、非常规航空活动等事宜。英国空域分为管制和非管制两类，24500 英尺以上空域称为高空飞行情报区。一般军事飞行与民航飞行一样，需遵照民航局颁布的飞行条例和飞行程序实施，当使用航路网络时，由民航管制员提供空中交通服务；而作战飞行直接由军航管制单位提供空中交通服务。在一般管制空域以外，由飞行员负责航空器的飞行安全，并由军航管制员为其提供空中交通服务。在高空非管制空域内，军航管制员在区域管制中心与民航管制员同址办公，负责为军事飞行提供强制性雷达管制服务。在一些较为繁忙的管制扇区，军民航管制员也经常采用联席办公的形式面对面协调。

由于军事飞行经常需要穿越航路，军民航根据实际情况，采用适宜方式简化协调程序。在军事飞行穿越航路最为频繁的区域，民航为军航建立"航路穿越通路"或称"雷达监视走廊"，要求民航管制单位至少提前 5 分钟获得开辟走廊的需求通告，将穿越航路军事航空器的二次雷达应答机编码通知受影响的民用航空器，指挥其爬升或下降，并从后方避开军事航空器。未接受雷达管制的军事航空器需事先填写并提交飞行计划，并在穿越航路前至少 10 分钟得到许可，方可使用雷达监视走廊穿越航路。一些区域也通过其高频数据链提供"危险区域穿越及活动"信息服务，将军事航空器航路穿越信息发布给受影响的民用航空器。在一些不繁忙的航路，军航管制员采用"五海里"方法指挥军用航空器穿越航路。军航管制员只要保证涉及的军用航空器与所有其他航空器能够保持 5 海里雷达间隔，无须与民航管制员协调。高空非管制空域以外，军方主要提供低空空域雷达咨询服务，也为遇险航空器提供辅助性交通服务。

3. 德国

德国运输部和国防部达成部际间协议，要求德国空中交通管制股份有限公司在和平时期负责管制服务时，必须考虑德国与北大西洋公约组织的防卫利益以及军事特殊需求，各机场为本场飞行提供空中交通服务，军用机场空管服务及空军的所有任务由国防部负责。除了部分民航机场，国防部负责危机和冲突时期的空中交通管制服务，北大西洋公约组织防卫司令部全权负责空域的使用及协调。军民航运行层面的协调主要在各管制中心进行。德国军民航在空中交通服务领域的协调与合作高度一体化，主要体现在人事制度、飞行数据、系统保障、应急处理、空域日常管理等方面。

1）人事制度

在人事制度方面，为使德国空中交通管制股份有限公司能够为军航提供服务，军方管制人员在公司各级运行机构的重要岗位上任职。为了建立军民航共同的职业技能等级制度，所有管制员均需要参加大量综合培训以保持适应其岗位的能力与水平，且军民航任何一方的管制员不能仅具备管制军民航单方面飞行的能力。德国军方管制人员的训练、培训和颁发执照由德国空中交通管制股份有限公司负责。原则上，在德国空中交通管制股份有限公司工作的军事人员的待遇与非军事人员的待遇相同。除了健康与社会保险，所有的员工规章、权利和义务既适用于民航雇员，又适用于军航雇员。如果在德国空中交通管制股份有限公司工作的军事人员丧失工作能力，由国防部的人事劳动部门负责其一切善后。

2）飞行数据

在飞行数据的统一方面，德国空中交通管制股份有限公司需要向空军报告所有获得的飞行数据信息，以增强德国空域对空识别效率。数据传递一般通过自动化系统实现，例外情况下通过口头协调予以实现。

3）系统保障

在系统保障方面，为了保障军民航空中交通管制系统的统一无间隙运行，德国空中交通管制股份有限公司负责部分军用空中交通管制设施的检修与维护。国防部与运输部对所有军民航雷达备有校验飞行协议，德国空中交通管制股份有限公司的人员必须参与校验飞行的实施。

4）应急处理

在紧急与危机事宜的应急处理方面，当国家发生危机、面临重大冲突时，位于兰根的国防部空中交通服务办公室是所有军事飞行的协调中心，在空防司令部的监督下，由德国空中交通管制股份有限公司代表和国防部空中交通服务办公室代表组建危情管理办公室，协调可用的空中交通服务设施，并借由国民预警计划启用预备役人员，以保障和维护国家空中交通管制系统设施及其网络的正常运转。

5）空域日常管理

在空域日常使用与分配方面，军方人员负责收集军航对飞行训练空域的需求，民航人员负责收集临时航路的开放使用需求，并对空中交通流量进行预测。空域管理单位汇总军民航的空域使用需求信息后统筹处理相关空域使用申请，制定次日空域使用计划，并向本国及邻国相关区域管制中心、欧洲中央流量管理单位、军航各管制部门、飞行训练单位、美军驻德国空军基地等军民航单位发布。军事训练空域申请一般限于已公布的空域范围，未经协调不能使用。例外情况的申请需提前 3～4 周提出，经协调批准后方可使用。民用航空器经临时协调并许可后，可以穿越军事训练空域。在军事训练空域未使用的情况下，民用航空器可以尽可能长时间地占用，一旦军方管制员发布军方航空器的起飞时间和预期到达训练空域的时间，民用航空器必须根据通告在相应军事训练空域进行避让。

4. 美国

根据美国联邦法律，联邦航空管理局没有国家空域的所有权。作为国家空域资源管理者，联邦航空管理局必须与国防部密切联系与合作。因此，联邦航空管理局在划分空域时必须充分听取军民航意见，并为确保国防安全划设特殊用途空域。由于每个特定空域只能由一个管制单位负责，所以当民用航空器飞入空军管制区域时由空军管制，而当装有二次雷达应答机的军用航空器穿越航路时，由军航管制部门及时联系民航提供保障并给予方便。尽管军方在空域分配中享有特殊地位，但由于国家空域资源的公共属性，法律规定军民航享有平等使用空域的权力，在空管各层面均涉及军民航间的协调。军民航协调主要包括国家空域系统的规划、特殊用途空域的划设、终端区及塔台管制服务主体确定、设施设备开发与采购，以及日常运行过程中冲突调解等。为便于军民航沟通，加强双方的联系与协调，联邦航空管理局和军航各级部门保持密切合作，制定相应的协调制度。

1）人员制度

联邦航空管理局和国防部各级机构互派联络官负责协调事宜，同时要求机组和各级管制部门中的运行人员使用统一的空中交通管制规则、标准、程序以及航空通话用语。

在联邦航空管理局总部，国防部设立陆、海、空三军空管联络军官小组，通过每周的联席会议处理并协调空域及空中交通服务运行出现的冲突和其他事宜。为研究空域、机场的使用及其与政府的联系等事宜，国防部设有联邦航空政策理事会。理事会由上将军官任主席，负责有关商业航空旅客安全、空管系统设施设备、空域使用及联邦航空管理局事务等工作。理事会由执行理事与工作小组组成，执行理事由空军少将军官担任，工作小组成员包括参谋长联席会议成员，以及国防部办公室和陆、海、空三军代表，每月召开一次例会。

在联邦航空管理局的地区办公室，国防部派有地区军方代表，负责与总部、该地区的航空兵部队以及民航有关单位密切协调训练空域，向民航提交军方空域使用建议。上述建议被民航采纳后，地区军方代表负责监督方案实施，确保军航活动使用空域得到及时释放。地区办公室的空中交通处代表负责审查军方空域使用需求及其方案，就方案合理性与军民航有关单位协调，确保禁区等特殊用途空域实现动态调整并释放为公众可用。

在航路管制中心，军事作战专家及联络官负责及时发现、协调和解决军民航空域使用矛盾，避免矛盾升级。部分空军基地驻有联邦航空管理局代表，负责解释联邦航空管理局规范与条例，处理涉及民方的投诉等。

2）系统配置

按照"统一规划、统一标准、分别建设、共同使用"原则，确保军民航双方在系统建设和配置方面的需求与技术水平均能得到充分考虑。在系统采购及财务管理模式方面，雷达、通信、导航、数据处理等系统均由联邦航空管理局与国防部联合采购。更换雷达系统的费用由联邦航空管理局与国防部各负担一半，其后的维护由联邦航空管理局负责。各类设施的日常运行费用由设施所有者负担，军民双方使用对方的设施时互不收费。联邦航空管理局每年向国会申请所需的大部分空管建设经费，包括系统运行费用、机场津贴、设施设备费用和科研发展费用等。这些费用主要来自航空基金，由国内机票税、货运单税、非客货航汽、煤油税和国际离港税构成。军航的空管建设经费，每年由国会拨给国防部。在系统的配置与使用方面，联邦航空管理局与国防部密切合作。为了国土防空需要，联邦航空管理局各航路管制中心必须按规定程序将所有国际飞行计划传送给北美防空司令部。防空部门设有防空识别区，对没有飞行计划且无法识别的航空器立即拦截并查明情况。拦截过程中，由塔台管制室负责拦截航空器的起飞事宜，然后将其移交给航路管制中心。当其进入防空识别区后，航路管制中心将拦截航空器移交给防空部门，由其指挥拦截。另外，总统要求联邦航空管理局保持适当应变能力，战争时期由国防部接管，成为国防部的职能部门，并利用各种空管手段全力支援国防部和指定军事部门的工作。空军航空管制系统是国家空管系统的分支系统，空军因战役战术训练及武器系统试验等特殊需要，可与联邦航空管理局和地方政府协调，划设专用空域。与专用空域使用计划有关的通知需要提前48小时发布。空军航空管制系统除了为军方提供管制服务，还为200多个民用机场提供进近管制服务。对于军民共用机场，联邦航空管理局按军民航流量大小决定机场的管制责任主体。联邦航空管理局和军方分别组建飞行服务站，作为空管系统的辅助和补充设施，专门服务于目视规则飞行的通用航空及私人飞机。在系统集成方面，"9·11"事件之后，联邦航空管理局与空军共同投资建设"联合监视系统"，以实现空中警戒系统和空管系统的一体化。军民航一体化空管系统以星/陆基和航空机载系统为平台，通过安全可靠的计算机网络进行信息采集、处理、发布与集成，对航管一次雷达、军用单脉冲二次雷达、敌我识别器、机载军航应答机等信息加以融合，以实现对空目标的实时探测与识别，以及军民航决策与指挥的统一。

　　3）空域管理

　　联邦航空管理局出于军事需要预留给军航使用的空域称为特殊用途空域。特殊用途空域的划设、使用与释放是军民航日常协调工作的核心之一。通过特殊用途空域的划设，不同目的的航空活动在空间上得以隔离，保证空域使用的安全性；既定任务完成后，特殊用途空域的用户及时释放空域资源，为最大化利用空域资源创造条件。除部分特殊用途空域由军方永久使用，大部分特殊用途空域均属军民分时合用。特殊用途空域在大多数情况下为军方、能源部门、美国航空航天局及非政府组织所使用，一般分为禁区、限制区、军事活动区、告警区和警戒区。民航可以按照规定程序使用一些限制较少的特殊用途空域。

　　特殊用途空域中，涉及国家安全和国家利益的空域被设定为禁区，除了持有使用许可，任何人不得操纵航空器驶入禁区。美国目前设有 9 处禁区，禁止所有航空器飞行。可能对其他航空器造成冲突而必须限制或隔离的空域被设定为限制区。限制区并非完全封闭，但航空器在其间运行必须服从空域限制规定。高度在18000 英尺以下，可供军事活动（如战斗飞行、空中格斗、空中拦截、特技飞行）使用，且与其他仪表/目视飞行相隔离的飞行区域被设定为军事活动区，以保证其中的军事活动尽可能不受其他类型飞行的影响。沿美国本土海岸线或国际海域海岸线向海域延伸 3 海里的区域被设定为告警区。只有当告警区内没有危险活动时，管制人员才可以发布仪表放行许可。存在大量飞行训练或非常规航空活动的区域被设定为警戒区，没有飞行及通信方面的限制及要求。佛罗里达州的大量飞行训练空域，堪萨斯州的大量军事训练飞行空域，以及波音公司用于飞行测试的空域均被划设为警戒区。针对短期临时且可能对其他航空器的运行安全造成影响的飞行活动，还专门预留相应的管制区域，设定为炮射管制区。

　　采集特殊用途空域的使用计划信息可为及时释放特殊使用空域创造条件，国防部致力于开发全军范围的特殊用途空域使用计划信息管理系统，作为军民航联合使用空域资源的信息平台。该系统最终并入军用空域管理系统。联邦航空管理局的特殊用途空域管理系统通过访问军用空域管理系统以网页形式发布的空域信息，并将其转发至联邦航空管理局的各级直属机构与商业用户，使民航利益攸关单位了解特殊用途空域的最新状态信息。军用空域管理系统也为国防部及其下属单位提供空域使用报表服务，以便国防部内部及时协调并解决特殊用途空域的使用矛盾。通过连通两个系统，美国实现特殊用途空域信息的共享。在下一代航空运输系统的规划中，军民航利益攸关单位将获得共同的交通态势认知，使其能更有效地预测和监控航空器运行安全，特殊用途空域信息将更加透明，其划设、使用与释放的方式将更为灵活。联邦航空管理局可以根据实时更新的空域限制信息，提前为具体航班制定相应的飞行计划，使民用飞行更少受到特殊用途空域的限制，增加国家空域资源整体使用效率。通过这种方式，各类空域用户得以更平等、有效地使用国家空域资源。

4）平战转换

在战争时期，军民航以一种非常规方式进行协调与合作。美国制定一套系统的战时航空法规，主要包括 1973 年颁布的《美国空军战区空域管制条例》、1995 年颁布的《联合空中作战指挥与管制条例》与《战区联合空域管制总则》、1998 年颁布的《美国空军空域管制令》与《多军种联合空域管制程序》等。这些战时航空法规和条令详细地规范美军战区空域管制的组织体制、运作方式及工作流程，在历次局部战争中对规范和指导航空管制活动起重要作用。首先，在战争时期，空管的责任主体区别于和平时期，联邦航空管理局成为国防部的附属部门，并保持原先机构的完整性，全力支持国防部和相关军事指挥部门的工作。具体职能变为：向国防部与各类军事指挥员提供各类航空通信、导航等基本空中交通管制服务；为必要的民航运输提供服务，以保护和恢复民航运输能力；支持盟国政府的航空活动；协助履行灾难救援程序；保护联邦航空管理局所有工作人员的安全。其次，航空基础设施的归属也有所变化，部分民用机场将被军队用于军事活动。例如，1952 年朝鲜战争时期，迈阿密机场直接成为美国海军陆战队的军事基地，直到 1958 年才恢复成民用机场。当军方运输能力无法满足兵力投送需求时，可以征用民用航空运输机完成运输任务。第一次海湾战争时期，美国为了加快向沙特阿拉伯部署陆、海、空三军及海军陆战队的速度，国防部使用民航后备运输队。民航后备运输队由美国国内 28 家航空公司的 78 架航空器组成。一年后，当航空安全等级升为最高的 4 级时，国防部要求增加航空公司投入军事运输的航空器规模。直到沙漠风暴军事行动结束时，美国民用航空器完成的运输任务累计达到5441 项，实现运输总人次 70.9 万，物资总量 12.6 万吨。

3.4.3　军民航协调内部机制

1. 欧洲航行安全组织

欧洲航行安全组织具有清晰的权责组织架构，不仅决策、执行和监督机构彼此分离，而且顶层决策机构超越一般军民航实体的范畴与立场，能够从更多角度审视军民航协调事宜在泛欧空域的有效利用，以及对空管发展的作用与影响。特别是其提出的空域灵活使用运行概念，不仅破除国家层面划分和使用空域的传统理念，增进国家间对共同利益的关注程度，促进欧洲从航空领域出发的全面联盟，还明确军民航在空域资源分配事宜上的平等权利，为统筹军民航空活动、进行军民航协调提供清楚的政策指导。由于欧洲航行安全组织的政策制定过程本身就是一个融合多方观点的协商过程，加之各种委员会的参与，其提交的咨询建议更加明确各个利益攸关方的真实诉求，所以欧洲航行安全组织分层制约的人员组织架构为各方参与并取得共识扫清障碍。从政策、规章到标准与程序的制定和执行，开放的人员管理体系为欧洲航行安全组织推行军民航协调提供切实的人员保障。空域灵活使用运行概念是应军民航对空域资源越来越大的使用需求而提出的，其根本目标为增加容量、提高空域使用效率。在这一目标下，空域灵活使用运行概念完整描述军民航不同的使命与职责，为在欧洲联盟层次和各个国家具体协调军民航空活动提供规范性指导。

2. 英国

英国在军民航各自内部的管理分工方面，政策与运行规范的制定单位与实施交通管制服务的执行单位相互分离。在交通服务的各环节均引入市场机制，允许商业运营企业参与军民航空活动的组织管理，包括基础设施保障、空中交通服务与人员培训等，以促进既定领域的行业内竞争，提高空管系统的整体效率。

英国通过定期联席会议制度在战略与预战术阶段协调军民航空域使用需求，通过编制空域使用计划统筹预战术到战术阶段的军民航飞行需求。在这两个阶段，英国并不偏重军航需求，而是在空域划设与使用方面尽可能方便军民航联合使用。在涉及民航的军事航空器运行方面，制定简单易行的方法，尽可能减少军民航在实施阶段的协调需求，以降低工作负荷，提高扇区容量。为了总体实现空域资源的灵活使用，采用点对点通信方式部署自动化的飞行数据交换系统，统一军民航沟通与联系的渠道。

3. 德国

德国空中交通管制股份有限公司是一家完全的政府公司，为军民双方提供的空中交通服务属于垄断经营。德国军方参与军民航协调的方式非常独特。军事人员尽管受聘于军方，但却直接在德国空中交通管制股份有限公司工作，同时适用该公司的大部分人事与劳动制度。从这一角度来看，德国军事人员在军民航协调过程中的自觉参与程度高，军民航人员的使命感和文化归属非常自然与和谐地实现融合与统一。与英国类似，德国对空域使用的计划性很强，为军事活动划设专有空域且尽可能方便民航联合使用，这样既可以尽可能减少空域资源浪费，又可以降低军民航实时协调需求，缓解运行人员工作负荷。由于同址运行，所以德国军民航管制系统兼容统一，态势信息可以得到及时充分的共享，为军民航协调顺利实施提供充分的技术条件与数据保障。

4. 美国

根据美国联邦法律，联邦航空管理局尽管没有国家空域的所有权，但作为国家空域资源的管理者，直接负责国家空域系统的规划、配置以及特殊用途空域的划设与使用管理。因此，国防部必须通过联邦航空管理局才能有效保障军方空域使用需求，国防部与联邦航空管理局的联系与合作十分自然与必然，使美国空域的责任主体比较单一和明确。在联邦航空管理局负责空域管理的前提下，主要由国防部向联邦航空管理局的各管理层级派驻代表专职协调事宜，并作为联络人汇集军方的空域使用需求。军民航使用空域原则上强调计划性。在实际运行层面，美国军民航活动的管制责任主体是分离的，但各自的保障系统相互兼容，使其在为军民航用户提供连续的交通服务期间能够实现运行上的无缝统一。美国拥有完备的战时空管体系，并通过法律形式明确联邦航空管理局的职能转变，以及军事部门的职权范畴。

3.5　安　全　管　理

3.5.1　安全管理组织体系

1. 欧洲航行安全组织

欧洲航行安全组织的顶层机构中，安全管理委员会是一个独立运行部门，负责制定并统一安全管理目标，通过安全性能测试验证这些目标的有效性；推动欧洲空管系统安全管理目标和要求的协调发展；通过发布安全监管规定，指导欧洲航行安全组织各缔约国实施与执行安全管理措施；确保欧洲民航会议成员国的空中交通维持高安全水平。各缔约国家主管空管方面安全监管事务的高级官员共同组成安全管理委员会，并通过临时委员会向欧洲空中交通管制委员会报告泛欧地区所有空管安全监管事务。

欧洲航行安全组织的执行机构中，欧洲空中交通管制局下属的安全事业部通过欧洲安全计划，指导欧洲民航会议成员国所有航行服务组织与欧洲航行安全组织内部的安全管理工作，识别安全隐患并发起评估，分析原因并提供建议，推动监督各项改进计划的落实。实施协调小组和进程领导小组共同负责欧洲安全计划的项目实施与管理。安全性改善小组负责安全警示板项目，为航空安全专家提供安全警示信息。航空安全专家负责在空管系统的核心部门宣传安全意识和文化，推动安全计划的执行；研发和测试新的安全管理概念与安全评估工具，提供安全的管制运行环境；为航空器运行复杂性问题提供解决方案，减少航空事故风险，持续改善安全水平。安全评估方法小组负责开发评估航行系统安全性的方法。软件专责小组针对安全评估方法小组的评估框架，就其中与航行系统软件有关部分提出指导意见，并将其涵括于系统安全评估方法指导材料中。欧洲空管部发展处下属的安全性、保安与人为因素部门负责确保成熟安全管理系统的全面运行，进行安全性绩效评估与趋势分析；提供符合欧洲安全监管规定的指导性材料，树立安全意识，建立健全的报告系统及网络；针对新的运行概念与人员职能转变，评估安保与安全性应对措施的成本和效益；针对蓄意非法行为，提出最小化风险的方法措施；对运行人员未来分工与职能、技巧与能力，以及安全意识的培养，进行需求识别与定义，明确发生转变的管理原则。空管安保办公室是安全性、保安与人为因素部门的下属机构，负责指导、统筹和促进欧洲交通管理安保事务；通过与欧洲空中交通管制局其他部门和外界利益攸关者的沟通，分析并提炼空管的安保需求，为系统提供来自内部和外部的持续有效支持；在实施计划和协调活动的初始定义阶段，确立相关概念与研究方法。作为欧洲空中交通管制局处理军航和军民航事宜的联络组织，军民航空管协调官受欧洲航行安全组织委托，负责加强军民航之间及军航内部的协调与合作，管理与空域有关的安保计划。

2. 英国

英国民航局下属的安全监管处旨在营造世界一流的航空安全环境，并通过与工业界合作推动英国航空安全。安全监管处与欧洲民航安全局合作，建立横跨欧洲的战略伙伴关系。安全监管处配有各类精于公共运输和通用航空的飞行员、教练员与试飞员，熟悉航空器设计、制造与维护技术机师，机场运行与空中交通管制专家，以及航空类医师等，基于成本高效原则通过合作形式制定与执行航空安全方面的各类标准，确保航空器的合理设计、制造、运行与维护，相关法人与自然人取得并保有从业资质，机场及空中交通服务安全可靠，通用航空活动安全有序。安全监管处有责任充分行使在英国制定安全规章的职能，并监管所有欧洲航空安全局不涉及的国家层级安全监管领域。作为欧洲航空安全监管体系的重要组成，安全监管处还对英国航空业界不符合泛欧安全规章与标准的部分加以重点监管，以确保英国实现其泛欧区域的民航安全战略目标。安全监管处致力于与所有欧洲伙伴一起促进欧洲安全监管体系的逐渐成熟，提升欧洲与英国航空业的整体安全性水平。

空中交通标准部门通过对参与航行服务的组织、人员、设备和安全程序实施认证、授权与颁布许可，监管其遵照安全规章实施航行服务的情况；负责包括欧委会法条、国际民航组织标准与建议措施在内的国际航行服务规章及标准的翻译和实施工作，并与机场标准部门保持紧密合作，确保在适宜航行环境下有效运行安全管理体系；负责事故和事故征候中有关航行服务的调查行动，为其他调查机构提供咨询建议，并在必要时与同级军方机构沟通；资助或参与研究、评估应对增长交通的新安全战略。

3. 德国

在德国空管安全管理体系中，由联邦监管局的航行服务部门首先对德国空中交通管制股份有限公司的各项功能与程序进行定期独立检测，确保其正常提供航行服务的能力并颁发相应授权许可。空管公司内部各单位负责自身内外部安全性的日常检查与记录。人员组织及系统的任何改变都要考虑安全性影响，并进行相关风险评估，防止潜在危险。企业安全和安保管理部门负责公司内跨部门的定期安全审计与调查。该部门的调查小组定期访问公司所有运行单位，进行独立和系统评估。调查组通过检查所有文件和相关运行程序的执行情况，以及与管制员、管理和技术人员的访谈，了解日常运行安全标准的具体实施细节。调查组将所有调查活动中了解到的信息记录下来，并根据发现的问题提出合适的方法、措施与建议，改善相应组织及系统的安全性。跨区域安全性调查由空管公司同瑞士航行服务机构以及法国航行服务局联合组建的三方安全调查小组负责，分析日常记录的空中危险接近和地面潜在危险数据，防止类似事故发生，提高空管安全性水平。

在空管业务的具体运行过程中，德国使用自动短期冲突预警系统为管制员提供防止危险接近的告警，以维持尽可能小的航空器间隔。该系统可以检测到非常轻微的安全间隔侵入并自动记录。航空公司与通用航空企业、空军以及空管机构的专家组成航空器邻近评估小组，并在联邦监督局航行服务部门的监督下独立调查由机组或者管制员报告的与安全相关的航空器邻近事件。2003 年，欧洲航行安全组织开始实施防止跑道入侵欧洲行动计划，建议各国成立跑道安全小组。2004 年，机场、航空公司、飞行培训中心与航行服务单位等在法兰克福组建德国第一个地区跑道安全小组，负责记录和分析所有跑道入侵事件，采取安全措施和开展宣传活动，以加强机场运行安全。2007 年，地区跑道安全小组中来自企业安全和安保管理部门、塔台安全管理机构和塔台管制机构的人员成立跑道安全委员会，致力于全面协调地方跑道安全小组的工作；根据跑道安全小组建立统一的跑道安全体系的要求，协助其拟订方案与措施；协助塔台安全管理机构处理跑道安全事宜；协助调查和预防机场活动区内的事故；协助国内国际的有关机构起草并实施跑道安全方面的规章。

4. 美国

联邦航空管理局内涉及航空安全的部门很多，在政策监管领域，主要的安全管理机构是航空安全处。航空安全处的下属单位中，事故调查与预防办公室负责联合一切力量识别可能导致事故发生的潜在危险源、评估其风险，并监视用于规避和降低风险的所有举措的执行效果。航空航天医学办公室负责根据联邦航空管理局的医疗标准对所有安全敏感部门的从业人员，特别是飞行员和交通管制专家进行体检与针对性筛查。空中交通安全监督科主要参与管制领域国际标准的制定与协调事宜，针对空中交通处的运行和服务制定安全性标准，并不断制定、更新监督章程，对空中交通处的安全管理体系进行独立的监督和审查。其具体职能包括：制定、修改有关监管和证书颁发的法律法规；参加空中交通管制国际标准的制定和协调工作；为空中交通处的安全管理体系提供监管服务；审批空中交通处新的安全间隔标准提议；分析、审批空中交通处用于规避风险的管制措施及建议；参与空中交通处的情报分析与运行总结工作。航空器认证服务办公室负责针对民用航空产品的设计、制造和适航等环节，制定、调整有关安全性标准，并监督标准的执行，维护安全绩效管理系统，确保航空器的持续运行安全，与利益攸关人员共同提高航空运输系统的安全性。飞行标准科主要针对空勤、地服等航空运行从业人员，负责建立认证标准并监督其执行情况；管理民用航空器的注册和空勤人员的记录系统，以促进民用航空器和商业航空运输的安全。航空器评估小组办公室负责协调并辅助航空器认证和持续适航事务。认证管理办公室主要负责认证和监督大型航空公司与国际航空培训中心。国际事宜办公室负责授权国外航空公司及其在美国注册的航空器在美国的运行活动，对相关航空器的维修计划予以审批，对以上活动进行监视与监督，对在美国的国外维修站点进行认证和监督。

在空域及空中交通日常运行管理领域，联邦航空管理局最重要的安全管理机构是空中交通处系统运行服务单位下属的安全管理部门。该部门负责根据安全管理体系的原则，审核空中交通处的安全与质量监管绩效；收集跑道与空域的安全运行数据，独立调查、测试和评估航空器的相撞风险与国家空域系统的安全状况，并在此基础上实施安全风险管理，为相关决策提供依据；与涉及安全管理的相关机构协调合作，提高国家空域系统的安全性水平。在安全、高效整合国家空域系统保安事宜方面，安全保卫部门作为空中交通处各机构与国防部、国土安全部联络的专门部门，负责保护美国利益免受任何威胁；采取适宜行动减少威胁及相关事件的负面影响。

在安全保卫领域，主要监管部门联邦航空管理局的保安和危险材料办公室。该办公室负责保护美国联邦航空管理局的员工和设施不受犯罪与恐怖行为威胁，确保国家空域系统的完好性。有害物质办公室致力于防止在航空器上发生有害物质引致的事故。安保办公室涉及内部安保、契约人及行业安保项目和人事安保等事宜。内部安保在联邦航空管理局每个地区或中心的安保办公室都有安保专家执行内部安全工作，以确保这些机构符合公共法、国家指令和交通部政策中与安保有关的要求，使联邦航空管理局能够减少由间谍、破坏活动、盗窃、恐怖行动和其他犯罪行为引致的危险。人事安保针对敏感职位制定安保规范，包括应聘资质、物资接触权限等多个方面，并对敏感职位工作人员的国家忠诚度、性格、社交网络、可疑习惯、诚信度、判断力及抗压敏感度等进行综合审查。应紧行动、通信和调查办公室负责调查涉嫌犯罪活动的空勤人员和其他美国联邦航空管理局证书持有人，并调查涉及未经许可的航空器零部件、伪造证书与公文、触及保安条例的非法或疑似犯罪行为等事宜。其他机构包括分设在安克雷奇、亚特兰大、波士顿、芝加哥、丹佛、福特沃思、洛杉矶、纽约、西雅图和威奇托的 10 个航空器认证办公室，辅助联邦航空管理局的有关部门处理和航空器的设计审批与认证、生产许可、工程排故、厂方代表监督与事故调查等有关的事宜。

5. 日本

安全管理方面，民航局主要负责针对国内航空器及其机载设备、航空器运营人资质、空勤与地勤人员从业资质、境外注册航空器及其机载设备的认证监管与日常审查。民航局是航空安保的主管机构，负责制定机场运营人、航空器运营人等组织的安保措施，审查、监督机场安保体系的运行情况，为安保人员提供培训。机场运营人负责维护机场秩序，对禁区和安保限制区进行监控，建立安保应急计划，针对非法干预进行应对性的培训。航空器运营人负责检测旅客和行李，对空运货物采取安保措施。

3.5.2　安全管理运行规范

1. 欧洲航行安全组织

2000 年 7 月,欧洲航行安全组织针对空中交通服务提出系统性安全管理要求。2001 年 4 月，欧洲航行安全组织又针对空管系统提出安全风险管理要求。2005 年 11 月欧委会颁布 2096/2005 号条例《空管的安全监管修订条例》，对航行服务机构提出实施安保管理体系的统一要求。为了提供更加详细的指导，以便各国在进行安保管理的时候能够满足条例规定的统一要求，欧洲航行安全组织的安保部门制定安保管理手册、安保危险评估方法、威胁模型、信息和通信技术安保指导材料等指导文件。欧委会颁布的 2096/2002 号条例《欧洲单一天空共同要求附件二》规定对安全管理体系、危险识别、风险评估和缓解的要求。

2. 英国

2002 年 9 月英国民航局颁布民航资料汇编第 730 号文件《空管安全管理系统》，明确运行安全管理体系的要求。2009 年 11 月，民航局制定的安全计划涵括直到 2011 年的持续提高安全性水平的战略与行动措施。

3. 德国

德国空中交通管制股份有限公司根据欧委会 2096/2005 号条例《空管的安全监管修订条例》第 3.1 节附件二"安全管理体系"的要求进行航空领域的安全管理。

4. 美国

2000 年，联邦航空管理局开始专门组织人员研究空中交通服务的安全管理体系问题，并把设计、发展和实施安全管理系统作为未来发展与完善航空安全体系的重要内容。2004 年联邦航空管理局首次正式颁布《空中交通服务安全管理手册》。

3.5.3　安全管理主要方式

1. 欧洲航行安全组织

欧洲航行安全组织将保障安全设定为所有工作的核心，在 2006 年依据对 2020 年前欧洲空中交通流量预测结果，制定并发布欧洲安全计划，希望在安全领域采用战略行动计划规避未来可能的风险，提高欧洲交通网络的安全性和统一性。

2008 年，欧洲空中交通管制局与安全管理委员会审查战略安全行动计划的实施进展，并在 2006 年关于德国空中碰撞与意大利跑道入侵事故的报告基础上，采纳安全性数据报告和数据流分析专责小组关于采取更深入行动改善安全性的建议，计划在 5 年内完善原有的欧洲安全计划。具体措施包括：在欧洲就安全事宜的实施与保障进行立法规范；营建公正文化，共享事故报告与数据；基于每日运行进行风险评估与防范；建立系统性的安全屏障；加强安全性管理。其中，在立法层次，安全管理委员会将继续开发安全监管规定及其实施监控与支援项目。安全监管规定的实施监控与支援项目旨在指导航行服务机构处理安全管理体系方面的具体实施事宜，包括对于相关立法执行情况的监管事宜。在公正文化的营建方面，根据安全监管规定 2 的要求和安全性数据报告，以及数据流分析专责小组的建议，需要在有关组织间签订数据分享协议，加强安全监控工具的开发力度。在每日风险评估与防范方面，主要是对安全监管规定 4 的具体落实，并对安全性层级以及不同降级运行模式下空管系统的耐受与保障能力进行更为准确的定义。此外，欧洲空中交通管制局与安全管理委员会进一步制定相关标准与指导材料，以完善目前的安全管理体系，如根据安全监管规定 4 的实施要求为设计空管系统而开发风险分类体系等。在增强安全性管理方面，将在冲突探测与解脱、安全管理系统等领域更多考虑人为因素影响，并在防范跳水性降级情况、地空通信失效以及未授权空域侵入等事宜的行动计划方面进行更加广泛的实践与更加深入的方案开发。此外，所有相关培训材料也因时因情地予以更新与完善。

在泛欧空管领域，空管安保涉及自我保护与事故管理两个层次。前者包括对于空域、程序、通信/导航/监视系统、情报系统和员工的保护。航行服务机构需要提供满足安保要求的空管服务，防止地面保障设施或者受管制的航空器发生安全事故。安保事故发生时，空管系统应能继续提供航行服务，确保航空器运行安全，并协助安保机构尽快恢复系统的正常运行。针对飞行中的事故，由管制员评估航空器的运行状况并报告可疑行为或非法劫持的迹象。管制中心向空防机构提交报告后，管制员仍与航空器保持通信，为机组提供任何可能的帮助。空管的保障设施受到实物、计算机网络或电磁的攻击或干扰，空管基础设施或遭到破坏，或是计算机系统的信息与数据遭受黑客或流氓软件攻击，或是各类传感器及其间的通信联系遭到干扰时，航行服务机构应确保空管系统仍能满足国家紧急情况或重要基础设施的有关服务要求。紧急状态解除后，受影响的空中交通流应尽快得到恢复。欧洲各国间的联系十分紧密，因此在整个欧洲层面任何国家空管的基础保障设施均极为重要。欧盟绿皮书对此有所描述：对于重要基础设施的有效保护将由国家及欧盟层面的所有政府或者公共基础设施的持有人、运营人、管理人，以及其他相关专业机构与行业协会在沟通、协调与合作的基础上共同予以保障。针对上述两类事故的所有重要数据和情报都应汇编为事故报告存档，供事后调查与学习。欧洲航行安全组织通过与北大西洋公约组织联合建立安保协调小组，为在泛欧范围改善空域及航行服务的安保提供利益攸关者之间沟通与协调的渠道，以便分享有效的安保经验和措施，分析制定新的概念和方法，并组织研讨会加强预防安保威胁的宣传与教育。

"欧洲单一天空空管研发计划"要求将安保嵌入空管体系，并要求安保以类似安全管理系统的方式融入空管文化。该计划指出，在面对瞬息万变的威胁时，航行服务提供方应与用户紧密结成伙伴关系，相互信任，共享情报，分享人力资源，执行共同的安保政策以防系统遭受侵害。具体来说，未来空管系统要满足航行服务机构对安保和业务连续性的需求，并满足其作为重要基础设施的组成部分的设计和运行要求；空管系统架构中应集成整个系统的安保管理功能，在威胁产生后逐步实施安保措施；全系统信息管理网络的安保应与机载网络和相应的数据链系统统一兼容；提高执行拦截任务时军民航空器间通信的互操作性，以便实施事故管理；设立应对空中和地面非法活动的国家机构；统一工作人员的安保审批与准入程序，保证适宜的人员流动性；通过新的基于航迹的运行管理方式提高空域安全性。

2. 英国

安全监管处将每个季度的安全性能指标数据作为监视英国航空安全性水平的依据。这些数据来自民航局强制性事故报告计划。该计划旨在防止事故和事故征候发生。英国航空业界包括航空公司人员、航行服务提供商、机场、维修组织和地勤公司，都必须向民航局报告日常运行中发生的各类事故情况。事故信息使用两个单独标准予以评价，并基于情报本身与历史数据的趋势比较来确定事故的严重程度以及是否需要民航局介入调查。因此，民航局对于事件严重性的判定会随着报告数据的更新而改变。民航局每年约会收到 14000 份事故报告。其中很小一部分（少于 2%）报告会被鉴定为严重事故。安全监管处通过监视安全性能指标数据对能否正确控制安全风险进行评价，同时识别出需要加以改进的领域。除了事故报告，所有在英国注册或在英国空域内运行的航空器还需要向安全监管处的调查和数据分析部门报告安全威胁和潜在威胁情况。安全监管处综合世界范围的事故和严重事故征候报告，以及来自英国作战飞行监视项目的信息和特殊安全研究数据评估整个航行系统的风险情况。

在实施安全管理体系的过程中，安全管理策略反映已有安全管理中恰当的实施措施，为识别安全问题提供程序框架，以便采取补救措施确保达到或改善既定的安全性水平。其中，应用安全性成效原则时，应尽可能细化描述组织安全性达到其安全目标和衍生要求的方法。应用安全性保证原则时，应对能够确保正确、有效地控制风险的方法尽可能加以细化说明。能够确保在安全保证文件中，记录安全目标的实现方法、步骤及其评估结果。风险评估过程中，应对航空器可能存在的危险进行系统性识别，可用方法包括检查单和小组审查。检查单定义需要分步骤详细评估的潜在危险领域，回顾事故、事故征候或者相似系统的经验性数据有助于编制危险检查单。小组讨论包括头脑风暴会议或者是基于检查单的回顾。小组成员应来自尽可能广泛的领域，并具备相关的经验和能力。在评估危险发生结果的严重程度时，应分析所有识别出的可能对航空器安全造成影响的危害。对可能产生灾难性后果的系统进行危险概率分析时应采用定量方法，而对较低级别的风险分类，使用定性方法估计其发生概率往往能得到有效、可接受的结果。在对风险可接受程度的判定过程中，当预期到不可接受的风险时，应采取行动减轻风险的严重程度或者减小风险发生概率，使风险降至可接受水平。如果出现的问题无法归入明确的可接受程度范围，则在实施措施前必须取得组织内对安全最终负责人的许可。应用安全性改善原则时，应对组织内部沟通安全问题的方式加以详细说明，避免重复及不必要的错误或风险。安全管理体系的内部审计环节应由具有资质的审计和调查人员负责，并且确保审计对象在调查人员的专业领域内，以确保审计的有效性。任何安全审计都应该包含对组织安全负责的最高管理层人员，以便了解安全审计的结果，确保采取适当的后续行动。

3. 德国

德国空中交通管制股份有限公司的安全管理体系主要由企业安全和安保管理部门负责，安全管理体系的运行情况直接向公司执行董事会的主席报告。企业安全和安保管理部门通过安全管理体系能够实现以下功能：代表公司立场参与国家、国际安全管理准则和标准的制定；制定并落实公司统一的安全管理规章，包括方法、程序和标准；监督和检查公司遵守安全管理规章的情况，针对不足提出改进建议，并落实相关改进措施。空中交通管制中心和机场塔台设有安全管理单位，负责强制和自愿保密报告系统的运行管理，以接收所有与安全有关或可能对航空安全产生危害的事件情报。企业安全和安保管理部门会同安全管理单位专家，根据报告系统的信息展开调查，检测空管系统中存在的安全风险，并采取适当的策略缓解或者消除风险。安全报告系统涉及的安全相关事件包括且不限于航空器事故、危险接近、航空器邻近、跑道入侵、航行服务设施的设备技术性中断或故障。

空管事故中的人为因素影响越来越受到重视。因此，为了更好地调查各类事故的发生机理，公司使用更加系统和标准化的方式调查事故中的人为差错，称为"空管中的人为差错"方法。该类调查方法更注重整个空管系统而非个人"差错"的影响，将人为差错视为现象，认为人为差错因素导致更深层次的系统问题，从而产生差错，消除人为差错可以改善整个系统。在差错纠正方面，公司采取十分人性化的措施，使涉及重要事故征候的员工都能得到适当的疏导与差错辅导。由于重要事故征候对管制员产生的压力并不取决于事故征候客观的严重程度，而是取决于管制员受到影响的程度，所以依据重要事故征候压力管理方法设立的差错纠正培训最主要的内容是教会运行人员在重要事故征候发生后与同事沟通的方法与手段。为了预防差错发生，塔台和管制中心正常的管制员也可以接受符合国际重要事故征候压力基金会标准的培训。公司定期举办其他进修课程，并通过举办论坛的方式为专家与运行人员提供广泛交流意见和经验的机会，使那些受影响的管制员能够尽快恢复工作。

4. 美国

为了持续降低风险，联邦航空管理局以安全管理体系为基础，综合安全案例和其他前瞻性管理过程，评估所有拟实施的系统改变引致的安全影响。安全性评估促使各类管理机构进行系统性趋势分析，并针对可能发生的安全性问题提前制定应对措施，有助于各机构及时准备好预防措施以规避事故。各部门通过实施安全管理体系，提高空中交通系统的安全性，并在合适时机提高标准，实现更高层级的安全性绩效。联邦航空管理局在国际民航组织提出安全要求之前，就已经开始关注系统安全，主动向安全管理体系过渡，并使越来越多的人意识到安全策略的重要意义。安全管理体系的核心是在安全政策的指导下，以安全文化和支持性组织为基础，对安全生产工作进行安全监测、安全评估、安全审核、安全促进的安全管理系统。联邦航空管理局推荐的安全管理体系包括 4 个模块，如图 3-19 所示。

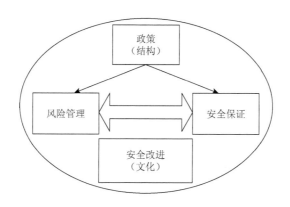

图 3-19　安全管理系统主要模块

政策模块旨在通过建立高层管理规范持续提高安全水平，其功能主要包括：定义安全标准，明确所需组织架构、实现方法和过程；描述建立透明的安全管理体系的政策和过程；规定事故报告体系和方案拟订机制；明确管理与执行层的员工职责；确定组织间沟通与协作方式。风险管理模块旨在可接受风险评估的基础上，确定是否需要或是具备充分、有效的风险控制方法。该模块包括描述系统、确定危险、评估风险、分析风险、控制风险等 5 个环节，各环节的实施可能嵌入提供服务或产品的过程中。安全保证模块支持对新危险的识别，为掌握改善安全和规避风险的方法或机会提供洞察与分析手段，以评估风险控制策略的持续有效性。该模块确保航空安全处以及相关产品和服务提供商在信息采集、审计评价、员工报告、数据分析和系统评估等方面均符合联邦航空管理局的政策、规章、标准和建议。安全改进模块旨在通过适当方式在各职能机构内部营建积极的安全文化。该模块可采用的方式包括：提供有关安全管理体系的课程或培训；宣传和培育安全文化氛围；促进能够提高安全意识的有益交流；鼓励参与能够提升安全文化的各种行动。

在安全信息的专项处理方面，联邦航空管理局通过航空安全报告系统营造"提倡自查、鼓励报告"的合作安全管理文化，并开发航空安全情报分析与共享系统，从多样、非均衡的安全信息中提取相关知识，帮助联邦航空管理局及其行业伙伴监控安全增强措施的有效性。从该系统的分析结果来看，美国目前在容量、效率和环境方面的运行能力是可靠的，并且与安全管理体系目标的本质一致。例如，提升机场场面运行跟踪与管理的能力会降低跑道入侵的可能性，同时增强场面运行效率；为机组提供起飞前场面引导，并在管制员与机组间使用数据链取代话音通信，均能减少误解或差错的产生，减少的频道资源可用于更重要的事件处置；广播式自相关监视技术可以缩小航空器间隔，在维持或提高安全水平的同时，有助于优化进离场航线，提高机场与空域容量，节省时间与燃油消耗，减少温室气体排放。

空中交通紧急安保管制计划是在空防紧急情况发生时，在特定的防空区域内，进行敌我识别以及空中交通管制的权责说明和程序描述。虽然没有出现空防紧急情况，但重要作战指挥部受到袭击，或者存在威胁国家安全或国家利益的紧急情况时，如果国防部、国土安全部或交通部同意授权该计划，则北美防空司令部和美国太平洋司令部有权在各自辖区内实施该计划。当军方权威机构宣布出现空防紧急情况时，北美防空司令部和美国太平洋司令部有权直接启动并实施空中交通紧急安保管制计划。在正式实施该计划前，军事当局分别通过联邦航空管理局和运输安全管理局，与交通部和国土安全部协商有关空域及空中交通的具体安保措施。在情况允许的条件下，该计划的启动与实施还应尽可能获得国防部长的批准，并通过参谋长联席会议尽快通报国防部主席。该计划可分阶段实施，以便由正常空中交通识别和管制程序尽快过渡到严格的空中交通识别与管制程序。计划启动后，军事当局定期与交通部和国土安全部磋商，讨论空域及空中交通在实施安保措施方面的任何变化。该计划实施应尽可能减小对于正常空中交通的影响。计划一旦启动，包含在空中交通优先列表中的航空器将被分配独立的应答机编码，与管制员进行直接的无线电通信，执行特殊的目视和仪表飞行规则。此外，优先列表码、保安管制授权码或标准的运输安全管理局安保项目注释将添加到飞行计划的备注部分，并随着飞行计划动态数据在不同的管制单位间传递。

当需要执行识别与拦截行动时，通常由两架拦截航空器执行任务，并从被拦截航空器的末端接近。所有情况下，拦截机组均应尽可能避免惊吓到被拦截航空器的机组和/或乘客。主机和僚机飞行员通过地面管制机构协调各自位置，并在晚上或者仪表飞行条件下使用雷达引导航迹策略，保证与被拦截航空器始终保持安全间隔。在目视气象条件下，主机应缓慢接近被拦截航空器，并在确保能够获取所需情报时立即停止接近。主机接近被拦截航空器的过程中，僚机飞行员应承担监视任务。当拦截机组确定被拦截航空器存在不安全状况时，识别阶段结束。整个识别阶段拦截航空器应主动与被拦截航空器保持安全间隔。识别阶段结束后，主机将离开被拦截航空器。僚机飞行员将保持足够距离，以便重新与主机会合。拦截机组和地面管制机构的沟通是顺利完成拦截任务的必要条件。被拦截航空器应遵照拦截机组的指示对目视信号做出回应；或在可能情况下联系有关航行服务单位；或在紧急频率上重复呼叫，与拦截机组或者有关拦截管制单位建立无线电通信，在可能情况下给出航空器的识别信息、位置和飞行性质；或将二次雷达应答机选调为 MODE3/A，输入应答机编码 7700。

5. 日本

为了及时向利益攸关方提供与航空器运行有关的各类政策、规章、标准等方面的情报，民航局实施航空安全通告制度。为了确保商业航空运营人日常的运行安全，民航局定期审查其运行、维修和培训体系的运转状态，并辅以非定期的现场视察，确认其符合安全管理规范的实际水平。对于境外注册的航空器，为了确保其运营与飞行安全，民航局根据芝加哥公约对其进行停机坪检查，并根据情况向航空器或运营企业的注册国家的航空安全主管机构通报检查中遇到的问题，要求其协助处理相关事宜，补救差错。民航局主要通过笔试和实际操作测试对空勤与地勤人员的从业资质进行认证，并对其进行定期的全面体检，合格者颁发航空类技术执照和医疗合格证，保证从业人员的医疗状况不对航空安全造成负面影响。

在建立安全管理体系方面，民航局的安全管理机构通过对安全信息的采集、核查、分析与应用 4 个循环往复的处理环节，针对安全管理事宜进行方案的策划、实施、检查和问题处置，并根据已有的安全管理规章指导航空器运行与保障单位进行整改。针对各类人为因素和机械故障频发的情况，日本对民用航空法进行修订，要求与航空器运行有关的单位与组织必须制定安全管理手册，以便使安全管理的重要性得到普遍共识，增加决策与执行层人员的沟通和交流，实现安全信息的共享，落实风险管理措施。国土资源、基础设施和交通运输部、各个航空公司制定年度安全报告制度，并在业内引入故障报告系统，以公开发布行业的安全信息。年度航空安全报告包括事故、严重事故征候和不安全事件的概要，对其发生原因和背景的客观分析，以及用于避免不利影响的预防与应对措施等。民航局在修订的安全条例中增加安全审计检查要求，以及启用强制报告系统和自愿报告系统的要求。安全审计检查依据国际民航组织 9774 号文件《机场认证手册》的要求实施。国土资源、基础设施和交通运输部则对报告系统提交的所有可能影响航空器安全运营的问题信息进行分析，拟定相应措施。此外，民航局还强制要求航空公司记录与分析安全数据，并在此基础上建立安全信息共享系统，确保安全管理体系在数据信息层面上的统一无隙。

“9·11”事件后，日本提出新的国家安保标准，部署新的符合国际标准的安保措施，安装新的检测设备，如爆炸物检测系统，以应对更加缜密的劫机和恐怖活动。在劫机预警方面，机场警戒级别已提至最高级，并实施机场安保责任人制度。此外，机场增强对携带危险物品登机的监督力度，小刀和剪刀已列入禁止物品清单。民航局要求某些航空器安装坚固的机舱门，兼具防弹和防震功能，以防止劫机者闯入驾驶舱。在防止利用轻型飞机进行恐怖活动方面，民航局通过发布航行情报，呼吁轻型飞机运营人避免飞越美国在日本的军事区域。在收到轻型飞机的飞行计划后，民航局授权对可疑人员进行搜身检查，以防其携带危险物品登机，并且要求彻底检查航空器的结构部分与喷粉装置。在应对真实事件方面，民航局通过使用机场危机管理情报系统改善情报的搜集和传输方式，如允许传输实时图像等；为紧急情况下航空器在机场附近快速、安全迫降制定相关手册；在必要情况下可以禁止航空器在某些空域飞行。

3.5.4　安全管理内部机制

1. 欧洲航行安全组织

1）监管责任分层配置

欧洲航行安全组织的安全监管责任由分属两个层次的机构分担。由各缔约国主管空管方面的安全监管事务高级官员共同组成安全管理委员会，作为联盟层次的独立机构，推动各国空管系统安全管理目标和要求的协调发展。在执行机构层次，众多安全监管组织以分工协作的方式，共同保证各国履行欧洲航行安全组织有关航空安全的规范与指导。这些机构负责在系统风险的识别与评估，以及安全计划的部署与协调等方面的具体实施事宜，以改善泛欧国家的整体安全性水平。

2）通过安全计划统筹建设

在安全管理领域，由于涵盖的内容广泛，各国实施的条件不同，欧洲航行安全组织通过发布欧洲安全计划的形式统筹所有缔约国的安全管理体系建设事宜。此外，欧洲航行安全组织还发布配套的战略安全行动计划，其中包含对持续提高安全性水平的拟定策略和行动计划。战略安全行动计划会根据各国具体实施的情况进行更新，以便更加符合在各国统一落实的要求。

3）基于共享数据预防风险

安全管理体系最重要的一个方面是对于风险的识别、评定和预防。这些环节都离不开有关事故与事故征候的数据支持。为了使这些数据得到更广泛的应用，特别是营建安全文化，需要建设一个共享数据系统，以便实施风险管理，同时分享安全管理的经验教训。在这一方面，欧洲航行安全组织采纳安全性数据报告和数据流分析专责小组关于采取更深入行动改善安全性的建议，主张根据安全监管规定 2 的要求，在有关组织间签订数据分享协议，加强安全监控工具的开发力度。

4）通过军民航协调实现安保目标

安保涉及领域比较广泛，因此在很多场合需要军民航通力合作与协调才能予以保证。特别是在空防事宜以及紧急情况的处置方面，军方介入十分必要。作为欧洲空中交通管制局处理军航和军民航事宜的联络组织，军民航空管协调官受欧洲航行安全组织委托，负责加强军民航之间及军航内部的协调与合作，管理与空域有关的安保计划。通过军民航间统一无隙的沟通和协调，维持与提高航空器、航行系统以及空域的安全性水平。

5）合理划分安保功能

在泛欧空管领域，安保涉及自我保护与事故管理两个层次。前者包括对于空域、程序、通信/导航/监视系统、情报系统和员工的保护。后者主要是针对地面保障设施以及航空器发生的安全事故的应对措施。在自我保护层面，工作核心是预防事故发生；在事故管理层面，其重心转变为如何尽量减轻事故的不利影响。无论在哪一个层面，未来安保在面对瞬息万变的威胁时，都应通过利益攸关方之间的紧密合作，达到相互信任、共享情报、分享人力资源、执行共同的安保政策以防系统遭受侵害。

2. 英国

1）参照欧盟及国际规范实施安全管理体系

欧洲航空安全局是欧盟设立的航空安全监管与执行机构，负责安全条例在成员国的实施监管，全面的适航管理以及涉及航空安全的分析与研究。欧洲航空安全局在欧盟范围内具有法律上实质性的监管强制力。安全监管处与欧洲民航安全局合作，建立横跨欧洲的战略伙伴关系，并参照欧洲民航安全局的有关要求，覆盖其在国家层次未涉及的安全领域。空中交通标准部门直接参照欧委会法条、国际民航组织的标准与建议措施，实施适航管理。因此，英国在安全管理体系的建设方面，与国际民航组织及欧洲联盟始终保持同步和统一。

2）基于充分的安全数据评价系统风险

包括航空公司人员、航行服务提供商、机场、维修组织和地勤公司，都必须向民航局报告日常运行中发生的各类事故情况。除了事故报告，所有在英国注册或是在英国空域内运行的航空器还需要向安全监管处的调查和数据分析部门报告安全威胁与潜在威胁情况。安全监管处还综合世界范围的事故和严重事故征候报告，以及来自英国作战飞行监视项目的信息和特殊安全研究数据评估整个航行系统的风险情况。因此，安全监管处具备充分的数据基础实施风险管理，并以此监视英国的航空安全性水平。

3. 德国

1）监管责任分层配置

从三方安全调查小组到德国联邦监管局，从联邦监管局的航行服务部门到德国空中交通管制股份有限公司，再到企业安全和安保管理部门，德国的安全监管职能由国际联盟监管机构、国家层监管机构和企业层监管机构共同构成，监管责任自上而下分层配置。由于身处国家林立的欧洲地区，欧洲联盟的观念深入人心，德国不可能设立单独的安全监管体系，所以必须置身于联盟内确立自身的监管权利分配方式。再者，由于法律赋予德国空中交通管制股份有限公司提供德国民航航行服务的职能，所以该公司承担主要的航空安全管理职责。国家层次必须要对公司的安全管理加以监督，在其之上设立独立的安全监管机构，以对德国空中交通管制股份有限公司保障航空安全的能力进行经常性审查。

2）通过安全计划指导安全监管

欧洲航行安全组织是泛欧主导安全航行服务的最重要机构，因此欧洲航行安全组织经常发布一些计划来统筹各个缔约国的航行系统建设。例如，2003 年实施的防止跑道入侵欧洲行动计划。德国作为欧洲航行安全组织的发起和缔约国之一，积极响应其各项计划的部署，特别是与航空安全相关的战略与实施计划。由机场、航空公司、飞行培训中心与航行服务单位等机构组建的地区跑道安全小组，就对增强机场安全起到很好的监管与指导作用。因此，欧洲地区各类航空安全计划为德国部署航空领域的安全监管体系起到积极作用。

3）通过军民航协调实现安全目标

在德国的安全管理体系中，由航空公司与通用航空企业、空军以及空管机构的专家组成的航空器邻近评估小组负责独立调查机组或者管制员报告的、与安全相关的航空器接近事件。飞行中的航空器接近是各类系统告警、事故以及事故征候的重要原因。为了提高安全性水平，同时提高空域使用效率，必须深入研究分析航空器接近引起的不安全记录，了解适用于航空器的各种安全间隔标准。通过军民航专家的共同努力，航空器邻近评估小组为实现维持或提高安全性水平的目标起到实质性的积极作用。

4）重视人为差错及其后续纠正

德国空中交通管制股份有限公司在各类事故的调查过程中，通过更加系统化的视角对待空管中的人为差错，将人为差错视为现象，并认为人为差错仅是系统更深层次问题的诱因，并由系统性的原因产生差错。公司以上述观点引入"空管中的人为差错"方法进行事故调查，以此作为消除人为差错的前提，以改善系统的安全性水平。

4. 美国

1）组织机构精细分工

联邦航空管理局内涉及航空安全的部门很多，可按不同标准予以分类。首先可以分为政策类和运行类安全监管机构。前者包括航空安全处、保安和危险材料办公室以及地区性的航空器认证办公室，后者包括空中交通处系统运行服务单位的安全管理部门。其次可以分为适航管理类、航行服务类与安全保卫类安全监管机构。适航管理类安全监管机构包括航空安全处与地区航空器认证办公室。航行服务类安全监管机构主要是空中交通处的安全管理部门。安全保卫类安全监管机构包括保安和危险材料办公室及空中交通处的安全保卫部门。各类安全监管机构之间存在着复杂的联系，互为基础和支撑。例如，危险材料办公室与事故调查和预防办公室有着紧密联系；飞行标准科直接与交通处安全管理部门相关；空中交通处的安全保卫部门与保安和危险材料办公室互为关联等。因此，联邦航空管理局内安全管理体系中的机构设置与人员组织十分复杂，分工较为精细。

　　2）强化建设安全管理体系

　　首先，联邦航空管理局建立模块化的安全管理体系，包括政策模块、风险管理模块、安全保证模块和安全改进模块等，而不仅停留在工具箱式的方法措施层面。其次，在安全性情报信息的专项处理层面，联邦航空管理局不仅实施航空安全报告系统，用于安全信息的采集和一般处理，而且进一步开发实现航空安全情报分析与共享系统，能够从多样非一致的安全信息中提取有效的知识，有助于安全监管机构更好地监控安全增强措施的实施效果。在空防与紧急事件处置方式的层面，美国制定空中交通紧急安保管制计划。该计划对交通部、国土安全部、国防部、联邦航空管理局以及运输安全管理局 5 个单位在发生空防紧急情况时的权责关系和协调程序进行清晰的说明和描述，以保证美国国家利益不受侵害，同时使得紧急情况得以妥善处置。这一计划为安全管理机构应对突发和重大的事件提供有效、明确的指导。

　　5. 日本

　　日本在安全管理体系的建设方面积极正视出现的问题，并借鉴安全管理先进国家的经验教训，针对性地实施全方位的安全性改善措施。为了向利益攸关方及时提供安全领域的政策、规章和标准等情报，民航局实施航空安全通告制度。为了降低境外注册航空器及其运营人日常运行中发生的事故与差错，民航局对其实施停机坪检查，并根据情况向有关机构及时通报，实施补救措施。在先进客机、环保支线飞机和小型飞机喷气发动机等领域，民航局积极与同行合作，借鉴其适航审定的经验。为了解决人为因素和机械故障频发的问题，民用航空法得以修订，为建立安全管理体系确立法律基础。

　　为了使行业的安全监管信息透明化，日本启用强制报告系统和自愿报告系统，制定年度安全报告制度。"9·11"事件后，日本立即提出新的国家安保标准，部署新的符合国际标准的安保措施，并拨款 80 亿日元更新完善安保设施设备。由此可见，随着国际国内航空业新的需求与问题的出现，日本始终不遗余力地进行各个安全领域的自我完善。

3.6 绩 效 管 理

3.6.1 绩效管理主要方法

1. 国际民航组织

《全球绩效手册》引入关键绩效指标的概念,同时概括空管系统的 11 个关键绩效领域,包括安全、安保、环境影响、成本效益、容量、飞行效率、灵活性、可预测性、准入性和公平性、参与及协同、全球互用性。国际民航组织勾勒出绩效管理过程步骤的一般顺序,作为各成员国的指导,分为 6 步:定义并检查范围、背景、愿望与期望;明确机遇、问题及新目标;量化目标;寻求且选择机遇的解决方案并解决问题;实施解决方案;评估目标的实现情况。其中,定义绩效管理活动范围可以明确责任与职责的界限,对特定范围内期望的绩效改进非常重要。量化目标通过关键绩效指标方式,量化说明当前、过去和未来的绩效及其进展情况。实施解决方案是绩效管理过程的执行阶段,是将上一步骤所决定的变动和改进措施制定成具体计划,并加以实施获取效益的阶段。对小规模变动或日常管理来说,一般将实施绩效管理的责任分配到个人,或将达到绩效目标的责任分配到个人或组织机构;对大规模或涉及多年的变动来说,需要将所选方案的路线图提炼为详细的实施计划,并进一步推出实施项目。目标评估的目的在于连续监控实际绩效和目标绩效差异是否如规划和期望的一样在缩小,可按照数据收集、数据公布、数据分析、阐述结论、阐述建议过程进行。

国际民航组织推荐包含 5 个层次的全球空管绩效框架,如图 3-20 所示。5 个层次代表空管系统绩效的不同视角,包括外部视角、功能性视角、系统视角、技术视角等,反映各个层次实际绩效间的相互影响,有助于解释运行改进对空管系统性能的影响。在第一层,空管系统的社会期望会受到社会政治和经济条件的影响,环境的变化可能导致对空管系统期望的突然转变。第二层代表空管系统的绩效输出,由 11 个关键绩效领域描述的系统分层绩效指标度量。在第三层,所需全系统性能表示空管系统能提供的功能和服务性能。通过实现这些功能和服务,空管系统能在第二层上输出绩效。在第四层,空管系统分解为特定系统性能和系统需求两方面,包括陆基系统和机载系统。在第五层,一个系统实现技术的改进可能影响以其为基础的多个系统的性能,但基于相同技术的不同系统在第四层上可能会有不同的系统等级。

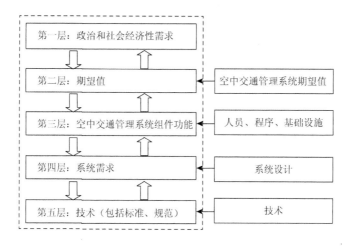

图 3-20 全球空管绩效框架

2. 美国

联邦航空管理局基于私人和公共组织最佳运行管理范例，每年向交通运输部和国会提交《年度绩效和职责报告》，并提炼绩效管理四步骤框架。第一步，制定考评目标。管理部门需要与客户等利益相关者充分协商，确定可以改进的方面。第二步，确立工作计划和财政预算。着重明确达到目标所需的重要工作和资源，并通过基于绩效的预算，实现资源需求、飞行计划和美国交通运输部战略计划的统一联系。第三步，监控相关工作实施，开发用于测量是否达到既定工作目标的方法。每个部门均有其业务计划，其中包含与飞行计划相联系的绩效目标，强调工作的主动性和实践性。此处的飞行计划指联邦航空管理局的战略计划，在 2009 财政年度中涵盖四个目标领域的 31 项战略绩效衡量指标，即安全水平的提高、更大的容量、国际领导地位和组织的优越性。第四步，评估及获得考评结果，是整个绩效管理过程的最后一步，也是最重要的一步，可以帮助联邦航空管理局建立安全高效的全球航空系统。

2002 财政年度首次开始准备年度绩效和职责报告时，联邦航空管理局提出安全、系统效率和组织优越性三个战略领域，包含 10 项绩效目标。2003 年，联邦航空管理局细化战略计划并发布 2004～2008 财政年度飞行计划，为了强调联邦航空管理局各组织的职责，新增 18 项新的绩效目标，其中 6 项绩效目标与美国维持国际民航的领导地位有关；另外，在安全战略目标领域，新的商业太空发射事故指标标志着美国开发太空旅行领域的新战略。2009 财政年度，联邦航空管理局制定 31 项绩效衡量指标和目标以实现更高的航空安全水平、充分系统容量、国际领导地位和组织优越性。

3. 欧洲航行安全组织

通过发布绩效评价报告，绩效评价委员帮助利益相关者理解空管绩效，并从过去的成功和错误中学习。绩效评价委员会每年举行 5 次全体会议，此外，还有特别工作组会议和临时会议，以及针对特殊领域与利益相关者共同参与的协商会议。目前，绩效评价委员会共由 12 名成员组成，包括 1 名主席和 1 名副主席。委员会成员必须在一个或多个领域拥有丰富的空管、安全或经济管理工作经验，且一经任命就必须与国家或政府性组织/国际性组织完全脱离，以便独立执行其工作任务。

欧洲空管系统主要从 6 个关键绩效领域开展绩效评价，包括安全和准时性、可预见性、容量和延误、飞行效率、成本效益和环境影响。以欧洲单一天空第二组立法包所建立的绩效体制为背景，欧共体正在制定绩效管理的实施规则，旨在从安全、成本效益、容量、环境 4 个领域设置有约束力的国家性绩效目标，同时引入相应的刺激计划。

4. 英国

随着欧洲单一天空绩效计划的实施，英国作为重要的成员国，从空管和航行服务两方面出发，制定相应的国家绩效计划，涵盖安全、容量、成本效益和环境 4 个领域的绩效目标及其激励措施。国家绩效计划将在绩效首个参照阶段，即 2012 年 1 月 1 日~2014 年 12 月 31 日，在航路容量和成本效益领域制定目标和奖励措施。为了准备第二个参照阶段，即 2015~2019 年的工作，一些大型航行服务机构、机场运行机构以及航空承运人将根据要求提供相关数据，以供欧洲单一天空绩效计划的其他相关领域设计目标、关键绩效指标和奖励机制时参考。

5. 德国

德国空中交通管制股份有限公司主要从财务业绩、交通发展、安全和准时性等方面进行绩效管理，并通过年度报告发布每年的财务业绩。在交通发展方面，通过统计全年受管制的飞行得出每年交通情况，同时比较本年度与上一年的交通量，从而得出年度交通增长情况；在安全方面，通过每年统计飞机空中接近的发生次数进行安全绩效评估；在准时性方面，通过每年统计、计算准点航班数量及其占所有航班的比例，对航班的准点性进行绩效评估。

6. 澳大利亚

澳大利亚民航安全局在安全、成本效益和环境三个领域制定绩效目标及激励措施，尤其针对安全和环境影响，分别建立安全管理系统和环境管理系统以进一步加强绩效管理。安全管理系统从三个方面促进安全保障的实现，包括安全目标的达成、安全监督和安全水平的提升。其中，安全目标的达成主要涉及达到安全目标的方法，包括严格的能力要求、持有安全责任文件、监督危险管制、强调服务和程序的安全性等。安全监督包括多种模式，如事故调查、趋势分析、系统内部检查和审计等。安全水平的提升在内部和外部有不同的侧重，外部主要通过数据交换和研讨会等形式与客户交流，明确彼此的安全性考虑；内部主要通过规章制度和培训等形式确保运行安全性。

环境管理系统是为了提高环境绩效、减小运行对环境的影响而开发的管理工具，主要包含环境政策、战略计划、核对更正、管理审查和运行实施 5个模块，并通过不断完善这些模块促进环境绩效管理的可持续发展。其中，环境政策体现民航安全局的环境保护承诺，为环境绩效管理提供可持续发展框架。战略计划定义并强调民航安全局在其相关活动、法律规范及环境发展过程中保护环境的重大意义。核对更正主要是保持环境绩效的持续评估，确保民航安全局兑现其环境政策承诺，并保证环境管理系统记录在后续审查中的使用。管理审查定期检查环境管理系统，促使其达到民航安全局的环境目标，并通过自我完善寻求环境绩效可持续发展的新机遇。运行实施要求民航安全局为了达到高效运行目标和既定环境目标，必须确保提供相应的辅助机制增强其运行能力。

为了保证安全，实现可持续发展，提高服务质量，满足不断增长的交通量对容量的需求，航空产业投资必不可少。成本效益分析是绩效管理的有效工具，可以为决策者提供相关信息，包括定义目标和计划范围、确定可选提议、从数量和质量上考虑成本效益、贴现成本和效益、确定决策标准、敏感分析且强调风险和不确定性、首选项目选择、报告准备等 8 个步骤。

7. 日本

日本民航局基于国际民航发展趋势和社会需求，提出未来空中交通系统，并开展 6 个方面的绩效管理，包括航空运输安全、航空器高效运行、到达准时性、空中交通服务效率改进、环保、国际贡献与合作等。同时，还制定包括安全性增强、满足空中交通增长的容量提升、便利性改进、空中交通服务效率改进、环境、日本在国际航空界中地位的增强等 6 个相对应的政策目标，以及具体效能指标包括安全（事故数、服务的连续性、安保）、容量、运行成本、便利（准时性、机场可用率、快速到达）、空中交通服务效率、环境（二氧化碳排放、噪声）和国际地位（国际性贡献、国际竞争力）。

3.6.2 绩效指标具体设计

1. 国际民航组织

国际民航组织对全球空管运行概念的 11 个关键绩效领域中的各项指标进行调查和比较，为各成员国的具体设计绩效指标提供参考。

（1）准入性和公平性。可以使用不满意的需求与整体需求间的对比来定义这一指标。

（2）容量，分为全系统、空域和机场容量三类。其中，全系统容量的测定指标制定方法包括两种，一种要求重点明确对容量的定义，如可容纳飞行数量、飞行小时和飞行公里数；另一种要求关注实际数据，着眼于飞行数量、可用飞行海里等。空域容量的衡量指标是指能进入空域的仪表飞行航班数量。机场是指基于不同气象条件下单位时间内能接受的架次数量。指标制定示例：低能见度条件下尽可能多的仪表飞行航班的小时架次数量（离场和进场）；每日地方时 7 时～22 时，低能见度条件下尽可能多的仪表飞行航班日架次数量（离场和进场）；每 35 个机场为一组，以 5 年发展平均数测定机场的日均容量；每 7 个大城市为一组，测定机场的日均容量。就空中交通服务提供方面而言，容量需要在高峰时间或地点对流量进行最低程度的限制以满足空域使用者的需求。示例指标如下：拥有最小延误（如每次飞行一分钟）的系统运行容量；不同天气条件和程序下每个时间段的扇区运行容量；不同跑道配置、天气条件和程序下每个时间段的机场运行容量；每年需求超过容量的小时数等。

（3）成本效益。通用成本效益测定关注每次飞行的空管常规成本。例如，在全系统年度层面上的每架次平均成本；总运行成本加上资本成本除以仪表飞行航班数。其中需要对以下内容标准化：包括在成本计算中的成本组成部分；被计入成本数的特定劳动力功能和资本支出。单个机构需要进一步将常规化成本精细划分，以了解内部成本效益，可从财务成本效益和经济成本效益两方面评估。其中，财务成本效益衡量指标示例如下：平均每次飞行的空中交通管制成本；每次仪表飞行规则飞行小时的平均成本；仪表飞行规则下飞行每公里的平均成本；每个扇区的平均运行成本。经济成本效益的示例指标如：提供空中交通服务的成本和延误及飞行低效率成本之和。

（4）效率。效率的一般度量标准主要集中在延误绩效方面。例如，按时离场航班的百分比；被延误航班的平均离场延误；正常飞行时间航班的百分比；延长飞行时间航班的平均延长飞行时间。一般来讲，除了天气与空管原因造成延误，可以不计入的其他延误因素包括系统故障、承运人行动、安保延误、转场航班、进场延误对离场的影响等。另外，还需要注意各公司延误航班的跑道门限值可能不同，如一个公司用 3 分钟的跑道门限值，而另一个公司用 15 分钟的跑道门限值。飞行效率可按照偏离最佳航路的频率和持续时间来定义，其衡量标准包括垂直偏离要求的/最佳的飞行高度层数量；水平偏离要求的/最佳的航路数量；空管施加的限制次数等。对工作效率而言，示例指标如下：每个管制中心/扇区/管制员处理的航空器平均数；每个管制中心处理的平均航空器小时数；每个扇区/管制员处理的仪表飞行规则航空器小时数平均值。

（5）环境。示例指标包括因空管服务低效率造成的排放量；按三年发展平均值测定的暴露在严重噪声中的人员数量；按三年发展平均值测定的每飞行海里消耗的燃油效率。

（6）灵活性。示例指标如下：对每年初始申报飞行计划（在任何和所有飞行阶段）数量而言，其建议的变动次数和被拒绝的变动次数。

（7）全球互用性。全球互用性关键绩效领域普遍关注的是遵守国际标准程度，可量化为：与国际民航组织标准和建议措施差异的数量；空管遵守新航行系统规划和全球互用性要求的程度。

（8）空管界的参与。示例指标如下：每年有关规划的会议数量；每年有关实施的会议数量；每年有关运行的会议数量。

（9）可预测性：可预测性对于空域使用者制定和实施日程安排来说至关重要，衡量指标示例如下：归因于空管的平均延误时间；单次飞行的平均延误；单个延误飞行的平均延误；航路上空管造成的所有延误航班的平均延误；终端区空管造成的所有延误航班的平均延误；单个地区或扇区的延误；与空管有关的延误平均值大于一分钟的天数。

（10）安全。在安全关键绩效领域，通用衡量尺度关注的是运行次数或总飞行小时中的事故数量，其计算只针对仪表飞行条件下运行、最大起飞重量超过 2.25 吨的航空器。事故这一术语缩小到指"空管引发的事故"，定义为从人员登机飞行直至所有人员下机期间与航空器运行相关情况的发生，包括：①人员致命或严重受伤，因在航空器内，或与航空器任一部分（包括已从航空器分离的部件）直接接触，或直接暴露于喷流，除非伤害源为自然原因、自我伤害、他人伤害，或当伤害发生在偷渡者隐藏在常规供乘客和机组使用的区域外。②航空器承受损坏或结构性故障，严重影响航空器的结构性力量、性能或飞行特点，且常规情况下需要对受影响部件进行修理或更换。除了发动机故障或损坏，当损坏局限于发动机、整流罩或配件，或局限于螺旋桨、翼尖、天线、轮胎、刹车、整流片的损坏或航空器蒙面的小凹痕或刺孔。③航空器失踪。在事故日后 30 天内导致死亡的伤害被国际民航组织归类为致命伤害。安全指标通常关注于实际或潜在安全事件、风险类别和事件因果关系。示例衡量指标可包括与空管有关的事故（每百万次飞行事故数）；与空管有关的死亡事故（每百万次飞行死亡事故数）；空中相撞（每百万次飞行空中相撞数）；可控飞行撞地（每百万次飞行中可控飞行撞地的发生次数）；最小间隔违规（每百万次飞行违规数）；跑道入侵（每百万次运行跑道入侵数）；天气预报准确度（被证实准确所占的比例）；每千次飞行中国际民航组织定义的 A、B 类事件（有风险承担）数；每千次飞行中国际民航组织定义的 C、D 类事件（无风险承担）数。

（11）安保。示例指标如下：空中交通服务提供者报告的固定基础设施受非法干扰行为的数量；需要空中交通服务提供者回应的涉及航空器受直接非法干扰（炸弹威胁、空中劫持、模仿性欺诈）的事故征候数量；因非意图性因素（如人为差错、自然灾害等）导致空管系统容量降低的事故征候数量。

2. 美国

2009 财政年度，美国在安全、容量、国际领导地位和组织优越性四大绩效领域制定了 31 项绩效衡量指标。

（1）安全。包括商用航空运输死亡率、通用航空死亡事故率、阿拉斯加事故数、跑道入侵、总跑道入侵减少率、商业太空发射事故数、运行差错、安全管理系统。其中，将跑道入侵分为 A、B、C、D 四类，并将 A、B 类共同归类为严重跑道入侵情况，具体定义为：A 类即间隔达不到安全标准，只能满足在采取极端行动的情况下勉强避免碰撞的发生；B 类即间隔达不到安全标准，该情况下很有可能发生碰撞；C 类即间隔达不到安全标准，但有足够的时间和距离来避免碰撞的发生；D 类即几乎没有或完全没有发生碰撞的可能性，但是达到跑道入侵的定义标准。

（2）容量。包括 35 家业务发展伙伴关系机场日平均容量、7 大都市区域机场日平均容量、年度服务量、调整的可操作性、国家空域系统准点到达率、噪声排放、航空燃油效率。

（3）国际领导地位。包括商业航空安全小组安全增强、国际航空发展项目、航空领导者、下一代空中运输系统技术。

（4）组织优越性。包括人事管理办公室聘用标准、减少工作场所伤害、申诉处理时间、空中交通管制员人力计划、航空安全关键部分人力计划、费用控制、无保留审计、计划的关键兼并、预算的关键兼并、顾客满意度、情报准确度、运行连续性。

联邦航空管理局绩效数据主要由美国交通运输部负责单独核实，如商用航空运输死亡率和通用航空死亡事故率等绩效数据则需美国国家运输安全委员会与交通运输统计局单独核实，并由美国国家运输安全委员会确认后方可作为有效数据。

3. 欧洲航行安全组织

欧洲航行安全组织于 1999 年颁布《欧洲航行安全组织空管绩效考评系统》报告，指出空管绩效考评关键指标包括安全、延误、成本效益、可预测性、空域空管可用性、灵活性、飞行效率、空管服务的提供可获得性、环境、公平性等 10 个方面。其中，安全指标包括事故、严重冲突、冲突；延误指标细分为离场延误、进场延误、飞行延误和容量管理指标；成本效益指标细分为空中交通服务成本、产出效益、成本效益透明度比较；可预测性指标细分为预期的延误、进场延误可变性、滑行延误可变性；空域空管可用性指标细分为空域可用性、机场可用性；灵活性指标细分为离场时间和计划航路改变的自由性、时隙交换的自由性、飞行中改变航路和速度的自由性；飞行效率指标细分为航路结构效能、实际航路飞行效率等。欧洲航行安全组织每年公布年度空管绩效评估报告，如 2008 年、2009 年关键绩效指标包括交通、航空安全、准时性、可预见性、安全、航路空中交通流量管理延误、飞行效率、成本效益、航路航行服务使用者成本总计。

欧洲航行安全组织还对人们实行绩效管理。1998 年发布《个人发展：人的潜力鉴定》报告，指出可以从以下三个方面测量人的潜力：个人人性标准，包括忠诚、自主、社交能力、坚强、适应性和灵活性；工作能力标准；工作成果大小。2001 年发布《欧洲航行安全组织八国自由航路项目管制员人力资源考核》报告，指出管制员的绩效指标可以分为管制员对自由航路项目的认同、工作负荷、运行的差错、人为差错、管制员监控警惕程度、团队内部的协调能力、对外的协调能力、管制的策略和能力、不正常情况的应付和恢复、军民航间的协调能力等。2002 年发布《人力考核绩效指标》报告，指出可采用访谈、调查问卷等方式从七个方面考核空管人员，主要指标包括：工作负荷、态势感知、系统监控、团队精神、信任感、用户认可度/可用性、人为错误。

欧洲航行安全组织成立的安全性数据报告和数据流分析专责小组负责空管安全关键绩效指标的制定。2009 年的关键指标包括：与空管存在直接或间接关系的事故；与空管相关的事件，如最小间隔违反、跑道入侵。目前安全性数据报告和数据流分析专责小组正在制定一个新的指标即航空绩效系数，旨在将最小间隔违反、跑道入侵和其他类型的事件总计成一个既单一又全面的指标，从而实现对其中任意一个组成部分的分析，进而掌握显著、全面的安全趋势。用来衡量这些指标的安全数据由以下部门或组织提供，包括安全监管处、欧洲航行安全组织安全小组、国际民航组织安全监督审计报告专用安全网站等。

目前，在绩效评价报告中，主要从安全、运行绩效、成本效益等关键绩效领域进行总结，其中运行绩效又从航空运输网绩效、航路运行绩效、主要机场的运行绩效、环境四个方面进行评价。

4. 英国

随着欧洲单一天空计划的实施，英国将遵循欧洲航行安全组织提出的功能空域区块目标设立相应的绩效指标，包括安全、环境、容量和成本效益。其中，环境关键绩效指标是对航线设计改进过程的描述。容量关键绩效指标是指航路上每个航班因空中交通流量管理引起的延误分钟数。成本效益关键绩效指标是指固定的航路管制服务的单位价格、固定的终端区管制服务的单位价格。在安全关键绩效指标方面，第一个国家性/功能性空域区块安全关键绩效指标为安全管理的有效性，用一种基于空管安全成熟度调查框架的方法来衡量，由欧委会、各成员国、欧洲航空安全局和欧洲航行安全组织共同制定。第二个国家性/功能性空域区块安全关键绩效指标为风险分析工具严重性等级的应用，可以对最小间隔违反、跑道入侵、空管特别技术事件的严重性评估得到一个协调一致的报告。第三个指标是公正文化报告。

国家空中交通服务控股有限公司在环境指标上制定的目标为到 2020 年单次航班与空管有关的二氧化碳排放量平均减少 10%。公司每年均会发布环境年度报告来展现其在环境管理方面取得的成效。2008 年，公司作为空中交通管制提供者，在全球第一个制定与行业合作以减少涉及空管二氧化碳排放的目标。专家通过研究运行中的每个部分，发现在哪些方面如何减少排放以及提高运行效率，同时在空域结构上和航线合作伙伴合作。在场面上，设计更有效的滑行路线，例如，更多地使用循环路径，减少直线往返路径的使用；以一种更环保的方式来管理管制中心、办公室以及运行中心，在任何可能的地方使用替代能源。

5. 澳大利亚

民航安全局每年提交绩效报告对全年工作进行详细的绩效评估。为了向所有交通运输使用者提供高效、可持续发展的、有竞争力的、安全的运输系统，民航安全局通过设立具体独立的分目标、关键绩效指标和可用程序对其加以实现。其中，能否达到民航安全局的独立分目标取决于其具体策划的战略方向、合作计划以及日常的绩效管理和风险管理等。实际运行中，一般用小时事件发生数和小时事故发生数这两个关键绩效指标量化民航安全局过去、当前和未来的绩效以及绩效目标的实现情况，是评估民航安全局绩效的有力证据。

3.6.3　绩效管理内部机制

总体上，各国均以国际民航组织绩效管理要求为指导，制定本国绩效管理体系。其中，美国与欧洲航行安全组织始终走在前列，在绩效管理方面取得一定成果，为其他国家或组织提供很好的参考与借鉴。各国正在将绩效管理运行理念纳入国家航空管理体系，并以此作为空域及管制资源最优利用、交通服务品质进一步提升的前提保证。

美国联邦航空管理局参照、借鉴并综合各种公共及私人组织的运行范例，通过"飞行计划"、《年度绩效和职责报告》等文件确定绩效管理的评价方式与一般流程。围绕目标制定、任务确定、财务保障、实施监控、结果评估的绩效管理框架，联邦航空管理局对上述各环节进行程序与规则细分，并在落实过程中完善对绩效管理的总体要求。联邦航空管理局绩效管理的领域主要涉及安全、容量、国际领导力及组织优越性。

欧洲航行安全组织绩效评价委员由空管、安全及经管领域的专家组成，是完全独立的第三方组织。该委员会通过编撰与发布绩效评价报告，帮助利益攸关方从绩效管理的既有实践和经验中了解、认识空管绩效管理内涵，从而在取得共识的基础上完善其绩效管理体系。欧洲单一天空立法包体系内，欧洲联盟着眼的绩效领域主要是安全、成本效益、容量和环境。

在欧洲单一天空立法包的框架下，英国民航局通过国家绩效计划分步骤和阶段实施国家范围的空管绩效管理。国家绩效计划第一个阶段为 2012～2014 年，在航路容量和成本效益领域制定了目标与奖励措施。第二阶段为 2015～2019 年，为绩效计划的其他领域设立目标、关键绩效指标和奖励机制。英国主要从安全、飞行效率和环境等领域实施绩效管理工作。

德国空中交通管制股份有限公司主要从年度管制飞行数量统计数据、年度航空器发生空中邻近数量统计数据、年度准点航班比例统计数据对其国家航空业的发展规模、安全性水平和准时性进行绩效评价与管理。

澳大利亚民航安全局通过安全管理系统和环境管理系统针对安全性与环境影响进行绩效管理，并引入成本效益分析对航空业的资本投入与产出情况予以评估，将其作为评价国家航空发展可持续性的重要依据。

日本民航局通过发布空中交通系统革新协同行动对实施未来空中交通系统进行描述。在未来空中交通系统中，绩效管理领域分为航空运输的安全、航空器随时高效地运行、准点到达、空中交通服务效率的改进、环保、国际贡献与合作 6 个方面，在此基础上制定相应的政策目标以及涉及的具体效能指标。

3.7　发　展　趋　势

1. 空域管理

1）构建层次清晰的组织架构，完善空域管理运行体系

空域管理运行体系的完善，离不开架构合理、职能明确的运行管理机构。欧

美等国从国家、区域和实地运行三个层面，分别建立相应的空域管理单位，满足空域系统运行需要：①建立高层空域管理机构，负责国家空域政策的高层次解释和综述，其主要内容包括空域组织的建立、永久和临时空域结构的规划与建立、优先权与协商程序的协议等。例如，美国运输部下设联邦航空管理局，负责经营和维持空中交通管制系统，制定各项规章制度及法律，并管理整个国家空域；欧洲各国联合成立的欧洲航行规划小组，负责制定欧洲空域管理各项协议的制定以及空域结构的改革等事项。②建立地区级/区域级空域管理部门，负责空域管理层所定义的内容和程序框架内对空域实施具体运行管理，如美国联邦航空管理局下设九大区的空域管理机构根据联邦航空管理局有关规章制定所辖空域内的管理细则，与其他单位之间的协议，每日空域管理相关数据的分配、传输与使用等工作。③指派现场单位实施空域管理具体事务，负责对预战术管理层分配的空域进行激活、非激活或真实分配、实际空中交通和整体空中交通之间特定空域问题和/或个别交通情况的处理，如美国各空域管理地区管辖的区域（航路）管制中心、终端进近管制中心、机场塔台管制中心（室）、飞行服务站等运行单位在地区空域管理数据库系统支撑下，进行空域管理数据的传输、使用与协调等具体工作。

2）划分运行管理阶段，实现空域管理过程协调

为了满足空域管理对战略性远景规划、预战术中期协调和战术性灵活调配的要求，欧美等国基于分层管理的组织方式，综合考虑空域管理运行单位与空域用户使用需求，从战略、预战术和战术阶段实现空域管理运行业务的协同配合：①战略阶段，在充分考虑国家和国际空域需求的基础上，建立国家和国际空域政策或整体空域管理规划。例如，欧洲航行安全组织空域管理的战略阶段，主要负责建立国家和国际空域政策，并对空域和航路结构进行评估审查，同时为预战术和战术阶段的空域运行建立有效的空域结构体系、工作程序、优先权规则和空域分配协商程序。②预战术阶段，基于战略阶段所定义空域运行管理总体规划和程序框架，对空域实施具体运行管理。例如，欧洲航行安全组织空域管理的预战术阶段，主要负责空域的逐日管理和临时分配，通过发起各方参与的协商合作程序，实现各方对所分配的条件航路、临时保留空域/临时隔离空域、跨国家区域等的使用。③战术阶段，对预战术管理层分配的空域进行即时分配处理，以及实时军民航协调。例如，欧洲航行安全组织空域管理的战术阶段，主要负责空域的实时使用，并通过军民航即时协调，协同提高空域容量，充分实现空域管理第1、2级所建立的灵活使用概念，增强空域使用灵活性，提高军民航用户联合使用空域的潜力。

3）建立运行规范体系，保障空域管理运行制度

为了保障空域管理运行有序展开，进一步理清各管理机构、各管理阶段的职能划分和权责界定，实现空域运行管理的规范化、体系化和制度化，欧美等国家和地区从空域管理组织架构、运行机制、实施细节、协同合作、战略发展等方面，

建立一系列法律、法规、规范或指导性文件，形成从整体规范到具体指导、由上至下的运行法规标准体系。美国以《联邦法规 14》和联邦航空管理局组织手册为基础，推出了一系列空域管理规范性文件，如《空域事务处理程序》、《特殊使用空域》、《空域设计与报告点》和《特殊使用空域管理系统》等，为联邦航空管理局总部各部门以及区域、服务区域和现场机构的空域管理事务提供政策、标准、指导和程序依据。此外，为了明确各部门每日具体的运行方式，联邦航空管理局下设九大区的空域管理机构还根据联邦航空管理局有关规章制定所辖空域内的管理细则，用于与其他单位之间的具体协议、每日空域管理相关数据的分配、传输与使用等工作。

4）推动空域灵活使用，提升空域资源利用效率

纵观世界各国空域灵活使用实践，基本思路是将国家空域视为连续的整体，根据军民航用户需求逐日分配和灵活使用空域。任何必要的隔离空域都是基于特定时间内实际使用需求而进行的临时性限制，最终目标是实现所有航空用户最大限度地联合使用空域。例如，欧洲基于空域灵活使用概念下的三级管理体系：一是建立灵活空域结构，如条件航路、临时隔离区、跨国界区域和减少协调空域；二是建立三级空域管理概念，包括空域政策制定与空域结构调整的战略管理，逐日分配使用空域的预战术管理，实时协调使用空域的战术管理；三是完善三级军民航协调机制，促使军民航空域用户安全高效地联合使用空域。从各国空域管理实践来看，国家为军民航空域划设相对固定的使用空域是保障各类飞行安全顺畅的重要措施，关键是如何科学灵活地实现空域资源的共享。

5）积极推行机制变革，满足未来发展要求

为了确保未来空域系统的可用性、灵活性和安全性，最大限度地实现未来新技术、新系统的使用价值，欧美等国不断推进空域运行管理观念，保证其空域运行机制可以满足未来空域系统的发展要求。例如，欧洲为了实现“单一天空”远景目标，实现空域系统的一体化、综合化、网络化，提出空域灵活使用概念，建立一系列相关指导性文件，使整个欧洲空域管理理念发生历史性变革。目前，欧洲的空域管理运行正从原来以国家为单位独立、分割的传统空域管理方式，逐渐变为以飞行需求为依据的空域结构重组和空域管理职能整合。再如，美国通过大力推行下一代航空运输系统，整合安全、安保、高效、环保等各方面的发展成果，目的是降低成本、改进服务、增加容量、提高安保措施，如何将这些因素纳入未来空域管理运行过程，是实施下一代航空运输系统中相关空域管理部门必须考虑的重要因素。

2. 流量管理

1）通过协同决策模式建立多层次的流量管理运行体系

空管运行需求来自不同空域用户的航空器运行需求，因此，在平等使用空域

资源的原则基础上,欧美空管的责任主体不仅以航空活动组织管理者的角色出现,在航空活动参与方趋于多元化的历史背景下更多地将自身定位于航行服务者,致力于保障多方空域用户的切实权益。在以空管为中心的运行模式下,流量管理机构越来越多地充当统筹不同空域用户利益诉求的协调人,通过与用户之间的双向沟通与信息共享,提高交通决策的效益与合理性。在具体的组织建制层面,欧美采用多层架构设置流量管理单位,这与统筹空域用户不同阶段的航空器飞行需求匹配吻合,从运行角度也更易于与航行服务的具体保障单位相容,切实执行已拟定的调配策略,实现公平兼顾所有用户权益的目标。

2)通过容、流量相互匹配实现空域与交通的协调适应

欧洲航行安全组织主张对空中交通流量与空域容量进行协调的管理,提出空域与交通的运行管理要相互适应的理念及要求。在空域无法切实保障交通需求的前提下,仅依赖流量管理手段协调不同用户的空域使用矛盾的作用是极为有限的。反过来说,单纯寄望于空域的无限制灵活使用,而不对空中交通加以合理与有效地调配,空域资源可能无法经济地利用,造成浪费。因此,欧洲通过流量管理与空域管理部门的积极配合,采用互设席位、共享信息等方式在统一的目标下统筹容量供给与流量分配,建立起空域与交通协同运行的管理体系。

3. 军民航协调

1)秉持积极态度和统一共识促进军民协调

各国和地区的军民航空活动的基本目标、响应机制、遵循规范和运行人员均不相同,但却均统一在其国家或地区的整体利益和战略目标之下,致力于维持国家或地区的综合实力及国际地位。因此,从全局视野出发,制定对航空业发展具有积极推动作用的政策与理念,有助于打破不同利益集团的既有思维和局部立场,增进其相互间的理解,并使其在统一的共有利益框架下相互协作,真正促成利益攸关各方对于空域及管制资源的有效使用。

2)科学构建高效组织结构确保军民航协调

在取得共识的基础上如何进一步达到利益攸关方各自的目标和需求,是各国与地区在政策制定层面以及实施措施层面考虑得最多的问题,构建与自身相适应的组织结构成为主要方式。在典型国家和地区的实践中,基于各自空管体制,以较为本土化的方式,构建上至顶层政策制定、下至现场运行管理等各层级军民航协调机构,同时秉持经济、有效的基本准则,在政策制定、统筹规划、运行管理、利益协商等环节维持军民航间的利益平衡,实现军民航人员的由上至下、衔接无缝的协作管理过程。

3)形成合理财务制度发展相互兼容的军民航保障系统

财务制度涉及空管系统建设不同时期的各个环节。从前期预研、当期建设到

后期维护，所有的资本投入都需要一个较好的财务制度予以保证，特别是此间军民航各自财务制度的合理性，为不同财务制度下取得共同投入的预期效益奠定决定性的基础。在典型国际与地区的实践中，统一规划、统一采购、分别建设、共同使用的系统配置原则为军民航建立分别的财务制度提供明确的政策指向，促进军民航保障系统的联合共用。统一在相同架构体系中的军民航保障设施便于双方互为所用，可以降低系统总体建设与维护的成本，较易实现军民航在日常与特殊事件处置中的互操作性。

4）专用空域的合理划设与灵活使用是军民航协调的直接有效手段

各国和地区的空域一般均会分类划设，并由民航机构代为管理管制空域部分。在其余空域中，依据军民航飞行特点，为了避免两者的相互影响，空域管理部门采取划设专用空域的方式，将民用飞行隔离在可能产生危险的区域之外。这类措施对于保障航空安全、减少飞行冲突起到重要作用。然而，随着交通需求日益增大，加之空域作为公共资源的观念深入人心，对于空域使用的限制应是局部和暂时性的，以便在相关当局不再使用专用空域的时候，空域资源能够及时释放并提供民航使用。无论空域灵活使用运行概念，还是动态空域使用运行概念，各国和地区已在更加有效使用空域资源的事宜上达成一致看法，即通过必要的系统和工具支持空域状态信息共享，并在其基础上实现空域实际有效的联合使用。

4. 安全管理

1）发布安全计划统筹完善安全管理体系

安全管理领域涵盖的内容广泛、机构众多，需要在统一的体系框架下明确各单位的权责领域和相互关系，促使采用相容的规范措施，实施安全管理各类方法与程序。因此，要求安全管理顶层机构在政策指导环节根据航空安全的既往状态信息拟定统一的安全计划，以便在协调过程中避免导致错、漏、忘等问题的安全盲点，降低系统安全水平的可维护性。各典型地区与国家均有各自的安全计划，或是在统一的地区性安全计划之下拟定本国或地方的安全规划。

2）共享安全性数据提升安全管理质量

源于各类事故报告系统的安全性数据有助于安全专家开展针对性调查与研究，找到系统改善之处，提出改进方案，并对方案的落实情况进行监督，进而营建整体的安全文化。然而，报告系统之外更加丰富的安全性数据可以更好地完善上述数据处理流程，并使得对于安全性数据的掌握和使用更加明朗化，有助于安全措施的落实与监督。因此，共享数据系统的建立在已具备良好安全文化的空管环境内逐渐取得整个业界的广泛认同。

3）引入模块化方式建设安全管理体系

传统的安全管理体系更多地强调安全性数据处理流程中的报告系统环节，而美国等国家则引入模块化方式构建统一完善的安全管理体系。通过将整个安全管理体系分解为相对独立和完整的功能模块，并在各个模块之间定义良好界面，使得安全管理体系的逻辑关系更为清晰，也更易于针对性地开展资源配置和人员组织。

4）科学划分安保层次落实安保措施

安保涉及预防与应对两个管理层次，前者注重事前防护，而后者针对事故发生的因应措施以及事故发生后的回顾与总结。在事故应急管理层面，安保重心是尽可能减轻事故的负面影响。因此，事故未发生时就应当保有充分的手段与工具，对事故发生时的作用及其发展有一个全面评判。在此基础上，利益攸关方使用安全性共享信息，针对性地互补合作，尽快执行联合安保，避免或减弱事故侵害。特别是当涉及国家安全的危急关头，更应该通过军民双方的协调合作，明确各自的职权范围，发挥各自优势，提高航空活动的整体安全水平。

5. 绩效管理

1）将保障航空安全作为绩效管理的重中之重

作为高投入、高风险的行业之一，安全性始终是审查空管绩效的关键指标。恐怖主义的持续威胁更令安全性成为各国和地区评价其空管体系健全性与可靠程度的基石。

2）提升可用容量缓解空管核心矛盾

作为服务性行业，空管追求各类空域用户的利益最大化。拥塞和延误已成为现代航空产业最大的问题之一，其导致的经济损失数不胜数。因此，为了平衡各利益攸关方，各国与地区空管机构致力于尽最大可能挖掘可用容量资源，并将容量作为衡量繁忙地区空管系统绩效最为关键的指标之一。

3）以低碳环保作为可持续航空战略的重点

空管必须对航空业的环保事宜负起责任。无论噪声还是排放影响，均是可持续航空发展战略重点关注的领域。在国际环保主题背景下，空管势必将采取措施控制航空器运行过程中的噪声与排放污染，并将其放在越来越显著的地位之上。

第4章　空管应用技术

空管技术是支撑整个空管系统正常运行的理论基础和技术保障。空管系统新技术的应用，是系统保障能力的关键。欧美等航空发达国家和地区围绕安全、高效两大目标，以空域、机场、航空器、环境和人等诸多运行相关因素，融合运筹、计算机、自动化、通信、导航等学科，已经形成初具规模的理论方法，并应用于实际中，其空管技术一直处于国际领先水平。随着世界航空业的进步及科学技术的变革，在全球经济一体化浪潮的推动下，欧美航空发达国家空管技术正朝着保障航空更安全、更协同、更优化、更公平的方向发展。

4.1　概　　述

伴随航空运输的发展，空管技术作为其主要技术的一部分经历从无到有、从单一运行策略到协同优化、从简单人工操作到复杂自动化系统的发展历程。早在1919年，为制定空中交通的一般规则，成立国际空中导航委员会。该委员会制定的飞行规章和程序被大多数航空器运营国所采用。虽然美国没有签署国际空中导航委员会的协议，但在1926年航空商业法案通过后制定了自己的一系列空管规章。这部法案授权商务部为航空器导航、安全与识别制定相应的空中交通规则，包括关于飞行安全高度层以及防止障碍物与航空器之间碰撞的规则。随着空中交通量的增长，这些基本的飞行规则已足以保证飞行安全，于是产生了基于目视信号的空中交通管制形式。早期的管制员站在机场场面上，通过挥动信号旗与飞行员联系。

随着飞行量的增长和无线电通信技术的发展，装备无线电的空管塔台开始取代信号旗。1930年，美国第一座无线电塔台在克利夫兰机场投入运行；到1935年，无线电塔台数已达到约20座。航班量的持续增长要求空管不能局限于机场区域，而应扩展到整个航路。1935年，第一个空中交通管制中心在美国新泽西州的纽瓦克市建立，随后芝加哥和克利夫兰于1936年也建立空管中心。空管中心的早期管制员使用地图和黑板跟踪定位航班的飞行航迹，他们与航班并没有直接的无线电联系，而是通过电话与航空公司签派员、航路无线电接线员和机场管制员保持联系。空管技术方面革命性的进步始于第二次世界大战以后雷达的广泛应用。由英国人发明的雷达最初用于军事，其对航空器位置的精确跟踪显示极大地提高了管制员的工作效率和飞行安全性。1946 年，美国民航局公布一座装备了雷达的管制民航飞机的实验性塔台。到 1952 年，该塔台已经使用雷达进行机场进离场管制。四年后，它将远程雷达用于航路管制中。1960 年，美国联邦航空局尝试建立雷达信标台，即一种用于识别航空器而且有助于提高雷达性能的应答机。在雷达信标台覆盖的空域内，飞行员要采用仪表飞行并与管制员保持联系。在这样的条件下，管制员可以将航空器间隔标准缩小一半。1965～1975 年，联邦航空局开发复杂的计算机系统用于跟踪航空器航迹，从而实现国家空域系统的现代化，使管制员可以在模拟三维雷达屏幕上看到航空器应答机传来的信息。

20 世纪 60 年代后期，随着空中交通流量的增加，在欧洲、美国等世界航空发达国家和地区，空管系统无法适应空中交通需求的现象越来越严重，造成航班延误、高度层分配不经济以及航班时刻表的不断修订等后果，迫切需要根据空中交通需求、时间以及空域情况组织和调配空中交通流量。仅通过改进传统的空管技术手段不能有效提高空管系统的容量，必须建立一套关于空中交通流量的计划、组织以及管理的完备的理论方法，从而以经济的、可接受的费用来处理不断增长的空中流量，于是空中交通流量管理作为空管的前沿技术得到广泛研究和应用。

早在 20 世纪 60 年代，美国联邦航空局就认识到当空中交通量超过国家空域系统的限制时延误将会增加。这些延误首先表现为主要机场的"等待群"。为了解决这个问题，联邦航空局于 70 年代后期设计了着陆计量管理程序，它采用让进场飞机在适当的时刻经过进场定位点的方法来达到使进场飞机流平滑进入机场的目的。在航线上，延误能更有效地被吸收，着陆计量管理程序用于将不可避免的进场延误转换到航线中。为了解决由此引起的航线延误，联邦航空局建立交通管理单元及航线计量管理程序。从功能上看，着陆计量管理和航线计量管理是目前正在发展的终端区自动空中交通管制程序的前身。同时，联邦航空局也认识到，当一个机场的进场能力严重下降时，可以通过延迟在起飞机场的起飞时间的方法来减少该机场的进场延误。这种将空中进场延误转换为起飞机场地面延误的方法产生了华盛顿中央流量控制设备，逐渐发展成今天的空中交通管制系统指挥中心。现在，联邦航空局正努力研究如何使这些程序一起工作以改善国家空域系统。

在欧洲，为计划和调整所有本区域的空中交通，联邦德国空中航行服务管理局首先宣布将在 1966～1975 年建立一个区域流量调整中心。航空公司采取相似的措施，以便机场容量和航班数达到平衡以及提高利润，其手段主要是引进航班计划调整以及在国际空中运输协会建立航班协商制度。1971 年，首家被授权组织航班时刻的政府机构在联邦德国建立，将调整在所有国际机场的进离港航班时刻，1973 年，它的职责扩展到调整所有在联邦德国的飞越飞行。经过多次会议的协商与计划，欧洲第一个空中交通流量管理机构于 1972 年在法国建立，德国的相应机构于 1975 年成立。它们被委托在两个国家内为所有空管中心提供空域管理和流量管理措施。在接下来的数年里，12 个国家级或次区域级流量管理机构相继建立。20 世纪 80 年代中期，严重的空中交通拥挤问题促使国际民航组织、欧洲民航会议以及欧洲空中航行安全组织召开一系列会议，所有的焦点都针对于一个区域性的更有效的流量管理解决方案。国际民航组织理事会批准 1988 年 11~12 月召开国际民航组织欧洲空中航行计划组织特别会议。它授权这个组织分析在当年 6 月召开的国际民航组织特别空中交通流量管理/空中交通管制会议的情况，并致力于促进欧洲集中组织实施空中交通流量管理。1989 年，欧洲空中航行安全组织执行委员会批准成立中央流量管理单元，由它为欧洲民航会议的所有成员国提供空中交通流量管理服务。

20 世纪末，为应对未来可能的空中交通需求与空域、机场等资源相对紧张之间的矛盾，美国提出下一代航空运输系统计划，欧洲提出欧洲单一天空计划。世界各国由于国情的不同，其空管技术的发展程度和计划也不尽相同。一些经历长期发展和改进的技术已成功应用于空管，在空管系统中发挥着基础性作用，形成理论较为完备的空管基本技术。另一些发展时间较短的空管技术和概念虽然在各种计划或应用的具体内容上有所区别，但总体目标都是朝着集成度更高、协同决策、信息密集、全方位跟进等方向发展。

4.2 空管基本技术

空管基本技术是指近几十年在空管实际工作中形成的理论较为成熟、应用较为广泛、效果较为稳定，保证空管系统正常运行的技术，主要包括空域系统容量评估、流量管理、飞行间隔安全管理、机场运行优化、空管保障技术等。

4.2.1 空域系统容量评估

1. 基本方法

根据容量评估的研究现状，空域系统容量评估的主要方法有基于计算机仿真模型的评估方法、基于历史统计数据分析的评估方法、基于数学计算模型的评估方法和基于管制员工作负荷的雷达模拟机评估方法等。这些方法各有利弊，需要空域评估人员根据具体的空管实际运行情况，选择较为适宜的容量评估方法，并由资深管制人员对结果进行修正，对所选评估方法进行完善。

1）基于计算机仿真模型的评估方法

该方法引入描述环境和人为扰动的随机变量和描述飞行、管制过程的逻辑规则库，尽可能真实地模拟空中交通系统的特征，对空域单元的运行容量、延误水平、冲突点和冲突数量进行评估，包括分析仿真模型、蒙特卡罗仿真模型、连续仿真模型和离散时间仿真模型。该方法适用于最大容量和运行容量的评估，其优点是结果准确性较高，缺点是仿真模型构造和使用需要投入的技术支持和资金较大，评估周期较长。目前，全空域及机场模拟器、机场和空域仿真模型及管制模拟系统等评估工具都基于此方法对整个系统的综合容量进行评估。

2）基于历史统计数据分析的评估方法

该方法是在基于历史统计数据分析运行容量的基础上发展的。由于最大容量等同于延误趋向于无穷大时的运行容量，所以基于历史统计数据分析实际运行容量的方法在特定的判据下同样适用于最大容量的分析。该方法适用于最大容量的评估，尤其在机场具有较大的流量，或机场流量经常超过机场的运行容量等条件下。优点是便于操作，结果较为准确，缺点是数据收集困难，数据量大，样本数据的数量和质量直接影响结果的正确性，而且置信度仅有经验数值，需要根据不同情况由资深管制员进行确定。

3）基于数学计算模型的评估方法

该方法通过概率统计或随机模拟方法，建立时间-空间分析模型和排队分析模型，确定空域容量。适用于结合最后进近阶段的跑道最大容量的评估。优点是简单快速投入少，容量评估结果较为准确，缺点是仅能对一条跑道的容量进行评估，人为因素没有量化考虑。

4）基于管制员工作负荷的雷达模拟机评估方法

该方法是基于雷达模拟机的空域仿真环境下，根据管制员工作状态、管制经验、空域结构、管制手段等各种因素的影响，通过量化管制员工作负荷来预测扇区容量。适用于最大容量和运行容量的评估，其优点是方法简单易行，可操作性强，结果较为准确，缺点是管制员的个体差异和模拟环境对结果的准确性影响较大。

2. 容量评估的分类

空域系统容量评估根据评估对象可分为机场、终端区、航路、扇区和区域容量评估等。机场一般包括陆侧和空侧两个部分。机场陆侧涵盖旅客旅行开始至飞机以及从飞机至旅行终点的所有在地面行程上的设施和服务；机场空侧是指飞机在机场运动所经由的场所，包括跑道、滑行道、停机坪/登机门。机场容量评估一般是对机场空侧系统指定时间内所能服务的飞机架次进行估计。

1）跑道容量评估

跑道容量定义为单位时间内跑道能够服务的最大架次，一般用跑道对所有类型的飞机服务时间的加权平均值表示。影响跑道容量的因素有跑道结构、布局、间隔标准、跑道占用时间、飞机流比例、空管规则和使用策略等。跑道容量一般是机场空侧的容量瓶颈。

2）滑行道容量评估

滑行道是连接机场飞行区各部分飞机运行的通道，它从停机坪/登机门开始连接到跑道的两端。一般来说，滑行道的容量大于跑道容量和停机坪/登机门系统的容量，并非制约整个机场容量的瓶颈。滑行道的结构和布局因机场而异，根据其基本结构和运行特点，可分为单行滑行道、双行滑行道和滑行道交叉点。滑行道容量定义为平均滑行速度与加权平均机头距离的比值。

3）停机坪/登机门容量评估

停机坪/登机门容量定义为在连续服务请求下，在单位时间间隔内服务的飞机最大数量。它受停机坪/登机门数量、类型、布局、占用时间、机队构成等因素影响。停机坪/登机门容量可以表示为停机坪/登机门占用时间的加权平均值的倒数。

4）终端区容量评估

终端区容量是指针对一定的空域系统结构（包括空域结构与飞行程序等）、管制规则和安全等级，考虑随机因素（如管制员因素、气象因素等）的影响，且航班连续地进入终端区的情况下，单位时间内所能容纳的最大航班数量。终端区容量的主要影响因素有空域结构及其复杂性、终端区与区域及机场的耦合情况、管制规则、飞行规则、管制员工作负荷、空管保障系统性能、天气条件等。

5）航路容量评估

航路容量定义为在给定的时间内，对于相对确定的高度层流量配置和机型配置，航路所能容纳的最大航空器架次。航路容量受可用高度层、纵向间隔、飞机机型比例、备用高度层数量等因素影响；其中可用高度层的影响因素有航路下方的地形地貌、垂直间隔、飞行规则、飞机类型等；纵向间隔的影响因素有空管保障设备覆盖情况、航路结构、管制水平等。

6）扇区容量评估

扇区容量定义为在单位时间内特定扇区内所接受管制服务的飞机最大数量，同时还要保证管制员工作负荷处在一个可接受的水平内。扇区容量评估方法归纳起来主要有两大类：一是客观评估方法，通过建立数学仿真模型评估容量；二是主观评估方法，根据扇区管制员的工作量从主观方面进行评估。

7）区域容量评估

区域容量是指区域空中交通容量，即考虑区域空域结构、管制规则和航路航班流比例等因素的条件下，区域管制区在单位时间内所能提供的服务能力。区域容量评估的一般方法是从分析区域空中交通入手，总结归纳区域空中交通冲突特征，研究空中交通拥塞的传播机制，最终估算区域空中交通容量。

4.2.2 流量管理

综合世界空管技术发展现状，常用的流量管理理论与方法可以归纳为流量统计预测、地面等待、终端区排序、航线时刻优化、改航等方面。

1. 流量统计预测

根据管制区种类的不同，流量统计预测可分为区域流量统计预测和终端区流量统计预测。区域流量统计预测侧重于对空域整体流量分布的考量，而终端区以机场为中心，侧重于对航班个体的研究。根据空域类型的不同，流量统计预测可分为扇区流量统计预测、航路段流量统计预测、航路点流量统计预测以及机场流量统计预测。根据统计时长的不同，流量统计预测划分为战略流量统计预测和战术流量统计预测。战略流量统计预测一般从长远的角度出发，从宏观上研究经济指数同流量之间的关系，一般需要大量的历史统计数据作为预测的依据，可以以年、月、日为单位定量地统计；战术流量统计预测基于当日的飞行计划、实时飞行数据和雷达数据等预测流量，因此也可称为动态的流量统计预测，能够为管制员提供冲突告警，为流量管理提供基础性数据支持。

1）战略流量统计预测

战略流量统计预测的方法主要有以下几种。

（1）计量法。计量法主要包括回归模型、移动平均模型、极大似然估计、Markov 预测、卡尔曼滤波等。这些方法计算简便，但考虑因素较为简单，无法反映交通系统的不确定性与非线性特性，抗干扰能力差。

（2）神经网络法。神经网络法具有较强的拟合数据变化规律的能力，能够有效地预测数据发展趋势；但其需要大量的样本数据，预测精度也存在一定的不稳定性。

（3）非线性预测法。非线性预测法包括小波分析、分型预测，以及基于突变理论和混沌理论的预测方法等。非线性预测有很强的适应性，精确性相对较高，但计算复杂性高，理论基础尚不很成熟。

除了上述单一的预测方法，还有考虑随机扰动的流量预测方法以及加权组合预测方法。这两种预测方法都是基于有效组合的思想，一方面充分发挥单一模型的优点，另一方面通过有效机制将多个模型组合，以达到提高预测精度的目的。

2）战术流量统计预测

战术流量统计预测考虑空域结构、管制规则和航路配置等状况，根据当日的飞行计划以及实时更新的空域数据、雷达和气象等数据，对航路点、航路段和扇区等空域单元，统计预测未来时间（一般 6 小时内）在其范围内的航空器数量。战术级的流量统计预测属于微观实时预测的范畴，其核心算法是基于航空器四维航迹的预测，是一种动态的流量预测。通过航迹预测算法建立单架航空器的四维航迹，包括航空器相应于时间的位置、高度、速度等信息。航迹预测算法所使用的数据主要来源于航班时刻表，飞行计划报和雷达数据。在此基础上结合空域基础数据库、航路航线数据库、进离场航线库、航班航线数据库、航空器性能数据库等，推算出航空器到达各点的时间，从而得到某一时间段选定航路点、航路段或扇区的流量。下面简要介绍一下航迹预测算法。

航迹预测是根据飞行计划、雷达数据、当前和未来的气象信息、飞行意图以及基于航空器性能和动力学模型对航空器在未来一段时间内的运动状态做出预测，并推测航空器飞行轨迹的方法。航迹预测可用于冲突探测技术、飞行计划的制定、空管决策支持系统等，是空管自动化系统的一项核心技术，是建立新一代空管体系的重要技术指标，为安全高效的空管提供有力保障。

美国的空管系统一般将航迹预测分为常规航迹预测、最坏情况航迹预测和似然航迹预测。常规航迹预测一般是按照飞行计划进行预测，属于一种理想状况下的航迹预测，但是航空器在飞行中可能存在一定的位置误差，也可能实施改航、备降等，增加航迹预测的不确定性，同时飞行计划中的参数也是不准确的，如巡航马赫数以及飞行高度等，某些算法会用一些经验值来修正数据，但是这并不能反映单架航空器的真正意图。最坏情况航迹预测方法一般将各种可能发生的危险因素都加以考虑，相对来讲是一种保守型航迹预测。似然航迹预测方法将一些不确定因素造成的误差加以分析，建立模型对航空器未来的航迹加以预测，似然航迹预测一般分两种方法：一种是基于常规航迹增加修正误差的方法，另一种是通过建立一系列可行性模型，然后对其进行概率性分析。

航迹预测按照航空器所在空域的类型可分为区域（航路）航迹预测和终端区航迹预测；按照预测的时效性又可分为非实时的航迹预测和实时的航迹预测。非实时的航迹预测一般是在航空器起飞之前，按照既定的飞行计划对航空器飞行过程进行模拟；实时的航迹预测是对航空器在起飞后，根据实时的报文、雷达和气象等数据得到航空器实时的飞行状态，从而不断地对预测结果进行修正，因此预测精度较高。航迹预测算法主要包括基于大圆航线的航迹预测、基于等角航线的航迹预测、基于飞行意图的航迹预测和基于飞行模型的航迹预测等。

2. 地面等待

作为流量管理的一部分，地面等待策略最早应用于 20 世纪 70 年代的欧洲，起初是一种用来应付日益严重的空中交通堵塞的应急措施，在 20 世纪八九十年代逐渐受到重视，其应用开始增多。美国于 20 世纪 80 年代开始采用地面等待来限制特定时间内的飞行量，从而减少管制员的工作负量；在认识到地面等待也是一种省油的办法后，美国也将地面等待作为流量管理的一部分。20 世纪 80 年代初，美国联邦航空局建立的空中交通控制系统指挥中心就曾推出一种地面等待策略，即早期的确定型地面等待策略。针对操作请求和机场容量之间的矛盾，空中交通控制系统指挥中心监视着美国所有的机场，一旦预测到一个时间段内某机场的到场航班数超过原定数，则采取相应的流量管理策略，如改航、调速、地面等待等。

地面等待问题可以从以下几个方面进行分类。

1）研究对象

根据研究对象的不同，地面等待问题分为单机场地面等待和多机场地面等待。单机场地面等待问题研究某时间段内单个机场的容量小于空中交通需求时，如何优化配置预定飞往该机场的航班在各自起飞机场的地面等待时间，使总航班延误时间最短。多机场地面等待问题认为航班延误分布在整个多机场网络中，并考虑联程航班，研究如何最小化某时间段内由多机场网络容量限制所导致的地面等待时间，其复杂性与求解算法的难度较单机场地面等待问题大大增加。

2）容量约束性质

根据容量约束性质的不同，地面等待问题分为确定性地面等待和随机性地面等待。确定性地面等待问题所涉及的机场、航路或管制扇区等空中交通系统组成部分的容量是确定的。随机性地面等待问题所考虑的受限容量主要是由天气情况或保障系统发生变化而导致的随机的机场和空域容量。

3）流量管理方案实施情况

根据流量管理方案实施情况的不同，地面等待问题分为静态地面等待和动态地面等待。静态地面等待问题是指根据空中交通需求和容量制定的地面等待策略在流量管理过程中不再变更的地面等待问题。动态地面等待问题要求在流量管理过程中，随空中交通需求或容量变化而不断更新地面等待策略。

4）受限元数量

根据流量受限制因素的数量不同，地面等待问题分为单元受限的地面等待和多元受限的地面等待。单元受限的地面等待问题研究仅受机场容量限制的地面等待策略。多元受限的地面等待问题将机场及航路点的容量限制均考虑在内，并考虑延误随航线网络的传播。

5）系统驱动模式

根据系统驱动模式的不同，地面等待问题可分为时间驱动型和事件驱动型。时间驱动型地面等待是指将所研究的时间段等分为多个小的时间区间，然后分别在这些区间上研究分析航班的地面等待情况。事件驱动型地面等待是指将所研究系统看作一个离散事件动态系统，把航班的起飞、进场和着陆视为输入事件，相应的时刻作为系统的服务时间。

3. 终端区排序

终端区排序包括进场排序和离场排序。进场排序是在高峰时段，保证间隔并符合航空器性能要求的前提下，根据航班预计到达时间和容量状况，对终端区范围内的进场航班安排合理的进场次序，在多跑道条件下还要为进场航班选择跑道，从而使航班延误最小的流量管理策略。它在确保安全前提下使到场飞机充分发挥各自的飞行性能，尽量减少飞机之间的相互影响和飞行延误，提高飞机的正点到达率。进场排序包括静态排序和动态排序两种。静态排序是某时间段内待排序的航班数量为确定值的排序问题，即在排序过程中没有新航班加入进场队列。动态排序是某时间段内待排序的航班数量为变量的排序问题，即在排序过程中不断有新航班加入进场队列。静态排序问题比较简单，是最基本的排序问题；动态排序问题更接近机场实际运行情况，具有较好的应用价值，但其涉及的航班数量较多，规模较大，求解相对复杂一些。解决进场排序问题的常见策略有先到先服务、位置交换、时间提前、动态尾流间隔、延误交换、滑动排序窗等，下面分别介绍。

1）先到先服务策略

先到先服务策略是最基本的排序策略，也是目前管制员人工排序条件下最常用的方法。为降低管制员负荷，并提高排序方案的可行性，先到先服务策略往往根据航班预计到达时间设定一个排序时间范围，超出这一范围的航班就不再改变其着陆次序和时间。当进场航班队列中有新航班加入时，在保证间隔的前提下，对新加入航班之后的飞机依次重新排序，进行延迟处理。如果后面的航班不能进行重排和延迟操作，则安排新到的这架航班空中等待。先到先服务策略虽然简单易行，但难以起到优化排序、减少航班延误的作用。

2）位置交换策略

位置交换策略从不同类型的飞机必须保持不同的"最小安全间隔标准"入手，通过对进场航班队列次序的重新排列，对所有可能的航班排序方式进行搜索，寻找一种航班延误成本最小的进场次序，即该组航班的最佳排序方案，所指的航班延误成本是进场航班队列中每两架航班之间所需时间间隔的总和或以等待时间为参数的每架航班的等待成本的总和。但得到的最佳排序方案有可能会较多地改变原航班队列的次序，这不仅加剧管制员的负担，而且与先到先服务原则冲突较大，降低不同航班进场的公平性，从而增大实现的难度。由此引申出带约束的位置交换策略，即飞机的最终位置只能被排在初始位置前后一定范围内的适当位置上。约束位置交换策略算法通常只能使相邻位置间的航班交换次序。

3）时间提前策略

时间提前策略对每组航班队列的第一架航班实施控制，而不改变整个队列的原有顺序。通过使第一架航班加速，使其先于正常的预计到达时间到达目标点。这样，队列中后面的所有航班都可以减少相同时间的延误。这种策略同时也减少了不同航班队列之间的间隔。一般情况下，所有航班的最大时间提前量为 60 秒。因为时间提前策略对于加速飞机来说是以提高飞行成本为代价的，所以只有当紧跟第一架航班的飞机需要延迟处理时，前者才进行加速，从而使后者的延误减少。

时间提前策略对多数飞机来说使其减少延误和燃油消耗，但那些加速的飞机不是按照飞机的最优巡航和下降剖面飞行的，其燃油消耗是增加的。所以，采用时间提前策略时，要综合考虑多方面的因素。

4）动态尾流间隔策略

制定跑道间隔标准是为了避免飞机尾流的影响。在实际运行中可以根据间隔标准，最大限度地增加飞机的起降架数。然而，要显著地增加飞机的到达率，必须减少要求的间隔标准。美国宇航局研究中心正在研究一种能提供动态尾迹涡流间隔标准的系统，它通过预测多种气流条件下涡流的衰减和转移情况来实现。这种系统称为飞机尾流间隔系统，该系统通过把天气和尾流长度作为输入，对尾迹涡流的衰减和转移情况进行建模。通过尾迹涡流模型来确定在尾流效应影响情况下的飞行间隔，根据尾流间隔的变化情况，优化航班进场次序，尽可能地减少航班延误。动态尾流间隔策略虽然能起到缩小间隔、增大排序机动空间的作用，但尾流间隔的动态性可能使管制员不断地改变航班进场次序，增加管制员负荷，给实际操作带来一定的难度。

5）延误交换策略

从进近空域到高度拥挤的终端区，管制员必须经常对到达航班的飞行加以约束、进行管制，但管制过程中往往没有把航空公司对各自航班的优先级要求考虑在内。美国宇航局正在研究一种新的排序算法，它将充分考虑各航空公司飞机的优先权，并允许航空公司参与对航班队列的管制，由此减少空管对航空公司经济利益方面的影响，增加公司的经济效益。延误交换策略是一种基于公平原则的排序方法。在机场运行高峰时，等待着陆的大量航班需要延迟处理，这种方法会接受某个航空公司提出对其公司在等待队列中的某架航班实施提前着陆的请求，同时对此公司在等待队列中的另一架航班实施延误处理。航空公司做出延误交换决定时需考虑机组成员状态、乘客的转机安排、重要航班的往返时间、航班正点率、航班剩余油料情况及跑道情况等因素。

6）滑动排序窗策略

滑动排序窗策略认为优化排序的过程就是对原有的飞机队列进行重排，重新确定每架飞机在新队列中的位置。在确定新队列的某个或某些位置时，由于约束交换范围的限制，并不需要对由整个队列所有飞机所产生的所有可能的排序进行搜索，只需要挑出那些与所要确定的位置相关的飞机，然后对由它们产生的可能排序进行搜索，就可找到所需要的优化排序结果。常见的终端区排序策略还有分航路调节距离间隔、被动式排序、模糊模式识别、人工智能等。

离场排序类似于进场排序的反过程，但需要考虑机场及相关空域的容量，往往与地面等待策略相结合，以延误最小为目标，确定航班离场顺序。离场排序包括两大主要问题，第一个是对离场航空器安排起飞时刻，第二个是在拥挤空域环境中，对离场航空器安排可用航路。相关成果应用混合启发式算法辅助伦敦西斯罗机场航班离场时刻分配；提出了基于动态规划的有效算法，满足多种上游航班流和下游航班流的限制；研究多机场系统的离场航班时刻的安排，用带约束条件的航班位置交换算法优化航班时刻；综合考虑同一终端区多机场离场定位点相互耦合流量比例，研究离场航班的放行时刻分配问题。

4. 航线时刻优化

航线时刻优化问题主要包括终端区容流优化、时隙-航线分配和航班时刻优化三个方面。

研究表明，机场进场和离场容量具有相关性，利用这一相关性，终端区容流优化根据机场和定位点容量约束，优化分配高峰时段的进离场流量，平衡需求和供给，从而使航班延误最小。

时隙-航线分配是针对繁忙空域或航路的拥挤状况，合理分配供航班使用的时隙资源，协调所研究空域及其相邻空域的流量分配，减少因某一空域拥挤所造成的航班延误的传递，从而减小总延误，降低管制员工作负荷。

航班时刻优化是流量优化的基本问题，其主要目标是通过优化航班时刻表，减轻机场繁忙时段的运输压力，有效地利用时间和空域资源，提高机场运营的效率和安全性。航班时刻表的制定是一件非常重要而且繁杂的工作，虽然在确定航班时刻时有专家负责并且还有国际惯例可遵循，但是面对数千次航班的合理确定，并且需要处理各个航空公司之间的时间冲突并兼顾各自的利益，每次航班时刻计划的确定都需要耗费大量的人力物力完成复杂的协调工作。制定一个科学合理的航班时刻表能充分利用有限的资源满足乘客出行需求，可以降低空中飞机冲突概率，提高安全程度，减少空中等待，节约燃油等，有极高的经济效益。同时理顺了机场的运营，方便了旅客，减少了滞留时间和概率，具有较好的社会效益。

航班一般包括定期航班、计划包机航班、不定期商用航班等。历史性优先权只适用于定期航班和计划包机航班。经协调员批准航空公司有权要求在下一相同的季节在相同协调参数内的一个特定进离场时刻。这个优先权适用于相同的季节，不是连续季节（如夏季和秋季）并限于相当的运作时期和天数。申请相同的特定进离场时刻时，历史性进离场时刻申请应比新的要求有优先权，同时需兼顾新申请的航班。

5. 改航

改航是为了避开由危险天气、限制区等因素导致的容量减少的空域而改变航班计划航路，在避免飞行冲突的前提下规划新航迹，从而使航班延误最小或规划航迹最短的流量管理策略。在美国，空中交通管制单位集中于 22 个区域管制中心。

这些中心接收来自于飞机和地基雷达的关于飞机位置、高度、速度等信息和天气信息。当天气情况恶劣时，全国范围内一些机场或区域的容量显著减少甚至降低为零。在这种情况下，空中交通管制中心执行一系列措施来重新安排航班时刻及改航，以便将由天气所引起的延误损失降至最低点。若飞机原计划要经过容量减少的区域，则它必须改航。改航决定由空中交通管制中心和航空公司运控中心之间的协调措施来完成。空中交通管制中心就改航的必要性与各航空公司的运控中心联系。每个运控中心根据新的有限容量条件的信息来制定他们所能接受的新的航班路线，以便完成他们的计划航班。

目前，已有众多学者针对恶劣天气下的改航问题进行相关研究。有学者设计终端区恶劣天气避让的航路指引，采用两个航路规划算法、基于网格的 Dijkstra 算法和带有权重的区域问题算法构建恶劣天气避让模型，从而规划进场航班的飞行轨迹。改航会影响航班的进场时间，给终端区排序带来困难。有学者研究在恶劣天气条件下航空器的预计进场时间，其中运用一个似然模型和嵌入信息的最优路径图，并建立一个恶劣天气避让算法解决该问题。美国学者研究在不确定条件下机场进离场的流量管理，其中提供了针对空管、机场地面管理和国家中央流量管理的决策支持系统——机场进离场管理系统，该系统能够基于气象情况，并运用优化算法，解决地面航空器离场排序问题。静态改航是在危险天气条件不变的情况下进行的，例如，雷暴等危险天气往往变化较快，其规律难以掌握，造成静态改航在实际应用中的局限性。面对该局限，有部分学者在研究在恶劣天气条件下多个航空器航路规划算法的基础上，使用随机动态规划算法，改进绕飞恶劣天气区域的静态方法，解决了随机天气情况下的流量管理问题；还有学者研究随时间变换气象数据条件下的多个航空器流安全航路规划问题，提出一种基于流量的改航方法，并考虑相关限制和水平间隔标准，最后计算得出穿越过渡空域的多个航空器流的规划航路。

在改航策略中，危险天气区域的形状一般抽象为块状、带状和散点状三种。针对块状危险天气区域，主要有基于网格的 Dijkstra 航线搜索算法和基于多边形的航线搜索算法，后者也是目前常用的改航路径规划方法；针对带状危险天气区域，主要有基于已有航路点的 A^* 搜索算法和基于自由飞行的航线搜索算法；针对散点状危险天气区域，主要有几何算法等。

4.2.3　飞行间隔安全管理

安全是空管永恒的话题，保证飞行间隔是空管工作的主要目标之一。飞行间隔安全管理旨在探测飞行冲突，评估飞行冲突及碰撞风险。调配飞行冲突是评估空域飞行安全性、制定间隔标准的理论基础，可为探测和解脱飞行冲突提供决策依据。飞行间隔安全管理主要包括飞行间隔安全评估、飞行冲突探测与解脱等方面。

1. 飞行间隔安全评估

飞行间隔的大小决定一个特定空域的容量大小，即决定该空域能容纳飞机的最大数量。间隔过大，会浪费空域资源；间隔越小，空域容量就越大，但当飞行间隔标准减小到一定程度时，对飞行安全又构成威胁。所以，应当采取合适的飞行间隔标准，既能达到一定的安全要求，又能满足对空域容量的需求。飞行间隔安全评估是研究在一定的飞行条件下，在规定的飞行间隔标准下，评估飞机间冲突、碰撞风险以及确定安全水平的技术。飞行间隔安全评估由风险评估和风险评价两个过程组成，如图 4-1 所示。前者是对碰撞风险的分析过程，后者是把碰撞风险与安全目标水平进行对比，从而得出间隔标准安全与否的结论。风险评估首先确定影响飞行间隔安全性的因素，然后研究各因素对碰撞风险的影响，进行碰撞风险建模，从而得出碰撞风险值；风险评价是把碰撞风险与安全目标水平进行对比，从而得出间隔标准安全性的过程。飞行间隔安全评估过程中最重要的是碰撞风险建模。

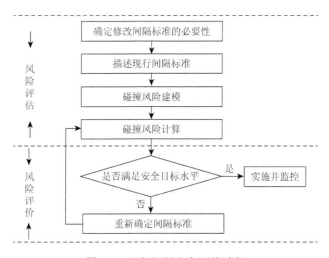

图 4-1　飞行间隔安全评估过程

通过应用风险评估模型可以在不影响安全性和经济效益的情况下合理地缩小间隔标准，缩小后的间隔不仅能满足安全要求，而且能扩大空域容量，降低运营成本，提高经济效益。国外早在 20 世纪 60 年代就开始对飞行间隔安全评估的研究，取得大量的研究成果。这些研究都是从冲突和碰撞两个角度展开的，冲突是小于间隔标准事件，碰撞是冲突发展的最严重后果。主要有 6 种典型模型，分别是 Reich 碰撞风险模型、基于冲突区域的碰撞风险模型、基于位置误差概率的碰撞风险模型、基于随机微分方程的碰撞风险模型、基于事件的碰撞风险模型、基于事故树的风险分析模型，以及基于通信、导航、监视性能的碰撞风险模型。

1）Reich 碰撞风险模型

Reich 碰撞风险模型是针对大西洋上空的平行航路的碰撞风险来建立的，所以该模型最初适用于没有地面导航设备、没有雷达监视，也没有管制员干预情况下的飞行，只考虑由飞机位置误差导致的碰撞风险，即由速度的系统误差、机载导航误差和飞行员技术误差导致的碰撞风险。该模型按间隔标准设置临近层，按飞机三维尺寸设置碰撞模板，根据飞机进入临近层、碰撞模板的频率计算相应的冲突概率和碰撞概率。Reich 模型的优点是建模过程简单，应用性好；其主要缺陷有：一是由于没有雷达监视，所以没有考虑管制员的动态参与；二是由于没有考虑机载防撞系统，所以没有分析飞行员的避让操作；三是没有考虑紧急事件发生时的碰撞风险；四是没有考虑管制员误差；五是模型中导航误差的概率分布由于尾部样本（大误差）过少而难以拟合，无法得到确切的概率分布，一般用高斯分布或双指数分布来分析导航误差的概率分布；由于双指数分布的尾部概率较大，所以一般采用双指数分布拟合位置误差。

2）基于冲突区域的碰撞风险模型

为了计算交叉航路的碰撞风险，基于冲突区域的碰撞风险模型于 1996 年提出。该模型建立碰撞临界区、圆形保护区和冲突区域，用权重的方法研究管制员操作正常和操作失效两种情况下的碰撞风险。基于冲突区域的碰撞风险模型为飞机设立冲突保护区，考虑管制员对碰撞风险的影响，但管制操作正常和操作失效的权重在实际中难以精确给出，模型也没有考虑飞行员对碰撞风险的影响。

3）基于位置误差概率的碰撞风险模型

飞机在空中飞行时，其位置信息主要是以机载电子导航设备所提供的为主准，然而一般的机载电子设备因为各种原因都存在一定的误差，再加上外在的气象因素和人为因素等，就导致飞机在定位时存在位置误差。每架飞机都存在位置误差，相邻两架飞机之间的间隔也就存在着差异，这种间隔大小直接影响到飞机之间的实际距离，体现在两机的碰撞风险大小上。因此，两机的碰撞风险可以根据两机之间的实际距离建立碰撞风险模型。该模型的优点在于可以分析不同时刻的碰撞概率和冲突概率，全面地了解碰撞风险的动态变化过程；缺点是依赖于具体的导航设备，需要知道不同导航设备的精度。

4）基于随机微分方程的碰撞风险模型

为了避免 Reich 模型限制条件太多、参数不易确定等弊端，基于随机微分方程的碰撞风险模型于 1993 年提出。该模型运用随机过程的方法，通过求解偏微分方程来研究碰撞风险，运用马尔可夫过程解决吸收边界的碰撞问题，分析在瞬态边界情况下的交汇问题，并研究在三维航路网络的交汇率，不再要求速度和位置相互独立，而且考虑管制员、飞行员、通信导航监视等设备、自动化设备以及程序等复杂的相互作用，从交汇概率的角度对碰撞风险进行阐述，但是模型相对复杂，实用性不强。

5）基于事件的碰撞风险模型

基于事件的碰撞风险模型于 2003 年提出。该模型为飞机定义一个碰撞盒，与 Reich 模型的碰撞模板相似，但与 Reich 模型不同的是事件模型没有定义临近层，而是为可能发生冲突的飞机定义一个间隔层，当出现偏离时，碰撞盒就存在穿越间隔层的风险。基于事件的碰撞风险模型的优点是适用范围广，不存在太多的条件限制，而且分析透彻、参数明确，易于理解和计算；缺点是只提出平行航路上的纵向和侧向的碰撞风险分析方法，没有对垂直方向上的事件模型进行分析。

6）基于事故树的风险分析模型

为了计算终端区总的碰撞风险，基于事故树的风险分析模型将终端区的碰撞风险划分为几个不同阶段的碰撞风险，对于每个阶段的碰撞风险，采用事故树和事件树相结合的方法从侧向、纵向和尾流间隔三个角度研究缩小间隔标准所导致的风险。

7）基于通信、导航、监视性能的碰撞风险模型

在通信、导航、监视环境下定位误差确定时，可得出两机的重叠概率，再结合特定的空域结构和交通流特征可得出碰撞风险。基于通信、导航、监视性能的碰撞风险模型在原理上与 Reich 模型并没有大的改变，只是两机的重叠概率是在通信、导航、监视性能下确定定位误差得出的，因此仍可以用几何方法完成碰撞风险的建模。碰撞风险与通信、导航、监视性能及飞行间隔密切相关，在通信、导航、监视日益广泛应用的今天，基于通信、导航、监视性能的碰撞风险模型将是飞行间隔安全评估研究的重要发展方向。

2. 飞行冲突探测与解脱

飞行冲突探测与解脱旨在按间隔规定，建立飞机保护区模型，根据飞机速度、相对位置等条件判断潜在的飞行冲突，从而规划出避免飞行冲突的航迹，提出解决飞行冲突的方案。常用的飞机保护区模型有圆柱模型、球状模型和椭球模型等。圆柱模型的定义比较简单，但缺点也比较明显，例如，保护区边界需要分成两个部分（柱面和上下表面）进行描述，柱面和上下表面的连接处不可导，给计算造成一定的困难。球状模型便于定义冲突探测函数和计算，但不合理性更为突出：在各国的间隔规定中，水平方向的间隔与垂直方向的间隔通常差距较大，如果统一采用水平间隔作为保护区模型，则会导致垂直间隔过大，从而大大减小空域容量。椭球模型综合圆柱模型和球状模型的优点，较好地描述间隔，但其数学表达

式较前两种模型更为复杂。

　　根据飞行意图的传达情况，飞行冲突探测与解脱可分为协作与非协作两种。协作型指飞机之间通过数据链通信能够相互了解邻近各飞机的飞行状态和飞行意图，据此判断潜在的冲突，并进行冲突解脱。非协作型指飞机间不了解彼此的飞行意图，虽然通过监测能够知道邻近飞机的飞行状态，但存在着各种不确定因素（如风、气流的影响、飞机控制操作误差等）导致飞机位置的不确定，只能根据各种信息推测未来的潜在冲突并进行解脱。

　　根据对飞行影响因素的处理，飞行冲突探测模型可分为概率型和确定型两种。概率型一般用于冲突风险或碰撞风险的评估，见前面所述。确定型一般忽略风、定位误差、人员操作等因素所带来的不确定性，认为飞机完全按照计划航迹飞行，采用几何方法判断飞机之间是否存在潜在冲突。

　　根据对飞行冲突时间段的处理，飞行冲突探测模型又可分为离散型和连续型。离散型通常将冲突时间段分割成若干个相等的时间片，然后判断每个时间片结束时是否存在冲突。时间片的选取至关重要，如果长度过大，则计算难度大大降低，但存在遗漏冲突的可能；如果时间片太短，则计算量大大增加，甚至使计算难以进行。连续型将冲突时间段作为一个连续的时间段进行处理，适用于给出飞机飞行航迹解析式的情况。在实际应用中，可以将连续型的分析结果进行采样，从而转化成离散型，从一定程度上降低计算量。

4.2.4　机场运行优化

1. 停机位分配

　　停机位分配是在满足一定约束条件的前提下，为航班安排合适的停机位以达到相应目标要求的过程。高效的停机位分配在提高停机位利用率、减少航班延误、方便旅客乘机、增强机场保障能力等方面具有重要的意义。典型的停机位分配模型有单目标或多目标 0-1 规划模型、整数规划模型等。这些模型主要以旅客满意度最大为目标，代表性的有进离港旅客在航站楼里行走距离最短、旅客登转机时间最短、停机位空闲时间最短、分配到停机坪的航班数最少等。根据不同机场的情况，各种模型的约束条件也有所不同，代表性的主要有停机位独占约束、容量约束、机型匹配约束等。相关研究对解决停机位分配这一 NP 问题的算法进行改进，如关键路径法、分支定界法、网络流、遗传算法、模拟退火算法等。还有学者采用系统仿真和专家系统的方法研究停机位分配问题。现有的研究成果大都根据确定的航班时刻指派停机位，而在实际运行过程中航班到达与出发时刻存在一定的随机性，往往因航班延误而需改变停机位分配方案，给旅客和机场带来不便。有学者增加分配方案改变量最小这一目标，建立停机位再分配或实时分配模型。还有学者为提高停机位分配的鲁棒性，增强停机位分配方案承受航班延误等扰动的能力，通过增加停机位缓冲时间、增大停机位空闲率等策略从一定程度上减少停机位再分配的规模。

2. 滑行路径优化

滑行路径优化是在避免冲突、保证安全的条件下，为场面滑行的航空器寻找最优路径以达到相应目标的过程。对滑行路径优化的研究一般以滑行路径最短或滑行时间最少为目标，以机场地面交通网络为背景，运用优化算法寻找最优路径。国际学者针对滑行路径优化算法做了大量研究，典型的算法有动态规划、启发式 A^* 算法、Dijkstra 算法、基于多 Agent 的算法等。为提高机场运行优化的效率，航空发达国家和地区已经开发功能强大的机场运行仿真软件，如机场和空域仿真模型、全空域及机场模拟器、弗吉尼亚技术机场仿真模型等。机场和空域仿真模型是由美国联邦航空局开发的机场及空域仿真模型，具有较为完善的机场场面运行仿真（包括跑道、滑行道和停机坪等）功能；此外，还具有机场终端区空域仿真、多个相邻机场及终端区空域仿真、区域空域仿真等功能。全空域及机场模拟器是由澳大利亚 Preston 集团（现属于 Boeing 公司）开发的机场及空域仿真模型，其最大的优点是可视性，可以对滑行路径进行评估，提高场面管制的安全性。弗吉尼亚技术机场仿真模型是在美国联邦航空局资助下由弗吉尼亚技术大学开发的机场仿真模型，它引入先进的机场场面自动化概念，包括智能动态交通路径规划、数据链、管制员工作负荷等，适用于解决滑行路径优化问题。

4.2.5 通信技术

根据通信网络覆盖面，航行系统所采用的通信技术可分为平面通信网和地空通信网。平面通信网是基于 X.25 公众网、帧中继、异步传输模式等的数据通信网络，它可以实现有线电话通信、地面业务通信和自动转报业务等多种业务。地空通信网主要有高频通信、甚高频通信和卫星通信等，这些均属于航空移动无线电通信。

1. X.25 分组交换网

以 X.25 协议为标准的数据通信网称为分组交换网，它是第一个采用分组交换技术的典型数据网。X.25 分组交换网的基础是 ITU-T 提出的 X.25 建议。X.25 建议定义的是 DTE 和 DCE 之间的接口规程，但实际上指的是数据终端设备与分组交换网的接口。X.25 建议包含 OSI 中的下三层，即物理层、链路层和网络层。

X.25 分组规定分组的类型、格式。数据分组包括控制分组和数据分组两大类，每个分组均由报头和控制信息或数据信息组成。X.25 协议中的数据分组是不等长的，允许在 16～1024bit 选择。X.25 网为用户提供永久性虚电路、交换性虚电路和数据报业务三种基本的通信连接服务。

2. 帧中继网

X.25 网提供的是一种可靠的数据传输，在每个节点上都有应答确认及差错检验，因此限制节点分组的吞吐能力和中继线传输速率，适合于较低速率（速率在 2Mbit/s 以下）且对可靠性要求较高的应用。随着数据通信对网络传输高速率的要求，在基于 X.25 分组交换技术的基础上，提出了改进的分组交换方式，即帧中继和帧交换方式，其中帧中继方式成为目前主要的数据通信方式之一。从技术上看，帧中继具有以下特点：一是帧中继将控制信息放在专用信道中传输，保证数据信道的利用率；二是当检测到错误帧时就予以丢弃，不再重发，提高传输效率，极大地减少网络时延；三是对电路采用统计时分多路复用，多个用户共享一条线路，组合电路交换与分组交换的优点，时延小，容量大，能适应"突发"的数据通信要求；四是用户接入方式简便，组网方式灵活。

3. 异步传输模式

异步传输模式从异步时分复用和快速分组交换演化而来，综合分组交换方式灵活和电路交换方式传输时延小的优点，其主要思想是：尽量把交换的处理负担从交换机传输到通信的两端，以便最大限度地减小交换机的处理时间，并给用户和网络操作者以最大的灵活性。异步传输模式所采用的技术主要包括交换技术、可变速率编码技术和流量控制技术三种。异步传输模式具有以下特点：一是实时性强，处理速度快，传输时延小；二是宽带化，支持带宽的动态统计复用，供 2M 以上的多种宽带；三是开放性强，支持多种业务的传送平台；四是高质量，具有先进的差错控制、流量控制机制和优质的服务质量保证；五是高速率，按需占据宽带并综合电路交换高速率和分组交换高效率的优点，交换速率高，容量大；六是安全性高，使用永久虚电路组建单位的虚拟专网将更加安全。

4. 高频通信

高频通信是指利用波长为 100～10 米（频率为 3～30MHz）的电磁波进行无线电通信，通常高频通信又称为短波通信。高频通信有以下几个方面的优点：一是不需要中继站转发就可以实现远距离的通信，通信距离可达数百、数千，乃至数万公里，特别适用于机载、舰载和车载的远距离通信；二是高频通信设备简便，比较机动灵活，特别适用于军事通信；三是安全性好，高频通信不需要中继站，比较隐蔽；四是设备的建设和维护费用较低，基本上是一次性投资。

高频通信中常用的调制方式很多，就主载波的调制而言，一般分为调幅、调频，而最常用的是调幅单边带调制。单边带通信具有比常规调幅通信所需的发射功率小、占用频带窄，并能进行多路通信等优点而被广泛应用。单边带调制是从调幅双边带发展而来的。利用单边带信号传递消息，可以用上边带也可以用下边带，这种只用一个边带的传输方式称为"原型单边带制"。这种传输方式，目前已很少采用。在短波单边带通信中最常用的是"独立边带制"，即发射机仍然发射两个边带，但与调幅双边带不同，两个边带中含有两种不同的消息。

短波电路设计是建立高频通信的基础，需要考虑下列问题：最高可用频率的预测、最低可用频率的预测、短波天波场强的估计、估算接收点当地的噪声电平、所需最小功率的估算。承担一般业务的短波通信电路，一般情况下只要选择一个白天工作频率（日频）和一个夜间工作频率（夜频）就可以满足要求。

高频通信的缺点主要有：通信容量小，传播媒质不稳定，干扰大，可靠性差。为了克服这些缺点，高频通信的主要研究方向是针对电离层信道的时变性，从天线、设备、选频等方面找出自动适应信道变化的方法，即所谓的自适应技术（主要包括自适应天线、自适应控制器、实时选频等），逐渐形成高频自适应通信。采用这些技术的高频通信电台，通常情况下具有较好的通信质量。在高频通信系统中可以有各种类型的自适应，如频率自适应、功率自适应、速率自适应、分集自适应、自适应均衡和自适应调零天线等。但改善高频无线电通信质量、提高可用率最有效的途径是适时选频和换频。因此高频自适应一般是指频率自适应。

5. 甚高频通信

甚高频通信属于近程通信，可供机场塔台与飞机、飞机与飞机之间通信联络使用。其通信体制是调幅制，主要采用话音通信。甚高频系统一般由主控台、传输网络、遥控台组成。收发信机设置在主控台，主控台和遥控台均可架设天线，它们之间可用异步传输模式等网络连接。甚高频通信的频率范围是 118.00～135.975MHz（频率间隔为 25kHz）。由于甚高频频段的电波靠直达波（空间波）传播，传播距离视发射功率和飞机飞行高度及天线架设高度而定。一般飞行高度在 3000 米以上，其地空通信距离约 100 千米，飞机飞行高度越高，通信距离越远，最远可达 400 千米。甚高频通信系统的输出功率（或称发射功率）为 10～50W。地面甚高频电台的架设分为一地架设和两地架设两种方式。

一地架设指将遥控台与单通道收、发信机（即主控台）装在一起。单通道收、发信机装在一个机架里，遥控台控制发射机的键控，并为发射机提供调制话音。单通道接收机接收信号通过遥控线送到遥控台监听，其近控距离约为 30 米，采用三线制，一根为地线，遥控线阻抗为 600Ω。

两地架设指在要求收、发信机分开使用的场合，发射机和接收机分开架设在两地，各用一副天线。用一个遥控台对发射机进行键控和话音控制，接收机接收到话音后送到遥控台监听。在某一区域，可以设置一个主控台和一个遥控台，也可以设置一个主控台和多个遥控台。

甚高频通信遥控台的收、发信机为一主一备方式，有收、发信机设备和传输终端设备的接口，可以双工方式传输话音和信令。传输路由为一天一地，地面传输路由为电信租用数字数据网或异步传输模式网络。天空传输路由为 C 波段卫星，带宽与信道数量相关。终端设备采用复用器，话音采用压缩方式，每路话音占用带宽约 11KB，延时总共在 350ms 左右，复用器也提供与甚高频通信的设备接口。

甚高频遥控通信系统的实现，其核心部分是要通过传输路由，对远程甚高频台站的话音信号和键控信号进行适时传输。设置遥控台的目的是使管制员在管制中心可以控制远至上千公里之外的甚高频台站，与飞行员进行通话，从而实现扩大管制范围、减少管制移交。按照无人值守台站的要求，还需要实现甚高频设备的主备机切换、中继线路切换和甚高频设备、传输设备、环境参数（包括电源、机房环境等）的监控。

国际上常采用偏置载波法来实现甚高频通信的多重覆盖，从而解决管制区扩大和雷达管制对甚高频通信的特殊要求。偏置载波系统一般由发射台、收信台、传输媒体（租用线、微波或卫星）、时延补偿、信号识别与控制等部分组成。偏置载波系统对发射机频率稳定度有特殊的要求。对 2 载波系统，载波间隔为 ±5kHz，要求发射机频率稳定度为 ±2kHz（载波频率为 130MHz 时为 15.3%）。对于 3 载波系统，载波间隔为零和 ±7.3kHz，频率稳定度为 ±0.65kHz（载波频率为 130MHz 时为 5%）。对于 4 载波系统，载波间隔为 ±2.5kHz 和 ±7.5kHz，要求频率稳定度为 ±0.5kHz（载波频率为 130MHz 时为 3.8%）。

6. 卫星通信

卫星通信系统通常由通信卫星、地球站群、卫星通信控制中心三部分组成。通信卫星在空中起中继站的作用，即把地球站发上来的电磁波放大后再返送回另一地球站。地球站则是卫星系统与地面公众网的接口，地面用户通过地球站出入卫星系统形成链路。

通信体制是通信系统所采用的信号传输方式和信号交换方式，由于卫星通信具有广播和大面积覆盖的特点，所以卫星通信系统的体制可从以下几个方面划分。

按照基带信号形式划分。基带信号的表现形式有多种，主要包括模拟、数字制，何种信源编码，何种信源调制方式，单路传输还是多路传输等方面。

按照中频（或射频）调制制度划分。调制制度包括模拟的调频、调幅、调相；数字的频移键控或相移键控等。

按照多路复用方式划分。卫星通信系统有单路制和群路制两种方式。单路制是一个用户的一路信号调制一个载波，即单路单载波方式。群路制是多个要传输的信号按某种多路复用方式组合在一起，构成基带信号再去调制载波，即多路复用方式。目前广泛采用的多路复用方式有频分多路和时分多路两种。频分多路是将各路用户信号采用单边带调制，将其频谱分别搬移到互不重叠的频率上，形成多路复用的信号；然后在一个信道中同时传输；接收端用滤波器将各路信号分离。时分多路是将一条通信线路的工作时间周期性地分割成若干个互不重叠的时隙，再分配给若干个用户，每个用户分别使用指定的时隙。

按照多址连接方式划分。如果卫星上的一个转发器通道被来自地球站的一个发送信号全部占用，那么这种方式称为单址接入工作模式。如果多个载波共用一个转发器，并且这些载波可能来自许多地球站，或者一个地球站同时发射一个或多个载波，这种工作模式称为多址接入。对于单址接入，一个调制载波占用整个转发器的可用宽带。单址接入方式主要用于大业务量路由，需要使用大口径天线；如果业务量不大，采用单址接入，则会造成转发器和频率资源的浪费。多址接入方式主要有频分多址、时分多址、码分多址和空分多址。

按照信道的分配与交换制度划分。信道的分配方式有预定分配、按申请分配和随机占用三种。目前国际卫星通信中传输多路电话用得最多的一种体制是模拟制-频分多路复用-预加重-调频-频分多址-预分配。发展最快的一种体制是数字式-时分多路复用-数字调相-频分多址-预分配。

4.2.6　导航技术

1. 无方向性信标

无方向性信标于 20 世纪 20 年代投入使用，是最早投入使用的无线电导航设备，具有设备简单、使用维护方便、价格低廉等优点。无方向性信标由地面无方向性信标导航台和机载自动定向机组成。无方向性信标台是一种能在 360°范围内连续发射无线电波的中波导航台。机载自动定向机通过接收无线电波，测量出导航台相对飞机的方位，确定出飞机的位置，构成一种近程无线电测角导航系统。无方向性信标导航台主要由地线、发射机和天线组成。机载自动定向机一般包括自动定向接收机、控制盒、方位指示器、环形天线和垂直天线或组合式环形/垂直天线四大部分。

无方向性信标发射的电磁波为中波，其传播方式以地波为主。因地球表面空气介质的不均匀性以及上层空气游离的影响，电波的传播轨迹在垂直平面内发生弯曲，不能利用无方向性信标测量飞机的仰角，而只能测量将飞机投影到水平面以后的方位。机载自动定向机环形天线最基本的结构是用导线制成的矩形或圆形的线环，由于其辐射电阻、效率都很低，所以只能作为接收天线使用。无方向性信标台发射的电波为垂直极化波，当电波到达环形天线平面时，只在环形天线的两个垂直边产生感应电动势。环形天线旋转一周，感应电动势有两个最小值，测出的电台方位具有双值性。为了消除双值性，采用环形天线与垂直天线联合接收信号，组成复合天线。垂直天线的感应电动势只与台的远近有关，与方向无关。当环形线圈旋转一周时，合成电动势只有一个最小值，从而消除环形天线的双值性，实现单值定向。

2. 甚高频全向信标

甚高频全向信标系统于1949年被国际民航组织批准为国际标准的无线电导航设备，是目前广泛使用的陆基近程测角系统之一。甚高频全向信标系统由地面甚高频全向信标台和机载甚高频全向信标接收机组成。甚高频全向信标台主要由甚高频全向信标发射机和水平极化天线组成；机载甚高频全向信标设备主要由天线、接收机、控制盒和指示器组成。

机载甚高频全向信标接收机接收甚高频全向信标台发射的基准相位信号和可变相位信号，并通过比较两种信号的相位差，得出飞机相对地面的甚高频全向信标台的径向方位（即飞机磁方位），通过指示器指示出方位信息，供飞行员确定飞机的位置并引导飞机航行。甚高频全向信标系统的功能主要是利用两个甚高频全向信标台或利用一个甚高频全向信标台和一个测距仪台组合确定飞机的位置，利用航路上的甚高频全向信标台引导飞机沿航线飞行。

3. 测距仪

测距仪由机载询问器和地面应答器组成，它通过测量脉冲信号的发射和接收时差来获得飞机到地面台的斜距。测距仪系统的地面设备由应答器、监视器、控制单元、机内测试设备、天线和电键器组成；其中应答器是主要组成部分，它由接收机、视频信号处理电路和发射机组成；接收机的作用是接收、放大和译码所接收的询问信号；视频信号处理电路的主要作用是对询问脉冲译码，并经过一定时间的延迟后，产生编码回答脉冲对；发射机的作用是产生、放大和发送回答脉冲对。机载测距仪系统由询问器、距离指示器、天线和控制盒组成；其中询问器由发射机、接收机和距离测量电路等组成，完成信号的发射、接收和距离的测量；距离指示器可以显示飞机到地面测距仪台的斜距、飞机的地速以及飞机到台时间等信息。

测距仪系统测距是从机载询问器向地面信标发射询问脉冲对开始的，地面台接收这些询问脉冲对经过50μs的固定延迟（称为主延迟或零海里延迟）后，发射应答脉冲，其作用是使询问的回答时间统一，并指出距离指示器零海里位置的距离。询问器的距离计算是利用从发射询问脉冲至接收应答脉冲对所经过的时间差，从而计算出航空器到地面信标台之间的斜距。

4. 仪表着陆系统

仪表着陆系统是目前在机场终端区引导飞机精密进近着陆的主要着陆引导设备，俗称盲降系统，于 1949 年被国际民航组织确定为飞机标准的进近和着陆设备。它的作用是用无线电信号建立一条由跑道指向空中的狭窄"隧道"，飞机通过机载仪表着陆系统接收设备确定自身与"隧道"的相对位置，只要飞机保持在"隧道"中央飞行，就能在复杂气象条件下沿下滑道平稳下降，最终下降至决断高（度）。仪表着陆系统由仪表着陆系统地面台和仪表着陆系统机载设备组成。仪表着陆系统地面台由航向信标台、下滑信标台和指点标台组成；其中航向信标台提供航向道信号，形成航道面；下滑信标台提供下滑道信号，形成下滑面；指点标台指示飞机距跑道入口的距离。仪表着陆系统机载设备与全向信标和测距仪共用，由仪表着陆系统接收机、指点标接收机、航向天线、下滑天线、指点标天线、控制盒和指示器组成。

航向系统有比相制和比幅制两种，国际民航组织规定标准的仪表着陆系统设备采用比幅制。航向面的形成原理可概括为：其高频振荡器产生 108.1～111.95MHz 的载波信号，分别用 90Hz 和 150Hz 的低频信号调幅后用朝向飞机主降方向的右天线阵和左天线阵发射出去。两种信号在空间形成的形状相同，有一部分相重叠的定向波束。两个波束在远离航向台的飞机进近端形成合成电场。通过调整天线，可以使两种信号在跑道中心线上的调幅完全相同，而偏离中心线以后则具有调幅度差。飞机接收到信号后，分离出两种信号，并将其调幅度差转变为偏离电压，驱动水平状态指示器上的偏离杆移动，飞行员即可根据偏离杆的位置判断出飞机是否位于五边延长线上。当飞机偏左时，90Hz 调幅度大于 150Hz 调幅度，偏离杆右偏，以仪表中心代表飞机位置，可以直观判断出飞机应向右切入；当飞机对准跑道中线时，90Hz 调幅度等于 150Hz 调幅度，偏离杆居中，飞行员应保持航向继续进近。

下滑面的形成原理与航向面基本相同。下滑信标台的特高频振荡器产生某一特高频载波，分别被 90Hz 和 150Hz 低频调幅后经上、下天线阵发射出去。两种调制信号朝着飞机的主降方向形成形状相同、有一边重叠并且和地平面有一定仰角的定向波束。两个波束重叠的中心线上两种信号的调幅相等，通过调整下滑天线即可确定仰角在 2°～4° 的下滑面，其厚度为 1.4°。当机载下滑信标接收机收到下滑台发射的信号后，经放大、检波，比较两种信号的调幅，将调幅的差值转变成偏离电压。驱动显示仪表上的下滑偏离指针移动，即可直观地判断出飞机是否偏离下滑面以及偏离的程度。

5. 惯性基准系统

惯性导航是一种自主式的导航方法，它完全依靠机载设备自主完成导航任务，因此隐蔽性好，不受气象条件的限制。惯性导航的基本工作原理是以牛顿力学定律为基础，在载体内部测量载体运动加速度，经积分运算得出载体速度和位置等导航信息。惯性导航系统由加速度计、惯性导航平台、导航计算机、控制显示器等部分组成。加速度计用来测量载体运动的加速度。惯性导航平台模拟一个导航坐标系，把加速度计的测量轴稳定在导航坐标系，并用模拟方法给出载体的姿态和方位信息。导航计算机完成导航计算和平台跟踪回路中指令角速度信号的计算。控制显示器给定初始参数及系统需要的其他参数，显示各种导航信息。

从结构上来讲，惯性导航系统分为平台式惯性导航系统和捷联式惯性导航系统。捷联式惯性导航系统是把加速度计和陀螺仪直接直接固连于载体，惯性导航平台的功能由计算机来完成。目前应用较为广泛的一种惯性基准系统是激光陀螺惯性基准系统，其实质是使用激光陀螺的捷联式惯性导航系统，具有可靠性高、成本低的特点。它由惯性基准组件、方式选择组件和控制显示组件三部分组成。

6. 全球定位系统

全球定位系统是 20 世纪 70 年代中期美国国防部开始研发的卫星导航系统，同期研发的还有苏联的全球卫星导航系统，它们可以提供全球用户的三维位置、速度和时间，是军民合用的导航定位设备。全球定位系统由空间卫星、地面控制和用户三部分组成。

全球定位系统的定位过程可以描述为：已知卫星的位置，测量得到卫星和用户之间的相对位置（伪距或伪距变化率），用导航算法（最小二乘法或卡尔曼滤波法）计算得到用户的最可信赖位置。在空间理论上三颗卫星就能确定用户位置，因为要消除卫星钟差，需增加一颗卫星，所以采用四星定位。全球定位系统测距采用单程测距概念，即使用两座时钟，一座在卫星上，另一座在用户接收机中。卫星与用户之间的距离是通过比较接收机中恢复的卫星钟和用户本身的时钟之间的差值（传播时延）得以实现的。

4.2.7　监视技术

1. 一次雷达

雷达根据接收到目标的回波来发现目标和测定目标位置。目标的空间位置可以用多种坐标表示，有直角坐标系、极坐标系等。雷达测定目标的位置，实际上就是利用无线电波测距和测角。一次雷达靠目标反射的回波能量来探测目标。按使用区域来分，一次雷达一般分为航路监视雷达、机场监视雷达和精密进近雷达。航路监视雷达是一种远程搜索雷达，其作用距离为 300～500 千米，主要用于监视航路飞行活动。机场监视雷达是一种近程搜索雷达，用于探测以机场为中心，半径为 100～150 千米的各种飞机活动。精密进近雷达是一种装在跑道头一侧的 3 厘米雷达，它发射左右扫描共 20°的航向波束，上下扫描共 10°的下滑波束，波束中心仰角为 7°，用来监视进近的飞机，作用距离可达 40～60 千米，是一种由塔台引导飞机进近的设备。

2. 二次雷达

二次雷达由地面询问雷达和机载应答机两部分组成。地面询问雷达发射一定模式的询问信号，机载应答机经过信号处理、译码，然后发回编码的回答信号；地面雷达收到回答信号后，对信号进行处理，把飞机代号、高度、方位和距离显示在平面位置显示器上。根据询问机测量电波的传播时延，列出询问方程和应答方程，从而测距。

4.2.8　航行情报服务技术

目前，国际民航界遵循国际民航组织附件 15《航行情报服务》，以综合性配套航行资料产品的形式提供航行情报服务，包括航行资料汇编、航行资料通报、航行通告及飞行前资料通告、航图等。航行资料汇编以纸质或光盘的形式，定期更新和发布；航行资料通报、航行通告、飞行前资料通告以航空电报方式发布。

1. 航行资料汇编

航行资料汇编是指由国家发行或国家授权发行，载有空中航行所必需的具有持久性质的航行资料出版物，是国际间航行所必需的可用于交换的持久性航行资料，构成永久性资料和长期存在的临时性变动的基本情报来源航行情报。航行资料汇编由总则、航路和机场三部分组成。总则中应列出：对该汇编所涉及的空中航行设施、服务或程序负责的主管当局；该项服务或设施可供国际使用的一般条件；列表说明该国规章与国际民航组织有关的标准、建议措施和程序的重要差异，以便使用人能够很容易区分该国的要求与国际民航组织各条款的差异；在国际民航组织的标准、建议措施和程序中，对每一个重要问题如有两种方法可以任选其一时，则应说明该国的选择。

航路部分包括有关空域以及使用中涉及的有关资料。机场部分包括有关机场/直升机机场以及使用时的相关情报资料。

2. 航行资料通报

航行资料通报是指不够签发航行通告或编入航行资料汇编，但该资料关系到飞行安全，航行、技术、行政或法律上的问题。在有必要发布航行资料而不属于不符合列入航行资料汇编或不符合签发航行通告情况时，应签发航行资料通报：立法、规章、程序或设施的任何重大改变的长期预报；可能影响飞行安全的纯粹解释性或咨询性资料；关于技术、立法或纯粹行政事务的解释性或咨询性资料或通知。

航行资料通报以印刷资料的形式发布，每个航行资料通报编有顺序号，该编号以每一日历年为基础连续编号。航行资料通报以一个以上系列分发时，每个系列分别用一个字母作为识别。航行资料通报校核单至少每年签发一次，其分发范围与分发航行资料通报的范围相同。签发国选用供国际间分发的航行资料通报，并采用与航行资料汇编相同的方法分发。

3. 航行通告

在出现临时性资料、根据定期制航行通告发出的资料、发航行资料汇编修订或印发航行资料汇编在时间上不够迅速的资料时，需要发布航行通告。航行通告的内容包括：机场或跑道的设置、关闭或运行上的重大更改；航空服务的建立、撤销或服务过程中的重大更改；电子设备、导航及机场设施的设置或撤销；航行服务程序的制定、撤销或重要更改；起飞和爬升、复飞、进近区及升降带内对航行有重要关系的障碍物的设置、排除或变动；禁区、限制区或危险区性质的改变、建立或停止活动等。

4. 飞行前资料通告

飞行前资料是指在机场上必须备有为航行安全、正常和效率所必需的航行资料，以及以该机场为起点的各航段有关航行资料，供航务人员包括空勤组和负责飞行资料的单位使用。飞行前资料通告主要是向机组提供飞行所需要的航行情报资料，通常采用机组自我准备的方式进行，必要时提供讲解服务；所提供的航行资料包括航行资料汇编、航行资料通报、航行通告、航图等。

4.2.9　航空天气预报技术

1. 天气预报的基本方法

大气模式是把气象要素的过去、现在和未来的分布特征与天气联系起来的媒介，可分为三种：通过流体力学和热力学基本理论应用于大气介质，给出定量关系的数值模式；通过经验规则的应用与处理，给出定性关系的天气学模式；通过概率统计学原理的应用与处理给出在统计意义上的定量关系的统计模式。与这三种模式相对应，产生三种基本的天气预报方法，即动力学方法、天气学方法和统计预报方法。

1）动力学方法

动力学方法即数值天气预报，是根据大气动力学和热力学基本方程组，应用数值积分方法，对未来的天气形势和气象要素做出预报的方法。数值计算时，输入初值，在给定边界条件下，通过计算机求出某时刻的地面气压场、等压面位势高度场、风场、温度场等定量预报，以传真图形式播发。传真天气图包括地面分析图、高空分析图、地面预报图、高空预报图、航空危险天气预报图。

2）天气学方法

天气学方法是传统的、定性的、经验性的预报方法，至今仍在普遍使用。该方法假设一个描述大气扰动和局地环流现象之间关系的理想模式，根据模式结构及其运动机制，推断现实大气中所发生的天气现象的分布和演变，包括系统的等速或加速外推法、天气系统的运动学预报法（变压法）、高空形势预报法、地面形势预报法、经验预报法等。

3）统计预报方法

统计预报方法即统计天气预报，其基本做法是：根据大量历史资料，从复杂的关系中找出与预报对象关系密切、物理意义明确的预报因子，然后用统计方法在预报对象与预报因子之间建立客观的联系——预报方程；预报时将当时的诸预报因子代入方程，即可求得未来预报对象是否出现以及出现的强度。

2. 航站天气预报

航站（机场）天气预报是以机场跑道为中心的视区范围内的天气预报。内容包括提供飞机起飞、着陆所需的气象要素定量预报和天气现象出现的时刻、部位和强度的预报。航站天气预报分为定时和不定时两种。不定时航站天气预报根据飞行活动需要随时提供，如起飞前的天气预报、订正预报以及飞行过程中的天气答询等。

在预定起飞时间三小时前，根据需要提供起飞预报，应用于相应跑道长度、起飞重量和装载的燃料量；内容包括跑道风向、风速和最大瞬时风速、跑道气温和气压高度表拨正值。国际上规定的着陆预报时效为两小时，根据区域航空协定发布，采用趋势型着陆预报方式，附加在独立型着陆预报通报形式或航空气象实况通报末尾；其服务对象是逐渐接近机场准备着陆的飞机。

3. 航线天气预报

航线（航路）天气预报是指自起飞机场到降落机场或目标区的整个航线地段

的天气预报。它提供飞机在沿航线飞行过程中将会遭遇的天气以及降落站的天气。为了适应国际交换的需要，把航线适当分为几个区域，预报高、中、低三层高度上的风向、风速、气温、云量、云状、云底和云顶高度、地面有效能见度、0℃层高度、湍流和积冰强度及其上下限、厚度。

航线预报与机场预报不同，必须考虑飞机与天气系统或移动性天气现象的相对运动，并做出天气系统与飞机相遇时间的和位置的预报。航线预报一般采用航线天气预报表的形式发布，通常在起飞前一小时，由起飞航站气象台向机组提供，有效时限根据航线飞行所需的时间来确定。

4. 区域航空天气预报

区域航空天气预报是指对一定地区范围内的航空天气预报，由管制区航空气象业务部门以预报天气图形式发布，包括重要天气预报图、700hPa、500hPa、300hPa、200hPa 等压面预报图和对流层顶预报图。

4.3　空管新技术与新概念

4.3.1　动态空域管理

动态空域管理是美国下一代航空运输系统的主要技术之一，包括空域重组、空域适应、空域通用三部分。空域重组旨在应用飞行自动间隔管理和四维航迹管理等技术重组空域。空域适应旨在为适应飞行需求变化进行动态空域调整。空域通用旨在建立可进行空域设施和管制员等资源互换的通用空域。动态空域管理的核心理念是将目前静态异构的空域转变为动态同质的空域，进而实现空域资源根据飞行需求进行动态配置。动态空域管理技术主要包括空域动态规划和空域评估两个关键技术。

1. 空域动态规划

空域动态规划是实现空域和管制资源有效配置，缓解流量需求和空域资源不匹配的主要理论和方法，旨在满足用户最优轨迹需求的同时，动态调整空域的日常运行以适应不断变化的天气、安全以及环境等约束。空域扇区规划是空域动态规划技术的主要内容。空域扇区规划主要采用图论、遗传算法、计算几何等理论方法。目前动态扇区规划的主要方法或模型可以归纳为四类：Voronoi 图模型、混合整数规划算法、航班聚类算法、权重图方法。其中 Voronoi 图模型和混合整数规划算法已应用于实际运行中。在未来，空中导航服务提供者将通过动态调整空域设施和管制员等方式，优化空域容量，同时利用协同流量管理技术管理飞行需求，实现空中交通的最优化运行。

2. **空域评估**

1）空域容量评估

空域评估的主要方法包括基于计算机仿真模型的评估方法、基于历史统计数据分析的评估方法、基于数学计算模型的评估方法和基于管制员工作负荷的评估方法。这些方法可归结为两大类：客观评估方法和主观评估方法。客观评估方法是通过数学解析、计算机仿真或统计分析的方法建立容量评估模型来进行研究，其主要方法有：基于数学解析模型的评估方法、基于计算机仿真模型的评估方法、基于历史统计数据分析的评估方法。主观评估方法是对管制区管制员的工作负荷等主观因素进行量化，进而评估管制区所能提供的服务容量。主观评估方法主要是研究管制员的通信负荷、管制认知负荷等各种工作负荷的量化与测量技术。另外，基于动态密度的概念对管制员工作负荷和空域动态密度进行建模的空域复杂度评估技术，以及通过分析飞行流在空域内的时空分布，进而使用模式识别技术建立交通需求与空域容量对应关系的技术，也均处于空域评估的理论研究中。

2）空域使用效率评估

空域使用效率评估主要通过评估空域灵活使用指数来实现。空域灵活使用是欧洲航行安全组织考核灵活使用空域利用效率的重要参数，利用空域灵活使用对灵活使用空域的应用效率进行持续监视是空域管理的一项重要任务。目前应用的空域灵活使用指数有空域灵活使用比率和飞行经济指数两种。空域灵活使用比率提供空域灵活使用空域可用性比率和用户相关运行效益信息。飞行经济指数提供用户使用空域时关心的飞行距离、飞行时间、油耗可能带来的经济节约或亏损等信息。其他的空域灵活使用指数正在研究中。空域灵活使用指数的计算每年执行三次，在每年冬季、夏季、秋季的三个特定星期中各选择五天进行比较。欧洲航行安全组织开发空域灵活使用指数统计分析软件处理空域灵活使用指数，该软件可实现以下功能：一是依照逐日条件航路的有效性信息发布条件航路有效性比率信息；二是发布条件航路开放时的使用情况，包含修改飞行计划的航空器比率和条件航路实际使用者的比率；三是发布条件航路使用的相关信息，包括距离、油耗及其他相关因素；四是得出潜在的飞行节约效益、公布的飞行节约效益、增加的飞行成本、期望的飞行节约效益、实际的飞行节约效益。

4.3.2 协同流量管理

协同决策是一种政府/工业界的联合行动，旨在利用协作技术和程序改进空中交通流量管理，为所有各方提供最大利益。它是一种协同合作的理念，即通过联合联邦航空局提供的信息和国家空域系统使用者提供的信息整合出更准确的信息，并且使联邦航空局管理者和国家空域系统使用者共同分享同样的信息。图 4-2 表示协同决策在空管系统中的作用与地位，它能够协助空管、运控及航空公司进行信息交流和态势共享，有助于做出更合理的决策。这些信息的交互和分享，以及基于这些信息的流量管理策略的制定都需要协同决策程序和工具的支持。

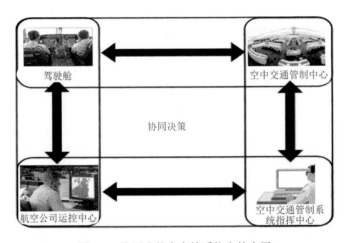

图 4-2　协同决策在空管系统中的应用

协同决策程序和工具的开发由联邦航空局组织航空公司、政府机构及相关学术研究机构和商业公司共同开发，如图 4-3 所示。

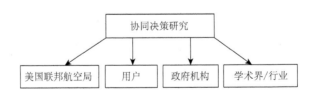

图 4-3　协同决策研究机构

协同决策思想与空中交通流量管理紧密结合产生的协同流量管理作为一种安全、高效和公平的流量管理机制，旨在利用协同决策技术与方法改进流量管理策略，以提高有效性和公平性。协同流量管理是一种各相关方协同合作管理流量的理念，即通过整合管理者和使用者提供的数据得出更准确的信息，使之共享这些信息，从而做出合理的流量管理决策。

按照应用范围分类，流量管理策略可分为两类：终端区流量管理策略，用于解决终端区流量饱和所造成的航班延误问题，即地面等待策略；航路流量管理策略，用于解决航路中扇区堵塞及饱和所造成的航班改航问题，即协同航路策略。协同决策思想从最初被应用于地面等待策略，形成协同地面等待程序；到后来随着协同流量管理的深入研究和广泛应用，其研究范围涉及区域、进离场和场面流量管理等诸多方面，已经形成一定的理论方法体系。协同流量管理技术主要包括协同地面等待、协同容流调配、协同航路管理、协同航班调度、空域与流量协同运行管理、协同场面管理等策略。

1. 协同地面等待

协同地面等待（又称增强型地面延误程序）通过融合协同决策技术，对传统的地面等待进行加强和升级，使地面延误程序时隙分配更趋合理，使飞机在起飞机场地面等待，以减少改航、备降或空中等待，从而保障飞行安全，减小延误损失，增加公平性。协同地面等待的核心技术是时隙分配与交换。国外针对协同地面等待的研究最早可追溯到 20 世纪 90 年代中期，这个时期形成了一些经典的分配算法，如 RBS 算法、Compression 算法、SCS 机制等，且在实际中得到应用。后续研究对这些算法和机制进行改进，例如，针对 RBS 算法、Compression 算法的公平性不够明确的问题，提出了一种基于 OPTIFLOW 模型的时隙分配优化方法，并采用字典序极小极大化准则体现公平性；按航空公司延误比例平均分摊延误成本的分配方法，以更公平地分配资源，激发航空公司参与的积极性；建立了基于公平原则的"2 对 2"时隙交换模型，提出了"多对多"时隙交换的新思想；Compression 算法与 SCS 机制联合使用，取得了更好的效果，SCS 机制将会被更多的航空公司所接受和采纳，具有较大的发展和应用潜力；把 Compression 算法视为一种协调交易机制，通过允许航空公司提交"至少至多"意图对问题进行扩展，结果表明协调机制能使航空公司充分优化其内部成本；把航空公司间的时隙交换视为协调优化问题来研究，给出一种时隙协调交易模型，增加交换的可操作性。近期研究进一步强化航空公司间的公平性，提出航班延误损失优先级和时隙再次分配算法，并采用补偿函数来强化或弱化航空公司的公平性，提高协同地面等待的灵活性；同时提出军民航流量协同管理问题，建立了基于地面等待的协同空域流量管理模型。

协同地面等待的运作机理是，流量管理者和航空公司运控中心通过协作评估机场供需，从而做出启动地面等待的决定，重新为受影响的航班初次分配时隙；航空公司运控中心根据分配结果做出航班取消或替换等响应信息，进而再次分配时隙，以降低延误损失、提高资源利用率。协同地面等待的基本流程如图 4-4 所示。

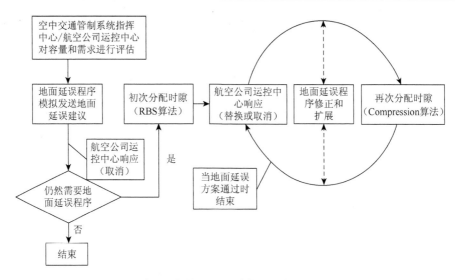

图 4-4　协同地面等待的基本流程

协同时隙分配包括初次分配和再次分配问题。国外针对时隙分配的研究可追溯到 20 世纪 90 年代，目前已取得显著的应用成效和一定的理论成果，有些方法已在实际的空管中得到应用，如 RBS 算法、Compression 算法和 SCS 机制等。下面将对一些典型的理论与方法进行介绍。

1）RBS 算法

RBS 算法基于先到先服务原则，是一种经典的初次分配方法，按初始时刻表中的顺序为各航班配置时隙。在 RBS 算法中，航空公司能够有效地保留时隙资源，即便航班取消，也同样会分配时隙，这样航空公司就不再担心及时提交航班取消或者延误信息而丢失时隙，从而鼓励信息的交互与共享，为有效决策提供保障。但在实际应用中，RBS 算法要考虑更多因素，如地面等待中的免除和非免除航班，已经执行过和未执行过地面等待的航班等。RBS 算法虽然是为每架航班配置时隙，但可以看成把时隙分配给航空公司，因为航空公司可以通过航班取消和替换等方式在其内部重新调整，以满足自身利益需要；也可和其他航空公司交换时隙，也就是所谓的时隙再次分配问题。然而，由于 RBS 算法是以定性甚至模糊的公平原则分配时隙的，不能量化分析公平性，也不能保证整体最优性，具有一定的局限性。

2）Compression 算法

Compression 算法是 1998 年空中交通管制系统指挥中心在地面等待期间开始采用的再次分配方法，用于提高时隙资源的利用率。由于航空公司经过一轮的替换和取消，可能会出现空余时隙，无法在内部得到有效利用，Compression 算法以补偿的方式上移时刻表中的航班来填补空余时隙，以达到充分利用资源的目的。其中心思想是航空公司释放时隙应该得到补偿，以此鼓励航空公司提交航班取消或延误等信息。Compression 算法的步骤如下。

Compression 算法作为航空公司之间交换时隙、降低延误的有效工具，不仅可以降低取消航班的航空公司的内部延误，而且可以降低整体延误。但 Compression 算法是一种集中式、周期性、静态批处理程序，影响算法的有效性和可行性。例如，有可能出现航空公司提交了航班取消信息而算法却未能被及时执行的情况，这样航空公司便不能从中获益，从而影响其参与的积极性。

3）Adaptive Compression 算法

Adaptive Compression 算法是对 Compression 算法的改进，它于 1998 年秋季投入运行，是为美国国家空域系统开发的第一个自动化空中交通流量管理运行工具。其基本流程是对于每个地面等待程序，连续搜索可用航班信息，适时更新地面等待程序，从而保证流量管理效率的最大化。每个航空公司有权使用分配给他们的进场时隙，被取消的航班不影响容量。Adaptive Compression 算法的关键在于不断监视航班，一旦出现航班有可能取消的机会，该航班的进场时隙将被分配给其他航班，使其他航班尽早进场，从而保持甚至提高容量。Adaptive Compression 算法同时监视离场和航路延误航班的信息，这些延误产生的可用时隙也会被分配给其他航班，从而最大利用容量并最小化延误。Adaptive Compression 算法自 1998 年被应用于流量管理以来，已经累计减少 47000000 分钟延误，节省 48 亿美元，提高空中交通流量管理的自动化水平，并减轻管制员负荷。

4）SCS 机制

由于 Compression 算法具有明显的缺陷，2003 年 5 月，SCS 机制开始应用于增强型交通管理系统。SCS 机制与 Compression 算法本质上是相似的，但 SCS 机制是一种分布式、动态、实时的交易过程，SCS 机制的出现使空管模式开始从静态的需求管理模式转向动态的适应性管理模式。SCS 机制使航空公司之间的交换具有灵活性，它相当于压缩和交易的组合过程。SCS 机制是一种有条件的请求式交易形式，航空公司愿意放弃一个时隙，前提是能在它期望范围之内得到一个时隙，然后将该时隙分配给自己的某航班以消除或降低其延误。具体操作是：首先航空公司向增强型交通管理系统提交交换时隙的申请；然后增强型交通管理系统在所有申请中寻找能实现交易的配对。增强型交通管理系统试图创造一个和其他航空公司建立交易的桥梁，类似于压缩算法：如果"建桥"成功，则增强型交通管理系统将结果快速反应给申请者以及相关航空公司，并更新综合需求列表；如果"建桥"失败，则增强型交通管理系统驳回申请并说明失败原因。可见，航空公司的积极申请是 SCS 机制成功的先决条件，其他航空公司的及时支持是 SCS 机制成功的必要条件，而构建实现交易的过渡航班桥是 SCS 机制成功的关键所在。因为即使所有航空公司积极参与，如果"建桥"失败就等于交易失败；而且在一次交易中可能会有多种"建桥"方案，方案的选择直接影响交易的效果。因此，设计合理、最优的"建桥"算法是 SCS 机制的核心问题。在 Compression 算法中，航空公司主要致力于减少自己的延误，不用考虑和其他航空公司协调，但不得不依靠空中交通管制系统指挥中心运行压缩算法来降低延误；空中交通管制系统指挥中心负责压缩的整个过程。在 SCS 机制下，航空公司自主形成交易方案，灵活选择自己希望接受的时隙进行交换，以满足其需要，但这样增加自主性的同时也增加了工作负荷。SCS 机制作为一种分布式、动态、实时的交易机制，虽然对信息技术的要求比较高，增加了问题的复杂性，但实际应用表明，其已被越来越多的航空公司所接受，航空公司更加愿意提交航班取消信息，因为它们已经从中体验到好处。因此，相比之下，SCS 机制具有更大的发展和应用潜力。然而由于它们有偿交换或有条件交易的最终结果仍取决于流量管理者的压缩或仲裁，结果的质量主要依赖于流量管理者的知识和能力等因素，所以是两种协同决策程度较低的再次分配方法。

　　协同地面等待时隙分配问题需要考虑的两个最为重要的因素是有效性和公平性。有效性包含技术有效性和总体功效性，强调时隙利用的充分有效性和整体最优性；公平性强调分配的合理性，是协同决策的主要原则。公平性原则通常应用于竞争环境中，各竞争方也都有相应的评判标准，评判标准不同，对公平的定论不同。2006 年，产生了一种基于 OPTIFLOW 模型的时隙分配与交换优化方法，把时隙分配与交换视为字典序极小极大目标优化问题。由于在字典序极小极大目标中，各竞争方都有自己的评估函数，用来反映分配结果与设定目标之间的差距，从而说明公平性，且保证最优性。

2. 协同容流调配

　　协同容流调配旨在充分利用容量资源、合理分配流量的同时兼顾航空用户的利益，以协同解决空中交通供需不平衡问题。根据研究对象可将其分为机场协同容流调配、单机场终端区协同容流调配和多机场终端区协同容流调配问题。容流调配的目的是平衡交通供需，其实质上就是容量利用和流量分配的协同优化问题。目前国内外这方面的研究刚刚起步，国内学者已有一些开创性进展，提出了一种容量利用和流量分配协同优化策略，通过考虑多个单元容量受限和总延误损失，建立基于多元受限的协同容流调配模型。协同容流调配模型描述为：在预调配的时间区间内的交通需求和多元容量已知的条件下，把该时间区间划分为若干时段，优化目标是在多元容量最优利用的基础上，寻求总延误损失最小的调配方案，为每个航班配置最佳的进离场时段，再次分配交通需求，使之与空域供给平衡，从而使各时段的流量与容量协调匹配；同时通过考虑航班类型、重要程度等因素，引入航班延误系数作为航空公司协同决策的偏好信息，尽可能地兼顾航空公司的利益。

　　模型建立需要以下几点假设：一是预调配的时间区间内的交通需求与供给

容量已知，所有航班的地面或空中的单位时间延误损失已知；这是策略得以实现的先决条件。二是在该时间区间内无法调配的需求，都可在下一个额外的时段内完成，即假设该时段容量无限；该条件用于确保所有航班都可以实现进离场，即确保所研究问题具有可行解。三是所有航班不能在其预计离场（进场）时间之前离场（进场），即航班不能提前起飞（降落）；该条件使研究问题线性化，可以简化模型，在实际应用中也是合理的；在此基础上，为了提高优化搜索的效率，还可以假设航班不能被无限期延误，即在一定的时间范围内起飞或到达。

3. 协同航路管理

协同航路管理（又称协同改航）是将协同决策思想应用于解决航路拥挤问题的一种协同流量管理策略。协同航路管理可描述为：当空域单元容量下降或者空中交通流量剧增，航路出现拥挤，航空器不能按照计划航线飞行时，空域管理者和使用者采用安全、有效和公平的改航策略调整飞行计划或航行路径。国际上关于协同航路管理的研究还处于原型开发和试验阶段，但美国已经制定实施协同航路管理的策略。在美国，因扇区拥挤所造成的影响与机场终端区拥挤所造成的影响相比要小得多，采取该种选择方法也可以在一定程度上减轻管制部门的工作负荷。在实际空中交通管制运行中主要由三类部门负责协调、管理航路拥挤，这三类部门分别是空管系统指挥中心、航路管制中心和航空公司运控中心。其中，局部空域拥塞问题由航线管制中心解决，而空中交通管制系统指挥中心负责涉及范围较广、恶劣天气影响下的空域拥塞问题（同时需要与航线管制中心协调）。

协同改航与协同地面等待的较大差异之一是允许航空公司运控中心首先自行解决问题。因为航空公司运控中心最了解每个航班的详细情况，如油量、乘客数量、航班重要性等，而交通管制部门无从获取这些详细的情况，所以允许航空公司运控中心先行处理这方面的决策。

为了进一步实现协同航路的目标，美国联邦航空局开发应用一系列的工具。2002 年，协同航路战略工作组开始研究航路资源分配的各种方案，开发协同航路资源分配工具和协同航路协调工具。协同航路资源分配工具用于协同分配航路时空资源。协同航路协调工具可以在飞行计划信息的基础上，预测未来交通流量并对其进行可视化处理；分析潜在的流量问题，为受直接影响的所有航空器备选航路以减轻流量负荷；分析改变航路对其他扇区的影响；同时使空域管理者和空域用户共享信息资源，协助实施改航。协同航路协调工具的主要功能有：一是通过国家空域系统监视器，显示美国 20 个毗邻的空中航路交通管制中心的报警状态；二是为每个空中航路交通管制中心计算未来数小时内的扇区交通流量，从而确定国家空域系统扇区需求；三是确定计划运行在规定空域内的航班和描绘该空域交通需求的特征，分析交通流量和需求；四是考虑各种限制因素，为航班分配或重新分配航线，并做出图表或文字解释；五是就改航航路对空域运行、流量管理的影响做出评估；六是采用基于网络的信息共享，允许运行机构和空域使用者在指挥中心网站上查看协同航路协调工具信息。

典型的研究成果还有一体化协同改航。一体化协同改航是一种高度协同的改航策略，它将各空域用户纳入决策体系，允许它们提供各自的改航优先级，评估空域流量限制状况，在改航建模的基础上，生成可用航路以供选择，并与联邦航空局及用户保持协作关系。

4. 协同航班调度

协同航班调度研究用于协同解决航班跑道配置与起降排序问题，旨在通过综合考虑空管部门、机场当局和航空公司运控中心等因素，为航班科学配置起降跑道、次序和时间，以安全、高效和公平的模式实时调控航空器。目前这方面的研究刚刚起步，但已有一些开创性进展，例如，基于优先权的航班协同调度策略，实现航空公司的内部自主决策，从而使调度具有一定的灵活性和自主性；基于安全、效率、公平和负荷等多准则的协同调度策略，建立多目标优化模型，在确保安全的条件下，最大限度地降低延误，并使延误在航空公司之间均摊，同时又兼顾管制工作负荷。

5. 空域与流量协同运行管理

空域与流量协同运行管理旨在根据飞行需求，一方面科学动态地管理空域、合理利用空域资源，以适应飞行需求；另一方面针对已有空域条件，对流量进行科学管理，使飞行需求适应空域容量。美国提出空域流量程序，该程序通过确定航路系统的限制，优化进入限制区域航班的离场时刻，并分配恶劣天气影响下的改航航路，将结果通过美国联邦航空局网站发布。

欧洲提出空中交通流量与容量管理概念，其核心思想是流量管理不应局限于时隙分配，而应扩展到交通流类型和容量的优化，通过持续反复、交互的战略、预战术及战术阶段，实施无缝化的流量与容量管理。空中交通流量与容量管理的基本流程如图 4-5 所示。

从国际相关的研究进展可见，协同流量管理已几乎渗透到流量管理的各个方面，但其研究或应用大多是基于信息交互和态势共享的集中式决策形式，与基于多方协同工作的分布式决策形式仍有较大的差距，这也是协同流量管理发展的必然趋势。关于协同决策在机场运行中的应用将作为先进场面管理技术在后续章节介绍。

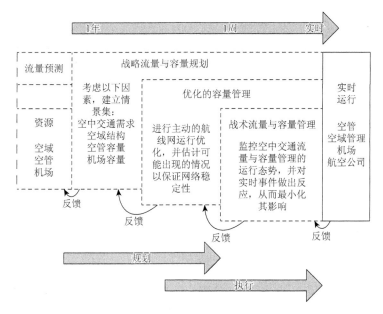

图 4-5 空中交通流量与容量管理的基本流程

4.3.3 四维航迹管理

1. 基本四维航迹预测模型

基本四维航迹预测模型基于航班计划信息、空域信息、气象信息和飞机性能仿真模型，考虑速度和飞行高度层的限制，提供一个包括三维位置空间和一维时间的预测航迹。飞行计划报、模拟管制指令等更多的信息可以实时输入四维航迹预测模型，从而提高航迹预测结果。四维航迹预测模型的输入数据或参数包括：飞行计划数据，即航路信息，如航路点和 A/C 模式；当前的位置、高度、速度、航向，以及爬升或下降速度等实时雷达轨迹信息；气象信息，如风场、风速、大气湿度、温度等；进离场飞行程序、进离场定位点、所经扇区信息、空域导航标准和性能、限制空域等空域信息；移交点或机场定位点的高度、速度限制等管制限制信息。四维航迹预测模型的输出可分为三类：取门到门的飞行路径中任何一点作为初始点，然后推测出后面任何位置的四维航迹信息，包括最后爬升的四维时空信息或开始下降的四维时空信息；在第一类的基础上，给出四维航迹冲突的预警信息，并给出相关的航迹以及可能存在的冲突点的四维时空信息；在第二类的基础上，基于四维航迹预测的冲突解脱算法，按照某种优化准则生成各个飞机冲突解脱后的优化航迹。

航迹预测存在一定的不确定性，这些不确定性来源于多方面。一个自动化系统必须具有飞机详细的性能指数，飞行程序、飞行员意图等完备的信息，才能够精确地预测航迹。通常，依赖于地面自动化设备或其他飞机生成的预测航迹性能不如飞机自身机载的飞行管理系统所提供的航迹性能指标。尽管地面自动化设备可以通过完善模型，达到与机载飞行管理系统相同的航迹预测性能，但是由于飞行外部的大气环境因素是实时变化的，并难以预测，机组人员驾驶飞机的习惯与预计的优化飞行程序也是不同的，尤其是规避变动的天气因素时会有不同的操作。另外，飞机的空中导航性能也是不稳定的。所有这些因素均制约地面自动化设备的航迹预测能力，并可能对航迹预测产生不确定的影响。这些导致航迹预测不精确的因素应该融合进航迹预测的决策中，尤其是在冲突管理方面。不准确的航迹预测会导致丢失冲突报警，最终导致紧急冲突规避程序的执行或浪费不必要的间隔裕度。所以，建立随机的自动化航迹预测系统，实现对不确定性因素进行量化分析管理，是解决航迹预测性能问题的关键。

2. 基于四维航迹管理的新运行概念

基于四维航迹管理的新运行概念包括基于航迹的空域运行、机场高密度运行和间隔管理。

1）基于航迹的空域运行

当前，飞行用户的运行是基于连续航迹的。例如，飞行员通过飞行管理系统优化飞行轨迹，航空公司的机队管理是基于航迹的航线运行。另外，空中交通服务提供者基于分割的固定空域单元为用户提供空中管制服务。用户不得不调整原本最优的航迹以适应不同的固定空域单元容量和结构。因此，满足用户最优四维航迹运行需求主要面临的挑战是如何协调被分割成模块的空域系统与基于连续航迹的飞行之间的矛盾。为解决这个矛盾，同时也为面对未来高密度和高复杂空中交通运行的挑战，美国下一代空中交通运输系统提出了基于航迹的空域运行概念。基于航迹的空域运行旨在空管中使用四维轨迹管理技术，降低飞机飞行路径的不确定性，充分使用容量有限的空域和机场资源；它使用基于四维航迹预测技术的自动化决策支持工具管理飞行流和具体的飞行器轨迹，实现从基于分割固定空域的空管向基于航迹空管的转变，使空管服务者能够提供连续统一的导航监视服务。基于航迹的空域运行在未来空域系统设计中主要发挥两方面作用：一是为系统运行概念设计和相关空管功能（如流量管理、间隔管理等）提供指导原则。在开发空管新概念和功能中，运用基于四维航迹的运行原则，能够保障空管新概念和新功能的运行效能。二是考虑四维航迹建模和预测技术在空管各个功能中实现的效益。利用基本的航迹推测模型，可以从理论上预测飞机在国家空域系统中的航迹，从而帮助推测需求和容量的失衡及探测飞行冲突。先进的航迹预测推动空管运行模式的发展，如动态空域分配、流量管理、间隔管理、机场高密度运行等，从而动态降低拥挤和解决冲突，降低空管对用户优先航迹的影响。航迹预测结果会存在某些程度的不确定性，可能动态地依赖于模型前提条件。因此，基于航迹的空域运行必须考虑不确定因素的存在。是否具备对产生四维航迹预测误差评估的能力以及是否具备在空管不同功能部门之间交互四维航迹信息的能力，决定了基于四维航迹的运行的可行性和运行效能。

基于航迹的空域运行主要侧重门到门运行的战略阶段，涉及四维航迹计划的流量管理过程，从而表明基于四维航迹运行的优势。因此，基于航迹的空域运行关键在于将轨迹规划融入战略计划，从而降低空域管理战术决策的难度，提高空域管理效率。高效、准确的航迹预测为流量管理提供可靠的决策依据。基于航迹的空域运行所支撑的灵活管理轨迹技术将更多利用航空器先进的功能提升空域容量。在飞行前，天气信息将用于航迹的批准过程，如果由于天气原因，原先的航迹不可行，则可指定新的航迹。采用广播式自动相关监视的增强监视功能以及数据通信项目所支撑的数字通信功能，将减少飞行员和管制员之间的语音通信。由于天气预报的改进和天气信息的及时共享将使战略规划更为精确，精确或误差可控的四维航迹预测将用于制定航班飞行计划，帮助改进空管运行效率，提供更加安全、高效的管制服务。对于解决四维航迹拥挤问题，存在两种管理方案：一种是流量管理人员从系统优化的角度统一规划四维航迹；另一种是空域用户重规划四维航迹。

基于航迹的空域运行有助于提供更高效的空管，具有以下优点：一是更高效地利用空域资源；二是更好地适应用户需求；三是降低管制员和飞行员的工作负荷，增加系统容量；四是提升航迹的预测性能，允许更加精确地评估和利用空域容量；五是充分利用交通管理时段中的确定和不确定的信息。

2）机场高密度运行

机场高密度运行通过建立机场终端区高密度通道，使用设定的三维路径实现基于飞机进离场航迹的管理。高密度通道可以在基于航迹的航路空域和场面运行之间提供高效的过渡。使用三维路径替代常规的速度、高度和航向指令来调配飞机间隔，从而使空中交通更为有序和可预测，降低管制员工作负荷，使飞机能够按所需导航性能沿连续路径精密飞行。进场航空器可以尽早通过数据链接受特定的四维轨迹剖面。在航线交汇处，自动化设备将可以确定空中间隔和合流程序，降低间距，节省飞行时间。在机场高密度运行概念中，终端区将广泛采用所需导航性能和区域导航航路，使得航线间距大为缩小。窄距平行跑道也将用于平行进近，由此消除跑道容量的一个约束。

美国联邦航空局计划应用机场高密度运行概念，寻求一个既适用于高密度机场又适用于中密度机场的终端区进离场程序解决方案。支撑高密度和低密度运行的解决方案将服务于各类进港航空器。在机场高峰运行时段执行基于四维航迹的高密度进离场程序，专门为装有机载间隔与合流程序的航空器服务；而在机场的非高峰运行时段或者交通需求较小的机场，则采用更为灵活的进离场程序，使其能够轻松处理飞越航空器以及在相邻机场着陆的航空器，且对航空器的装备水平要求将较低。这些中小机场可以进行基于卫星导航的进近、有限的连续下降进近以及适用于装备水平较低航空器的其他高效程序。这样可以在保持高密度机场吞吐量和运行效率的同时，纳入更多种类的用户。

此外，美国联邦航空局计划升级终端自动化系统，使航路和终端航线融为一体，从而减少飞行时间，提高跑道使用效率。改善场面运行将依靠增强的场面监视和场面管理系统的自动化水平。驾驶舱信息的传递将依赖于新的数据通信系统。增加所需导航性能/区域导航进近数目则需要安装更多的测距仪。

3）间隔管理

在目前的管制运行中，管制员通过基于视觉和感觉的显示来分析交通状况，提供飞行间隔管理，同时通过语音交流帮助飞行员解决飞行中遇到的常规或突发性问题。在管制单元内，空管人员监控雷达显示屏，并能提供不超过 15 架飞机的间隔管理能力，这种认知能力妨碍运营能力的大幅增加。近年来，一些管制自动化决策支持工具已应用于管制运行中，提供管制范围内所有飞机的航迹预测信息，并检测潜在的飞行冲突，进而辅助管制员进行飞行安全间隔管理。在美国下一代航空运输系统中，四维航迹技术的应用为飞行安全间隔管理提供一种根本的转变方式，未来的决策支持工具自动化水平更高，从而为管制员和飞行员提供更优化的间隔管理功能配置。这些工具包含的功能有四维航迹分析预测、由时间决定的位置和到达流管理、交通冲突检测和解决以及一些高级的管制运行概念，从而充分发挥飞机的性能。

四维航迹管理技术将是未来飞行间隔管理的基础。四维航迹管理技术将用四维（位置和时间）数据来表述，而且保持航迹的精度将比现在更高，同时共享精确预测和独特的四维航迹信息，减少交通冲突解决的不确定性，并给所有空中交通运行相关方提供共同参考，增强各机构之间协作，优化管理各类航空器的飞行航迹。飞行器的航迹间隔管理并非通过干预飞行员和管制员提供间隔、保证安全或优化空中交通流的战术决策过程中来实施，而是通过协同决策机制来实施。在欧美下一代空中交通运输系统的空域管理概念中，根据间隔管理运行方式将空域定义为两类：管理空域和非管理空域。在管理空域，管制员将负责空域的间隔管理服务，但有时会将间隔责任委派给飞行员；在非管理空域，管制员既不提供飞行器之间的间隔管理服务，又不提供交通管理服务，运行在该空域内的间隔责任完全由飞行员承担。

未来的基于四维航迹预测技术的飞行间隔管理，将是逐步实施的、管制自动化工具和机载工具所支持的、新的间隔模式，将采用航迹管理和机载间隔系统，减少潜在冲突和管制员干预。美国宇航局提出的空域工程研究报告分析了未来的间隔管理技术所面临的主要挑战和研究重点：一是飞行冲突探测与解脱算法、航迹分析方法和基于航迹间隔管理的自动化决策系统（该系统应在设备失效、恶劣气象及突发事件等情况下仍具备 100%的间隔管理能力）；二是开发新运行概念和具备良好的人机交互界面的间隔管理自动化决策工具，从而确保管制员和飞行员维持良好的情态意识能力；三是为应对增加的容量需求和恶劣天气对空域系统的影响，未来间隔管理自动化决策工具应具备与流量管理系统和天气预测系统良好交互的能力；四是间隔管理自动化决策工具应具备失效的运行模式分析，确保在设备失效时管制员仍能安全管理飞行间隔。

4.3.4　协同天气预测

作为协同决策的一部分，协同天气预测技术旨在联系航空公司、空管、气象中心等各相关方的气象专家，综合并交换各方信息和分析，对影响飞行安全危险天气做出协同预测。对流天气是威胁飞行安全的破坏性最强的天气系统。掌握对流天气的产生及发展规律，并做出及时、准确的预报对于保障飞行安全、降低对流天气对空中交通运行的影响具有重要的意义。目前协同天气预测技术的主要成果是协同对流天气预测。它由美国联邦航空局、国家天气服务系统和航空公司共同开发，是美国空域运行的重要基础，用于为国家空域系统用户提供 2～6 小时内的对流天气预测，从而改善协同决策过程，为实施战略性的、系统性的流量管理提供支持，减少对流天气导致的航班延误、改航和取消。1998年，美国西北航空公司、明尼阿波利斯空管中心和航空气象中心开始协同对流天气预测的研究。1999 年，协同对流天气预测进入实验测试阶段；2000 年，协同对流天气预测开始在对流天气季节试运行；2001 年，协同对流天气预测扩展到全天候服务；2002 年，协同对流天气预测正式投入运行。协同对流天气预测是一种 2～6 小时内的战略规划工具，它的服务时间从每年 3 月 1 日开始到 10月底结束，每 2 小时更新一次，它的主要目标：一是为流量管理部门提供雷暴的态势预报；二是增强国家空域系统用户间在气象方面的沟通；三是减少雷暴活动导致的航班延误；四是改进雷暴发生时航空公司运控与流量管理部门之间在航路上的协调。

协同对流天气预测采用密切合作交流的工作机制。各相关方的气象专家在专门的办公室召开专家会议，通过自由讨论的方式提供自己掌握的知识和信息，授权航空气象中心对协同对流天气预测做出最终发布。航空气象中心主要负责制作初始预报，主持各相关方气象专家参与的会议，并制定最终天气预报。各相关方的气象专家应对初始预报提出看法，在会议期间提出仅限于自己负责或代表方面的意见,并签署最终天气预报发布方案。航空气象中心于最终天气预报发布前60分钟向专家会议发送初始预报以供审阅,最终天气预报发布前45分钟开始专家会议,最终天气预报发布前15分钟闭会,并根据讨论结果制定最终预报。协同对流天气预测的主要时间节点如表4-1所示。

表4-1 协同对流天气预测的主要时间节点

初始预报发布时刻	专家协调会时间	最终预报发布时刻	有效期		
01:45	02:00～02:30	02:45	05:00	07:00	09:00
05:45	06:00～06:30	06:45	09:00	11:00	13:00
09:45	10:00～10:30	10:45	13:00	15:00	17:00
13:45	14:00～14:30	14:45	17:00	19:00	21:00
17:45	18:00～18:30	18:45	21:00	23:00	01:00
21:45	22:00～22:30	22:45	01:00	03:00	05:00

雷暴是对流天气的一种极端形式,单体雷暴一般宽度达1英里(1英里=1.609344千米),高度达10英里,生命周期约20分钟。线状或簇状的雷暴具有较长的生命周期,在一定环境下具有可预报性,是协同对流天气预测的主要对象。协同对流天气预测所用的方法有预测雷暴的类型、利用传统的预报工具、采用大尺度类型的数字预报模型、综合经验信息进行分析等。协同对流天气预测一般能预报高度超过25000英尺、覆盖率达到25%的雷暴,采用不同颜色在地图上标出雷暴覆盖区域及覆盖率,黄色表示低覆盖率(25%～40%),橙色表示中覆盖率(50%～70%),红色表示高覆盖率(75%～100%)。低覆盖率表示区域内可能存在分散雷暴,中覆盖率表示区域内可能有雷暴簇活动,高覆盖率表示区域几乎完全被雷暴覆盖。雷暴的最大高度以25000～31000英尺、31000～37000英尺及37000英尺以上三种形式预报。雷暴的发展趋势通过符号表示,"++="表示快速增长,"+="表示中等速度增长,"NC"表示无变化,"-="表示消散(范围或高度缩小)。预报的可信度表示为雷暴的发生概率,分为低(25%～49%,灰色表示)、中(50%～74%,褐色表示)、高(74%～100%,蓝色表示)三类。

4.3.5 先进场面管理

1. 协同场面管理

协同场面管理是指采用先进的自动化管理和协同决策技术,对机场场面资源及航空器运行状况进行实时监控和协同管理,以达到保障机场场面安全,提高场面资源利用率，高效管理场面航班流，降低管制工作负荷等目的。协同场面管理是协同决策继地面等待之后的又一重大应用，相关研究以美国的场面管理系统为主。场面管理系统是一个协同管理机场场面航空器活动的决策支持工具，能够预测机场场面以及终端区的航班移动轨迹，在预测的基础上规划场面操作方案，能够根据预测提前做出协同管理方案，并将实施建议及时提供给相应的参与者，以提高资源利用率，增加系统容量，提高工作效率和适应能力。场面管理系统有三个基本功能：预测机场场面和机场终端区航班的移动轨迹；利用这个预测功能提前计划场面操作方案；发布消息给不同的使用者并提供合适的建议。为了完成这些功能，场面管理系统必须及时地与其他管理系统交互信息，使机场场面管理的不同单位共享态势信息，这些单位包括机场管制塔台、终端雷达进近管制中心、交通管理单元、航空公司运控中心和空中交通管制系统指挥中心等。场面管理系统使用地图显示、时间线、负载图和航班状态表四种类型的图表显示信息。地图显示使用 2D 图形显示每个航班的实时位置和移动方向，同时包括航班的详细信息；时间线用来显示每个航班预计占据物理位置的时刻，但不提供当前位置的显示；负载图用来显示目前、预计对机场资源的总体需求；航班状态表以列表方式显示航班的具体信息。

场面管理系统由三部分组成：交通管理工具、管制员工具、交通流量管理工具。如表 4-2 所示，交通管理工具可以协助制定机场战略计划，有效减少离场航班的滑行时间及延误；管制员工具用于协助塔台管制员和停机坪管制员进行航班战术管制；交通流量管理工具用于支持国家空域系统范围内的场面管理系统数据信息共享。

表 4-2 场面管理系统的三个组成部分

交通管理工具	管制员工具	交通流量管理工具
塔台交通管理协调员 终端区交通管理协调员 航路交通管理协调员 停机坪塔台监督 航空公司运控中心	塔台管制员 停机坪塔台管制员	空中交通管制系统指挥中心 航空公司运控中心 停机坪塔台

为了提高场面管理系统的效能，美国宇航局的未来飞行中心对中心自动化系统的交通管理咨询器提供的到达计量能力与场面管理系统提供的起飞计量能力进行整合，结果证明场面管理系统与交通管理咨询器协作可以优化机场场面的管理；有学者进一步研究交通管理咨询器与场面管理系统的整合问题，通过一个公共的网络平台获知航班到达信息，提高场面管理系统预测的准确性以及处理各种不确定性问题的稳定性。

2. 机场协同决策

机场协同决策是一种旨在通过减少延误、提高航班事件预测性、优化资源利用等手段，提高机场运行效率的思想，已应用于欧洲的一些机场。它将机场网络纳入协同决策体系中，从而更高效地利用容量和时隙资源，对航班起飞时刻的精确性也提出更高的要求。机场协同决策考虑空管、航空器运行、地面保障、机场运行、流量管理中心等决策环节，其主要目标包括提高航班时刻的预测精度，减少机场场面运行成本，优化利用机场地面保障资源，优化利用停机位、候机楼等机场设施，减少拥挤，减少对空管时隙资源的浪费，提高利用率，灵活的预离场规划，减少停机坪和滑行道拥挤。机场协同决策的效益主要有：可以通过信息共享增强决策制定能力；更好地使用存在的资源，提高操作的效率；使参与者获得共同态势；及时准确的信息共享提高空中交通的可预测性；通过及时的信息发布更加容易解决突发事件。

先进的场面引导和控制系统是一个可靠的、高度整合的系统，在最初发展阶段可以显示部署范围内的所有航班与车辆，已应用于欧洲的一些机场。它要求机场系统全天候引导和控制场面活动，极大地增加管制员的情景意识，使管制员确定每个航班和车辆的位置，在运行限制或能见度降低的情况下，该系统的效益更为明显。它的目标是建立一种开放的、模块化的构架，使来自不同制造商的模块能够在一个集成的系统下工作。它具有以下几项基本功能：一是监视，通过雷达数据，在屏幕上实时显示场面活动，并识别这些场面活动；二是控制，通过自动报警系统提醒管制员潜在的危险态势，如跑道侵入监视、避撞等；三是引导，通过无线电数据链和驾驶舱显示，自动化辅助飞行员；四是滑行路径规划，为每架飞机提供滑行道选择的自动化支持。

为了确保该系统广泛全面应用后，机组、车辆驾驶员和管制员可以工作在相同的规则和标准下，欧洲空中航行安全组织正致力于相关程序的开发中。

4.3.6　地空通信组网

航空电信网络是融合地面数据通信和地空数据通信为一体，实现地空通信组网技术的新一代航空电信网。航空电信网络采用国际民航组织推荐的以开放式系统互联参考模型，能够实现飞机通过卫星、甚高频和 S 模式二次雷达间的地空数据链路，与地面空中交通管制中心和航空公司航务管理中心的计算机通信，并实现地面各空管计算机之间以及它们与航空公司、民航当局、航空通信公司计算机系统之间进行高速的数据交换。航空电信网络按照国际标准化组织的开放互连 7

层模型来构造，主要由 3 个子网构成：机载电子设备通信子网（数据链管理系统）、空地通信子网、地面通信子网（分组交换、局域网）。各类子网之间利用路由连接器连接，用户经路由器通过网关进入航空电信网络，再按照网间协议和标准进行信息交换。地面路由器确保将信息传送到要求的终端和飞机，并保存每架飞机的位置信息；跟踪系统配合地面网络，分析媒体的可用性，向飞机发送信息数据。飞机路由器确保飞机信息通过要求的媒体发送。

航空电信网络的主要功能是实现数据通信服务，将空中飞行的飞机同地面的管制部门、航空公司连接在一起，为其提供实时有效的数据通信服务。航空电信网络提供的数据通信包括：向飞行信息服务、告警服务、空中交通咨询服务、空中交通管制服务、区域管制服务、进近管制服务、机场管制服务等空中交通服务提供数据通信；向航空公司运控中心对航班进行编排、延误和取消等需要提供数据通信；向航空公司用于日常航班和运输服务提供数据通信，如空中和地面运输、订票、机组排版或后期服务；向旅客、机组人员等提供非安全的话音和数据通信，属个人通信。由此可见，航空电信网络的用户包括空管部门、航空公司和旅客等，从而决定航空电信网络的一个特点就是要为这些不同部门、不同性质的用户提供无缝的通信服务。

航空电信网络的组成结构、协议体系结构以及通信关系如下。

1. 组成结构

根据国际民航组织的要求，将来各个成员国的航空电信网络要实现互联，而国际民航组织的不同成员国有不同的子网络集。航空电信网络的主要目的就是将这些不同特点的网络，包括空地网络和地地网络连接起来组成一个统一的互联网络，并在这个互联网络上提供统一的应用和服务。从系统结构的角度，航空电信网络是由子网络、端系统和中间系统三部分组成的。

1）子网络

子网络是基于特殊通信技术的独立通信网，用于航空电信网络系统间的信息传输。不同的地地子网和空地子网在终端系统之间提供多重数据通信路径。子网络按照工作属性可以分为移动数据网和固定数据网。其中，移动数据网是空地数据子网，固定数据网是地地数据子网和航空电子设备子网。按工作范围可以分为局域网和广域网，局域网在局部范围内连接端系统、中间系统（在空中交通管制中心内或在飞行器上），广域网是在不同的域中中间系统的长距离连接。

空地数据子网包括四种数据链系统，即甚高频、航空移动卫星业务、二次监视雷达、高频数据链各自组成的子网。航空电信网络空地子网是一个协调的系统，在航空电信网络上建立一个基本的架构，如果这些不同数据通过航空电信网络集中统一的数据源，那么将最大限度地发挥空管的优势。地地数据子网允许在航空电信网络中心内部和管制应用及系统部门中心之间终端的通信，可以用于航空电信网络子网的现行网络有传统概念上的局域网和广域网。

2）端系统

航空电信网络终端系统可以与其他航空电信网络终端系统通信，以便实现航空电信网络应用中所需的端到端通信服务。为了实现这个目标，航空电信网络的终端系统包括完整的 7 层协议栈，从而可以有适合的通信服务支持一种或多种航空电信网络应用。

3）中间系统

航空电信网络的中间系统（即路由器类型），根据不同的路由类型，应用不同的路由协议。路由器的作用是通过适当的途径，将用户数据向它的目的地址传输，根据特殊服务的要求在数据包封装头部。飞机是移动的载体，因此，通过网络到达飞机的路径是变化的，所以要求航空电信网络支持动态路由处理。

2. 协议体系结构

航空电信网络采用 OSI 网络体系结构，与公用互联网的 TCP/IP 属于不同的协议栈，因此无法实现直接互连。航空电信网络注重拥塞管理技术，力求在通信负荷和通信资源之间寻求一个平衡。航空电信网络采用国际标准化组织 OSI 7 层参考模型作为网络体系结构，航空电信网络各层的概念清楚，层间接口和相应的服务原语标准且开放，如服务使用者和提供者之间都遵循相应的、明确的请求、指示、应答和确认。这样的特点决定了开放和实现的开放性，以及功能的全面和强大。航空电信网络相对于原有航空网络的特点和优点也体现在各层的划分与结构上。例如，其端系统的 7 层体制，可以方便地增加相应的用户（在应用层），从而充分利用原有的互连部分。

3. 通信关系

航空电信网络融地面数据通信和地空数据通信为一体，能够实现飞机通过卫星、甚高频和 S 模式二次雷达的地空数据链路，与地面空中交通管制中心和航空公司航务管理中心的计算机通信，能够在地面各空管的计算机之间，以及地面各空管计算机系统与航空公司、民航当局、航空通信公司的计算机系统之间进行高速的数据通信。整个航空电信网络是由飞机内部通信子网络、地面子网络和地空子网络三种形式的数据通信子网络相互连接组成的互联网络。飞机内部通信子网络将飞机上的各种应用处理器连接而构成机上电子设备子网络，应用处理器包括现实处理器、数据输入处理器和飞行管理计算机等，它们与飞机数据通信处理器相连接。地面子网络提供各种地面数据处理设备中各个处理器所需的连接，通常对本地的各处理器采用局域网形式。地面子网络还提供用于与机上应用处理器通信的地面应用处理器与地面数据通信处理器相互连接的能力。地空子网络提供地面子网络的终端用户与机上电子设备子网络的终端用户之间的互联，负责执行地面子网络和机上子网络之间的信息交换功能。地空子网络本身又包括三种类型的子网络，即 S 模式二次雷达数据子网、甚高频数据子网络及卫星数据子网络。

IPV6 技术的出现，有效地弥补了原有 OSI 网络协议在移动性、安全性和服务质量方面存在的不足，为未来航空电信网络提供一种新的解决方案。基于 IPV6 的航空电信网技术支持高动态移动路由、多业务服务质量保证以及高安全性信息传输。针对飞机高移动性导致的信息丢失问题，设计 IPV6 移动路由技术，使之能够满足巡航、进近、场面滑行等不同飞行阶段的航空移动通信需要，实现移动通信节点透明无缝链接；针对航行情报服务类型复杂、空地链路参数具有高时变特性的问题，建立网络传输模型以及各种服务匹配模型，通过多业务适配技术，提供面向不同空域用户的分级服务质量；利用安全协议和密钥交换协议技术，实现航行情报安全可靠的传输，更有效地保障飞行安全。

4.3.7　广播式自动相关监视

广播式自动相关监视是指在一系统中所有的飞机或车辆周期性的广播自己的四维信息（位置、高度和时间印记）、运动方向和速度等数据，该数据可以精确地表示飞机的位置、航向等信息。在广播范围内的飞机和空管单位可以获得相同的数据，该数据可以精确地表示飞机的位置、航向等信息。广播式自动相关监视的应用，使空中的每架飞机能够自动广播自身信息，并接收邻近飞机的位置报告，互相了解对方位置和行踪，从而使飞行员自主承担保证空中交通间隔的责任，不再依赖地面雷达监视和空管指令。

1. 基本组成及系统原理

广播式自动相关监视主要实施空对空监视，一般情况下，只需要机载电子设备（全球定位系统接收机、数据链收发机及其天线、驾驶舱冲突信息显示器），不需要任何地面辅助设备即可完成相关功能，装备广播式自动相关监视的飞机可通过数据链广播其自身的精确位置和其他数据（如速度、高度及飞机是否转弯、爬升或下降等）。广播式自动相关监视接收机与空管系统、其他飞机的机载广播式自动相关监视结合起来，在空地都能提供精确、实时的冲突信息。

广播式自动相关监视系统由多地面站和机载站构成，以网状、多点对多点方式完成数据双向通信。机载广播式自动相关监视通信设备广播式发出来自机载信息处理单元收集到的导航信息，接收其他飞机和地面的广播信息后经过处理送给机舱综合信息显示器。机舱综合信息显示器根据收集的其他飞机和地面的广播式自动相关监视信息、机载雷达信息、导航信息后给飞行员提供飞机周围的态势信息及其他附加信息（如冲突告警信息、避碰策略、气象信息）。

广播式自动相关监视系统是一个集通信与监视于一体的信息系统，由信息源、信息传输通道和信息处理与显示三部分组成。广播式自动相关监视的主要信息是飞机的四维位置信息（经度、纬度、高度和时间）和其他可能附加信息（冲突告警信息、飞行员输入信息、航迹角、航线拐点等信息）以及飞机的识别信息和类别信息。此外，还可能包括一些别的附加信息，如航向、空速、风速、风向和飞机外界温度等。这些信息可以由全球卫星导航系统、惯性导航系统、惯性参考系统、飞行管理器、其他机载传感器等航空电子设备得到。广播式自动相关监视的信息传输通道以广播式自动相关监视报文形式，通过空空、空地数据链广播式传播。广播式自动相关监视的信息处理与显示主要包括位置信息和其他附加信息的提取、处理及有效算法，并且形成清晰、直观的背景地图和航迹、交通态势分布、参数窗口以及报文窗口等，最后以伪雷达画面实时地提供给用户。

2. 主要功能

广播式自动相关监视技术是新航行系统中非常重要的通信和监视技术，把冲突探测、冲突避免、冲突解决、空中交通管制监视和空中交通管制一致性监视以及机舱综合信息显示有机地结合起来，为新航行系统增强和扩展非常丰富的功能，同时也带来潜在的经济效益和社会效益。

广播式自动相关监视技术用于空中交通管制，可以在无法部署航管雷达的大陆地区为航空器提供优于雷达间隔标准的虚拟雷达管制服务；在雷达覆盖地区，即使不增加雷达设备，也能以较低代价增强雷达系统监视能力，提高航路乃至终端区的飞行容量；多点广播式自动相关监视地面设备联网，可作为雷达监视网的旁路系统，并可提供不低于雷达间隔标准的空管服务；利用广播式自动相关监视技术，还在较大的区域内实现飞行动态监视，以改进流量管理；利用广播式自动相关监视的上行数据广播，还能为运行中的航空器提供各类情报服务。广播式自动相关监视技术在空管上的应用，预示着传统的空中交通监视技术即将发生重大变革。

广播式自动相关监视技术用于加强空空协同，能提高飞行中航空器之间的相互监视能力。与应答式机载避撞系统相比，广播式自动相关监视的位置报告是自发广播式的，航空器之间无须发出问询即可接收和处理渐近航空器的位置报告，因此能有效提高航空器间的协同能力，增强机载避撞系统的性能，实现航空器运行中既能保持最小安全间隔，又能避免和解决冲突的空-空协同的目的。广播式自动相关监视系统的这一能力，使保持飞行安全间隔的责任更多地向空中转移，这是实现"自由飞行"不可或缺的技术基础。

广播式自动相关监视技术用于机场地面活动区，可以较低成本实现航空器的场面活动监视。在繁忙机场，即使装置场面监视雷达，也难以完全覆盖航站楼的各向停机位，空管"登机门到登机门"的管理预期一直难以成为现实。利用广播式自动相关监视技术，通过接收和处理广播式自动相关监视广播信息，将活动航空器的监视从空中一直延伸到机场登机桥，因此能辅助场面监视雷达，实现"门到门"的空管，甚至可以不依赖场面监视雷达，实现机场地面移动目标的管理。

广播式自动相关监视技术能够真正实现飞行信息共享。空管活动中所截获的航迹信息，对于本区域实施空管是必需的，对于跨越飞行情报区边界的飞行实施"无缝隙"管制，对于提高航空公司运行管理效率，都是十分宝贵的资源。但传统的雷达监视技术的远程截获能力差、原始信息格式纷杂、信息处理成本高，且不易实现指定航迹的筛选，难以实现信息共享。遵循"空地一体化"和"全球可互用"的指导原则发展起来的广播式自动相关监视技术，为航迹信息共享提供现实可行性。

3. 空域协同监视技术

随着空域飞行密度和运行复杂性的增加，空域协同监视技术作为未来监视手段的发展方向之一逐渐受到重视。它通过融合星基、陆基监视等多源监视手段，实现航空器与空管部门的协同监视，提升空域监视的可信度，并针对不同的监视需求提供飞行位置、定位完好性、航路安全容限等监视服务，是增强空域监视性能、扩展空域监视服务的重要发展方向。

扩展的自动相关监视作为空域协同监视技术之一，是在单一传感器中实现广播式自动相关监视、多点定位监视和雷达等多种监视手段的融合，并实现以网络为中心的多源可信监视。广播式自动相关监视技术一方面引入星基监视信息的完好性监测信息，对可信的星基、陆基监视信息进行时空一致化处理，有效提高基于异构监视源的监视信息可信度；另一方面将多点定位监视技术融入广播式自动相关监视框架，作为广播式自动相关监视验证和备份的手段，在有效增强星基监视信息可用性的同时，降低监视对机载系统的要求。

航路安全容限是指空域运行碰撞风险满足既定的安全目标水平时所允许的飞行航迹侧向、垂向偏差范围。航路安全容限监测技术以飞行航迹保持性能（即飞机对航路标称航迹的保持能力）监视为前提。基于精确的飞机航迹四维信息（三维位置和时间），可以提取航迹偏差的统计样本，利用自适应概率分布建模方法量化动态飞行流的侧向和垂向航迹保持性能，建立航路碰撞风险模型，实现对航路容限的安全性评估，进而判定航路的动态安全容限。随着缩小垂直间隔和区域导航技术的推广应用，航路飞行安全间隔标准逐渐缩小，航路安全容限监测成为空域监视服务的重要内容和保障密集飞行条件下空域运行安全的核心手段。

4.3.8　基于性能导航

基于性能导航是国际民航组织在整合各国区域导航和所需导航性能运行实践及技术标准的基础上，提出的一种新型运行概念。它将航空器的机载设备能力与卫星导航及其他先进技术结合起来，涵盖了从航路、终端区到进近着陆的所有飞行阶段，提供了更加精确、安全的飞行方法和更加高效的空管模式。

1. 基本概念

基于性能导航的基本概念包含三个组成部分，即导航规范、导航应用、导航设施。

1）导航规范

导航规范详细说明了按特定航路、程序或符合该导航规范要求空域内运行的区域导航系统要求，具体包括以下四方面。

（1）区域导航系统的准确性、完整性、连续性和可用性诸方面性能的要求。其中对精度的要求是航空器在 95%飞行时间内，偏航容差及沿航迹容差不超过其标称值，此容差包括导航信号源容差、机载接收机容差、显示器容差和飞行技术容差；以区域导航 1 为例，其标称值为 1NM。对完整性的要求是在适航条例中，航空器导航设备故障被归类为严重故障（即每小时 10^{-5}）。对持续性的要求是如果航空器操作者可以转换到不同的导航系统，并且继续飞行至某一合适的机场，则失去功能归类为较小故障。对空间信号可达性的要求是如果使用全球卫星导航系统，则在空间信号导致侧向定位误差大于 20 海里的可能性超过每小时 10^{-7}。

（2）为达到所需性能，区域导航系统需要具备的功能。

（3）融入区域导航系统，可以用来达到所需性能的导航传感器。

（4）飞行机组人员及为达到区域导航系统所需性能的其他规定。

要求机载性能监测和告警的导航规范称为所需性能导航规范。不要求机载性能监测和告警的规范称为区域导航规范。用机载性能监测和告警区别所需导航性能与区域导航较为方便，简化两种规范对于航空器系统运行要求的少数差异性和诸多共同性功能的表述。

2）导航应用

导航应用是指按照空域概念,对导航规范和相关空中交通服务航路导航设施、仪表进近程序和/或指定空域的使用。基于性能导航的导航应用包括区域导航和所需性能导航，区域导航应用由区域导航规范来支持，所需性能导航应用由所需性能导航规范来支持。

　　区域导航是一种导航方式，它可以使航空器在导航信号覆盖范围之内，或在机载导航设施的能力限制之内，或二者的组合，沿任意期望的航径飞行。所需性能导航是在区域导航的基础上衍生的，它还要求航空器必须具备机载导航性能监测及告警功能。依据导航规范中所需性能精度水平的差异，区域导航分为区域导航 10、区域导航 5、区域导航 2、区域导航 1，所需性能导航分为所需导航性能 4、基本所需导航性能 1、所需导航性能 APCH、所需导航性能 AR APCH。

　　传统导航方式要求航空器飞越或切入导航设备，基于性能导航则是可以在导航信号覆盖范围之内，或在机载导航设施的能力限制之内，或二者的组合，沿任意期望的航径飞行，这就使飞行程序设计不再受制于导航台的位置，可以更加科学、灵活地利用空域。

　　基于性能导航虽然使航空器可以沿任意期望的航径飞行，但前提是在导航信号覆盖范围之内，或在机载导航设施的能力限制之内，或二者的组合，所以，要设计基于性能导航的飞行程序，首先必须确定所实施导航应用的信号覆盖范围，这里所说的导航应用的信号覆盖范围即导航应用有效区域。

　　3）导航设施

　　基于性能导航可使用的导航设施有星基导航设施（即全球导航卫星系统）和地面导航设施，其中地面导航设施又包括甚高频全向信标/测距仪、测距仪/测距仪、测距仪/测距仪/IRU 三种模式，不同的导航应用方式可使用的导航设施是不同的，具体内容见表 4-3 和表 4-4。

表 4-3　区域导航

导航应用方式	可用导航设施	性能精度要求/NM	适用飞行阶段
区域导航 10	全球导航卫星系统、测距仪/测距仪、甚高频全向信标/测距仪	10	洋区及边远地区
区域导航 5	全球导航卫星系统、测距仪/测距仪、甚高频全向信标/测距仪	5	大陆航路
区域导航 2	全球导航卫星系统、测距仪/测距仪、测距仪/IRU	2	大陆航路、进场、离场
区域导航 1	全球导航卫星系统、测距仪/测距仪、测距仪/IRU	1	进场、起始进近、中间进近、复飞、离场

表 4-4　所需导航性能

导航应用方式	可用导航设施	性能精度要求/NM	适用飞行阶段
所需导航性能 4	全球导航卫星系统	4	洋区及边远地区
基本所需导航性能 1	全球导航卫星系统、测距仪/测距仪	1	进场、起始进近、中间进近、复飞、离场
所需导航性能 APCH	全球导航卫星系统	0.3	进近、复飞
所需导航性能 AR APCH	全球导航卫星系统、测距仪/测距仪	0.1	进近、复飞

2. 实施情况

2006 年，国际民航组织颁布基于性能导航手册统一各国当前使用的区域导航及所需性能导航的使用标准，当前欧洲所使用的基本区域导航、P-RNAV 分别对应基于性能导航中的区域导航 5、区域导航 1，美国所使用的区域导航 Type A、区域导航 Type B 分别对应基于性能导航中的区域导航 2、区域导航 1；所需导航性能 AR APCH 在美国称为要求授权的特殊航空器和机组实施所需导航性能。

目前，美国许多机场都提供基于全球定位系统的区域导航飞行程序，如华盛顿杜勒斯机场、亚特兰大哈兹菲尔德-杰克逊机场，联邦航空局出台了一系列有关所需导航性能的规章标准，基于全球定位系统的区域导航/所需导航性能程序是美国仪表飞行程序的发展方向。

欧洲实施区域导航的方式有基本区域导航、P-RNAV，目前欧洲一些枢纽机场开始提供区域导航进离场程序，如巴黎、法兰克福等。根据欧洲航行安全组织的实施计划时间表，到 2010 年，欧盟地区所有终端区的进离场程序都将强制使用区域导航/所需导航性能。国际民航组织计划于 2010 年前在洋区及边远地区全部实施区域导航 10、所需导航性能 4；2010 年前在 70%的大陆航路实施区域导航 5、区域导航 2 和区域导航 1，并于 2014 年前全部实施；2010 年前在 30%的机场和终端区域实施区域导航 1、区域导航 2 与基本所需导航性能 1，2014 年前实施 60%，并于 2016 年前全部实施；2016 年前在进近程序上全部实施所需导航性能 APCH 和所需导航性能 AR APCH。

3. 效益

基于性能导航意味着从传感器基准至基于性能导航的转变，其效益主要有以下几点：一是提高飞行安全性，提供侧向和纵向航迹引导，减少近地过程中的危险近地飞行，如用所需导航性能进近代替传统的盘旋进近。二是提高空域容量，增加航路数目，减少空中交通拥挤，满足空中交通的增长需要，例如，在城市间设计平行的区域导航 2 编组航路。三是提高进近效率，减少由过多的阶梯上升或者阶梯下降导致的延误，例如，区域导航-1 允许连续爬升到航路高度，而不是阶梯爬升。四是减少环境污染，避开噪声敏感区域，例如，所需导航性能 APCH 能提供带有转弯的复飞程序，避开噪声敏感地区。五是改进机场或空域在恶劣天气下的可进入性，或者高原复杂机场的可进入性，例如，所需导航性能 APCH 能实现更低的落地标准。六是提高航路系统建设的经济性，节约用于维护基于导航台的航路和程序的费用，例如，移动或者增加一个导航台，就要修改所有与此导航台相关的航路和程序，每当导航设施有新的技术进展，就要发展新的运行方式；但是在基于性能导航中，系统的性能要求不再是是否安装某种设备，而是设备或设备的组合能否满足特定基于性能导航运行的系统性能要求，所以每当导航设施有新的技术发展，只需要看它是否满足现在基于性能导航系统性能要求，不需要为它设定特定的运行方式。七是具备较高的标准化水平，国际民航组织设计一套全球统一的运行规范（即基于性能导航手册），这样从一个国家飞到另一个国家，就不需要重复审定。

4.3.9　数据链技术

数据链的类型包括高频数据链、甚高频数据链、S 模式二次雷达数据链和航空移动卫星业务。空地网络中数据链的基本作用是：利用数据通信手段保证飞机之间、飞机与地面指挥员或管制员之间快速地交换情报资料；共享飞机掌握所有情报；实时监控空中飞机态势；增强驾驶员、地面指挥员、管制员的态势认知能力；克服航空话音通信系统传输速度、占用信道时间长、可靠性差等缺点。

全球范围内的数据链通信系统（简称数据链）包括甚高频数据链、卫星数据链、高频数据链和 S 模式二次雷达数据链；所支持的数据传送方式包括面向字符和面向比特两种，这种综合式的通信系统适应飞越不同航路的特殊环境。陆地上以甚高频数据链为主要通信方式，跨洋飞行时则使用卫星或高频数据链通信系统；而在交通密度很高的经济发达地区，则以二次雷达数据链作为传递信息的主要方式。甚高频数据链与高频数据链相比，具有通信可靠性高，信息传输速率快，延时小的特点，应用于终端区和机场地区，可以大大弥补二次雷达的有限覆盖能力，并且其地面站的多种覆盖，可大大提高数据的可靠性，实现地面与飞机之间有效地数据通信。高频数据链系统是将逐步被淘汰的技术，目前主要应用在超视距的极区内地空通话方面。S 模式二次雷达提供空地数据链路，适合高速率数据的发送，用于终端区域和其他高飞行密度空域的空中交通服务；它是一种先进的雷达询问系统，将二次雷达与数据链相结合，可提供未来自动化空管所需的监视和通信能力。未来的数据链通信将主要发展并应用甚高频数据链技术和卫星数据链技术。

1. 甚高频数据链

随着全球新航行系统的实施，航空通信正在由话音通信向数据链通信逐渐过渡。甚高频信号传输延时小，十分适用于终端区和机场区域中飞机与地面管制部门之间实时信息交换的要求。另外，甚高频空地数据链的机载设备和地面设备简单，易于机载设备安装、用户使用、系统扩展和升级，而且是现有空地数据通信系统中最经济的一种。20 世纪美国 ARINC 公司研制的飞机通信寻址和报告系统，是典型的飞机与地面间的甚高频空地数据链。飞机通信寻址和报告系统数据链采用地面宿主处理模式,即远端地面站收到飞机的报文以后,传输到地面宿主处理器进行处理,再由宿主处理器分发到空管部门或航空公司进行处理。当管制部门或航空公司签派部门需要向飞机发送上行报文时,先将报文发送到宿主处理器,在由宿主处理器根据下行报文的历史记录查出飞机可能的位置,通过将此报文传送到离飞机位置最近的远端地面站,再由远端地面站将报文发送到飞机。飞机通信寻址和报告系统数据链作为面向字符的数据链系统,不满足国际标准化组织的OSI/RM7 层体系结构。20 世纪 80 年代末,人们提出了一种满足国际标准化组织的 7 层系统结构的甚高频数据链模式 1 数据链,又称 AVPAC 系统。它是面向比特的数据链系统,能提供全面向比特的数据传输服务。该系统将通信子网分成数据链服务子网层、数据链路层和物理层。20 世纪 90 年代中期开始研究提供数据、话音兼容能力,采用 TDMA 技术的新一代甚高频数据链模式 3 数据技术。这是一种全数字化系统,利用全球导航卫星系统提供的精密时基进行时间同步,同一设备可同时提供话音和数据的传输与处理,并具有呼叫排队和报文优先级传送等多种功能。美国、加拿大等国家极力推崇这种数据链作为下一代数据链系统。欧洲在同时期提出了支持空地、空空一体化,基于 S-TDMA 数据链协议的甚高频数据链模式 4 数据链技术。它采用全分布式控制方式,可支持飞机间和空地间的数据通信,是目前全球唯一能够实现空空、空地一体化数据通信服务的系统,也是目前唯一支持广播式自动相关监视的甚高频数据链系统,具有吞吐率高、实时性好、容量大、支持选点呼叫、广播传送、组网容易等特点,是具有发展潜力的新一代数据链系统,目前正处于研究开发阶段。由于我国陆地航线占到95%以上,对甚高频数据链技术进行研究、开发和系统建设具有重要意义。

目前的甚高频空地数据通信系统由机载航空电子设备、远端地面站、地面数据通信网、网络管理与数据处理系统、数据链网关系统和各用户子系统构成。在空管中可使用甚高频数据链传输数据的领域包括自动相关监视系统、管制员和飞行员通信、飞机放行许可、海洋放行许可、数据自动终端信息服务应用等。

2. 卫星数据链通信

卫星通信技术是实现通信、导航、监视/空管(新航行系统)的基础,其主要运行形式是航空移动卫星业务。目前航空移动卫星业务主要通过国际海事卫星系统的空间卫星实现机载地球站与地面地球站间的数据传输,根据卫星的扫描和不同机载设备天线的增益方式,可以完全或大部分覆盖中低纬度地区。卫星数据链系统主要由空间卫星、机载地球站和地面地球站三部分组成。航空移动卫星业务采用静止轨道卫星系统,提供除极地地区以外的全球话音和数据链通信。新一代卫星系统主要瞄准移动通信市场,但也能为空中交通管制或者航务管理通信/航空旅客通信提供服务。其不同于国际海事卫星系统的主要特点是利用低轨道卫星和中轨道卫星系统，需要大量的卫星进行全球覆盖，进一步降低设备费用和使用费，减少延迟时间，消除南北盲区，但有增加切换次数和系统复杂度的缺点。另外，一些新的数据通信技术，也可以应用到新的或现存的静止轨道卫星系统中。空管的卫星通信服务标准要远高于个人移动通信。新的卫星通信技术的主要发展方向如下。

1）星上处理技术

该技术具有如下优点：下行链路中的误码检查可减少误码率、提供服务质量；通过在基带上的切换而以不同的速率同时进行数据传输，使得 ATSC 和航务管理通信/航空旅客通信服务能够在同一信道上传输数据；星上处理能够对信号进行处理，从而减少飞机和地面的发射功率，减少移动终端的体积和质量。缺点是增加卫星的费用和复杂程度，可能导致较高的失败率和呼叫费用。

2）星间链路技术

星间链路使用使得飞机传呼在传输到地面之前通过大量卫星的路由，这意味着航空呼叫原则上能从飞机直接传送至管制中心而不经过地面网，这将减少地面时间延误和地面接口连接产生的错误。缺点是增加星上处理设备的复杂程度和数据丢失的危险。由于近地卫星相对地球位置的快速变化，卫星之间的信息移交频繁，在不断变化的卫星拓扑结构网络中进行路由，而同时保证服务质量是很复杂的问题。

3）多址技术

该技术具有高容量、抗干扰和抗拥塞的优点。

4）高速宽带数字通信技术

该技术可为飞机用户等提供因特网连接、图文传输甚至电视会议等多媒体服务。

3. 航空宽带数据链通信

随着飞行活动类型和飞行量的不断增加，天空地一体化网络所承载航行情报服务种类和信息量也不断增加，网络通信逐渐向着宽带化、大容量趋势发展，IPV6 技术的出现有力地促进航空电信网络的发展。航空宽带移动通信是以飞机为核心，将飞机与天、空、地信息网络互联互通、无缝一体化的核心纽带。其主要技术挑战在于如何为高动态、大范围复杂空域环境提供高速宽带、大容量、安全可靠的通信能力。通过研制机载智能宽频多波束天线、基于软件无线电的多制式宽带宽带收发信机、数十 Gbit/s 机内全光网络、数百 Mbit/s 机载卫星通信系统、机载交换设备和集成多链机载通信管理系统等设备，构建天空地一体化网络的新一代航空综合电信网，实现航空公司、空管部门的实时动态协同指挥控制，提供实时高速上传大容量的飞行情报、气象信息，并实时下载飞行动态、飞机状态和机舱视频，同时也可为旅客提供移动电话、空中互联网服务。

4.3.10　广域信息管理

广域信息管理概念最初由欧洲空中航行安全组织于 1998 年提出，2005 年国际民航组织"全球空管运行概念"采纳广域信息管理以提高空管的信息化程度。美国下一代航空运输系统与欧洲单一天空空管研究计划都选择广域信息管理作为信息交换基础框架。

广域信息管理技术采用面向服务的体系结构技术作为架构。面向服务的体系结构架构具有松耦合性、灵活性、可扩展性等优点，满足广域信息管理基础设施的需求。同时，面向服务的体系结构架构的实现可以依靠很多信息技术的通用性标准、规范和产品。广域信息管理利用面向服务的体系结构技术，使得软件应用之间通过信息服务的交互变得容易实现而不需要应用平台的认可。这就简化现有国家空域系统的接口需求，同时确保新系统的建设不受硬件、软件和数据格式等技术上的限制，降低新系统开发和运行的耗费与风险。从信息交换方式上看，它改变原先点到点的信息传输方式，转变为以网络为中心的信息共享的传输方式。

广域信息管理可通过网络授权技术，确保民航不同系统之间相互协作的基于信息技术的一系列项目组合，为不同单位、不同信息系统之间的数据交换提供基础平台。空管系统通过广域信息管理网络进行完全的互联，其目标是在整个民航行业范围内建立能够容纳重要数据的数据库，统一数据的类型和格式，使其能够在各个航行服务提供者、管制单位、空中交通流量和容量管理单位、空域使用者、军方、机场及航空公司运行控制中心等相关单位之间实现最大限度的共享，同时提高这些数据更新的及时性和准确性。广域信息管理的提出为构建新一代空管系统奠定了信息共享基础。

4.4　发　展　趋　势

世界经济、社会的蓬勃发展对空管技术提出了更高的要求，空管技术正朝着使航空运输更安全、更快捷、更舒适的方向发展。尽管各项空管技术所涉及的内容不尽相同，但其作为空管系统的重要组成部分，各技术相辅相成、相互带动，所呈现的发展趋势及期望达到的效果具有较为明显的共同点。

1. 集成度更高

世界各国在国际民航组织全球空管一体化运行概念的框架下，结合本国或本地区经济、社会发展状况及趋势，尤其是航空运输的发展趋势和空管系统的现状，制定各自的空管一体化发展计划和运行概念，其中包含不少以集成化为发展方向的空管技术。这些技术虽然不尽相同，但在国际民航组织全球空管一体化运行概念的框架下，在发展方向上却是大同小异，有的只是名称上的差别。空管技术朝着集成化的方向发展，主要表现在多种空管技术的集成，系统性地提升空管技术的功能，丰富空管技术的内涵，产生新的空管技术手段，使空管技术更好地满足各种用户的多目标和多需求，适应不断发展变化的空管环境和越来越复杂的空中交通，为空管系统建设打下坚实的基础。

2. 协同决策

协同决策是包括军民航空管、机场、航空公司、旅客等方面的联合决策机制，它是协调各方利益使收益最大、损失最小的有效手段。随着世界经济、社会的多元化发展，在未来的航空运输中将呈现出种类越来越多的利益和需求。为了满足多元化发展的需要，将有越来越多的相关方被纳入空管决策，同时对空管决策的协同性提出更高的要求。反映在空管技术上，使空管技术朝着更加协同化的方向发展，主要表现在：一是相关方决策权重的优化，权重的确定将更加动态化、灵活化，更加体现空域、时隙资源利用的公平性，一些权重较低、流量较少的需求将进一步得到重视和满足；二是空域、流量、场面等要素的协同优化技术，提高它们各自及相互的协同性，建立相应的空域与流量协同运行机制、流量与场面协同优化策略，从而提高国家或地区整体或局部的空管协同性。

3. 信息密集

以通信、导航、监视、航行情报管理、天气预报等技术为代表的空管保障技术是空管系统的关键技术之一。优质的空管保障技术不仅是安全飞行的有力保证，而且是缩小间隔标准，实施自由飞行（美国）或自由航路规划（欧洲）的基础，有利于提高空域容量。空管技术朝着信息密集的方向发展，主要表现在：一是未来航行系统的建设，实现由陆基导航向星基导航的转变，广泛应用并改进区域导航、所需导航性能等技术；二是机载设备的改进，增加、改进机载防撞系统和地空数据链功能，从而提高飞行安全性，并为缩小间隔标准做好准备；三是空管运行理念的提升，从基于空域的空管转向基于航迹的空管，允许航空器根据其性能寻找最优航迹飞行；四是空管信息共享平台的建立，及时的信息共享是提高空管效率的保障，尤其是在空管一体化条件下，性能可靠的空管信息共享平台发挥着重要的作用。

4. 全方位跟进

尽管空管技术的应用范围相对较窄，但空管技术综合许多学科的理论和方法，其应用涉及人、机、环境的诸多方面。空管技术的研发、改进和应用融入着越来越多的要素，也影响着越来越多的事物，呈现出全方位发展的趋势。空管技术朝着全方位化发展，主要表现在：一是多学科系统性、综合性的影响，促进空管技术水平的提升，使空管技术在服务航空运输的整体背景下，向着多学科交叉、融合的方向迈进，充实完善着本身的理论水平和应用范围；二是在建设环境友好型经济，走可持续发展道路的今天，空管技术将充分考虑节能减排的要求，促使航空运输减少油料消耗及噪声、尾气等污染；三是更加重视人为因素的影响，在系统建设中充分考虑人的可靠性、操作的稳定性等有关人的不确定因素，评估相应的安全风险，制定相应的避险策略，从而提高空管系统的整体安全性和稳定性。

第5章 空管设备系统

空管设备系统是空管运行体系的应用层，是空管运行概念和运行机制的实现方式。欧美等国家先进实用的空管设施及其完善高效的空管信息传输体系，是其空管发展水平的重要体现。欧美等国家以统一理念为指导，以满足各地区实际用户需求为目标，以缜密建设计划为保障，以"综合集成，分层设计"为建设策略进行空管系统的建设，有效提高空管的安全性、容量和高效性。

5.1 概　述

空管设备系统可以大致划分为基础层、数据传输层和应用层三类，其中基础层是空管保障系统，主要用于各类空管信息数据的采集和处理；数据传输层表示各类空管信息在空管保障系统与空管业务系统之间的传输；应用层为空管业务系统，表示各类面向空管用户的系统应用，是空管技术手段的最终实现方式。自从国际民航组织于1991年在第十届空中航行会议上正式通过全球实施通信、导航、监视和空管系统以来，日趋成熟的通信、导航和监视技术为空管的现代化提供先决条件。航空发达国家通过对通信、导航、监视系统、航空气象系统和航行情报系统等基础设施的全面规划与分步建设，形成新的管制理念、管制方式和方法，提供技术应用基础；通过空域管理系统，增强空域航路划设和管理的动态与灵活性，空域划界将依据交通流而不再受国界或设施的限制；通过流量管理系统的战略、预战术和战术三个阶段的协同决策，实现起降活动，合理配置资源，动态调整空域容量和航班计划的最优化；引入四维动态航迹和无协调冲突航迹，减少拥堵，最大优化交通排序，提高飞行安全和效率；实施场面活动精密引导，航空器进出跑道灵活，缩短跑道的占用时间，航空器全天候机动活动能力得到增强；将地面系统与空中系统功能相融合，提高航空器自主飞行的能力；基于可靠硬件平台研制开发的各类管制应用软件，实用性、功能性强，操作界面友好，保证现代化空管设备性能和系统效益的发挥。

近年来，随着经济全球化步伐的加快，空中交通服务的市场化、新技术应用成本的降低，以及航空企业要求压缩空管投资运行成本的呼声越来越高，空管全球化的发展趋势已势不可挡。据此，国际民航组织征求各地区反馈意见，形成全球一体化运行概念。运行概念是指通过所有方面协调提供的设施和无缝隙的服务，对空中交通和空域实施安全、经济和高效的动态与一体化管理。在全球空管一体化运行概念的统一指导下，各国空管系统建设体现出既有共性，又存在根据本地区用户实际需求为目标的地区差异。例如，空域管理系统，美国在统一国家体系下，军民航形成相应的管理系统，并通过数据共享实现协同运行。欧洲则由于成员国空域运行的机制差异，空域管理系统的开发大都基于各自的运行要求，进展程度不同，目前尚未形成整个欧洲范围内空域管理系统的整体协同。其他国家的空域管理系统或处于研究阶段，或尚未成熟。

空管设备系统的建设是复杂的系统工程，需要辅以详细建设计划保证实施。各地区空管系统建设计划根据本地区建设环境，包括国家制度，国家的政治、经济体制，国家的方针、政策以及社会生产力水平和自然资源条件等，充分整合本地区研究资源，包括研究机构、大学、高科技公司、空域用户等，以全球空管一体化运行概念为指导，密切结合本地区用户的实际需求，开展详实的分步实施计划研究。建设计划突出的代表，包括美国的下一代空中运输系统和欧洲空中航行安全组织的"欧洲单一天空空管研发计划"等，这些计划的制定，是美国和欧洲空中航行安全组织在对全球和本地区航空运输实际运行长期总结的经验基础上，以全球空管一体化为共同目标，制定的符合本地区发展特点的建设方案。下一代空中运输系统和"欧洲单一天空空管研发计划"包括如何建设空管系统，总结已完成的计划方案和应对计划实际实施的变化，以及如何整合和管理各种研究与开发资源分工协作、优势互补，共同实现计划，这些详细建设计划都是空管系统建设分步实施的有力保障。

空管设备系统的建设在设计上以符合信息系统集成和计算机系统集成规范为前提，采用数据和硬件资源综合集成，应用软件分层设计的理念为建设标准。例如，通过包括通信、导航、监视、航空气象和航行情报等系统的建设，实现空管数据的全方位采集和高度集成，为空管系统的应用层建设提供基本设施环境和数据资源。空管系统的应用层设计以统一规范为指导，以各地区管制的实际需求为牵引，开发实用性、功能性强，操作界面友好的实际应用系统，以保证现代化空管设备性能和系统效益的发挥。

5.2　空管保障系统

5.2.1　空管通信系统

全球范围内的空管通信系统，包括甚高频数据链通信系统、高频数据链通信系统、卫星通信系统、S模式二次雷达通信系统和航空电信网。空管通信系统所支持的数据传送方式包括面向字符和比特两种，这种综合式的通信系统适应飞越不同航路的特殊环境。通信系统的发展将在一些陆地区域和机场区域以甚高频数据链通信为主要方式；在交通密度很高的经济发达地区，以二次雷达作为传递信息的主要方式；跨洋飞行时使用卫星或高频数据链通信，目前在极地高频数据链通信仍被保留使用，直至该地区可以使用卫星通信；在终端用户之间，由航空电信网提供通过不同的地空和地面通信链路进行的数字化数据分组交换。

1. 甚高频数据链通信系统

甚高频信号传输延时小、可靠性高、信息传输速率快，十分符合终端区和机场区域中飞机与地面管制部门实时信息交换的要求，可以大大弥补雷达覆盖能力有限的缺点，并且其地面站的多重覆盖，可大大提高数据的可靠性，实现地面与飞机之间有效的数据通信。另外，甚高频空地数据链通信系统的机载设备和地面设备简单，易于安装、使用、进行系统扩展和升级，使其成为现有空地数据通信系统中最经济的一种设备。

甚高频数据链通信系统由机载航空电子设备、远端地面站、地面数据通信网、网络管理与数据处理系统、数据网关系统和各用户子系统构成。其中机载航空电子设备与远端地面站皆由甚高频收发信机和数据处理、执行协议计算机两部分组成。机载电子设备可以采集飞机上的各种数据，如发动机的状态、飞机的位置数据、飞行员输入的通信报文等。远端地面站接收飞机下发的数据，通过专用网络将数据传送到网控中心，网控中心的网络管理与数据处理系统将数据处理入库后，根据数据中的地址信息和自身路由表，将报文通过专用网络再传送到目的用户。每个航空公司的网络中心都有一套自己的用户子系统，每套系统有自己的地址，这些子系统都通过专用网络连接到网控中心的一个网关，该网关负责用户系统的接入和数据分发。在每个用户子系统内有一个小型网关，这些小型网关同网控中心的大网关连接在一起，通过网控中心接收和发送数据。

甚高频数据链路通信系统以数据通信为主，兼容语音通信，其工作模式主要有以下四种。

（1）甚高频数据链路模式 1：信道带宽为 25kHz，调制方式用调幅——最窄移频键控，信道速率为 2400bit/s，采用面向比特协议，透明传输分组数据，采用空地直接可交换的虚电路连接方式，可提供航空电信网网服务，并能与航空电信网的其他子网交换操作，媒体访问采用码分多址方式。

（2）甚高频数据链路模式 2：与甚高频数据链路模式 1 类似，其调制方式为差分八相相移键控，速率为 31.5Kbit/s。模式 2 是一种过渡性方案，用于初期空中交通服务数据链。

（3）甚高频数据链路模式 3：由美国提出，为美国等地区的空中交通服务基本方案。甚高频数据链路模式 3 以模式 2 为基础，做出重大改进。话音编码为

4.8Kbit/s，话音通信端到端的等待时间为 250ms。上行和下行链路使用同一频率。信道带宽 25kHz，媒体访问采用时分多址方式，可同时提供话音和数据通信，其中话音为数字话音，话音通信阻塞最小，增加话音通信的容量，减小信道负载；同时可以进行话音通信的加密，提供自动电路管理功能，信道切换方便，可以进行优先权管理；支持数据消息长度和容量的请求及数据消息优先权管理；可保证一定的通信延时，并提高带宽利用率。

（4）甚高频数据链路模式 4：由瑞典等一些欧洲国家提出，由欧洲空管局、欧洲民航设备组织推动。波段为 118～136.975MHz，速率为 19.2Kbit/s，调制方式为高斯频移键控，媒体访问采用自组织时分多址方式。甚高频数据链路模式 4 是提供空空、空地、广播通信、全球卫星导航、次级导航、自动相关监视、航空电信网和非航空电信网通信等功能的新一代航空数据链模式，可以高效地进行重复短消息的交换；同时模式 4 可以在没有地面台支持的情况下实现空空数据通信。

目前，美国已经建立 754 个甚高频数据链通信系统地面站，覆盖美国本土所有航线；另外，国际航空电讯协会在欧洲、亚洲、美洲和澳洲等地建立 732 个远端地面站，构成全球覆盖范围的最大的甚高频数据链通信网络——国际航空电讯协会网络。泰国无线电公司也在泰国、新加坡、中国澳门、菲律宾、中国台湾、韩国等地建立了 65 个远端地面站。

2. 卫星通信系统

卫星通信系统通常由通信卫星、地球站群、卫星通信控制中心三部分组成，如图 5-1 所示。通信卫星在空中起中继站的作用，即把地球站发上来的电磁波放大后再发送回另一地球站。地球站则是卫星系统与地面公众网的接口，地面用户通过地球站出入卫星系统形成链路。

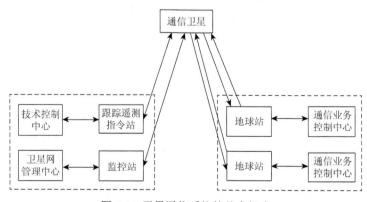

图 5-1　卫星通信系统的基本组成

目前，卫星通信系统主要作为甚高频通信系统的备用手段，可以弥补甚高频系统的不足，满足航空运行无缝隙通信的要求。卫星通信系统为用户提供双向语音和数据服务，包括高质量语音、数据包信息、传真和电路模式数据。

通信卫星是卫星通信系统的空间分系统，主要由天线系统、通信系统、遥测指令系统、控制系统和电源系统五大部分组成。

地球站群一般包括中央站（或中心站）和若干个基本地球站。中央站除了具有普通地球站的通信功能，还负责通信系统中的业务调度和管理，对普通地球站进行检测控制以及业务转接等。

卫星通信控制中心由通信卫星监控站和卫星通信管理站组成。通信卫星监控站通过遥测和遥控系统对卫星的轨道、姿态和有关部分的工作进行监视与矫正，保证通信卫星的正常运行和工作；卫星通信管理站对通信业务进行协调和技术管理。

卫星通信是实现新航行系统的基础。目前，新的卫星通信技术主要包括星上处理技术、星间链路技术、多址技术以及高速宽带数字通信技术。根据卫星的扫描和不同机载设备天线的增益方式，目前卫星通信可以完全或大部分覆盖中低纬度地区。现阶段，最具有代表性的即将运行或在计划中研制的卫星通信系统如下。

Iridium 系统：低轨卫星系统，使用 66 + 6 颗卫星，星上处理和卫星交叉连接。

Globalstar 系统：低轨卫星系统，采用码分多址方式，共使用 6×8（轨道）= 48 颗工作星。

ICO 系统：中轨卫星系统，由 10 颗卫星和高速光缆连接的 12 个地面站组成。

Teledesic 系统：低轨卫星系统，称为"空中的网络"，共有 288 颗卫星，提供高速宽带数字技术，使用异步传输模式技术。

SkyBridge 系统：低轨卫星系统，由 80 颗卫星组成。

3. 高频数据链通信系统

高频数据链通信系统用于极地和越洋飞行，以覆盖卫星、甚高频无法涵盖的地区。高频电波传播主要靠电离层反射，依靠天波传播，因而不受视线范围的限制。使用高频数据链通信系统进行数据传输，单独台站的传输距离可达数千千米，只需要在不同区域设置十几个高频地面站并组成系统网络，即可实现包括两极在内的全球性数据通信覆盖，并且地面站越多，通信可靠性越高。

高频数据链系统由机载设备、地面站和地面网管中心组成。

（1）机载设备对原有的 ARINC-719 高频无线电收发信机进行改装，增加一个高频数据单元，包括编码器和调制解调器，另加一个天线耦合器，可以与现行的飞机通信寻址和报告系统配合工作，支持自动通信与报道系统数据通信；或者选用全新的机载高频无线电语音/数据收发信机和数字天线耦合器。

（2）地面站包括发射机、接收机、高频数据单元和控制器。地面站的设立取决于系统通信覆盖的地区，也取决于管理飞机的数量。

（3）地面网管中心用来对地面站进行频率管理，处理上下行数据，进行网络管理和空地报文的路由转换。它的地面网与空管部门和其他通信网相连，是该系统的核心。

高频数据链建设是 20 世纪 80 年代中期才被规范的。1998 年初，ARINC 公司正式推出高频数据通信服务，目前共建有 14 个高频地面站，可以基本覆盖全球。随着技术改进，高频数据链与甚高频、航空移动卫星业务和 S 模式二次雷达子网互为补充进入航空电信网。

4. S 模式二次雷达数据链通信系统

S 模式二次雷达提供空地数据链路，适合高速率数据的发送，用于终端区域和其他高飞行密度空域的管制应用及系统部门。它是一种先进的雷达询问系统，将二次雷达与数据链相结合，允许地面管制单位有选择地询问，在地面询问和机载应答设备装置之间具有双向交换数据功能，可提供未来自动化空管所需的监视和通信能力，是与航空电信网完全兼容的子网络。

S 模式二次雷达数据链通信系统的功能包括：有选择地询问，防止视线内所有飞机应答引起的系统饱和、显示混叠等问题；一机一码，确保问答过程中只有和地址一致的飞机收到询问信号；在原有 A/C 应答基础上提供数据通信功能，能够互传更多的信息，也为甚高频话音通信提供备份；单脉冲技术的引用使目标方位参数和分辨率大大提高。

系统由两部分组成：地面询问雷达和机载应答机。地面询问雷达主要由二次雷达天线、发射机、接收机、信号处理设备和雷达显示终端组成。机载应答机系统主要由应答机、控制盒、天线等组成，如图 5-2 所示。系统工作时，利用 S 模式询问、应答信号中的飞机识别码，对目标飞机预先编码。S 模式地面雷达站利用地址识别码与飞机单独联系，地面询问机只向其负责监视的飞机进行询问，用跟踪装置保存每架飞机的预测位置，待天线波束指向被选址飞机时，地面询问发射机发出询问信号，机载应答机根据询问做出应答，地面接收机接收到应答信号后，通过信号处理设备对其进行信号处理，并通过雷达显示终端给出终端用户所需数据信息。

S 模式的数据链通信仍沿用二次监视雷达的工作方式，必然存在一定的缺陷，因受到天线扫掠间歇的限制，使依赖于 S 模式的通信次数、速率和实时性差于甚高频数据链。但对雷达功能而言，代表发展的一个方向。

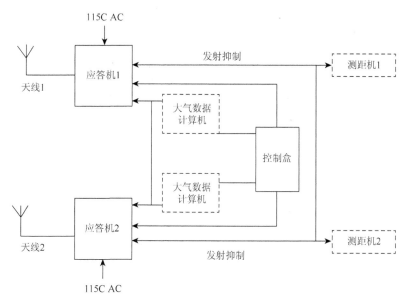

图 5-2　应答机的组成框图

5. 航空电信网

航空电信网是一个由通信卫星子网、无线移动子网和地面子网等多种网络组成的全球互联的复杂网络系统，可以为航空公司、管制部门和旅客提供服务。根据国际民航组织的要求，将来各个成员国的航空电信网要实现互联。国际民航组织有众多的成员国，每个国家都有自己的网络，每个网络都是根据自己国家的需要而设计的，不同国家之间的网络有着不同的特点。航空电信网的主要目的就是将这些不同特点的网络，包括空地网络和地地网络连接起来组成一个统一的互联网络而提供统一的应用与服务。

航空电信网是通信系统全球化的体现，其提供的数据通信功能应用主要包括空中交通服务通信、航空运营通信、航空管理通信和航空乘客通信。其中空中交通服务通信面向空中交通管制，航空运营通信和航空管理通信面向航空公司，航空乘客通信则面向乘客。航空电信网面向不同部门、不同性质的用户提供无缝的通信服务。

航空电信网按照国际标准化组织七层通信模型构造，主要由机载电子设备通信子网（数据链管理系统）、空地通信子网、地面通信子网（分组交换、局域网）组成。各类子网之间利用路由连接器连接，用户经路由器通过网关进入航空电信网，再按照网间协议和标准进行信息交换。航空电信网是基于开放式系统互连数据通信模式的网络，是专门为民用航空界提供数据通信服务的电信网，它与地面系统和机载系统相连，系统输入与输出主要由端系统来实现，提供包括飞行员、管制员、航空公司、航行情报专家等人机接口，以及与空管自动化系统、飞机自动化系统的人机界面接口。

从系统结构来看，航空电信网是由终端系统、中间系统和子网三部分组成的。终端系统包括航空公司和空管单位的应用终端以及飞机上的机载终端，也称端系统。终端系统以航空电信网互联网络为基础，为用户提供各种交通管制服务。中间系统主要为航空电信网路由器，是连接航空电信网各个部分的节点，完成路由、转发和子网接入等功能，是航空电信网传输网络的核心。航空电信网的子网包括固定子网和移动子网两类。固定子网可以是面向连接的网络，如 X.25 或帧中继，也可以是面向非连接的网络。移动子网有四种，即甚高频移动子网、卫星移动子网、S 模式二次雷达子网和高频移动子网。虽然每种网络都有自己的特性，但是各种移动子网和固定子网之间可以通过统一的接口实现无缝互联。

目前，各国航空电信网的发展和建设正在分阶段进行。第一阶段，建立国内航空电信网基础框架，主要是建立骨干网络结构，工作重点是完善各国的航空电信网技术研究、开发、实施工作组织，建立航空电信网实验室，按照国际民航组织规划组织技术测试工作。建立国内航空电信网骨干网络，并提供数量有限的国际接口。第二阶段，研究并实施航空电信网的空地通信部分，充分发挥航空电信网网络支持空地通信的特性，完成国内航空电信网网络与全球航空电信网网络的互联。

5.2.2　空管导航系统

空管导航系统在发展中，无方向性信标及甚高频全向信标/测距机将逐步取消；微波着陆系统将在精密进近和着陆引导方面代替仪表着陆系统；全球卫星导航系统将提供全球范围的覆盖，并用于对飞机的精密进近的引导。

1. 全球卫星导航系统

全球卫星导航系统可提供运载体的位置、速度、时间等信息，提供通信服务和搜索监视服务等，并具有高精度和全天候的特点，在军事、科研、工农业生产和民用等方面的应用越来越普及，范围也日趋广泛。目前世界范围内全球卫星导航系统主要包括美国的全球定位系统、俄罗斯的全球卫星导航系统、国际海事卫星系统、欧洲伽利略卫星导航系统、中国的"北斗"导航系统、印度区域导航卫星系统、日本准天顶卫星系统以及其他的卫星导航系统等。

1）全球定位系统

全球定位系统是具有 24 颗卫星的全球卫星导航系统，已于 1994 年 3 月布设完毕，并正式投入使用，它分别在 L1（1574.42MHz）载频上调制 1.023MHz 的 C/A 码提供标准定位服务和在 L2（1227.6MHz）载频上调制 P 码提供精密定位服务。精密定位服务只有美国军方以及特许用户才能使用，定位精度优于–4～10 米；标准定位服务为民用，定位精度原为水平位置±100 米、垂直位置±156 米。2000 年 5 月 1 日，美国就关闭了降低全球定位系统民用信号精度的"选择可用性"技术措施，使民用全球定位系统定位精度改善到 20 米。全球定位系统升级计划也在进一步实施中，国际民航组织已将全球定位系统纳入全球导航卫星系统。

2）全球卫星导航系统

该系统是俄罗斯发展的全球卫星定位系统。类似于全球定位系统，全球卫星导航系统由分布在 3 个轨道面上的 24 颗卫星（含 3 颗备份卫星）组成。俄罗斯早在 20 世纪 80 年代就宣布民用码信号免费向全世界民用用户提供服务，其导航精度为水平精度 100 米，高度精度 150 米，速度精度 15cm/s，授时精度 1s。该系统也在更新之中，更新后的系统为全球卫星导航系统-M、全球卫星导航系统-K，其导航精度将得到进一步提高。

3）国际海事卫星系统

该型卫星加装了导航舱，4 颗加装导航舱的国际海事卫星系统-III 型卫星于 1995 年底入轨运行。它发送附加的测距信号，转发来自地面基准网的广域电离层校正值与差分全球定位系统修正值，还转发来自地面监测网的全球定位系统与全球卫星导航系统的完善性信息。

4）伽利略卫星导航系统

1996 年 6 月方案论证开始，伽利略卫星导航系统包括 30 颗卫星，采用中高度圆轨道星座和中高度圆轨道卫星与地球同步卫星的混合星座，提供免费接入业务、一类有偿业务和二类有偿接入业务，精度依次提高，其中免费接入业务的双频定位精度水平方向约 4 米，垂直方向约 8 米，单频定位精度水平方向约 15 米，垂直方向约 34 米。

1996 年，美国、俄罗斯、日本和欧洲决定在 1998～1999 年采用一套称为全球导航卫星系统的增强型卫星系统，它包括美国的全球定位系统、欧洲的全球导航卫星覆盖业务、日本的 QZSS、俄罗斯的全球卫星导航系统以及由 70 多个签约国组成的条约组织所操纵的通信卫星 INMARSAT。开发全球导航卫星系统的宗旨是使所有的导航卫星信息服务于空中交通。全球导航卫星系统的概念已被国际民航组织认可。

2. 全球导航卫星系统增强系统

按全球导航卫星系统增强系统的组成可划分为地基增强系统、星基增强系统、空基增强系统和混合增强系统四种。卫星定位信号的增强利用将改善地面导航信号的不足，使形式复杂、多点分散的地面辅助导航信号变成单一类型的辅助导航信号，可以让飞机从起飞到降落都使用单一系统来操作，形成一个无缝隙的飞行服务系统。

在地基增强系统中，用户接收到的增强信息来自地基发射机。地基增强系统由全球导航卫星系统卫星子系统、地面子系统和机载子系统组成。地基增强系统通过为全球导航卫星系统测距信号提供本地信息和修正信息，来提高导航定位的精确度。增强信息通过通信数据链以数字格式广播给用户，信息包括差分校正值、完好性信息、基本地面站信息和状态信息等，用于机场飞机着陆的还包括最终进近段定义数据。修正信息的精度、完好性和连续性要满足所需服务等级的要求，最终可用于Ⅲ类精密进近、非精密进近、起飞及地表导航。另外，地基增强系统还能对没有被星基增强系统覆盖的偏远地区提供导航服务。未来，地基增强系统将通过增加辅助的差分修正信息提供精确的进场定位信号，形成卫星着陆系统以取代传统的仪表和微波着陆系统。地基增强系统的国际标准正在逐渐成熟，地面站的发展也接近完善，目前已可实现Ⅱ类精密进场着陆的能力。地基增强系统的典型应用为美国的局域增强系统。

在星基增强系统中，用户接收的增强信息来自星基发射机。星基增强系统由地面监测站、主控站、地面地球站及同步轨道通信卫星组成。系统以辅助的同步轨道通信卫星，向全球导航卫星系统用户广播导航卫星的完好性和差分修正信息。监测站测量所有可见卫星的伪距值，并完成部分完好性监测；测量数据经由数据网络传送到主控站。主控站对观测数据进行处理，产生三种对伪距的校正数据：快速校正、慢校正（卫星钟差和轨道误差）、电离层延迟校正；同时主控站也要进行完好性监测，包括校正和完好性信息的数据通过地空数据链发到同步卫星，再由该卫星转发到用户接收机，这时采用的信号频段和数据格式与导航卫星一致，这样可保证用户接收机的最大兼容和最小改动。星基增强系统用于空中交通管制，可以提升机场跑道容量和空域隔离标准，可靠地增加指定空域的容量；可以给出更多的直飞路径，满足精密进近的服务要求；可以减少及简化机载设备，降低传统的地基导航设施（包括无方向性信标、甚高频全向信标、测距仪等）的维护费用，节省开支。当前，星基增强系统的进展已可提供飞机精密Ⅰ类进场着陆的能力。现有的星基增强系统的应用主要是美国广域增强系统、欧洲静地重叠导航卫星系统和日本的多功能卫星增强系统。

空基增强系统综合全球导航卫星系统信息和机载设备信息，从而确保导航信号完好性的要求。它的应用包括接收机自主完好性监测、飞机自主完好性监测、全球定位系统/惯性导航系统等，宗旨是保证定位精度，实现对卫星工作状态的监控，确保使用健康的卫星进行定位，空基增强系统应用有全球定位系统/惯性导航系统等。

混合增强系统是将上述三种增强系统结合起来，在不同的飞行阶段使用一种或几种增强技术，以此来获得精确的定位信息的一种综合型增强系统。其主要应用是澳大利亚建设的星基和地基混合的地区增强系统。

3. 差分全球导航卫星系统着陆系统

差分全球导航卫星系统用于进近着陆的研究工作，国外已进行多年，一般认为，它可以满足非精密进近以及Ⅰ类、Ⅱ类精密进近要求。当定义着陆系统精度新标准采纳所需导航性能或"隧道概念"后，实现Ⅲ类精密进近成为可能。差分全球导航卫星系统，就是在一个已经测定的已知点安装全球导航卫星系统导航设备，经过处理得到实时的全球导航卫星系统位置数据，将它与已知的位置数据进行比较，不断确定当前误差，产生准确的修正值，然后将校正数据送至用户，以便利用这些数据来修正用户得到的定位数据，从而提高其定位精度。系统由地面基准台和机载设备两大部分组成。地面基准台包括一部多通道全球导航卫星系统接收机、一台数据处理计算机和一部差分数据发射机；机载设备包括一部多通道全球导航卫星系统接收机、一台数据处理计算机和一部差分数据接收机。

差分全球导航卫星系统着陆系统工作时，地面基准台利用多通道全球导航卫星系统接收机接收卫星导航系统给出的地面定位信号，将定位信号传输至数据处理计算机，数据处理计算机将它与已知的位置数据进行计算比较，确定当前误差，最终产生准确的修正值，然后利用差分数据发射机将校正数据传输至机载设备的差分数据接收机，机载设备将校正值和多通道全球导航卫星系统接收机的卫星定位数据传输至数据处理计算机，由此数据处理计算机最终得到修正后的高精度的飞行器定位数据。

4. 微波着陆系统

由于仪表着陆系统的工作频率较低，且波束固定较宽，所以工作频道少，波束易受地形和气象的影响，精度低，只有一条航向、下滑道。这些缺点使仪表着陆系统难以满足Ⅲ类气象条件下安全着陆的要求，微波着陆系统是为了弥补仪表着陆系统的一些缺点而设计的一种进近辅助设备。

微波着陆系统为非目视进近和着陆引导设备，产生用于引导飞机方位和仰角的信息，通过与预选方位角和下滑角的比较得到方位偏离与下滑角偏离信号，并将这些信号送到方位/下滑角偏离指示器或其他显示器。此外，这些信息还可以转换成高精度的数字或模拟数据流直接馈送给自动飞行控制系统作制导飞机用。微波着陆系统的组成有方位制导设备、仰角制导设备和测距仪，三者都配有各自的监控器，如图 5-3 所示。设备与设备之间的信息传送通过电缆、光导纤维或微波线路等进行。

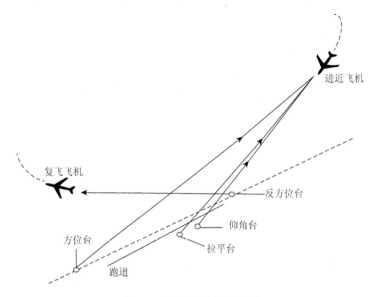

图 5-3　微波着陆系统组成

　　方位设备和仰角设备统称为角度制导设备，由时序产生器、控制电路、发射机、天线和监控器等部分组成。整个微波着陆系统角度制导设备信号的同步来自方位设备，因此方位设备的时控电路起着微波着陆系统地面系统工作的核心作用。在扩展格局中，可以有选择地增加其他功能，如增设复飞和飞机离场时的反方位制导、拉平制导、增宽方位制导扇区和增加辅助数据传送系统。方位制导设备一般和精密测距应答器一起安装在跑道端处的中心延长线上，与仪表着陆系统航向台的功能相同；反方位台与方位台的工作原理相同，装在跑道的另一端（跑道入口处），用来从背向制导飞机起飞、复飞或离场。

　　仰角制导设备是微波着陆系统中另一重要的组成部分，它安装在跑道的进近端处偏离中心线的某一位置。仰角台与仪表着陆系统下滑台的功能相同，但可提供驾驶员选择的下滑角范围更宽。在方位覆盖区域内，飞机可以在仰角制导的范围内任何下滑航道上得到精密的引导。

　　拉平制导台用来保证飞机进入跑道拉平至主轮接地的着陆过程。一般用于Ⅲ类进近着陆，尤其是ⅢC类情况。拉平台的作用是提供进近飞机在拉平阶段离地面的高度信息，其工作原理与仰角台相似。

　　微波着陆系统数据传输系统向飞机提供用于精密进近和着陆的必要信息，分为基本数据和辅助数据。基本数据包括地面设备识别、信号覆盖范围、可用最低下滑道、微波着陆系统设备性能级别和所用频道等与着陆直接有关的数据，而辅助数据一般包括地面设备的安装状况、航空气象情报、跑道状况和其他补充信息，如区域导航方面的数据。

微波着陆系统地面设备相对于跑道的布局有多种情况可供选择，功能配置方案包括：单一微波着陆系统（方位台、仰角台和精密测距机）；单一微波着陆系统加装拉平台，供飞机接地前拉平动作的制导；单一微波着陆系统加装反方位台，作为起飞或复飞时的离场制导；具有双向进近制导功能的双套微波着陆系统等。

5.2.3　空管监视系统

CNS/ATM 定义的机载平台的监视功能主要包括地形监视、气象监视和交通监视三类。未来，更强调为空管服务的监视，使地面管制中心掌握飞机飞行轨迹和飞行意图，提高空中交通安全保障能力。空管监视系统，二次雷达 A、C、S 模式将用于终端区域和高密度陆地空域；自动相关监视将广泛使用并由二次雷达作补充；一次雷达的使用将减少。

1. S 模式二次监视雷达信标系统

S 模式二次监视雷达信标系统是新一代的二次监视雷达系统。该系统与传统二次雷达系统的本质区别在于具有选址询问功能。系统中每个应答器都分配一个专用的地址编码，地面询问站按编码地址有选择地询问。显然，应答也将是有选择的，从而避免现在系统中多个目标同时应答所造成的混扰和窜扰。系统的第二个突出优点是具有较强的数据通信功能，这有助于地面管制中心快速、自动地获取精确空情数据，也有助于地面管制中心发布管制指令或为飞行员提供不同的飞行服务。1981 年国际民航组织通信专业会议上，决定采用上述信标系统，并命名为 S 模式二次监视雷达信标系统。新系统将逐步取代现有的系统，以适应现代空管系统的需要。

S 模式二次监视雷达信标系统的基本思想是赋予每架飞机一个指定的地址码，由地面系统中的计算机控制进行"一对一"的点名问答。这种一对一选择问答方式和现行空中交通管制雷达信标系统的普遍询问应答方式完全不同。离散寻址信标系统可以有两种不同类型的询问。一种是全呼叫询问。它用来监视装有空中交通管制雷达信标系统应答器的飞机，同时也对装有 S 模式应答器的飞机实现搜索捕获。这充分体现向 S 模式过渡阶段的兼容性。另一种是只呼叫离散寻址信标系统，即 S 模式询问，是 S 模式系统最具特色的一种询问模式，除了对装有 S 模式应答器的飞机行进选址询问以实现监视功能，还用于实现数据链通信。

对于全呼叫询问，现行的空中交通管制雷达信标系统机载应答机作相应的识别应答或者高度应答的，而 S 模式应答机作全呼叫应答。S 模式只呼叫询问的询问内容为飞机地址（飞机代码）、控制字、奇偶校验及其他有关信息，信息可以多达 112 位，因此除了用于飞机代码、高度询问，还可以进行其他内容的广泛的信息交换；对于这种询问，现行的空中交通管制雷达信标系统机载应答机无法做出应答，而 S 模式机载应答机根据询问给出应答数据字组，包括控制字、飞机地址码、高度码以及其他需要交换的机载设备信息。

S 模式二次监视雷达信标系统由地面询问雷达和机载应答机两部分组成，具备双向交换数据功能，除了可以实现对飞机状态的跟踪监视，还可以与空中交通警戒和防撞系统配合工作，为飞机提供避撞手段。空中交通警戒与防撞系统利用来自 S 模式的应答信号确定邻近飞机的方位、距离和高度，并利用 S 模式数据传输能力正确选择飞机避撞措施，是防撞的可靠手段。目前，S 模式二次监视雷达信标系统已在世界范围内广泛使用，并体现出其准确、高效、干扰小等诸多优点。

2. 空中交通警戒与防撞系统

现代飞机上的防撞系统，美国称为空中交通警戒和防撞系统，欧洲称为机载防撞系统，实际上两者的含义、功能是一致的。空中交通警戒与防撞系统作为一种防止和避免空中相撞的有效设备，具备空对空相互监视功能，显示飞机周围的情况，并在需要时提供语音告警，同时帮助飞行员以适当机动方式躲避危险，这些都有助于避免灾难性事故的发生。

空中交通警戒与防撞系统由以下七部分组成，如图 5-4 所示。

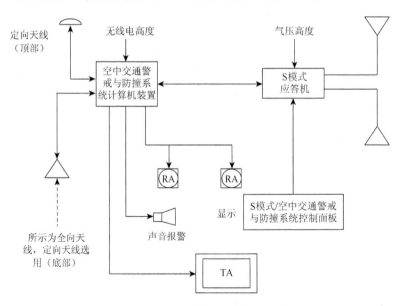

图 5-4　空中交通警戒与防撞系统组成框图

（1）S 模式/空中交通警戒与防撞系统控制面板：选择和控制所有空中交通警戒与防撞系统组件，包括空中交通警戒与防撞系统计算机、S 模式应答机和空中交通警戒与防撞系统显示器等。如图 5-4 所示，控制信息经由 S 模式应答机输送到空中交通警戒与防撞系统计算机。

（2）S 模式应答机：执行现有 A 模式和 C 模式应答机的正常空中交通管制功能。因为它具有选择地址的能力，S 模式应答机也用于装有空中交通警戒与防撞系统飞机之间的空中数据交换，以保证提供协调的、互补的决策信息。

（3）空中交通警戒与防撞系统计算机装置：这个装置用于监视空域，跟踪闯入飞机和自身飞机，探测和判定威胁，产生决策信息。气压和无线电高度以及图 5-4 没有显示出的有关航空器外形的离散输入，用于计算机控制避撞的逻辑参数，这些参数决定空中交通警戒与防撞系统所确定的保护范围。一旦发现具有碰撞威胁的航空器，计算机将选择最好的避让机动。如果威胁航空器上也装备有空中交通警戒与防撞 Ⅱ、Ⅲ 或 Ⅳ，那么这种机动是协调联动的。

（4）TA（交通警戒信息）：交通警戒显示可以是专用的空中交通警戒与防撞系统显示器，也可以是气象雷达与交通显示合用的显示器。

（5）RA（决策信息）：决策信息显示器是一个标准的垂直速度显示器。

（6）声音报警：用来补充显示的交通警戒信息和决策信息。在交通警戒显示出现时，系统发出"Traffic，Traffic"的声音，告知飞行员应当查看交通咨询显示以确定闯入航空器的位置。如果冲突不能自身解决，则系统会继而通报决策信息，同时系统发出"Climb，Climb，Climb"或"Descend，Descend，Descend"的声音；此时，飞行员应当调整或保持飞机的垂直速率，使垂直速度指示器指针保持在红段之外。

（7）天线：空中交通警戒与防撞系统使用的天线包括一部安装在飞机顶部的定向天线和选装于飞机底部的定向天线，用来确定目标的距离、角度、高度等方位信息。S 模式应答机用 1030MHz 接收询问并且用 1090MHz 回答，可以选择使用其上、下天线，以增强信号强度并减少多次反射的干扰。

当空中交通警戒与防撞系统运行时，询问机发出与地面管制信号类似的询问脉冲信号，当其他飞机收到询问信号时，会发射应答信号。空中交通警戒与防撞系统的计算机根据发射信号和应答信号间的时间间隔来计算距离。同时，根据方向天线确定方位，为驾驶员提供信息和警告，这些信息显示在驾驶员的导航显示器上，并在需要时提供声音报警，帮助飞行员以适当机动方式躲避危险。

当前，正在研发或使用的空中交通警戒与防撞系统有 4 种类型：空中交通警戒与防撞 Ⅰ、Ⅱ、Ⅲ、Ⅳ。空中交通警戒与防撞 Ⅰ 只有交通威胁告警手段，不能提供避让建议及其和邻机之间的协调问题。空中交通警戒与防撞 Ⅱ 兼有告警和避让建议，但只能作垂直避让。空中交通警戒与防撞 Ⅲ 兼有警告和水平避让建议。空中交通警戒与防撞 Ⅰ、空中交通警戒与防撞 Ⅱ、空中交通警戒与防撞 Ⅲ 是基于二次监视雷达的 S 模式基础上发展起来的。空中交通警戒与防撞 Ⅳ 的发展基于全球定位系统定位技术和自动相关监视自动位置广播技术，可提供警告和水平避让建议，与空中交通警戒与防撞Ⅲ相比，成本较低。目前，空中交通警戒与防撞Ⅰ、空中交通警戒与防撞Ⅱ已经成熟，空中交通警戒与防撞Ⅲ、空中交通警戒与防撞Ⅳ的相关技术还在研究阶段。

空中交通警戒与防撞系统作为现代飞机的重要机载电子设备，具有探测范围大、探测精度高、反应速度快、显示清晰、易辩读等特点。它的突出表现和卓越性能，越来越受到广大飞行人员和地面交通管制人员的喜爱与依赖，是飞机安全飞行的重要帮手。但是与空中交通警戒与防撞系统的卓越表现相对应的，是其复杂的系统交联和内部构造，对系统维护和故障排除提出的更高要求，这是空中交通警戒与防撞的一个重要的研究方向。美国在 1993 年 12 月 31 日开始规定，30座以上的客机必须配备空中交通警戒与防撞Ⅱ。欧洲空管建议，2000 年 1 月 1 日以后在 30 座以上的客机或最大起飞重量超过 15000 千克的飞机上配备机载防撞系统。我国民航使用的客机比较先进，绝大部分已预先安装最新版本的防撞系统，2003 年起，未安装防撞系统的民航客机将不得飞行。

3. 自动相关监视系统

自动相关监视的功能总体而言是通过对雷达覆盖区以外的飞机提供自动相关监视手段来加强飞行安全。自动相关监视系统包括机载自动相关监视设备、地空数据链传输系统、地面通信网络和地面设备四部分。

（1）机载自动相关监视设备主要是将飞机的有关信息自动传输给空中交通管制部门，由机载电子设备和多功能控制显示设备组成。其中机载电子设备用来从飞机导航系统和飞行管理系统收集有关的导航资料，编成需要的格式发送到通信系统中；同时，还具有接收上行电报、确定报告频率、选择发送区和提供通信网络等功能。多功能控制显示设备用来显示自动相关监视信息，并能在紧急情况下提供飞行员与管制员直接话音通信的功能。

（2）地空数据链传输系统用于地面和飞机的数据、语音传输。主要传输方式有甚高频数据链、高频数据链、S 模式二次雷达数据链和卫星数据链。在海洋和其他不能建立地面站的区域，自动相关监视系统采用延时较大的卫星数据链；在极低附近区域，可使用高频数据链来实现通信；在其他区域，甚高频数据链延时小，更适用于空管系统，满足通信实时性的需求。

（3）地面通信网络将航路飞行的自动相关监视信息链接到有关的空中交通服务单位，也可将空中交通服务单位的信息送到反射单元。这主要是通过地面通信网络和卫星通信网络传输的，它们也是航空电信网的一部分。

（4）地面设备包括飞行数据处理系统和地面管制员席位上的操纵与显示设备。飞行数据处理系统可以自动实现诸多功能，包括：飞行数据验证（对从飞机上引入的航路点数据和方形的飞行剖面数据进行比较，发现差错）、符合性验证（对飞机实际位置和方形的飞行剖面数据进行比较，发现偏离）；自动跟踪、显示飞行轨迹；空中交通冲突的探测和解脱；数据显示。

地面管制员席位上的操纵和显示设备的功能主要包括：显示所有空中交通情况，使管制员花费尽量少的精力就能监视扇区内的交通，显示格式可以和雷达监视屏幕所用的相同，因而可称为"伪雷达"或"伪雷达显示"；发现潜在冲突并向管制员提出警告；管制员能通过数据链向飞机发送固定和任意格式的空中交通服务电报；能显示飞行员送来的数据信息内容；能提供在紧急情况和非正常通信时与飞行员立即插入话音通信的功能；机载电子设备获得的自动相关监视信息，通过甚高频数据链、高频数据链、二次监视雷达 S 模式数据链和航空移动卫星业务数据链传到地面管制员的自动相关监视终端，生成空中交通信息，在管制员屏幕上显示。

4. 广播式自动相关监视

广播式自动相关监视技术是飞机通过自动广播自身位置报告，同时接收邻近飞机的位置报告，互相了解对方位置和行踪，驾驶员自主地承担维护空中交通间隔的责任，不再依赖地面雷达监视和管制。广播式自动相关监视具有的特性主要是飞机所发送信息不仅是点对点地传送到空管监视部门，同时要对外广播，使通信网络覆盖空域内的单位均能收到。采用广播式自动相关监视技术后，可以实现空中相互监视、地面对空中目标的监视，在没有雷达监视的地区，也能在地面和空中交通显示器上呈现空中交通状态，同时还能起到空中交通防撞的作用。

广播式自动相关监视系统有以下组成部分，如图 5-5 所示。一是包括从航空器/机动车辆/障碍物等信息源进行信息收集和传输功能的发射装置；二是包括航空器/机动车辆或地面系统等信息接收方进行信息接收和报告集结功能的接收装置，以及数据链广播媒介。

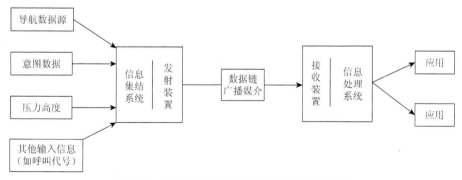

图 5-5 广播式自动相关监视系统组成示意图

广播式自动相关监视主要实施空对空的交通监视，一般情况下只需要机载电子设备，不需要任何地面设备。飞机上的设备包括以下三部分。

（1）位置信息源，即全球定位系统卫星导航接收机。广播式自动相关监视通过全球定位系统卫星导航接收机接收飞机位置报告，高度报告数据依靠大气数据计算机或编码高度表的输出。飞机的位置、高度等数据都是通过飞机管理计算机转送给飞机上的各种电子设备。

（2）广播式自动相关监视位置报告的收发机和天线。广播式自动相关监视收发机是甚高频/特高频或 L 波段 S 模式的收发机，具有专门的处理广播式自动相关监视电文的软件；其天线只需一般的全方向天线，在机顶上和机腹下各配置一个。

（3）驾驶舱交通信息显示器。广播式自动相关监视可通过驾驶舱交通信息显示器、多功能控制显示组件或专门的驾驶舱交通信息显示器向用户提供监视信息，包括显示目标飞机的标识符号、识别码、高度数据、上升/下降信息和告警信息；扩展或收缩显示距离范围；重叠显示航路段、航路点、最近机场、气象/地形提示和告警信息等。

美国联邦航空管理局从 2000 年开始在阿拉斯加实施"顶石"项目，对广播式自动相关监视进行试验和评估。目前广播式自动相关监视系统已经在阿拉斯加、墨西哥湾、路易斯维尔及费城四个地区成功进行测试。这四个地区的空域非常繁忙，能够代表美国复杂空域面临的各种问题，为系统测试提供良好的环境。这保证广播式自动相关监视系统在最极端的环境下进行测试，使美国联邦航空局能在全面部署前发现并解决系统的问题。2010 年 9 月，美国联邦航空管理局批准全面部署广播式自动相关监视，广播式自动相关监视系统在全美范围内的部署工作将于 2013 年完成。整个网络需要 800 台广播式自动相关监视地面基站，目前已经安装 300 多台；到 2020 年，所有在美国空域飞行的飞机都必须要安装广播式自动相关监视系统。

欧洲由于雷达覆盖比较完善，对广播式自动相关监视发展的态度并不十分积极，首先试验将广播式自动相关监视应用于机场场面监视。由欧洲空中航行安全组织牵头开展一项名为 CRISTAL 的广播式自动相关监视试验。试验基于一个安装在巴黎图卢兹机场的 1090ES 地面站，结果显示广播式自动相关监视对 200 海里甚至 250 海里内的飞机监视效果良好。

澳大利亚于 2007 年开始实施高空空域项目，签订购买 28 套广播式自动相关监视 1090ES 地面站的采购合同并逐步进行安装部署，完成澳大利亚全境的广播式自动相关监视覆盖和站点的安装。目前，澳洲的广播式自动相关监视项目投资 1000 万美元，把全国高空航路管制间隔缩小到 5 海里。

5. 增强型近地告警系统

近地告警系统在 20 世纪 70 年代中期首次出现，它有效地减少可控飞行撞地事故发生。美国联邦航空局于 1974 年开始要求所有的美国联邦航空规章 121 部和 135 合格证持有人安装获得美国运输部联邦航空管理局技术标准规定批准的近地告警系统设备。1978 年，美国联邦航空局将近地告警系统的要求扩展到客座数不小于 10 人的涡轮喷气飞机。目前全球 12000 架商用喷气飞机除了 200 架以外，全部装有近地告警系统。随着民航飞机陆续安装近地告警系统，可控飞行撞地事故明显减少。

近地告警系统不是一个全时的报警系统，它只在起飞和进近着陆阶段，且无线电高度低于 2450 英尺时起作用，根据飞机的形态、地形条件和气象条件，以目视和音响两种报警信号发出近地不安全告警和风切变告警。此类普通型近地告警系统是属于现状性或反应式系统，即只有当飞机已经进入了对飞机构成威胁的环境中时才发出警告信号，飞行员只能在飞机已经进入了对飞行构成威胁状态后再被动地把飞机从威胁状态中解脱出来。为了克服近地告警系统的不足，增强型近地告警系统应运而生。

增强型近地告警系统组成包括：近地告警计算机、115V/400Hz 交流电源、近地形态起落架超控灯（白色）/电门、近地襟翼超控灯（白色）/电门、红色拉升灯、近地告警测试电门、琥珀色近地灯/下滑抑制电门、红色风切变灯等。

（1）近地告警计算机。近地告警计算机用于确定飞机的飞行状态和离地高度。通过与飞机的其他系统连接，计算机可获取实时地形信息和高度信息。计算机不断比较告警极限和飞机的飞行状态以及离地高度，一旦发现飞机进入近地告警系统的告警方式极限，就发出相应的告警或警戒信号。

（2）琥珀色近地灯/下滑抑制电门。琥珀色近地灯，用来通告飞机警戒状态。在进近着陆阶段，当飞机低于 1000 英尺无线电高度时，按压下滑抑制电门，可抑制或取消飞机的低于下滑道警告。

（3）拉升警告灯。红色的拉升灯通告方式 1 和方式 2 的 "PULL UP" 警告状态。

（4）红色风切变灯。当近地警告计算机检测到风切变情况时，该灯亮，警告飞行员飞机将进入风切变的危险状态，应采取正确的操作，将飞机从风切变中解脱出来。

（5）襟翼和起落架超控灯/电门。近地襟翼超控灯/电门用来为近地警告计算机提供襟翼放下大于某个位置的模拟信号。近地起落架超控灯/电门用来为近地警告计算机和着陆形态警告组件提供起落架放下的模拟信号。

（6）近地告警系统测试电门。此电门用来启动近地告警系统的驾驶舱自测试。

增强型近地告警输入数据为无线电高度、气压高度、升降速度、空速、迎角、航向、经纬度以及在进近着陆时选定的跑道方位、下滑偏离、选定的决断高度、襟翼位置、起落架位置、地形显示选择和地形一致开关输入信号等，一旦发现不安全状态就通过灯光、声音以及前视地形警告的形式通知驾驶员，直到驾驶员采取措施脱离不安全状态时信号终止。增强型近地告警可以向机组提供警戒等级和警告等级信息，提醒机组存在潜在触地危险的时间要比现行近地告警系统早得多。警戒信息主要是根据飞机的位置和气压高度信息而得到的。飞行管理系统或全球定位卫星导航系统可以向增强型近地告警提供飞机位置的经纬度。增强型近地告警的地形显示功能加深机组对周围地形的了解并能避免潜在的触地危险。地形显示可以由机组人工选择或者当前视警戒或警告启动时自动显示。地形在导航显示器、电子水平状态显示器或特定的气象雷达显示器上显示。所有的增强型近地告警警戒功能可以单独工作，也可以与所选择的地形显示一起工作。

美国联邦航空局要求全美在 2005 年 1 月 1 日起停止使用近地告警系统，改装增强型近地告警。目前全球至少 97% 的民用飞机安装有近地警告系统（包含近地告警系统、增强型近地告警）。中国民航局适航司颁发的适航指令要求，从 2005 年 1 月 1 日起，所有最大审定起飞重量超过 15 吨或批准的旅客座位数超过 30 人的涡轮发动机飞机应安装经批准的增强型近地告警。

5.2.4 航行情报系统

欧洲空中航行安全组织和美国已致力于传统航行情报服务向航行情报管理概念的转变，两者的重要区别在于信息的提供手段和管理方式。航行情报管理明确航行情报的提供将以数据（而不是产品）为中心，并由此规范航空数据的内容和传输格式，其组成主要包括两大部分：航行情报概念模型和航空数据交换模型，其中航行情报概念模型是航行情报管理系统的数据基础，其内容包括机场、跑道、导航设备、航路点、导航系统、航路、限制区域、交通流量限制、进离场等待程序、空域、服务单位、航行情报服务文件（如航行资料汇编、航行通告）等航空数据；航空数据交换模型则将航行情报概念模型定义的航空数据用 GML、XML 的计算机语言形式进行分类存储和发送。所有的航空数据必须符合航行情报概念模型定义的 XML 语言标准，以便于系统与系统之间的相互交换并能够生成电子航行资料汇编。

欧洲航行情报服务数据库系统是目前世界上最大的航行情报服务系统，为配合航行情报管理概念，欧洲空中航行安全组织已将航行情报概念模型和航空数据交换模型应用于欧洲航行情报服务数据库系统，并将最终利用欧洲航行情报服务数据库系统实现航行情报服务向航行情报管理的转变。

1. 广域信息管理系统

广域信息管理的概念最初是由美国联邦航空局在 1997 年提出的，原为国家空域系统级信息服务，国际民航组织在 2002 年也采纳广域信息管理的概念。广域信息管理支持各类基本的空管数据，包括航空数据、监视数据、气象数据和飞行数据；同时它也支持各类应用，如航班运行、交通管理、飞行计划管理、机场服务、地基通信、地空通信和气象服务等。目前广域信息管理主要应用在美国的下一代空中运输系统和欧洲空中航行安全组织的欧洲单一天空项目中。

1）下一代空中运输系统中的广域信息管理

广域信息管理将为国家空域系统信息的共享提供一个开放的、灵活的和安全的信息管理体系，并增强公共态势感知能力和提高国家空域系统的灵活性，保证信息传递的及时性和准确性。同时，广域信息管理将通过现有的商业化的硬件、软件来支持一个松散的面向服务的体系，提高系统的可扩展能力。从信息交换方式上看，它改变原先点到点的信息传输方式，转变为以网络为中心的信息共享。

广域信息管理系统功能支持国家空域系统中信息的有效交换，以支持广泛的空管活动，包括监视、协调和跟踪飞行计划与航空器活动、在国家空域系统服务提供者和用户之间共享气象信息等。通过广域信息管理参与信息交换的国家空域系统服务提供者和用户称为广域信息管理成员。广域信息管理成员包括国家空域系统传感器（如监视和气象数据）、雷达和飞行数据处理系统、决策支持工具、机舱、管制员以及航班运控中心等。基于广域信息管理的空管框图如图 5-6 所示。

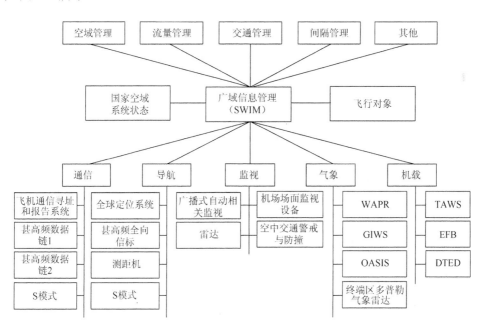

图 5-6　基于广域信息管理的空管框图

广域信息管理的功能体系结构如图 5-7 所示,从逻辑上划分为三个组成部分。最顶层的功能是国家空域系统应用系统功能,它利用广域信息管理服务功能进行互相协作;最底层的功能是信息技术基础设施功能如网络和安全功能,以保证上层功能顺利运行;边界保护功能处于广域信息管理服务和信息技术基础设施之间。

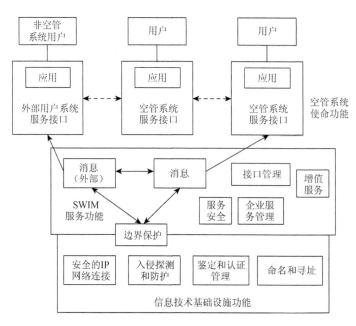

图 5-7　广域信息管理的功能体系结构

国家空域系统应用系统功能:国家空域系统应用系统功能由支持国家空域系统运行的具体任务决定。例如,空中交通管制自动化系统、流量管理系统、网络和系统管理等。这些系统直接支持国家空域系统用户的行为。图 5-7 中应用系统之间的虚线箭头是指国家空域系统应用系统之间的信息交换和交互作用,这一交互是通过国家空域系统应用系统提供的服务来执行的。每一个应用系统都具有一个服务接口来提供一系列可获得的服务,这些服务由其他国家空域系统应用系统通过广域信息管理服务功能来调用。服务接口功能组件和消息功能组件之间的实线是指调用和应答国家空域系统应用系统之间的服务请求的消息流。

广域信息管理服务功能。广域信息管理服务功能包括接口管理、消息、服务安全、企业服务管理和增值服务。接口管理的功能是使得服务提供者清晰地描述自己的服务,服务请求者方便地查找需要的服务。消息包含支持各种服务风格和数据交换协议的机制。服务安全包括加强服务和消息通信层的安全策略,包括鉴定、授权和访问控制的机制。企业服务管理包括系统的监视和管理。广域信息管理的增值服务是可选的，包括获取档案文件、提供知识库和信息转换的能力。

信息技术基础设施功能。信息技术基础设施功能包括网络和安全支持功能，广域信息管理通过这一组功能描述的能力和服务支持上层的服务。安全的 IP 网络连接功能允许广域信息管理结构中的组件通过 IP 相互之间进行通信。根据需要，它可能包括网络层安全服务，或网络层访问控制。此外，为确保网络和数据的安全性，安全支持功能还包括侵入检测和反应、命名和寻址、IP 地址空间进行分配和管理、鉴别和授权管理、边界保护等。

广域信息管理服务可能会面向不同类型的国家空域系统数据（如监视、气象、航班管理和情报），也会面向不同类型的国家空域系统设施（如航线管制中心、终端雷达进近管制、机场管制塔台。目前，美国联邦航空局的传感器和自动化/处理系统可以分为五大类：监视、气象、情报、资源管理和飞行数据。广域信息管理采用面向层次化服务的体系结构，支持现代应用、服务和下一代支持工具，改进美国联邦航空局和其他起支配作用的利益相关者的公共态势认知。广域信息管理提供的服务如表 5-1 所示。

表 5-1　企业服务元素

服务类别	服务列表
国家空域系统应用服务	飞行服务
	监视服务
	气象服务
	航空服务
	国家空域系统资源服务
国家空域系统信息服务	应用软件界面
	应用数据（设计图和数据仓库）
	元数据（设计图和数据仓库）
国家空域系统基础设施服务	注册（包括命名服务、服务注册和数注册）
	消息代理
	保安
	基础设施管理
	国家空域系统企业界面（软件发展套件）
标准、政策和支配	

2) 欧洲单一天空中广域信息管理

在欧洲单一天空规划中，分别从项目背景、广域信息管理系统的特征、体系架构、原则以及广域信息管理的实施五个方面对系统进行概述，充分肯定广域信息管理对于欧洲单一天空计划实施的支持能力。欧洲单一天空计划要求全欧洲的空管系统通过广域信息管理网络进行完全的互联，其目标是在整个民航行业范围内建立能够容纳重要数据的数据库，统一数据的类型和格式，使其能够在各个航行服务提供者、管制单位、空中交通流量和容量管理单位、空域使用者、军方、机场和航空公司运控中心等相关单位之间达到最大限度的共享，同时提高这些数据更新的及时性和准确性，为各单位间的协同决策奠定基础。欧洲单一天空中的广域信息管理服务功能包含两类：广域信息管理空管信息服务、广域信息管理基础服务。广域信息管理空管定义面向服务的体系结构总体上适用于协同决策的广域信息管理信息平台，但在欧洲单一天空的实施阶段如何采用面向服务的体系结构技术还需要进行研究和论证。因此，空管事务处理在结构层面上大致应是一系列协同工作的空管服务，每一个空管服务在广域信息管理中将采用现有协议标准化的应用程序接口来实现。广域信息管理基础服务需要被标准化，因此，广域信息管理基础协议需要进行标准化处理，实现不同的广域信息管理产品和它们核心服务的无缝链接。

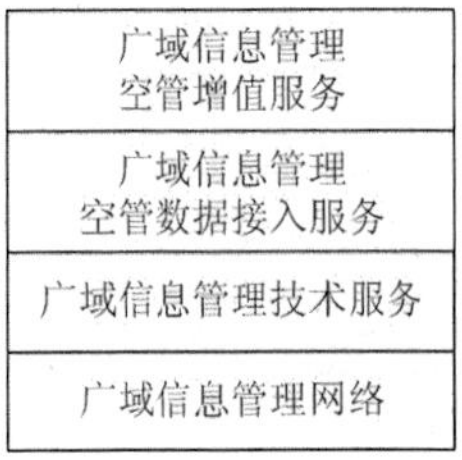

广域信息管理 空管增值服务
广域信息管理 空管数据接入服务
广域信息管理技术服务
广域信息管理网络

图 5-8　广域信息管理的分层架构

广域信息管理系统架构以层次的方式进行描述。广域信息管理的分层架构如图 5-8 所示。其中：广域信息管理网络基于 IP 技术（如一些传输协议、防火墙技术等）的物理上的泛欧网络；广域信息管理技术服务是广域信息管理提供给连接到广域信息管理系统的核心技术服务，这些服务尽可能建立在标准 IT 中间件技术的基础上；广域信息管理空管数据接入服务嵌入广域信息管理虚拟信息仓库，通过定义服务来提供接入的标准化广域信息管理空管数据模型，该数据接入服务将典型的按照"域"的概念来进行定义；广域信息管理空管增值服务包括在虚拟信息仓库之外提供接入包含协同决策类的增值空管功能性服务。

总体来说，这些层次可以分为两类：①广域信息管理架构，图 5-9 中橘色层，表示一种通用的广域信息管理 IT 架构，包括全面解决方案和框架/工具；②广域信息管理空管功能，图 5-9 中蓝色层，表示相关域的特定功能。

广域信息管理架构是在已有的（来自部分的欧洲空管系统的）空管系统基础上展开的。每个空管系统一般由一定数量子系统组成，这些子系统执行相关领域特定的功能（图 5-9 中蓝色部分），同时系统还会包括广域信息管理输入/输出处

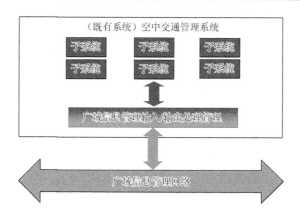

图 5-9　广域信息管理架构组成（见彩图）

理管理子系统，该广域信息管理输入/输出处理管理子系统主要实现包含上述的广域信息管理架构的所有或部分功能；将已有系统功能连接到广域信息管理环境中；把标准的广域信息管理空管数据结构转换成恰当的已有系统数据格式。

2. 欧洲航行情报服务数据库系统

欧洲航行情报服务数据库系统可以集中提供高可靠性的动、静态航行情报信息，将航行情报信息充分融合以提供综合性的服务和方案。2003 年 6 月 6 日，欧洲空中航行安全组织开始正式运行欧洲航行情报服务数据库系统，并逐渐扩大用户范围。通过将高质量的航行情报信息发送给空域用户和空中交通服务提供者，欧洲航行情报服务数据库系统提高航空运输的安全性和经济性。

欧洲航行情报服务数据库系统使用标准的、严密的数据检查程序，确保航空数据的高质量。欧洲航行情报服务数据库系统的用户包括两种：数据提供方和数据使用方。欧洲航行情报服务数据库系统数据提供方使用该数据库直接输入、更新、维护和发布其航行情报，并对各自数据保有完整的管理权和知识产权。数据提供方包括：①民航局的信息系统安全部门、空中导航服务提供者和欧洲民航会议的军航管理部门；②一些指定的参与国家机构职责范围外的数据维护工作的组织和机构。欧洲航行情报服务数据库系统数据使用方可以查阅和下载数据或航空通告，并且从欧洲航行情报服务数据库系统中生成报告。典型的数据使用方包括数据提供方、航空器运行人员、国际组织、私人飞行员、商业用户和公共用户等。

欧洲航行情报服务数据库系统为用户提供单一的数据仓库，允许用户：生成与更新静态数据、航行情报和航行要素；生成有效的航行通告和飞行前信息公告；生成航行资料汇编文件和图表；维护航行资料汇编库、航行资料汇编增补、航行资料汇编修订和航行资料通报。同时，欧洲航行情报服务数据库系统作为一个信息服务系统，能够为用户提供下列服务：在精通信息系统安全领域及其相关业务运作的基础上，执行相关工作和服务；静态数据的冲突解除；处理非参与性信息；上传欧洲和世界区域的航行资料汇编数据；为该系统（包括欧洲航行情报服务数据库系统网络）提供 24 小时的技术帮助平台和监测、管理、维护与运行，保证系统功能的可用性；为用户提供操作培训等。

欧洲航行情报服务数据库系统采用系列措施降低航行情报的传递和发布风险，提高数据安全性，包括：实时提供可靠的欧洲航行情报数据源；使用不间断的数据检查方式，提高数据质量；基于循环冗余校验技术确保数据的完整性；为用户提供安全通道，及时高效地发布航空电子信息；通过完整的信息系统安全处理降低工作负荷；降低各地区单独开发信息系统安全系统的费用；提供便捷的系统入口，提高数据的可得性。欧洲航行情报服务数据库系统结构如图 5-10 所示，系统为数据提供者和数据用户设计三种与系统交互的方式，欧洲航行情报服务数据库系统服务网、航空固定通信网络/公用数据交换网和因特网。

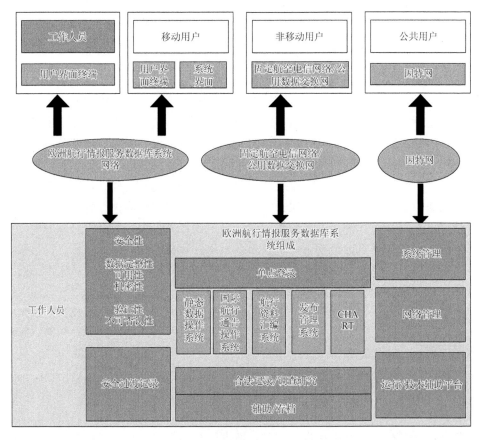

图 5-10　欧洲航行情报服务数据库系统结构

欧洲航行情报服务数据库系统输入的数据主要包括：世界范围内的航行资料汇编和航行通告、航空固定通信网络等信息。欧洲航行情报服务数据库系统输出的数据主要包括：①将航行资料汇编发布/更新信息发送给欧洲航行情报服务数据库系统的航行资料汇编发布管理系统；②将世界范围最小化静态数据集更新信息发送给静态数据操作系统；③将技术接受模型处理过的数据发送给国际航行通告操作系统。静态数据操作将生成的图表和文字形式的航行资料汇编传递给航行资料汇编发布管理系统，将航行通告会使用到的全球范围内的静态数据传给国际航行通告操作，国际航行通告操作能够发布处理后的航空固定通信网络和航行通告。欧洲航行情报服务数据库系统数据处理过程示意图如图 5-11 所示。

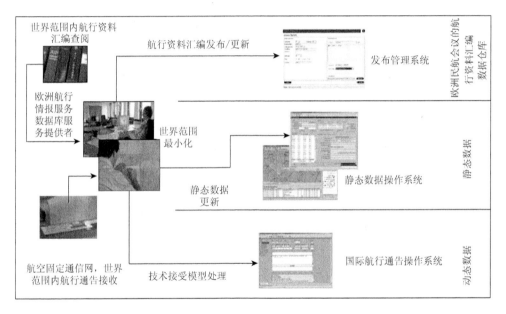

图 5-11　欧洲航行情报服务数据库系统数据处理过程示意图（见彩图）

5.2.5　航空气象系统

美国联邦航空局基于新一代雷达气象提供的数据，开发了一系列的气象雷达处理器，航空气象中心基于此类处理器开发了两种产品：国家对流天气预测和协同对流天气预测产品。

美国联邦航空局将新一代雷达气象与终端区多普勒气象雷达相结合，使用终端区与航路两类传感器，改良算法，开发终端区集成天气系统，提高对流天气预测精度，大大提升终端区容量。鉴于终端区集成天气系统的开发技术与经验，为更加精确地对航路天气进行预测，美国联邦航空局开发走廊综合气象服务系统，并将该系统与现有的航路、终端区和全国性的决策支持系统相结合，对航路容量和运行效率的提升起到重要作用。

1. 终端区集成天气系统

由恶劣对流天气对终端区的影响所造成的航班延误是美国国家空域系统现阶段的主要问题之一。为了应对这一难题，美国联邦航空局、雷神公司、John A. Volpe 国家运输系统中心以及美国麻省理工学院林肯实验室共同开发终端区集成天气系统。该系统不仅向用户提供当前条件下的天气信息，还向用户提供高精度的天气预报信息，从而使得空中交通的运行效率以及安全性在恶劣天气条件下有了显著提高。

终端区集成天气系统的功能如下。

（1）终端区集成天气系统通过接收美国联邦航空局和国家空域系统的传感器数据，可以为用户提供终端区当前天气状况、短期（0～20 分钟）重要天气预测以及对流天气预测（0～60 分钟）。这些产品不需要使用者具备专业的气象知识就能从中获取有用的信息。

（2）终端区集成天气系统可以为航线管制中心、空中交通管制系统指挥中心和大型终端雷达进近管制的管制员提供实时天气图像信息，并根据管制需求跟踪显示机场终端区的恶劣天气活动，通过协调交通流减轻恶劣天气对空域运行的影响。同时，该系统可以将天气信息与各类空域用户共享，为协同决策的制定提供信息基础。

（3）终端区集成天气系统产生的气象数据可以在终端区集成天气系统网页上显示，管制员和飞行员通过对诸如下击暴流、阵风和龙卷风等恶劣天气情报的获知，形成对恶劣天气的共同认知，增强用户间合作与协同决策，减少与恶劣天气相关的航班延误，提升航空运输的安全性。

终端区集成天气系统提供了与众多数据源的接口，其输入数据有新一代雷达气象的原始数据、终端区多普勒气象雷达数据、自动天气观测系统和自动地面观测系统数据、机场监视雷达数据、低空风切变告警系统、闪电数据、美国气象服务模型。终端区集成天气系统的实时处理器将上述数据综合处理，并将处理后的信息发送给飞行员、管制员、航空公司、大型终端雷达进近管制和航线管制中心交通管理单元/中央天气服务单元等各类用户，输出数据包括降雨图像、下击暴流预测、锋面侦测、暴风雨位置/移动信息、风暴信息、终端区风和对流天气预测。

在下一代空中运输系统未来计划中，终端区集成天气系统除了直接从各种独立的系统中接收终端区多普勒气象雷达、机场监视雷达、低空风切变告警数据，还将从四维天气数据仓库中检索闪电数据、气象数据收集报告系统信息、新一代气象雷达数据、自动气象观察系统数据、区域资料同化预报系统以及国家海洋和大气管理署模型数据。终端区集成天气系统也会向四维天气数据仓库公布包括低空风切变告警系统数据、飞行员天气报告、终端区多普勒气象雷达，以及机场监视雷达数据等产品，而且会向各终端雷达进近管制中心系统提供包含终端区多普勒气象雷达数据的数值天气预报和终端区集成天气系统产品，如图 5-12 所示。终端区集成天气系统为用户提供直观的彩色显示、文字信息和各种辅助工具，休斯敦机场的终端区集成天气系统显示如图 5-13 所示，界面布局及显示内容主要有：①显示结构按钮；②产品形态按钮；③告警部分，其余是终端区文字说明，以及四个图形窗口；④机场监视雷达-9 产品 30 海里的范围显示；⑤新一代雷达气象产品 200 海里范围显示；⑥和⑦两个终端区多普勒气象雷达产品 5 海里范围的显示。

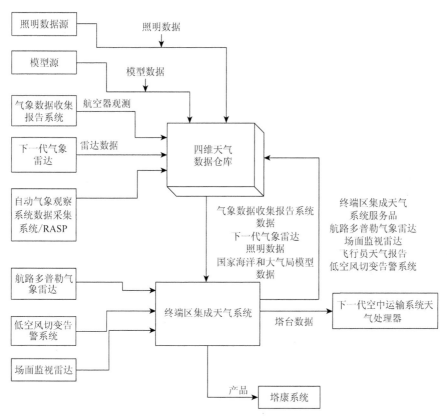

图 5-12　下一代空中运输系统下的终端区集成天气系统示意图

2. 走廊综合气象服务系统

繁忙空域的延误往往产生于空中走廊，所以对于走廊恶劣天气的准确及时的预报显得尤为重要。为此，美国联邦航空局研发走廊综合气象服务，完善决策支持系统，并于 2001 年开始进行示范应用。目前，走廊综合气象服务系统为国家空域系统诸多流量庞大的区域和终端区提供预测，包括主要的东北航路和波士顿、芝加哥、纽约与华盛顿首都机场等。

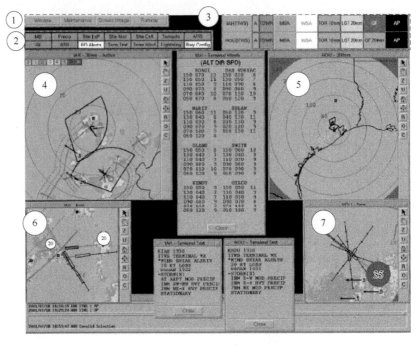

图 5-13　终端区集成天气系统显示界面（见彩图）

　　走廊综合气象服务系统是为用户提供一系列描述当前及未来的走廊气象状况的系统，以提高空中交通的效率和安全性，其主要功能如下。

　　（1）提供未来 2 小时内准确的、全自动的、高修正率的风暴位置和回波高度信息，并能够预测天气的增减趋势，实现动态的三维天气追踪功能。

　　（2）将对流天气预测产品发布给空中交通管制系统指挥中心、航路管制中心、大型终端雷达进近管制中心以及一些大型机场的交通管理员，使其能够更加充分利用空域资源，减少管制员工作负荷，显著减少延误。

　　（3）与协同对流天气预测相结合，提供统一的情景意识，减少空域用户和管理者之间的协调工作。

　　走廊综合气象服务系统从多重传感器接收气象数据，包括加拿大气象雷达、机场监视雷达、终端区多普勒气象雷达、同步环境应用卫星的卫星气象产品、新一代雷达气象雷达、国家海洋和大气管理署模型雷达、自动气象观察系统数据采集系统/区域资料同化预报系统等 7 个方面。

　　走廊综合气象服务系统通过状态显示器向国家空域系统交通管理员发布修正信息，将最终的气象产品发送给交通流量管理系统和增强型交通管理系统以及其他一些外部网络用户。新一代的走廊综合气象服务系统模型结构如图 5-14 所示。

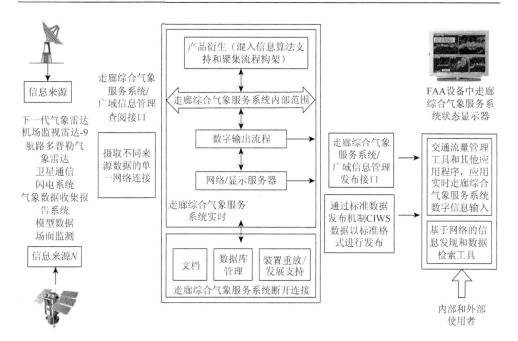

图 5-14　新一代的走廊综合气象服务系统模型结构（见彩图）

它将广域信息管理作为网络中心的基础结构并与之相适应，走廊综合气象服务系统原型服务会以一种标准的数字化格式将数据发送给用户。这种机制使得传感器和数据传输过程更加简单，更便于用户的使用，也为下一代空中运输系统的发展提供基础。在下一代空中运输系统未来发展中，下一代空中运输系统天气处理器最终将取代走廊综合气象服务系统功能，可以直接从四维天气数据仓库中获得大多数的输入数据。

走廊综合气象服务系统的人机界面如图 5-15 所示。其中图 5-15（a）表示降雨伴有雷达回波高度标签；图 5-15（b）表示降雨加强和衰减趋势，以及在卫星数据覆盖下两小时降雨预测轮廓线（白色）；图 5-15（c）表示雷达回波高度。

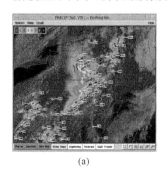　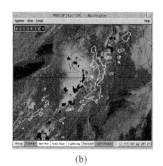　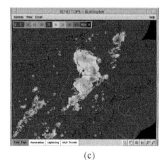

(a)　　　　　　　　　　(b)　　　　　　　　　　(c)

图 5-15　走廊综合气象服务系统的人机界面（见彩图）

5.3　空管业务系统

5.3.1　空域管理与评估系统

1. 空域管理系统

欧美等航空发达国家根据各自特殊的空域运行机制，基于不同的空域管理理念，利用先进的数据库管理、数据共享、信息发布等技术，以空域运行规划、协调功能为主体，开发一系列的空域管理系统，支持各自的空域管理运行，实现整个空域网络的协同管理目标。

1）欧洲空域管理系统

欧洲空中航行安全组织及欧洲各国或地区相应建立了满足自身运行要求的空域管理支持系统，用于各自的军民航空域管理，如欧洲空中航行安全组织的本地和次区域空域管理系统、斯洛伐克的 LETVIS 空域管理系统、德国的斯坦利军事变化剖面区域系统、英国的（民用）空域管理决策支持工具、比利时的空域管理规划系统和瑞士的军民空域管理系统等。目前，欧洲各空域管理系统处于并行开发阶段：既以本地和次区域空域管理系统建设为主体，从国家和功能空域区块层面支持空域管理，又兼顾各国家各自空域管理系统的建设完善；同时，还寻求本地和次区域空域管理系统与其他各空域管理系统的协调互联，实现整个欧洲空域管理的无缝衔接。

（1）本地和次区域空域管理系统

为了推行欧洲单一天空计划和功能空域区块，实现空域网络统一、标准化和自动化的信息共享与管理方式，保证各成员国之间、军民航之间更紧密的合作，欧洲军民航空管协调官在 2007 年提出了在国家和次区域级层面建立增强型军民空域协同支持工具。2008 年，本地和次区域空域管理系统原型开始开发。2009年 10 月，该系统实验在比利时军方及其空中交通导航提供商、英国、荷兰和曼彻斯特上层区域管制中心进行。据 2010 年 4 月最新相关新闻报道：本地和次区域空域管理系统的初始版本将于当月月底在比利时和荷兰试运行，并计划在 2010 年10～11 月运行完整版；同时，该系统在其他国家的实验部署也在全面进行中。

目前，本地和次区域空域管理系统作为整套软件包，可以支持和增强实现灵活使用空域概念、动态空域管理、跨国运行、国家级和区域级分散式或集中式的空域管理，还可以通过提供实时空域管理数据交换，完成协同决策过程，加强各运行部门对整个空域管理过程的认知，改进空域规划过程和交通需求/容量平衡。未来，该系统将从时间、空间两个方面覆盖整个欧洲空域管理过程：时间上，可以涵盖欧洲空域管理过程的全部阶段，既可以进行远期规划，又可以进行预战术和战术空域管理；空间上，能够实现欧洲各国家级空域管理系统之间的互联，实现不同国家及运行机构空域管理运行的无缝协作。

本地和次区域空域管理系统主要功能如下：向所有利益相关方提供基于空域管理数据的、正确的空域状态信息；管理战术、预战术阶段的军民航用户的空域需求；协调、平衡、整合国家级和区域层面的军民航空域需求；为所有利益相关方提供国家和区域层面的空域规划方案；为中央流量管理单元或其他机构提供军民航协同交通/空域规划；支持地方和区域层面的空域运行模拟方案，实现空域规划拟订方案的最佳平衡；提供支持国家级空域协同决策管理的必要数据；收集必要数据，用于支持军民航关键绩效指标评估；实现人工任务的自动化；提供与其他国家级空域管理支持系统的数据交换。

本地和次区域空域管理系统基于模块化的方法建立，由空域规划模块、空域状态模块、效能测评模块组成。其中，空域规划模块用于支持国家层面的空域预定与预留、分析、军民规划合作、仿真、协同决策、空域管理单元决策、跨国合作、信息发布和空域分配；空域状态模块用于支持战术空域管理，包括空域使用的短期取消、额外变更或分配；效能测评模块基于统一的方式收集空域规划模块与空域状态模块的数据，并进行数据分析。各模块的具体功能如图 5-16 所示。

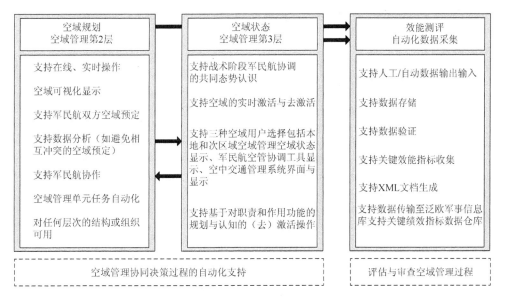

图 5-16　本地和次区域空域管理系统组成及模块功能

本地和次区域空域管理系统给用户提供一个友好的人机界面，用于创建和管理空域预定申请。由于所有的数据都是通过网络共享的，每个申请者都可以在系统中获知已有的全部申请，并根据这些信息输入其各自的申请，界面如图 5-17 所示。

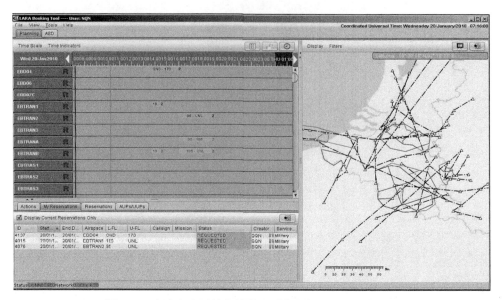

图 5-17　本地和次区域空域管理系统人机界面（见彩图）

　　用户一旦确定所需空域及使用时间，就可以通过单击该空域及其时间框来触发空域预定编辑器，并通过编辑器对请求进行微调。如果某项预约影响其他空域的正常运行，则本地和次区域空域管理系统将综合相关空域及条件航路信息，探测并提示所有预定信息之间的冲突。此外，本地和次区域空域管理系统的效能测评功能可以通过系统界面显示灵活使用空域、空域维度优化、空域利用、预定程序有效性、经济影响、空域影响等关键绩效指标评估。

　　（2）LETVIS 空域管理系统

　　针对欧洲空域的预战术、战术阶段空域管理，斯洛伐克的 ALES 公司于 2009年推出 LETVIS 空域管理系统，基于欧洲空中航行安全组织的灵活使用空域概念，支持本地空域管理单元进行空域管理和军民航协调。该系统主要用于预战术、战术阶段空域管理过程的自动化数据处理，以及战术阶段空域分配的决策支持服务。

　　目前，位于基辅中心的乌克兰空域管理单元已经配置更新该系统。该空域管理单元作为该中心军民联合空中交通流量管理单元的重要组成，共设 4 个空域管理席位，与其他 4 个分别位于哈尔科夫、辛菲罗波尔、第聂伯罗彼得罗夫斯克和利沃夫的区域管制中心/流量管理席共同完成整个 Kiev 中心的运行。

　　LETVIS 空域管理系统的主要功能包括：收集、检查、处理自动或手动获取的空域需求；全自动处理正规格式信息，或半自动手动处理非正规格式信息；准备并处理所有空域管理层面的空域计划；显示处理过的表格和地图数据；获取、发布进一步数据分析及报告；分析、统计基于预定义和用户标准处理的数据；处理现实环境数据。

针对空域管理的不同阶段，该系统具体实现以下任务。

预战术和战术阶段的空域管理。支持空域管理单元进行日常空域分割、分配和运行；准备、批准和推行有效的空域使用计划/更新的空域使用计划；基于空域使用计划、条件航路可用性信息和一般空中交通，分析、准备和协调条件航路使用；监视、控制和协调实际空域使用与空域的重新分配。

战略阶段的空域管理。通过空域分配解决潜在的运行的空中交通冲突；分析需求，并基于既定运行的空中交通请求非管制空域和非空域管理单元管理的空域分配；确定空域分割结果及其对空中交通运行的实际作用；与航行情报服务协调。

战略和预战术阶段的空中交通规划。收集运行的空中交通需求，准备并实施空中交通飞行计划和军航命令，并分析空中交通运行限制。

与其他机构在各空域管理阶段的协同决策。与相应的被批准机构、中央流量管理单位、欧洲民航会议集中化空域数据功能、区域管制中心/流量管理席及临近空域管理单元联系；根据区域管制中心/流量管理席区域的责任向区域管制中心/流量管理席提供系统功能；与空中交通流量管理单元、航行情报服务进行数据交换。

LETVIS 空域管理系统执行下列接口标准：标准（如空域使用计划/更新的空域使用计划、条件航路可用性信息、航行通告等）和用户定义消息（如流量管理电报、航行通告项目、信息系统安全更新、军事命令等）；标准或/和用户定义数据协议；航空电信网、租用数据线、G703/G704 接口。

（3）斯坦利军事变化剖面区域系统

针对过去通常依靠电话、传真、邮件等相对落后的传统方式进行军民空域协作，德国开发斯坦利军事变化剖面区域系统，用于支持本国军民空域协调，促进灵活使用空域概念的进一步实现。该系统于 2003 年开始实地测试阶段，2007 年 11 月进入正式运行第一阶段，目前用于德国空军、战术命令和管制服务中心、德国空中交通管制股份有限公司所辖 2 个区域管制中心/上层区域管制中心、1 个军事预先协调空域和 1 个空域管理单元等。

该系统针对军方空域申请者、军民协调者、民航管制人员、监控人员等空域用户，实现下列功能：建立严格认证的、安全的互联网链接，实现各空域用户获取实际空域状态信息的网络化；支持不同空域单元的自动化协作、激活和去激活操作，如军事可变剖面空域、临时保留空域、临时隔离空域和限制/危险空域；执行预先设定的军事变化剖面区域工作流程；建立完整的安全性评估过程，保证军事变化剖面区域程序实施的安全性；支持用户适应不断变化的任务要求，提供更加经济的飞行路径；向空域用户提供利益相关方的反馈意见；总体评估，支持进一步开发灵活使用空域进程。

　　未来，该系统还将提高自动化程度，实现与空管系统连接，减少人工输入；引入半自动改航以减少空中交通管制负荷；开发空域数据库接口，为条件航路的开放或关闭提供/接受预定。该系统的用户界面如图 5-18 所示。

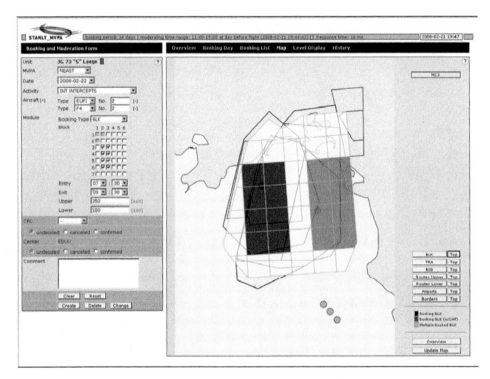

图 5-18　东北地区军事变化剖面区域预定表格（见彩图）

2）美国空域管理系统

　　美国空域管理系统目前主要由四个系统对其进行决策支持，包括美国联邦航空局的特殊空域管理系统和军事空域管理系统、空军的特殊空域信息系统以及 Falconview 系统。Falconview 系统是一个地理信息系统，主要用于生成航图，方便用户利用地理信息系统工具查询特殊空域的相关信息。特殊空域信息系统、特殊空域管理系统、军事空域管理系统三者都是 24 小时不间断运行的网络信息系统，主要通过信息发布（如网络查询、电话咨询等方式），为用户提供特殊空域的飞行训练活动和空域状况信息，保证空域用户对空域运行环境的全面认知。

（1）特殊空域管理系统

　　美国公共资源法要求，应开发新的运行程序，以满足联邦航空局和国防部动态使用特殊使用空域并进行协调的需要，从而最大限度地减少军方使用特殊使用空域对空中交通的影响。1988 年，国会和总审计局要求联邦航空局加强对特殊使用空域的管理，以提高特殊空域的使用率。国会提出了一个动态管理特殊使用空域的计划。该计划指出，通过美国联邦航空局和国防部之间的合作，开发一套自动化的运行程序，以增强军民航用户联合使用特殊使用空域的灵活性。为了遵照上述要求，美国联邦航空局使用开放式的系统架构开发了特殊空域管理系统。该系统能够与其他系统（如增强型交通管理系统）互相连通，收集或者发布相关空域的使用信息。特殊空域管理系统还与军事空域管理系统连通，其子系统分布于美国联邦航空局在华盛顿特区总部和各地区分局、各航路管制中心，以及一些有选择的终端区，以收集并分析军民航使用空域的相关信息，从而获取和分析军方关于特殊使用空域的数据，以提高特殊使用空域的管理效率。特殊空域管理系统还将整合成为自由飞行系统的一部分。

特殊空域管理系统的主要功能包括：显示和记录国家空域系统内特殊使用空域和其他类型空域的事务处理信息；对被预定/激活/终止使用航路段或空域，或是安排给民航使用的、无军事活动的特殊空域和其他相关空域的状态信息及使用计划信息进行跟踪、协调和报告。

美国联邦航空局的航行信息管理办公室开发特殊使用空域和临时飞行限制网站，在该网站中可以选择查看 24 小时内激活或待激活状态下的特殊使用空域列表和地图，以及法规文件和直观视图。

（2）军事空域管理系统

由于军民航双方空域的需求都持续增长，美国空域管理面临所设立的军事空域调配机构缺乏统一的数据源，以及特殊使用空域的管理调配方式自动化支持水平有限的实际，美国国防部开发军事空域管理系统，针对美国联邦航空局制定的一系列空域管理规则，通过该系统生成空域运行候选方案，确定优先次序或者通过协商建立双方接受的方案，解决用户空域使用冲突，实现特殊使用空域调配与报告的自动化，并提供近于实时的空域联合使用服务，支持有效的空域调配与使用数据采集和报告。该系统的具体功能如下：调配特殊使用空域和军事训练航路；确定、协调、解决不同用户之间的空域使用冲突；为用户提供空域使用状态信息；为用户提供任务列表，满足用户任务定位需求；支持多用户服务。

军事空域管理系统基于调配站点的分布式网络结构，并实现同一空域资源数据库的共享，支持美国大陆范围内的特殊使用空域管理。各站点作为国家军事空域管理系统的一部分，既可以保留其对资源的本地控制，又可以为报告调配数据提供分层结构。通过该网络结构，美国国防部的空域管理人员可以快速申请和调配本地空域中的各项任务，解脱任务冲突，提高远程空域使用的申请效率。

（3）特殊空域信息系统

特殊空域信息系统是美国联邦航空局和空军在阿拉斯加领域合作的项目，经美国联邦航空局总部批准，由美国空军主持运行的空域管理系统。该系统提供 24 小时全天候服务，作为民航飞行员信息获取的补充工具，可以为民航飞行员提供近于实时的信息服务，协助飞行员了解阿拉斯加核心地区内的军事运行区和限制区的飞行计划与空域运行状况（包括军事运行区和限制区的军事活动、陆军炮射和直升机飞行活动等），以便其能更好地安排飞行计划，避免冲突。特殊空域信息系统的具体功能如下。

通过特殊空域信息系统服务专线电话，向民航飞行员提供咨询信息，告知其飞经航路上是否有军事运行区活动与活动时间；民航飞行员通过无线电联络阿拉斯加空军基地的空域管理机构——Eielson Range Control 管制中心，并告知当前所在位置、高度及目标航路，获取相关活动信息；如果飞行路径发生改变，则特殊空域信息系统还鼓励民航飞行员向系统更新其飞行路径和目标地点信息，从而提高空域运行安全性，加强每个相关人员的情境意识。

特殊空域信息系统通过 Eielson Range Control 管制中心，向民用航空器提供无线电信息服务，覆盖范围如图 5-19 所示。

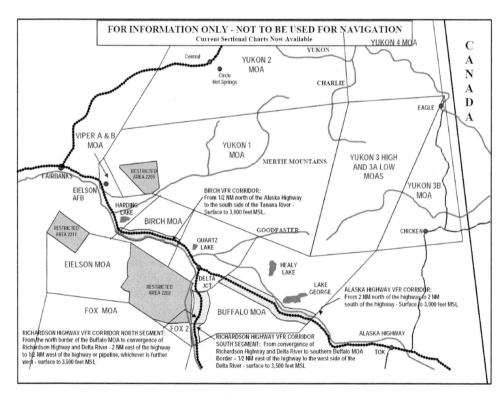

图 5-19　特殊空域信息系统覆盖范围（见彩图）

其中，位于乔治湖和费尔班克斯之间的低地，无线电可覆盖至离地面几百英尺；塔纳纳河以东的山区，航空器飞行高度须高于其附近地势的最高点，方能进入无线电覆盖范围；其他地区，无线电覆盖范围为瑟克尔霍斯以北、费尔班克斯以西、黑色急流以南、乔治湖以东各 50 英里。

2. 空域综合仿真与评估系统

目前，用于空域综合仿真与评估的主流系统为宏观交通分配与分析系统、机场和空域仿真模型、全空域及机场模拟器和重组空中交通管制数学仿真工具等。

1）宏观交通分配与分析系统

近几年，欧洲空中航行安全组织不断开发和推行一系列工具，旨在为欧洲机场、航路和空域系统的开发提供量化信息支持。其中，宏观交通分配与分析系统作为主要工具之一，用于欧洲空域、网络规划和导航项目，目的是进行战略流量组织、航路网和空域优化的分析，为欧洲民航会议各国实施欧洲空中航行安全组织的空域战略提供支持。其中，欧洲空中航行安全组织在荷兰欧洲空管部发展处/空域、网络规划和导航推行过程中，已经利用该系统作为分析支持工具。

宏观交通分配与分析系统既可以运行于大范围空域，又可以用于机场层面，并能够处理大量数据；同时，还可以用于初步调查，通过快速或实时仿真，测试和分析各种方案和准备情况，其强大的"What-If"功能及相关表述功能使该工具成为理解、实验、评估和描述欧洲空域提案与未来空中交通管制概念的立项工具。宏观交通分配与分析系统的具体功能如下。

（1）建模：用户可以创建、修改或设计三维空中交通航路网络，包括条件航路运行以及其他空域结构；在上述空域结构内，生成基于过去、当前或未来交通需求的四维航迹；利用先进的线性规划技术，自动获取最优四维飞行航迹，降低全局成本；可以根据地形数据设计不同的标准仪表离场、标准仪表进场程序和跑道。

（2）仿真：利用最新嵌入空域容量分析工具，利用交通事件（如航空器进入扇区、冲突探测、爬升或下降等）触发管制员任务，然后基于执行时间等信息对所触发的任务（包括协调、冲突探测、通信、雷达监视和移交等）进行确定。综合每项任务及每个扇区或中心的本地运行程序和管制工作方法，通过仿真最终获得对新设计或更新的扇区的容量评估结果。

（3）分析：为用户提供不同的数据源选择，进行分析比较，包括中央流量管理单元飞行计划、中央流量管理单元相关位置报告数据、导入的雷达数据或来自本系统模型工具较为简单的数据；为用户提供所需四维飞行航迹，包括离场航迹、进场航迹、航路点或交叉扇区内的航迹，以及基于不同航空器类型的航迹；在当前载入的空域结构中运行各种数据分析，如过航路网络点的飞行数量、局部航路网、某空域单元、三维密度单元都可以在分析中进行过滤或显示；通过图表显示每天每小时内的空域载荷、进入比例、冲突等数据的变化及其比较；计算航路长度增加、燃油消耗、延误、航路收费、二氧化碳排放等指标，综合分析给出相应经济指标，用于实现全局最优化。

（4）可视化演示：所有建模和分析都集成基于动画生成时间的 2D/3D/4D 地理信息系统平台；通过三维立体影像显示动画，协助用户以三维视角设计空域，检查设计方案与航空器三维飞行轨迹的交互；通过鼠标进行图片与动画的交互式平移、缩放和旋转操作；可以移动镜头视角，或将其设置于飞行的航空器上；任何物体（如航空器、空域结构体、点或线）都可以移动，设置开/关，或在动画过程中基于时间事件管理平滑改变其显示属性（如颜色或大小）；可以为设计方案添加标题和位图，并在系统演示文件中将图片和动画进行分组；还可以将其演示义档保存为 avi 格式的影片文件，并插入 PPT 演示文稿中。

2）机场和空域仿真模型

机场和空域仿真模型是美国联邦航空局自 1987 年开始开发的机场和终端区的高精度仿真模型，旨在为机场和空域的运行提供仿真支持，主要用于单机场（包括跑道、滑行道和停机坪区域）、机场及其相关的终端区空域、机场及其相关空域的区域系统或区域流量的精微仿真，可以测量飞机运行时间、单位时间内的流量和吞吐容量、延误和燃油消耗等。

通过对动态、离散事件仿真，机场和空域仿真模型既可用于飞行区和航站空域的仿真，又可用于地区范围内航路空域的仿真，从而模拟一个完全独立的飞行区（包括跑道、滑行道和停机坪等）以及与之相连的航站空域、一个地区的机场系统及与之相连的空域，甚至一个地区的整个空域。具体实现功能如下：一是使用二维点-线结构表示登机门/滑行道和跑道/空域系统，从而建立虚拟的机场终端区环境，如图 5-20 所示；二是对航空器运行轨迹和空中交通管制活动进行模拟，包括正常飞行、减速飞行、盘旋等待、起降滑行以及在机坪的操作等，并保证航空器运行符合程序规则要求；三是使用参数设置体现不同管制、运行策略，参数包括常量和随机变量；四是使用事件推动仿真时钟步进，内部事件控制飞机和设施的运行，外部事件控制对象追踪、数据采集和仿真的进程；五是计算并利用各种参数表示航空器延误和燃油消耗的影响，并生成评估报告。

机场和空域仿真模型输入数据包括交通需求和机队结构、航线结构、跑道使用配置、间隔规则和管制程序、航空器性能、空域扇区划分、天气条件、多机场相互作用、空中交通管制允许的空速范围、跑道占用时间、安全间隔、滑行速度、跑道/滑行道和登机门使用信息、航空器到达/起飞、机场结构规划改变和天气条件变化等信息；输出数据主要以报告形式输出，提供相关统计结果说明航空器延误、飞行时间和燃油消耗等信息。

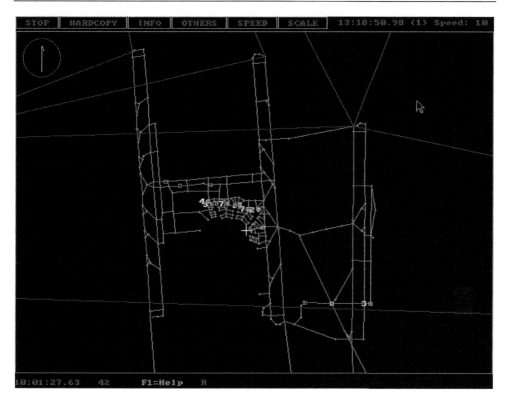

图 5-20　机场和空域仿真模型仿真界面（见彩图）

3）全空域及机场模拟器

全空域及机场模拟器是由波音公司旗下的杰普森公司主持开发的，是一种快速门到门的仿真工具，目的是使运行人员更精确地预测和分析当前与未来空域和机场运行的状况，保证其安全和高效。

作为当前最完整的空管仿真工具，全空域及机场模拟器可以通过建立空域和机场的四维（三维空间和一维时间）模型，详细仿真大部分空管功能并能产生实时空中交通管制场景模拟，仿真覆盖整个门到门的空管过程，比同类产品更加细致，因此可以作为计划工具指导对空管概念的分析和适应性研究。全空域及机场模拟器可以根据内联的功能模块分类集成，也可以根据适用的空域对象，如机场、终端区、航路等分类集成。全空域及机场模拟器考虑仿真环境的随机特性，图形能力强，交互界面出色，为用户提供空域或机场 2D 或 3D 视图的交互式高速仿真图形工具、具有仿真能力的实时空中交通监视工具和从仿真结果数据中产生图表的报告工具。由于全空域及机场模拟器提供基于规则库的运算逻辑以保证模型的灵活性，所以需要使用者具备很强的专业知识背景。

全空域及机场模拟器的具体功能如下。

（1）针对空域管理人员、评估人员，该系统可以用于分析空中交通流量的全局增长影响；保证安全的同时提高空中交通流量和空域使用效率；分析当前及未来交通水平下的航路系统容量；重新规划设计空域，重新进行空域扇区划分和空域分类；评估缩小最小垂直间隔收益；评估空中交通流量增长、新空域设计方案和程序对管制员工作负荷的影响；增进军民航空中交通服务协同；管理恶劣天气条件影响；研究最新的通信导航监视/空管技术。

（2）针对机场管理人员、评估人员，该系统可以用于保证安全的同时降低拥挤和延误成本；进一步开发利用现有机场结构和资源；增加机场容量；规划引入新机型；评估未来基建投资的财政影响，包括新的终端区、增加登机门、滑行道或跑道等；改进不符合规则要求的运行；通过最具成本效益的方法规划噪声消减、除冰和其他运行；评估航空器排序策略与间隔标准变化的影响。

（3）针对航空公司管理人员、评估人员，该系统可以用于通过最具成本效益的方法规划运行、机队调整、航空器更换、除冰和其他程序；降低燃油消耗、实现较短延误；从初期开始，并不断调整优化航班时刻表；管理支线航空器的引进，以及其他机队组合的调整；评估已有运行，训练操作人员处理问题的效率；分析国家或本地空中交通服务提供者的预案及其对本公司运行的影响；为空中交通服务提供者提供建议，降低延误，提高效率。

全空域及机场模拟器的输入数据包括航班时刻及飞行计划、空域环境描述（机场、航路和扇区的结构、分布和地理特征）、空中交通管制规则及程序、机场使用说明（进离场航路、尾流间隔等）、航空器性能和冲突探测与解脱方法等。输出数据包括系统延误、滑行道和跑道操作及延误、跑道占用时间、冲突计量、管制员负荷、总油耗、全空域及机场模拟器决策制定的逻辑显示、30～12000 米范围的 2D 或 3D 仿真图形显示（包括航空器航迹和空域运行标度、航路、扇区、定位点、等噪声线和其他坐标等）。

4）重组空中交通管制数学仿真工具

管制模拟系统即重组空中交通管制数学仿真工具，是由欧洲航行安全组织实验中心及 ISA 软件公司开发的仿真模型。管制模拟系统不断更新以满足美国下一代空中运输系统和"欧洲单一天空空管研发计划"的建模要求，目前已经发展到管制模拟系统 Plus。

作为门到门的空中交通管制/空管快速仿真工具，管制模拟系统可以对整个空管环境进行评估，研究空域结构和扇区规划方案，分析空域结构、新的空中交通管制概念和空管改进措施等；该系统还可以进行基于飞行航迹生成的冲突探测和解脱。完整的管制模拟系统 Plus 门到门系统从概念上包含空域和空侧两部分，这两部分的功能已经整合到同一环境中，共享相同的地理数据和情景数据，从而为用户提供全局性的宏观/微观的仿真效果。管制模拟系统 Plus 的具体功能如下。

（1）空域部分主要是进行跑道-跑道的仿真，通过交通时刻安排、交通轨迹仿真（航路和 NAVAIDS）、机场延误模型建立、跑道占用和运行时刻安排、飞行程序设置、4D 扇区划分、管制间隔和基于规则的交通控制、4D 冲突探测和解脱等功能，实现扇区划分候选提案规划，评估管制员工作负荷、空域复杂度和空域安全性、研究新概念的影响（如自由飞行或缩小垂直间隔）等。

（2）空侧部分主要是进行跑道-门的仿真，通过跑道占用（包括着陆速度方差、减速/加速率、高速出口等）、门-跑道的机场地面滑行、滑行路径最短规划（考虑如到达/离开状态、航空器类型、间隔、方向等）、基于航空公司和航空器模型的登机门分配、基于机场布局的标准仪表离场/标准终端区自动化代替系统设置等功能，通过滑行时间和距离、航班平均延误等量化延误时间，评估跑道需求与运行状况，提出跑道配置建议（如关闭或新建跑道）和滑行道布局建议。

此外，管制模拟系统 Plus 已经实现空域和空侧的整合，可对整个空域进行一体化的仿真。

5.3.2　流量管理系统

1. 美国流量管理系统

美国联邦航空局于 20 世纪 70 年代设立空中交通管制系统指挥中心，其主要任务是平衡空中交通需求与系统能力，确保最大限度地利用国家空域；监控全美空中交通的运行态势。美国联邦航空局和美国运输部开发完善相应的软硬件系统，建设增强型交通管理系统，其主要功能是在美国管制空域内平衡空中交通流量和空域系统容量，以确保有效利用国家空域，使航空运输系统高效运行。20 世纪 90 年代以后，美国引入协同决策机制，在数据交换能力、协同决策水平、流量管理自动化程度等方面进一步增强流量管理系统功能。目前美国的交通流量管理作为国家空域系统架构的重要组成之一，可为平衡动态环境中的国家空域系统容量和不断增长的航班需求提供决策支持，它通过软硬件的更新换代已经具备战略流量管理能力，同时正在增强其他功能来提高空管整体效能和互操作性。

美国流量管理系统的基础设施由一系列硬件、软件和通信网络组成，它为流量管理服务提供者和用户提供专门的工具，以及跨越本国的所有空中交通流的实时状态。美国空中交通流量管理系统的基础设施功能架构如图 5-21 所示。

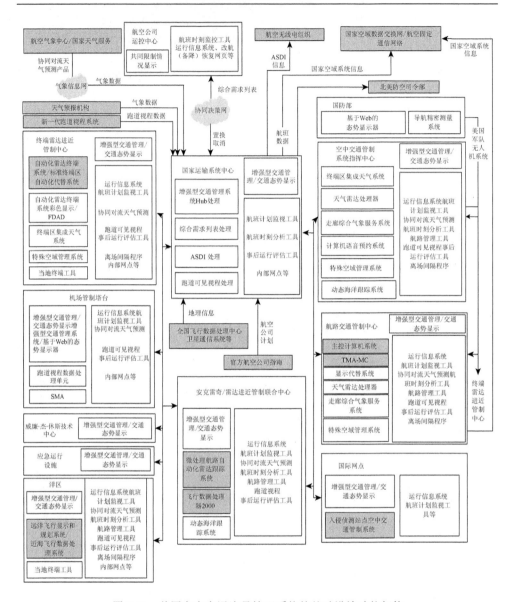

图 5-21 美国空中交通流量管理系统的基础设施功能架构

图 5-21 显示了提供和使用交通流量管理的有关设施，以及主要自动化工具和增强型交通管理系统的外部接口。位于美国联邦航空局各级空中交通管制中心的交通管理单元交通管理员执行跨越整个国家空域系统的空管任务，另外两个设施——Volpe 国家运输系统中心和威廉·杰·休斯技术中心提供相关服务支持。美国主要流量管理单位的基础设施简要介绍如下。

1）Volpe 国家运输系统中心基础设施

国家运输系统中心是开发和维护交通流量管理工具的专门机构，位于其中的增强型交通管理系统枢纽是交通流量管理基础设施的核心，用于跟踪、预测和计划空中交通流、分析地面延误效应以及评估备选航线等。增强型交通管理系统枢纽提供中央、实时的持续数据收集和处理功能，以支持所有的交通流量管理基础设施。增强型交通管理系统枢纽处理实时的输入数据，维护大型的分布式数据库，执行交通建模，并向位于航线管制中心、雷达进近管制联合中心、选定的终端雷达进近管制中心和机场管制塔台的远程领域站，以及一些执行交通管理任务的国际站的交通管理员传递处理过的数据。

2）空中交通管制系统指挥中心基础设施

空中交通管制系统指挥中心着眼于国家空域系统的战略情况及其长期规划，执行着基于系统范围内的交通流量管理任务。空中交通管制系统指挥中心监控国家空域系统国内以及从邻近国家（加拿大和墨西哥）进出国家空域系统的所有交通流量，同时对奥克兰、安克雷奇和纽约区调的洋区流量进行监控，并协调相关事宜。从国家层面启动地面延误程序、地面停止、通用航空机场程序、恶劣天气避让计划、改航，以及基于距离的尾随间隔等。

3）航路管制中心基础设施

每个航路管制中心配置一个独立的增强型交通管理系统串列，并通过增强型交通管理系统安全广域网和两个路由器连接到 Volpe。航路管制中心通过两个 A/B 转换器提供冗余。A/B 转换器用于在两个增强型交通管理系统文件服务器（主用和备份）和航路管制中心的主机系统进行同步转换通信。两个路由器和主站之间的通信连接由路由器进行自动转换。增强型交通管理系统与加拿大、英国、智利和墨西哥的国际站相连，位于这些国际站中的交通管理单元负责交通管理措施的规划和实施。加拿大设施从其 7 个运行中心（甘德、蒙克顿、蒙特利尔、多伦多、温尼伯、埃德蒙顿、温哥华）向增强型交通管理系统提供全部的国家空域系统报文。

4）终端雷达进近管制中心基础设施

在高交通密度的终端雷达进近管制中心，交通管理单元使用许多技术（如引导、调速、尾随间隔管理限制和空中等待）来管理离场流量，并对在最后进近阶段的航空器进行排序和间隔控制。高交通密度的终端雷达进近管制中心都装有增强型交通管理系统/交通态势显示工具，如休斯敦、北乔治亚、芝加哥、拉斯维加斯、波特兰、罗利达拉莫、孟菲斯、丹佛等。

5）空中交通管制塔台基础设施

塔台管制员监控航空器位置，制定滑行顺序，处理起飞申请，确保机场交通的有效流动。塔台设有专门的交通管理席位，负责与管制员协调制定本场流量措施，提供本场状态信息，并和相关的终端雷达进近管制中心或是区调的交通管理单元一起实施流量管理方案。交通流量管理功能主要在一些高交通密度的机场管制塔台实施，如旧金山、波士顿、拉瓜地、亚特兰大、纽瓦克、里根国家机场等。这些高密度塔台都能和增强型交通管理系统连接。此外，超过 200个塔台可通过基于网页的态势显示器接入增强型交通管理系统，来获得交通流量管理态势情景。

6）高空进近联合管制中心基础设施

美国三个非大陆的高空进近联合管制中心也设有交通管理单元：檀香山、圣胡安和关岛，其中檀香山和圣胡安是民用站，关岛是军用站。与其他领域站一样，都通过带宽管理器连接。

7）威廉·杰·休斯技术中心基础设施

增强型交通管理系统的运行测试和评估是由威廉·杰·休斯技术中心来执行的。增强型交通管理系统软件分为两大类：一类是枢纽站软件，在 Volpe 运行；另一类是远端站软件，主要在一些领域站应用。为了测试增强型交通管理系统枢纽站软件，同时作为 Volpe 枢纽站的备份设施，威廉·杰·休斯技术中心复制枢纽站的串列来模仿 Volpe 的 A 和 B 串列，这些串列称为 U/V 串列。为了测试增强型交通管理系统远端站软件，威廉·杰·休斯技术中心进行三种配置：HP 远端站、混合平台远端站（HP文件服务器，以及 HP 和 Linux 工作站）、Linux 远端站（Linux 文件服务器和 Linux工作站）。威廉·杰·休斯技术中心也有 NT 的 PC，用于测试航班时刻监视和运行交通态势显示器。威廉·杰·休斯技术中心的测试与评估使用现场和仿真数据，包括气象、国家空域数据交换网/航空无线电组织以及主机的接口。

8）应急运行设施

应急运行设施是一个独立的交通流量管理配置，用于在空中交通管制系统指挥中心进行互操作或性能降低时执行备份操作。主要的空中交通管制系统指挥中心运行席位都配置应急运行设施，华盛顿航路管制中心也配置应急运行设施。

依托上述流量管理部门及其相关基础设施，美国研制和运行相应的流量管理业务系统，包括各种网络网站产品和系统应用工具。

（1）空中交通控制系统指挥中心内部网站产品

空中交通控制系统指挥中心内部网站是美国联邦航空局与用户在战略流量管理阶段进行信息共享的工具。网站用户包括空中交通控制系统指挥中心、具备ADTN2000 网络的美国联邦航空局区域和终端区管制部门，以及具备协同决策网络的航空公司运控部门等。空中交通控制系统指挥中心内部网站为授权用户提供多种协同决策产品和信息的访问接口。空中交通控制系统指挥中心内部网站需要用户使用用户名和口令登录。除非主页上另有说明，所有用户都能够对网站信息进行读访问。空中交通控制系统指挥中心内网主页产品见表 5-2。

表 5-2　空中交通控制系统指挥中心内网主页

空中交通控制系统指挥中心内网主页产品	
访问咨询数据库/近期重要咨询	增强型交通管理系统技术说明
机场进场需求图表	国家空域状态信息
空域管理工具	公开系统故障提示
空中交通控制系统指挥中心日志	运行信息系统
空中交通控制系统指挥中心培训	运行网络报告
空中交通控制系统指挥中心标准操作程序	寻径网页
共同限制情况显示	航路管理工具
中央高度预留功能	跑道可见视程
协同对流天气预测产品	特殊空域使用管理系统
改航恢复网页	特殊交通管理程序数据库
特殊交通管理程序	基于网页的态势显示
增强型交通管理系统站点程序公告	

（2）计算机语音预约系统

计算机语音预约系统于 2002 年 10 月 1 日成功部署于空中交通控制系统指挥中心。计算机语音预约系统应用软件允许用户在线请求、确认、更新和取消对机场、日期和时隙的预约。预约既不是空中交通管制放行，又不是具体飞行计划，飞行员仍需在起飞前提交飞行计划。用户能够通过三种方式预约：呼叫机场预约办公室、使用电话预约号码或使用互联网访问计算机语音预约系统程序的网页。计算机语音预约系统应用程序设计和功能与特殊交通管理程序应用程序是一致的。目前高密度交通机场过程支持两个应用程序：一是计算机语音预约系统，允许用户对指定的高密度交通机场注册、预订时隙以及更新和取消时隙预约，该应用程序有一个电话接口和一个基于网页的互联网接口；二是高密度交通机场时隙管理工具，允许机场预约办公室席位专家变更已给予时隙的编号。

（3）离场间隔程序

离场间隔程序提供自动化工具，帮助交通管理者管理扇区工作量和调节交通，确保扇区内控制的飞行器数量在任何时间不超过预先设定的系统容量。离场间隔程序评估机场的离场飞行计划，根据离场资源设计航空器需求模型。离场间隔程序根据选定机场的离港计划表调节离港顺序，以便离港流量的结果需求不会危及主要方向流动率的安全。通过离场间隔程序协同其他多机场发布的离港计划计算离港时间表，管制员能够将各方向的流量汇聚控制在需求可接受的水平上。离场间隔程序系统负责飞行计划安排和数据库管理，主要功能有：获取符合条件的飞行计划；产生飞行器离港队列；从待处理队列中删除已穿过离场间隔程序离港流量报告点的飞行器；调整多机场和多跑道运行；交通管理协调员能够使用离场间隔程序通过改变离场间隔程序参数来实现平滑的离港交通流量。离场间隔程序系统运行如图 5-22 所示。

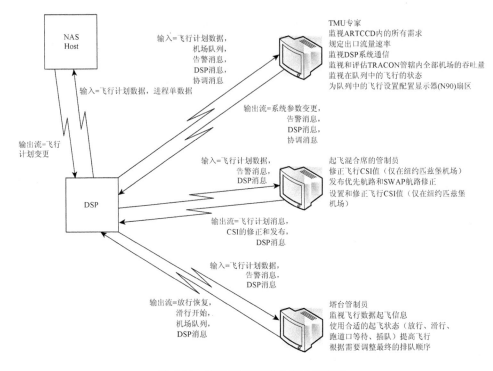

图 5-22　离场间隔程序系统运行简图

（4）增强型交通管理系统

增强型交通管理系统于 20 世纪 80 年代中期开发和部署，是美国流量管理的核心业务系统，供空中交通管制系统指挥中心交通管理专家和交通管理单元交通管理员使用，用于航迹查看、交通流量预测、地面延误影响分析或天气延误、评估改航方案以及流量管理建模。增强型交通管理系统安装在 Volpe 中心的网络中心、空中交通控制系统指挥中心、21 个航路管制中心、37 个进近、3 个联合终端区和 8 个机场塔台上。增强型交通管理系统还安装在加拿大、墨西哥、英国、智利、中美洲和关岛，其中关岛是部署在美国军方的一个雷达进近管制中心，不在国家空域系统范围之内，通过宽带连接和管理。

增强型交通管理系统的主要功能有：交通显示，使用交通态势显示工具显示当前航空器位置和气象，并绘制地面静态数据（如边界、机场、导航设备和航路点）；拥塞预测，预测未来 24 小时机场、扇区和航路点需求，提供图形化的告警显示；拥塞管理，允许交通管理协调员标识所有将要穿越恶劣天气或拥塞空域的航班，以便对所选航班进行航路变更；航路变更，通常是在恶劣天气下，交通管理协调员使用增强型交通管理系统实施改航策略，确定最有效的航路来确保航空器绕过受天气影响区域。增强型交通管理系统数据流程如图 5-23 所示。

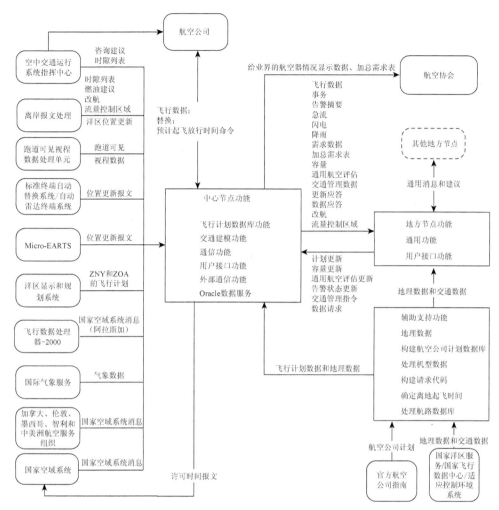

图 5-23　增强型交通管理系统数据流程

（5）增强型交通管理系统自动发送功能工具

空中交通管制系统指挥中心交通管理专家使用增强型交通管理系统自动发送功能自动创建咨询通告和关于地面延误程序实施的数据文件，使用燃油建议延误表报告。创建的数据文件包含延误时间和咨询建议，通过 NADIN、ARINC 网络或到其他增强型交通管理系统工作站发送。一旦咨询通告被创建，空中交通控制系统指挥中心的交通管理专家可以通过增强型交通管理系统电子邮件发送他们。发送咨询通告的权力只限于空中交通控制系统指挥中心、加拿大节点（事实上，仅多伦多使用该功能）和应急运行机构。增强型交通管理系统地方节点可以自动发送的功能列表包括：搜索燃油建议延误表；编辑燃油建议表；查看和评估所选的管制起飞时间；创建包含预计起飞放行时间和燃油建议的子文件；发送预计起飞放行时间和燃油建议。

（6）增强型交通管理系统电子邮件系统

增强型交通管理系统电子邮件系统允许用户创建有限数目的咨询或者概况消息，并发送给 NADIN、ARINC 或增强型交通管理系统地址。咨询只能由空中交通管制系统指挥中心发送，概况消息可以由增强型交通管理系统的各区域结点发送。

增强型交通管理系统电子邮件系统功能包括：查看或更改电子邮件设置；选择消息类型（只有空中交通管制系统指挥中心拥有）；消息组合；保存消息；指定地址；打印和发送消息。增强型交通管理系统电子邮件已经进行升级，增加紧急弹出消息功能，以通知空中交通管制系统指挥中心流量管理人员诸如劫机、炸弹及其他紧急情况，同时支持航路信息显示系统紧急消息的功能还在开发中。

（7）航班时刻分析工具

航班时刻分析工具由空中交通管制系统指挥中心在 2000 年 4 月开发，作为一个地面延误程序效果分析软件，分为事后分析版和实时版两个应用，既可以辅助空中交通管制系统指挥中心的流量管理专家在事后分析航班时刻遵守状况，分析影响地面延误程序运行性能的因素以及产生这些因素的原因；也可实时评估地面延误程序运行的效果，及时在地面延误程序运行过程中采取矫正措施。其中，事后分析版航班时刻分析工具是一个客户端-服务器应用程序，以图形方式显示数据和分析结果，分析地面延误程序性能及影响因素。实时版航班时刻分析工具是一个基于网页的应用程序，能够生成基于网页的分析报表，可供空中交通管制系统指挥中心监控地面延误程序的运行。实时版的航班时刻分析工具在 2001 年 4 月进行部署，并在 2002 年夏季应用于空中交通管制系统指挥中心内部网络和航空公司相关部门。

航班时刻监视的历史数据文件是航班时刻分析工具的数据来源，为空中交通管制系统指挥中心专家提供信息有：监控受控时间的遵守程度；探测系统的"赌博性"（指时隙里添加其他额外的航班）；识别数据处理的错误和其他数据质量问题；识别超出或不满足流量管理措施的运行情况；识别当前时隙分配过程中的争议问题。

（8）航班时刻监控工具

航班时刻监视工具是基于协同决策概念开发应用的协同流量管理工具，空中交通管制系统指挥中心和航空公司运控中心通过态势共享和信息交换，监控和管理机场流量与容量，执行流量管理措施及评估运行效果。航班时刻监视工具能够运行在非增强型交通管理系统的工作站上，其组成主要包含两个部分：一是航班时刻监视服务器，支持多个客户端，用于处理与增强型交通管理系统中心结点的数据交互，产生航班时刻监视客户端所需要的各种数据文件。二是航班时刻监视客户端，用于提供综合需求列表的数据显示功能，通过模拟各种不同的流量管理措施来调配机场需求。航班时刻监视主要提供两大功能：一是监控机场需求。航班时刻监视提供机场交通需求和容量信息的图形化与时间线表达形式，包含地面延误程序管理和分析功能，以便于用户针对空域限制及时做出反应。用户在采取相应措施之前，可以模拟流量管理场景,观测措施执行效果。二是管理机场流量。航班时刻监视允许流量管理专家执行和管理一系列可能的流量措施,包括空中等待、地面延误和地面停止,通过评估选取更好地平衡流量与容量的措施。一旦确定执行某个流量管理措施,航班时刻监视就会把各项参数发送给用户以更新各自的数据。航空公司运控用户可以模拟该措施产生的影响,并决定是否要变更他们的运行计划。

航班时刻监视提供两种运行模式:一是在线数据模式,用于监控给定机场的当前容量和需求。在这种模式下,每隔 5 分钟自动刷新显示的航班时刻需求列表,以反映航班时刻和容量的变化。流量管理专家使用航班时刻监视模拟实施地面延误程序/发布地面停止和运行计划,航空公司使用航班时刻监视制定燃油计划、模拟航班替换以及分析航班时刻变更带来的影响。二是历史数据模式,用于提供机场容量和需求在某个时间点的静态快照,通常包括生成每日交通量、重演地面延误程序事件和模拟各种地面延误程序场景。历史数据模式的界面与在线数据模式非常相似,但不能自动更新综合需求列表数据。

(9)交通态势显示工具

交通态势显示器是增强型交通管理系统的重要工具,流量管理专家使用交通态势显示器以各种方式来查看空中交通态势信息,包括全国、区域或机场的交通态势以及影响交通的气象信息等。交通态势显示器以图层叠加的方式,显示地图数据、航班数据、气象、告警、改航、流量评估区域/限制区域和文本报表。交通态势显示器向流量管理人员提供四种请求和控制方式:菜单、对话框、键盘指令和分号命令符。用户可以使用菜单命令或键盘指令来关闭或打开图层;一旦打开图层,交通态势显示器会自动刷新显示,显示最新的航班位置。如果流量管理人员需要,则交通态势显示器也能够重放最长 6 小时的告警的交通态势数据和气象数据。

(10)事后运行评估工具

事后运行评估工具是协同决策项目的一部分,主要为了支持国家空域系统范围内协同航路问题方面的分析,它允许用户使用多种性能测评指标(包括离场、航路和降落延误,以及计划和实际飞行的比较等)来研究国家空域系统功能运行情况,并能直接从增强型交通管理系统获取近实时数据(大约晚 1 小时),采用历史数据生成整个国家空域系统,从系统宏观角度来比较分析实际运行与计划运行情况。其用户包括空中交通管制系统指挥中心、航路管制中心、终端区/塔台、其他美国联邦航空局组织,以及国家空域系统用户(如航空公司和协同决策组织)。

事后运行评估工具利用各种各样的交互图表和地理显示,供用户访问、过滤并可视化增强型交通管理系统归档库中的飞行信息。查询结果可以分组归类为各种集合,包括按起飞机场与/或降落机场、计划进场航路点、离场/进场时间、航路、离场与/或进场航路中心、用户分类等。对每一类集合的性能测量包括起飞延误、航路延误和降落延误等。

美国自 20 世纪 80 年代中期构建增强型交通管理系统、实施流量管理以来，美国航班延误增长趋势比较平稳。1987～1994 年，每个航班的平均延误时间年均增长 0.08 分钟，增长率为 0.6%；航班延误成本年均增加 1.52 亿美元，增加率为 1.8%。由于美国现行的增强型交通管理系统架构设计陈旧，迫切需要升级换代。美国联邦航空局 1998～2015 年对其整套流量管理系统进行升级改造，建设和升级的总经费投入约为 5.9 亿美元，其中 IT 系统更新经费约为 1.5 亿美元，工程服务经费约为 4.4 亿美元。根据《美国民航对国民经济影响报告》，相关系统的建设投资带来巨大的经济效益，节约大量的航班延误成本，如表 5-3 所示。

表 5-3　经济效益分析表

方案	年份	航班延误成本/亿美元	投资方案与无投资方案相比较的经济效益/亿美元
无投资方案	2007 2012	135.15 171.58	
投资方案	2007 2012	121.43 138.19	13.72 33.39

将 2007 年和 2012 年减少的航班延误成本使用收益现值法进行折算，采用的折现率为现行社会折现率 12%，折算到 1998 年的现值为 11.78 亿美元。由于此套系统建设总投资为 5.9 亿美元，可以计算出项目投资收益的净现值为 NPV=11.78-5.9=5.88（亿美元），分析结果同样具有相当的经济可行性。

2. 欧洲流量管理系统

从 20 世纪 70 年代初期开始，欧洲陆续有 12 个国家建立自己的流量管理单元。20 世纪 80 年代，在布鲁塞尔设立管理全欧洲流量的中央流量管理中心，在各大区域管制中心设立流量管理席，中央流量管理中心与流量管理席一起，对欧洲民航委员会成员国的空域实施流量管理，通过航空用户、机场和空中交通管制部门之间的紧密合作来防止空管系统超负荷运行。欧洲流量管理系统虽然在总体性能上与美国的增强型交通管理系统略有差距，但其采用的航班计划总体协调核心技术和高效的信息交换技术，有效地保证整个欧洲空域的交通畅通。欧洲的流量管理系统主要针对欧洲地区航路网拥挤的特点，通过构建中心数据库，重点从优化航班飞行计划入手，利用初始飞行计划和定期航班计划处理系统、计算机辅助时隙分配系统等关键技术系统和工具，形成科学合理的战略、预战术和战术决策，使欧洲地区的航班延误大幅度降低，空中交通拥挤状况明显改善。近年来，欧洲正在开发新一代流量管理系统工具，新系统主要有三个特征：一是协同管理流量和容量，流量管理将从当前的单纯调整航班流量转变成为流量与容量协同调整；二是协同决策，流量管理员、航空公司签派员和管制员将密切合作、相互配合，共同完成流量管理任务；三是分析决策辅助工具，采用多种分析、预测、决策支持工具，辅助流量管理员的工作，避免空中交通拥塞，实现空域系统的有效利用。

欧洲中央流量管理中心的主要系统与工具包括空中交通服务环境系统、重复航班计划系统、初始飞行计划综合处理系统、增强型战术流量管理系统、存档系统、初始飞行计划综合处理确认系统、预战术系统。系统架构与主数据流如图 5-24 所示，其中欧洲航行情报服务数据库系统为欧洲信息系统安全数据库。

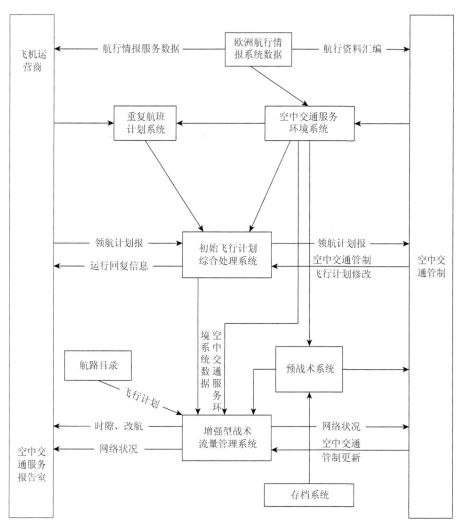

图 5-24　中央流量管理单元系统构架与主数据流

　　1）空中交通服务环境系统

　　空中交通服务环境系统用于全面、准确描述空中交通管制环境，提供欧洲流量管理中心辖区的所有区域、扇区、航路、机场、标准仪表离场程序、标准终端进场程序、导航设施和特殊空域等的详细情况，为初始飞行计划综合处理系统，定期航班计划系统和增强型战术流量管理系统提供全天候的数据支持。这些系统的准确性和有效性很大程度上依赖于空中交通服务环境系统数据的准确性，数据主要来自于国家级空中交通服务权威机构及航行资料汇编，分为静态数据、半动态数据和动态数据三类。空中交通服务环境系统数据是根据客户系统的功能需求定义的，每个客户系统要求特定的空中交通服务环境系统数据，在相应的中央流量管理单元责任区内履行任务。空中交通服务环境系统的范围是涉及空中交通流量与容量管理、初始飞行计划综合处理系统和RSO区域（以及中央流量管理单元区域）的整个空中交通管制环境。

　　2）重复航班计划系统

　　重复航班计划系统负责接收、处理和存储航空器运营商提供的大量重复航班计划。重复航班计划需要经过接收检查和错误校正，以及系统规定的其他协调事宜，为增强型战术流量管理系统和初始飞行计划综合处理系统提供处理后的清晰的日常飞行计划；为国家行政机构、重复航班计划系统数据组织和空中交通服务单位提供合适的输出。重复航班计划系统在每一个航行资料汇编周期内重复处理全部的重复航班计划文件，从而确保在当前环境数据下的有效性。重复航班计划系统主要有三大功能：管理重复飞行计划文档；管理重复航班计划；批量生成格式化输出。其中，管理重复飞行计划文档具备创建新文档、创建校订后的文档、打开现存文档、列出现存文档、加载新文档、加载校订后的文档等功能。管理重复航班计划功能允许重复航班计划系统管理任一特定或系列的重复飞行计划文档的数据，具备创建重复飞行计划列表、更新数据头、更新一个或多个重复飞行计划记录、更新数据结构等功能。批量生成格式化输出功能是指创建重复飞行计划软磁盘和创建国际民航组织的列表。

　　3）初始飞行计划综合处理系统

　　初始飞行计划综合处理系统是欧洲中央流量管理中心的核心系统，是欧洲各国飞行计划的中心处理系统，该系统使飞行计划的接收、处理和分发更为合理，为流量管理部门科学制定流量管理计划、有效监视航班运行和合理分配时隙提供有力的数据支持。初始飞行计划综合处理系统主要有两大功能：一是处理单个飞行计划信息，包括检查、修正、提取、回复、存储、分发和再检查过程。初始飞行计划综合处理系统首先检查收到的飞行计划信息，并根据已知的空中交通服务环境尽可能自动进行修正，但是在某些情况下也可能需要手动输入。在检查和修正过程中，初始飞行计划综合处理系统提取航路描述在内的飞行数据，并为飞行计算四维剖面。完成所有检查后系统向信息来源发送运行回复信息，接收并存储所有信息数据，随后向空中交通服务部门和中央流量管理单元相关部门发送接收信息，通过计算飞行剖面自动确定所需地址。在空域、机场使用条件或空中交通流量与容量管理限制条件改变时，初始飞行计划综合处理系统重新检查已经接收的飞行计划，并通知飞机运营者进行必要的修改。二是处理重复飞行计划信息，包括检查、修正、提取、回复、存储、分发过程，处理过程与单个飞行计划信息的处理类似。

4）增强型战术流量管理系统

增强型战术流量管理系统是中央流量管理中心战术流量管理系统的扩展或增强，是空管、流量管理、空中交通管制、机场和飞行员之间协调的支持工具，是实施流量与容量管理的主要工具。其目标是：增加流量管理的精确性，以降低流量管理和空中交通管制之间的数据差异；提高短期交通需求预测；降低运输过量；实现更精确的时隙分配以改善有效容量的利用；提高短期事件的反应能力。增强型战术流量管理系统功能如图 5-25 所示。

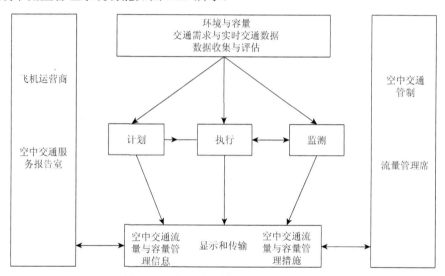

图 5-25　增强型战术流量管理系统功能

增强型战术流量管理系统主要用于显示计划的和实际的交通状况，使流量管理运行部门和区域流量管理机构可以监测和修改当日的流量管理计划；提供计算机辅助时隙分配策略；对流量管理和具体航班的改航策略进行评估。主要功能有：获取和处理空中交通管制环境数据，包括所有空中交通管制环境的基础数据（如机场、航路、扇区、容量等），以及一些动态更新数据（如跑道配置）；获取飞行数据，包括由定期航班计划系统提供的长期数据和由初始飞行计划综合处理系统、空中交通管制以及协同决策机场提供的及时更新信息；计算 4D 剖面，考虑上述数据信息计算每次飞行的 4D 剖面；计算交通负荷，以任意点、机场或空域的交通量表示，即单位时间（通常一小时）内飞越某一点、进入某一空域、离场/进场的航空器数量；改航，模拟空中交通流量与容量管理/空中交通管制系统航班或航班组改航结果；信息显示、输入和交换；计算机辅助时隙分配，计算机辅助时隙分配为每架航空器计算、分配起飞时间，与中央流量管理中心的其他分系统密不可分，是一个有机的整体，它需要空中交通管制系统、环境数据库系统、初始飞行计划处理系统和定期航班处理系统等提供数据支持。

目前，增强型战术流量管理系统从 30 个区域管制中心接收初始系统活动信息，从 29 个区域管制中心接收关联席位报告信息，从 3 个洋区中心接收洋区间隔。1998 年，增强型战术流量管理系统有 290 个用户，其中 182 个飞机运营商，64 个流量管理席，13 个空中领航服务提供者，28 个机场或操作人，3 个其他用户；发展至 2009 年，已有 2226 个用户，其中 1168 个飞机运营商，75 个流量管理席，193 个空中领航服务提供者，718 个机场或操作人，72 个其他用户。

5）存档系统

存档系统是一个计算机系统，用于支持中央流量管理单元及其用户在战略、预战术和战术活动中的准备工作，提供其他中央流量管理单元系统（空中交通服务环境系统、初始飞行计划综合处理系统、增强型战术流量管理系统等）的记录和数据，以及空中交通流量与容量管理运行的性能指标。具体包括：对流量管理计划与实际的空中交通状况进行比较，提供流量与容量管理性能的评估并采取正确的行动；提供基于历史数据的预计航班需求模型，辅助中央流量管理中心及其用户制定战略阶段、预战术阶段与战术阶段的流量管理策略；通过流量管理中心交互式报表系统和基于网页的应用工具，访问存档系统中的信息。存档系统数据如图 5-26 所示。

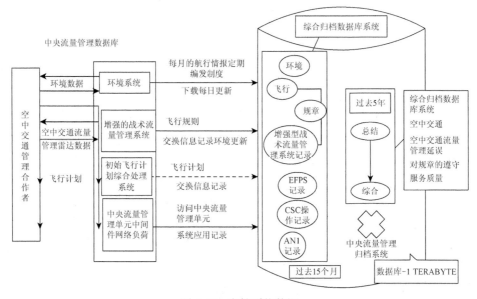

图 5-26 存档系统数据

6）初始飞行计划综合处理确认系统

初始飞行计划综合处理确认系统完全独立于运行中的初始飞行计划处理系统，其目的是用于提交测试航班计划。航班计划产生器可以在航班计划提交到运行系统之前，产生航班计划至初始飞行计划综合处理确认系统进行确认。

7）预战术管理系统

预战术管理系统是预战术流量管理阶段的使用工具，其主要功能是根据空域交通容量与流量的不匹配状况，通过调整航班计划来缓解交通拥挤。本系统使用的数据来自存档系统的航班数据与来自环境系统的环境数据。航班计划调整和航路改变策略可以在仿真系统中实现，以便测试其影响。

欧洲 CFMU 于 1995 年建成运行，配套系统的建设投资总投入近 3 亿欧元。由于 CFMU 对全欧洲实施有效的流量管理，欧洲在 2003 年每个航班的平均延误时间比 1999 年缩短 65%，年均缩短延误时间为 25%。根据《欧洲航空运输延误报告》，欧洲每分钟的航空运输成本约为 50.9 欧元，计算出欧洲在 1999～2003 年的航班延误成本，如表 5-4 所示。

表 5-4　1999～2003 年欧洲航班延误成本

年份	航班延误成本/亿欧元
1999	21.83
2000	16.06
2001	13.90
2002	9.09
2003	7.22

可见，从 1999～2003 年，欧洲的航班延误成本从 21.83 亿欧元降到 7.22 亿欧元，减少了 67%；年平均减少的航班延误成本达到 3.65 亿欧元，年均减少率约为 25%。将这几年年均减少的航班延误成本使用收益现值法进行折算，采用的折现率为现行社会折现率 12%，折算到 1995 年的现值为 7.05 亿欧元。由于此套系统建设总投资为 3 亿欧元，可以计算出项目投资收益的净现值为 NPV=7.05–3=4.05（亿欧元），分析结果具有相当的经济可行性。

5.3.3　管制指挥系统

空中交通管制指挥系统用于管理多架飞机起降和航行，以保障飞行秩序和安全。管制指挥系统的主要任务是：防止飞机在空中相撞；防止飞机在跑道滑行时与障碍物或其他行驶中的飞机、车辆相撞；保证飞机按计划有秩序地飞行；提高飞行空间的利用率。管制指挥系统一般分为执行塔台和进近管制的终端区管制系统与执行区域及高空管制的航路管制系统。本节通过对欧美主要管制指挥系统的介绍，体现结构标准化、功能自动化、系统开放性和全球一体化的发展趋势。

1. 美国管制指挥系统

20 世纪 60 年代中期到 70 年代中期，基于雷达和计算机技术的融合，美国联邦航空局开发一系列的半自动化的空中交通管制系统，如 IBM 公司开发的飞行数据和雷达数据自动化、第一代自动化雷达终端系统和用于航路管制的雷达数据处理器，实现管制员例行事务的自动化。20 世纪 80～90 年代，IBM 公司完成先进自动化系统的现代化项目，服务于航路管制单位；洛克西德马丁公司为美国联邦航空局航路管制中心开发航路主控计算机系统，完成所有航路管制中心自动化系统的更换任务；自动化雷达终端系统成功升级至第三代自动化雷达终端系统-III，并建立自动化雷达终端系统的通用基准，称为通用自动化雷达终端系统。20 世纪 90 年代中期，美国联邦航空局开发一些过渡时期的管制代替系统，如航路管制中心的显示代替系统和标准终端区自动化代替系统。随着美国下一代航空运输系统的提出，为满足下一代通信导航监视的实施需求，美国联邦航空局启动航路自动化现代化项目，先后替换原有航路管制中心自动化的主用航路主控计算机系统和备用系统。针对洋区飞行越发密集的趋势，美国联邦航空局启动先进的洋区管制技术与程序项目，实现洋区飞行的管制自动化，大大提升了洋区空域的利用率。为了加速场面运行，提高机场容量，美国联邦航空局开发 X 模式机场场面监视系统等辅助工具，为管制员提供可听可视的机场场面运行冲突告警信息。

1）现代化航路自动管制系统

为了满足航路管制的自动化需求，美国联邦航空局于 20 世纪 80 年代在全美各航路管制中心部署航路主控计算机系统，为航路空中交通管制席位提供各类数据的终端显示。但随着下一代空中运输系统计划的推进，航路主控计算机系统对新技术的兼容性已经跟不上发展需要，如处理星基导航数据、广播式自动相关监视数据等。在此背景下，洛克希德·马丁公司研制现代化航路自动管制系统替代航路主控计算机系统。与航路主控计算机系统不同，现代化航路自动管制系统不依赖于一台主机，而是一个互联的计算机网络。塔台管制设备、终端区雷达进近管制设备、空中交通管制系统指挥中心、飞行服务站和其他机构如国土安全局和国防部都会连接与使用该系统所管理的数据。现代化航路自动管制系统为美国联邦航空局向下一代空中运输系统的转变提供平台。它的成功部署使得广域信息管理、数据通信和广播式自动相关监视得以充分应用。同时，现代化航路自动管制系统也对未来空中导航的发展起到关键的作用。

现代化航路自动管制系统包含两个平行的、完全等效的信道。技术运行人员将信道设定为主用或备用模式。其中处于主用模式的信道从外部接口获取管制所需数据，并通过数据同步器向备用信道发送同步数据。除此之外，备用信道还单独从自身的外部接口直接获取数据，独立于主用信道进行飞行数据和气象数据的处理。数据同步器处于正常工作状态时，所有的数据在两个信道中达到共享。现代化航路自动管制系统的备用系统具备主用信道的所有功能。当主用信道出现故障时，监视控制席位就会生成一个告警信号。如果主用信道瘫痪，则技术运行人员会在监视控制席位发布激活备用信道的指令，管制员可以通过键盘输入进行信道切换。

现代化航路自动管制系统的主要功能包括如下几方面。

（1）4D 航迹跟踪：现代化航路自动管制系统的 4D 航迹模型可以从时空层面预测每架航空器的飞行路径，为自动化系统中的管制、协同和战略间隔的制定提供基础。

（2）天气数据一体化：现代化航路自动管制系统以报文和图表的形式为管制员提供一体化天气信息，帮助飞行员绕飞雷暴，躲避湍流，为旅客提供更为平稳的飞行。

（3）冲突解除：现代化航路自动管制系统可以为管制员提供该席位管制区域以外的交通显示。它的自动化工具可以探测潜在冲突以提供最安全、最经济的解决方案。

（4）驾驶舱通信：管制员和飞行员可以通过数据链进行飞行信息的共享。从飞行员的角度，管制员可以更好地进行飞行计划的调整，从而以最高效的方式帮助飞行员避免危险接近，绕飞恶劣天气等。驾驶舱与管制员进行数据链通信的最终目标是达到两者对于 4D 航迹的共享。

（5）信息共享：现代化航路自动管制系统通过广域信息管理达到与空中交通流量管理部门和其他美国联邦航空局系统之间的数据共享。除此之外，这些信息还可以与航空公司、军航和其他空域使用者共享。

（6）空域灵活使用：当天气影响范围覆盖多个扇区时，现代化航路自动管制系统会重新调整扇区边界来平衡管制员的工作负荷。

（7）战略流量管理：现代化航路自动管制系统提供全国范围内的交通流全貌。管制员可以对处于飞行各阶段的航空器进行改航规划，优化运行效率，从而保持机场运行量不超其容量。

现代化航路自动管制系统为管制员提供航路信息显示系统，它是现代化航路自动管制系统的用户终端，是一个交互的、实时的电子信息显示和发布系统，为管制员、监督人员和空管人员提供查询和显示航行数据、天气数据、空域图、空中交通管制程序、航行通告、飞行员报告、全国性条例、美国政府飞行信息通告和国防部飞行信息通告等空中交通管制信息。航路信息显示系统界面主要由信息显示和子菜单按钮组成。屏幕底部两行按钮用于管制员与系统之间的交互操作，并始终处于激活状态，如图 5-27 所示。

图 5-27　航路信息显示系统主页（见彩图）

其中，"HOME"键用于显示航行通告；"Messages"键用于显示未读消息，以及创建和发送消息；"ATC docs"键用于查阅国家或当地的文档；"Charts"键用于选择各种类型的图形和文字信息；"Search"和"Lookup"键用于迅速查找相应的空中交通管制文档和图表；"Resector"键用于更改扇区划设；"Help"键用于提供系统简介及可用信息；"Back"键用于返回上一个页面；"Quick Ref"键用于打开常用文档；"Create Shortcut"键用于为指定的扇区提供最短路径，剩下的按钮提供的信息可以由管制员自己设定。

2）洋区自动化系统

受国际民航组织委托，美国联邦航空局管辖全球洋区上空 80%的空域，其空域面积高达 2400 多万平方英里。由于大洋的限制，管制人员无法通过雷达跟踪洋区上空的航空器，也无法通过其高频与机组人员进行通话。早期，洋区管制人员只能通过高频无线电中继站每隔一小时发送的航空器导航信息报文进行间隔调配，过大的纵向间隔严重影响洋区的空域利用率。为了改进洋区的管制技术，2001 年 6 月，美国联邦航空局与洛克西德马丁公司签订先进的洋区管制技术与程序合同，建设纽约、奥克兰和安克雷奇三个洋区管制中心自动化系统。目前先进的洋区管制技术与程序项目的三个全新的洋区自动化系统（也称为 Ocean21）已经全部投入使用。

Ocean21 作为新一代洋区管制自动化系统，从系统架构到功能组成都进行技术革新。其功能和特点包括：基于航路自动化雷达跟踪系统的雷达监视处理，可以同时处理雷达信号、选址式自动相关监视和广播式自动相关监视信号，并集成显示在雷达管制席上；飞行计划冲突探测和告警功能，可以对符合条件的飞行计划进行自动和人工检测；实时的冲突探测和告警功能；提供电子飞行数据包括电子进程单显示，为管制员提供更为快捷的信息获取方式；管制人员采用地空数据链方式管制洋区上空配有 FANS-1/A 机载设施的飞机；支持用户偏好航路，可为每次飞行节省 2000～4000 磅（1 磅=0.453592 千克）的航油；支持动态航路规划，应用于东南太平洋区域；与相邻航路管制中心之间采用自动屏幕移交；与相邻其他国家管制中心之间（如加拿大、墨西哥、新西兰、加勒比等）采用空中交通管制设备间数据通信的管制协调移交方式，避免管制员之间口头传递信息可能出现的偏差，同时也降低管制员的工作负荷。

Ocean21 是按照国际民航组织标准设计的飞行数据处理器，为管制员提供一体化工具，包括系统维护的电子飞行数据、管制员飞行员数据链通信、空中交通服务设备间数据通信、自动冲突探测处理器、雷达数据处理器、自动相关监视、工作负荷管理工具等。Ocean21 将飞行计划、自动相关监视 A/B/C、卫星数据、雷达数据、天气数据、相邻扇区和管制单位的共享数据、高频通信数据（备用）、地空数据链、管制应用及系统部门设备间传输数据加以融合，为管制员提供更为人性化的人机界面，简化管制员查询信息的工作，降低管制员工作负荷，从而提高空域容量。Ocean21 为管制员提供 2 台显示设备，一台用于管制指挥，另一台用于电子数据查询（如电子进程单）。Ocean21 的管制界面是所有数据的一体化显示，为管制员提供直观的航空器和空域状态信息。Ocean21 的电子数据查询界面为管制员提供告警信息、电子飞行数据、扇区队列信息和空域信息等数据，其中，系统使用电子飞行数据为管制员生成电子进程单，如图 5-28 所示，大大降低了管制员工作负荷。在电子进程单中，包含所有关键信息（航班号、机型、高度、定位点、预计/实际过点时间等），并且这些信息根据位置点报告（地空数据链、广播式自动相关监视）自动更新。

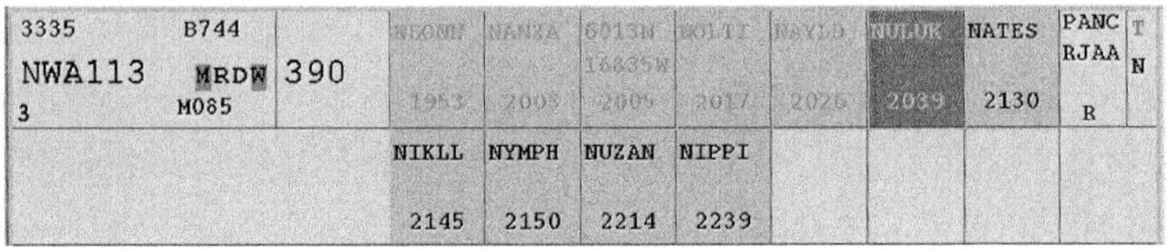

图 5-28　电子进程单（见彩图）

3）通用自动化雷达终端系统

20 世纪 80 年代，美国国内的终端雷达进近管制中心数量急剧增多，而所使用的管制系统又不尽相同。为此，美国联邦航空局建立一个单一的、通用的基准，集合之前自动化雷达终端系统的全部功能，将自动化雷达终端系统升级为通用自动化雷达终端系统。随着通信、导航、监视技术的发展，通用自动化雷达终端系统在广播式自动相关监视和远距雷达的支持下，可以服务于各种不同大小和形状的终端区。通用自动化雷达终端系统包括自动化雷达终端系统-IIE 和 IIIE，以及彩色显示设备。每个终端雷达进近管制中心根据自身规模的大小，配备有不同版本的自动化雷达终端系统。一般来说，繁忙终端区使用自动化雷达终端系统-IIIE。

通用自动化雷达终端系统把自动化雷达终端系统各版本的功能全部整合到一起，形成一个具有高度的分布式特性、网络化、多线程的实时系统。同时，通用自动化雷达终端系统建立一个单一的、通用的基准，将不同的终端管制系统标准化，形成通用的软件和硬件基准。这种标准化提供可扩展的雷达跟踪和显示功能，从而为设备的合并、增强以及空域的重新设计提供条件；为美国联邦航空局、空中交通管制和航空公司运行控制中心之间协同决策的制定提供支持；为广播式自动相关监视数据处理提供帮助，大大提高处理能力和效率。所以，通用自动化雷达终端系统可以在所有的终端区内运行，不会受到硬件结构或者交通流密度的影响。另外，通用自动化雷达终端系统具有开放式的结构，便于升级和维护。

以功能最全面的自动化雷达终端系统-IIIE 为例，其主要功能和特点如下。

（1）共享航路管制中心处理的飞行计划，通过飞行数据输入输出实现飞行计划的调用和修改。

（2）有独立于航路管制中心的雷达数据处理机，系统可以接收并处理多部雷达的信号，但一个席位同时仅能进行显示一部雷达的信息，不同的用户根据所管辖的范围选择相应的雷达通道。如果当前使用的雷达故障，则管制人员需要人工选择覆盖所在管制扇区的其他单雷达信号。

（3）一次雷达气象通道提供的 6 级气象信号经过处理集成显示在雷达管制席上，便于管制人员及时了解气象实况。

（4）为了解决美国联邦航空局关于塔台和终端管制中心之间对起飞航班边界检查的要求，终端管制中心自动化系统配置塔台和终端之间的电子进程单传递系统，由塔台对起飞航班的电子进程单进行扫描，触发终端管制中心相应的管制席位打印该航班的电子进程单，同时提醒终端管制人员接管即将起飞的航班。

自动化雷达终端系统-IIIE 主要分为航迹处理器、通用处理器、系统监视和控制系统及自动化雷达终端系统，其结构图如图 5-29 所示。由于大型终端管制中心的流量很大，对系统的稳定性和可靠性要求更高，所以自动化雷达终端系统-IIIE 的网络和设备配置较为复杂：有 4 个局域网（A/B/C/D），其中 A/B 是主用网络，C/D 是维护网络，若 A/B 网同时故障，则系统可无缝自动切换到 C/D 网工作，管制席位的信号不受影响；所有处理机都是三节点配置，一个主用，两个备用。

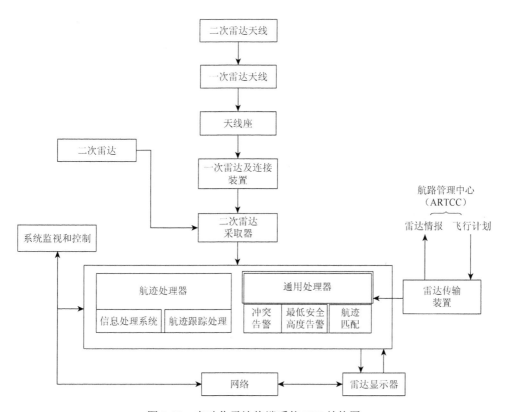

图 5-29　自动化雷达终端系统-IIIE 结构图

自动化雷达终端系统彩色显示把交通信息（航空器静态信息、飞行动态信息和交通态势等）有层次地显示在高分辨率的雷达屏幕上，所含内容包括背景、菜单、数据块、距离环、地图、航空器图标等，如图5-30所示。

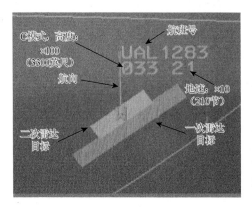 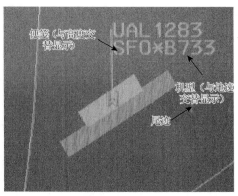

图5-30　航空器标识及数据块示意图（见彩图）

4）标准的终端区自动替代系统

标准的终端区自动替代系统是终端区空中交通管制员使用的雷达/飞行数据数字处理和显示系统，服务于较繁忙的民用机场和军航飞行管制。它接收和处理雷达目标返回信息、天气信息、终端区/航路的数字传感器数据等。另外，它可以自动跟踪一、二次雷达目标，向增强型交通管理系统提供航空器的位置信息。最后，它还可以侦测航空器对之间是否存在危险接近和提供低高度报警。

美国联邦航空局从1996年9月就开始研发标准的终端区自动替代系统，逐步替代陈旧的终端区管制设备自动化雷达终端系统。随着2009年诺福克和弗吉尼亚的终端雷达进近管制中心对标准的终端区自动替代系统配备的完成，标准的终端区自动替代系统基本完成军民航设备更新的任务。计划于2012年前，在美国联邦航空局和美国国防部所属的570个机场终端与塔台完成该设备的安装。

标准的终端区自动替代系统的系统性能包括128个管制员工作站（终端区管制员工作站和塔台显示工作站）、4500份飞行计划、1350架终端区的航空器、16部雷达、512英里×512英里的范围、6个天气强度等级、450份地图、14种可编辑的数据块、16种可编辑的列表类型、20个远距塔台、32种用户偏好设置和快速切换、24种仿真练习、每秒3900个传感器数据输入、响应时间小于1秒、可靠性为99.99998%。标准的终端区自动替代系统提供一个开放的接口，可以方便快捷地将新的硬件和软件进行合并，具有很强的扩展功能，允许用户根据不同的机场和空域灵活地增加系统功能和调整系统结构。标准的终端区自动替代系统由四大子系统组成：基于 AutoTrac 的完整服务等级、基于 AutoView 的特情服务等级、系统的应用程序和扩展接口、显示系统。图 5-31 是标准的终端区自动替代系统的详细组成和数据流程图。

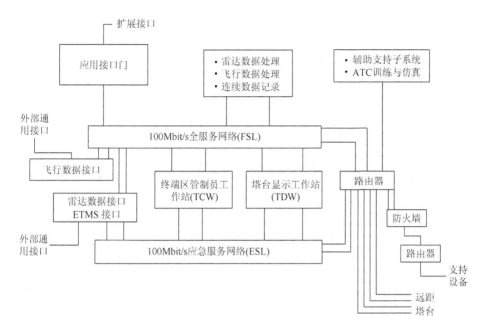

图 5-31　标准的终端区自动替代系统的详细组成和数据流程图

系统从外部接口获取电子雷达数据、飞行数据、飞行计划数据、远距塔台数据、增强型交通管理系统数据和管制员手动输入信息，并将管制所需数据以文字数字或图像信息显示在雷达屏幕上，为管制员直观地提供监视、管制和移交信息。图 5-31 中支持设备包括标准的终端区自动替代系统中央支持集成设备和运行支持设备。标准的终端区自动替代系统接收雷达数据和飞行计划信息显示在 508 毫米×508 毫米（20 英寸×20 英寸）高分辨率的彩色显示器上。标准的终端区自动替代系统的人机界面的基本布局和自动化雷达终端系统彩色显示相同，但是内容更为丰富，如菜单栏、系统状态告警和沿屏幕上边缘与左侧边缘的协调列表等。交通状态显示区域中包含信息有数据块、航空器标识、几何图形（地图、距离环、罗盘指示和轨迹线）、气象信息和地理限制区。

5）X 模式机场场面监视系统

X 模式机场场面监视系统以机场场面监视雷达为基础，辅以多点定位应答装置和广播式自动相关监视技术，对机场场面实现全信号覆盖。机场塔台终端设备上可以显示航空器位置信息与呼号，为管制员提供准确、及时的刷新和可靠的航空器信息，如图 5-32 所示，以保障在各种气象条件下机场场面运行的安全。同时，X 模式机场场面监视系统还可以为塔台管制员提供机场场面运行冲突告警，美国联邦航空局候选了美国 35 个主要机场配置 X 模式机场场面监视系统。

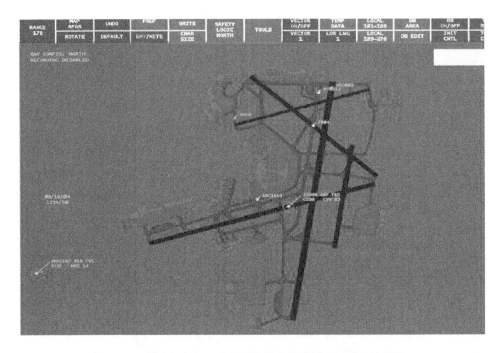

图 5-32　X 模式机场场面监视系统塔台终端显示界面（见彩图）

　　X 模式机场场面监视系统的核心装置为多传感器数据处理器。多传感器数据处理器可以将机场场面监视雷达数据、多点定位应答数据、广播式自动相关监视数据和终端雷达数据融合为一条与航空器飞行计划相关的航迹数据。此外，多传感器数据处理器还具备冲突探测和告警功能，能够为管制员提供可听、可视的机场场面运行冲突告警信息。

　　X 模式机场场面监视系统的主要性能参数包括：信号覆盖机场场面的滑行道和跑道，覆盖高度为机场场面真高 200 英尺，针对跑道进近走廊的信号覆盖范围为距跑道入口 5 海里，覆盖高度为机场场面真高 5000 英尺；系统可以同时检测 200 个实时目标；系统信号刷新率为 1 秒；运行 2190 小时的系统平均修复时间为 30 分钟。

　　自 2001 年以来，美国联邦航空局已经两次修订 X 模式机场场面监视系统的成本和安装计划，到 2011 年在 35 个机场安装 X 模式机场场面监视系统。目前成本比 2001 年的预算增加了约 1.25 亿美元，因为美国联邦航空局在其安装进度表中增加 9 个机场。美国联邦航空局目前预计 X 模式机场场面监视系统总的成本约为 8.06 亿美元，包括一直到 2030 年运行和维护该系统的成本。总成本包括约 5.5 亿美元的设施和设备成本，加上约 2.57 亿美元的运行和维护成本。至 2007 年 8 月，X 模式机场场面监视系统在 11 个机场获得批准。关于到 2011 年在余下的 24 个机场安装 X 模式机场场面监视系统的计划，软件研发和系统功能增强已基本完成，现在的重点集中在系统安装上。

2. 欧洲管制指挥系统

欧洲航线网络错综复杂，一次飞行往往会穿越多国空域。各国管理空域的独立性导致矛盾冲突不断。1960 年欧洲航行安全组织的成立，为"欧洲单一天空"的美丽梦想构筑框架，经过半个多世纪的努力，于 2004 年 1 月，欧洲各国运输部长和议会签署系列重要协议，决定加快空域的无缝隙的组合，创立欧洲单一天空空中交通管制系统。

目前欧洲各国所使用的管制系统不尽相同，其中主流管制系统包括：泰雷兹公司开发的"欧洲猫"系统；雷神公司的 P1 空中交通管制自动化系统，主要服务于德国区域管制中心；雷神公司的 AutoTrac 自动跟踪系统；雷神公司的 AAA 管制系统，主要服务于阿姆斯特丹飞行情报区；雷神公司的 TracView 空中交通自动化系统，主要作为备份系统；Aena 开发的 SACTA-3 自动化管制系统等。

"欧洲猫"机场场面自动化系统、"欧洲猫"塔台自动化系统以及应用更加广泛的"欧洲猫"系统可以统称为"欧洲猫"系统。其具有覆盖广泛、功能先进、结构开放等特点，特别是"欧洲猫"机场和塔台自动化系统一体化门到门系统，充分体现"欧洲单一天空"和全球空管一体化中无缝隙与互用性的发展趋势。因此，本节以"欧洲猫"所含系统为代表进行介绍。

1）"欧洲猫"机场场面自动化系统

为减少机场地面运行冲突、提高运行效率和经济性、提升机场容量，泰雷兹公司开发"欧洲猫"机场场面自动化系统，该系统可与"欧洲猫"塔台自动化系统形成一个无缝的、标准的联合运行系统，并且已经成功部署于法兰克福国际机场。

"欧洲猫"机场场面自动化系统是一个模块化、可升级的系统，它能够针对不同的交通密度、能见度条件和机场布局复杂度等情况，有效地对机场场面的航空器和车辆运行进行监视，从而实现安全、有序、高效的场面运行管理。"欧洲猫"机场场面自动化系统的核心部分是场面交通增强和自动化支持系统，它利用协同传感器（如 S 模式多向差分全球定位系统）和有雷达跟踪器的非协同传感器（如机场场面探测设备）来探测和提供航空器、地面车辆和障碍物的位置数据，以确保机场能够安全和高效利用现有空域容量。

场面交通增强和自动化支持系统的核心模块是数据融合模块。该模块把所有传感器数据以及外部系统提供的数据（如飞行计划系统、进近雷达和外部数据库的数据）进行融合，最终在每个管制员工作席位上显示包括目标航迹在内的交通状态信息，并将该信息传输给冲突探测模块。场面交通增强和自动化支持系统的显示设备将目标航空器的位置以图标与标牌的形式及机场地图叠加，显示在管制员工作席位的显示设备上。场面交通增强和自动化支持系统的路径选择模块为航空器分配预先设置的或动态计算的滑行路径，路径分配是由航空器类型、滑行时间优化、实际交通状况、机场类别和当前跑道使用方向等因素决定的。路径一经确认，系统将通过标准短语把数据发送给飞行员。场面交通增强和自动化支持系统的引导设备引导航空器沿指定路径滑行。航空器在机场灯光系统（如中心线、停止排灯等）的指示下选择滑行路线，该系统可以控制航空器的位置以及保持航空器的滑行路线与分配的路线一致。这个引导过程可由管制员人工控制或由系统自动完成，相关信息将显示在管制员工作席位上。场面交通增强和自动化支持系统的场面冲突告警负责场面冲突探测。在机场结构和运行数据的基础上，分析融合后的航空器轨迹数据，探测机场场面发生的冲突情况，如跑道入侵、航空器与航空器之间的冲突（包括所有国际民航组织指定的冲突情况）等。当探测到冲突情况时，系统将自动向管制员工作席位发送告警信息、显示告警级别（提醒和警告），并以视觉和音响形式发出报警。

"欧洲猫"机场场面自动化系统具有高度的开放性、扩展性和便捷的升级功能，它既可以作为一个单独的系统，又可以和其他管制系统进行融合，如上面提到的"欧洲猫"塔台自动化系统。"欧洲猫"机场场面自动化系统结构如图 5-33 所示，显示界面如图 5-34 所示。

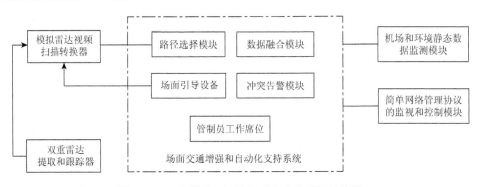

图 5-33　"欧洲猫"机场场面自动化系统结构图

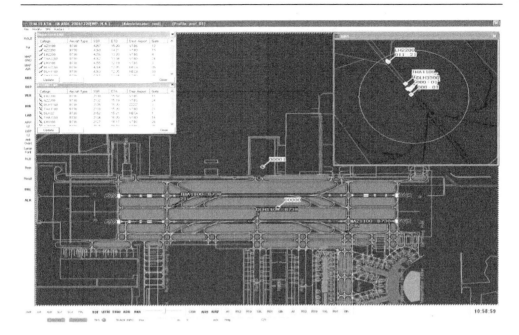

图 5-34　"欧洲猫"机场场面自动化系统界面（见彩图）

"欧洲猫"机场场面自动化系统由以下部分构成。

（1）双重雷达提取和跟踪器。

（2）模拟雷达视频扫描转换器，用于将系统数据进行融合，并将飞行计划数据和航空全球定位系统时钟信息与场面活动监视雷达、机场监视雷达、广播式自动相关监视、多点相关监视、一次监视雷达、单脉冲二次监视雷达、机场跑道异物检测系统等数据相关联。

（3）冲突告警和一致性监视模块。

（4）管制员工作席位。

（5）简单网络管理协议的监视和控制模块。

（6）机场和环境静态数据监测模块：用于计算进离场率、滑行时间、延误，提供耗油量计算、噪声评估和温室效应气体排放计算。

2）"欧洲猫"塔台自动化系统

为了有效地连接终端区和机场场面运行，方便管制员之间的协调，联合提升终端区和机场容量，泰雷兹公司开发专为塔台和机场管制设计的"欧洲猫"塔台自动化系统。该系统使用具有高度适应性的集成信息系统代替纸质进程单，并适用于不同规模的机场。该系统的成功部署显著降低管制员的例行任务，提高管制和飞行的安全性与效率，为机场空侧运行提供自动化保障。同时，该系统也是"欧洲猫"系统实现"门到门"服务的必不可少的一块"砖"。

　　"欧洲猫"塔台自动化系统的主要功能和特点包括：提高运行效率和安全性，优化机场环境和提升容量性能；对于不同规模的机场和飞行程序，系统具有高度的可扩展性和适应性；使用增强的计划和管制信息为管制员提供情景意识；提供管理机场场面航空器和车辆的高效工具；为塔台管制员和相邻进近单元的管制员提供电子化的协调与数据传输；准确的辅助信息，如气象条件和机场设备运行状态；广泛的数据交换，支持所有的标准接口，如航空固定通信网络、空中交通服务数据交换显示、SYSCO在线数据交换和空中交通管制设备间数据通信等。

　　"欧洲猫"塔台自动化系统具有开放性、冗余性的特点，其核心部分为终端区协调系统，它是专为塔台和机场管制设计的用于飞行数据处理的电子飞行进程单系统。其主要功能和系统特点如下。

　　（1）各席位上的管制员可以同时获得实际航班和计划航班的信息，从而减轻塔台内各管制席位和相邻管制单位（机场、进近、区调）间的通信和协调工作。

　　（2）电子进程单替代了传统的纸质飞行进程单，在所有管制席位的显示屏上显示航班计划信息。

　　（3）处理终端区内空中和地面所有的飞行活动，包括仪表飞行、目视飞行、军事飞行、复飞和穿越等。终端区协调系统的综合信息显示和处理系统负责处理与显示所有相关的气象数据（如自动气象观测系统的航空例行天气报告、运行天气报告或由自动终端情报服务系统提供的气象信息），以及一些文字和图表形式的辅助信息。所显示的气象数据包括不同传感器测得的风向、最大、最小和平均风速、侧风、顺风、各跑道的跑道视程、温度、修正海平面气压、云底高和自动终端情报服务信息等。

　　（4）终端区协调系统包含先进场面活动引导和控制系统的数据库，该数据库中存储并处理用于跟踪识别和标牌显示的所有飞行计划数据与其他飞行相关信息。

　　（5）终端区协调系统通过设置用户权限和登录密码来确保系统的安全性，还设计分布式的数据库结构和硬件冗余备份，以应对特殊情况。即使中心数据库不能正常运行，每个管制席位仍能继续工作。终端区协调系统还可以通过连接的进程单打印机来打印飞行计划。

　　"欧洲猫"塔台自动化系统为管制员提供一个直观的、结构可变的人机界面，能够便捷地根据不同的塔台构型（布局、工作流程、触摸屏条件）进行适应性调整；能够支持不同运行管理概念的飞行数据显示；能够对航班和车辆进行适应性显示与管理；能够对额外信息进行显示，如当地天气、自动终端情报服务、修正海平面气压、辅助导航系统状态等。另外，管制员可以通过键盘、鼠标、滚轮和触摸屏等输入设备对这些信息进行更新与重排，如飞行计划状态颜色、列表大小、可用跑道数和飞行路线等，其中大部分常规操作还可以通过快捷键实现。

3)"欧洲猫"系统

为了应对流量激增，延误大规模产生的现状，"欧洲猫"很好地兼容新的监视导航通信技术，广泛适用于洲际、洋区及高密度环境下，从单一进近到复杂航路的管制。目前，全球有 260 个空管中心，4000 多个管制席位安装并使用"欧洲猫"，覆盖 100 多个飞行情报区，占全球表面积的 40%。

"欧洲猫"包含一组数据处理系统并完全集成于空管系统中，为管制中心提供管制运行和训练功能，系统的主要功能如下。

（1）先进的飞行计划数据处理和冲突探测功能，包括四维航迹预测、中期冲突探测、飞行计划冲突功能、隔离空域探测等。

（2）多雷达数据融合功能。

（3）具有接收机自主式完好性监视的广播式自动相关监视报告处理能力。

（4）空地数据处理功能提供 ADS-C 报告处理能力，通过国际航空电讯协会/ARINC 622 网络接口进行空地数据链处理。

（5）飞行进程监控功能：自动把航迹与飞行计划相关，并具有航迹自动更新功能。网络安全监控和告警功能：能提供航路一致性监视、许可高度层一致性监控、短期冲突告警、临时危险区预警、区域危险接近告警、进近轨迹监控、自动相关监视航路一致性告警和最低安全高度告警。

（6）一体化航行情报系统：提供信息系统安全收集、归档功能，并发布空域静态数据、气象信息、航行通告和空域动态数据。

（7）能够进行缩小垂直间隔操作，并能提供英制和米制数据管理选择。

（8）支持基于性能导航。

（9）提供与航空固定通信网络初始飞行计划综合处理系统、空运货物运价表、军用系统、邻近管制中心（SYSCO level 1、在线数据交换、空中交通管制设备间数据通信）、欧洲的中央流量管理单元、航行情报处理系统、信息系统安全系统的数据交互。

（10）空域管理功能：军航飞行管理、灵活使用空域、基于航路的多扇区规划等功能。

（11）流量管理功能：改航和时隙再分配、进离场管理、统计当前并预测未来扇区飞行量。

"欧洲猫"主要由以下部分组成：飞行数据处理模块、单雷达航迹处理模块、雷达数据处理模块、新一代空中交通管制员显示模块、通信数据处理模块、记录备份处理模块、雷达旁路处理模块、飞行计划冲突探测模块、双协议栈航空电信网/自动通信与报道系统地空数据处理模块、空域情景重放模块、数据库管理模块、系统运行监控模块和军方数据处理模块等。"欧洲猫"各模块都具有双重备份，区域、进近、塔台各分部共用的模块都定义在区域分部，其他独立的模块单独配置。

飞行数据处理器是"欧洲猫"的核心部分，系统中航班的飞行数据主要来自：①各类飞行计划电报；②雷达数据处理器提供的系统航迹信息；③地空数据处理提供的飞行信息；④管制员输入的飞行信息。飞行数据处理器把接收到的关于某个航班的所有飞行数据进行有机的处理，并把整合后的有效数据归总，统称为航班的飞行数据记录条。

"欧洲猫"的雷达数据处理由单雷达航迹处理模块、多雷达航迹处理模块、安全网及监控处理模块组成。由于实际工作的需要，系统为区域和进近两个部分设计不同的雷达航迹处理方式。区域采用单雷达航迹处理和多雷达航迹处理相结合的处理方式。进近采用的雷达航迹处理方式是基于卡尔曼滤波的多雷达航迹处理。

"欧洲猫"的系统运行监控模块可以对所有内部（管制中心）和外部（雷达探头和助航设备等）的监视数据以及静态信息进行监控。网关计算机可与外部设备、传感器、S 模式应答机、自动相关监视数据链、雷达信息交换设备以及其他管制中心进行数据交换，并可以将航行情报数据和气象数据进行融合。当系统故障时，能确保指定的单个工作站能直接得到单雷达数据，各中心或各分区之间都具有灾难性故障恢复能力。

"欧洲猫"融合飞行计划数据、航行情报、雷达数据、卫星数据、自动相关监视数据、气象数据、航空固定通信网络报、地空数据链数据等，为管制员提供丰富而友好的人机界面，包括交通态势的显示（航空器信息、天气信息、各种报文信息、交通流状况）、电子进程单等。

4）一体化"欧洲猫"机场和塔台自动化系统

随着近年来经济全球化步伐的加快，国际航空界意识到，有必要在全球范围建立一种全新的一体化、互用性和无缝隙的空管运行模式。这种新的运行概念的特点之一就是以系统安全管理为根本，以提供服务为中心，承认空管是一个环环相扣的运作过程，范围至少是从门到门的全过程。为此，作为欧洲空中航行安全组织门到门项目的合作者之一，泰雷兹公司研发一套确保航路、进近和机场交通管制无缝链接的一体化解决方案。通过在泰国曼谷苏汪纳蓬机场实施 SATCONS 项目，泰雷兹公司对机场和塔台自动化系统、"欧洲猫"系统及 MAESTRO 进港管理系统进行集成。其中第一套门到门系统已于 2005 年 9 月投入运营。该系统中，"欧洲猫"提供航路、进近、起飞阶段的管制服务，机场和塔台自动化系统提供最后进近区域与机场区域的航空器及车辆管制服务，如图 5-35 所示。

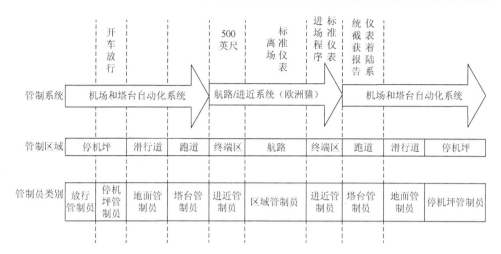

图 5-35 "门到门"一体化示意图

其中，机场和塔台自动化系统是专门为机场和塔台设计的一体化产品，支持机场飞行区自动化运行，安全性、容量和效率得以提高，并符合已建立的规章和条例，主要处理航空器从最后进近至登机口和从登机口至起飞阶段的飞行活动。机场和塔台自动化系统产品和服务包括无进程单的塔台飞行数据处理器（塔台飞行数据处理器）、气象服务、基于终端区协调系统的空管资源管理、基于场面交通增强和自动化支持系统的先进的场面引导与控制系统、广播式自动相关监视、用于精密跑道/进近监视和车辆跟踪的解决方案，而且机场和塔台自动化系统还能和机场管理系统集成，如登机口管理系统、噪声监控系统、账单系统和航班信息显示系统等，为协同决策系统提供支持。

该"门到门"管制系统在运行层面和技术层面体现空中交通管制的互用性。从运行层面来说，它为塔台、进近管制中心和区域管制中心管制员提供相同的情景意识、相同的航空器移交方式（包括自动化系统和程序），从而便捷准确地帮助管制员完成上述协调工作。从技术层面来说，互用性是指飞行数据和监视数据的交换，系统使用标准协议如亚太地区使用的国际民航组织/空中交通管制设备间数据通信进行飞行数据的互用，使用标准欧洲监视信息标准化数字格式协议进行监视数据的互用。

"欧洲猫"与机场和塔台自动化系统一体化系统不仅是两者功能的简单叠加，而且是一个"1+1=3"的运行模式，提供新的协调和情景意识功能，增强飞行过程中的运行效率和安全性，填补管制区域和飞行阶段之间的"空隙"，主要功能包括：充分协调塔台和进近运行；优化二次雷达编码的分配；集成进场管理工具，优化交通流量管理；一致的交通情景意识；完整的管制员-飞行员数据链通信，如离场放行数据链服务、D-TAXI 等；使用广域 S 模式多点相关监视，对精密进近过程进行监视；增强的协同运行模式降低管制员的工作负荷；提供机场运行数据库接口，支持零消耗的停机位分配和轮挡管理。

作为全球空管一体化的初步成果，"欧洲猫"机场和塔台自动化系统已经基本具备高适应性、大容量和系统结构化的要求，为欧洲单一天空计划的成功实施奠定基础。

5.4　发 展 趋 势

空管应用技术的快速发展为世界空管设备系统建设提供技术支持，使得空管设备系统呈现出变革与创新、统一标准、以人为本、智能化、设计开放的明显发展趋势。

1. 变革与创新

伴随空管技术的发展，给空管设备系统变革与创新提供助动器。现今空中交通管制设备系统的发展正在经历着一场彻底变革，它所带来的影响甚至比雷达的使用更为深远。例如，基于数据链数字化通信，意味着管制员和飞行员（包括他们使用的辅助工具）共享的信息量不再局限于通话的速度和频率。同样，监视系统也经历着一场重大的转变，如航迹管理包括航空器未来位置的信息，而不仅仅局限于当前位置。这些新系统得以应用还需要一段时间，但其概念已被纳入国际民航组织全球空管运行概念、欧洲单一天空的未来研究工作、下一代空中运输系统和全球其他项目中。可以预测，空管设备系统快速而稳妥的变革与创新将成为未来发展重要趋势。

2. 统一标准

空管设备系统的发展以国际民航组织全球空管运行概念为指导，以实现全球空管一体化为目标，因此必须实现全球范围内空管设备系统建设的统一与协调。在统一标准的前提下，结合本国和地区特点进行空管设备系统建设已成为各国与地区空管系统建设的发展趋势。例如，欧洲空中航行安全组织最新协助空中交通管制员的项目，第一代空中交通管制辅助工具与从国际民航组织国际空中交通管制运行概念中发展而来的"欧洲单一天空空管研发计划"技术方法保持一致性，能够针对性地提高欧洲空中航行安全组织管制区的管制效率与安全水平。

3. 以人为本

人与自动化设备有各自的优势和劣势。安全高效的设备系统能形成高效的协同关系，将优势最大化、劣势最小化。空管协会联盟提出，人一直是自动化设备的管理者而非服务者。人将在未来的空管系统中发挥重要作用，所有自动化设备的作用是辅助空管工程技术人员而非取代他们。以人为本，更加注重使用者的需求是空管设备系统建设的发展趋势，例如，第一代空中交通管制辅助工具提供决策支持信息，这使管制员能够在最适合人的环境中完成工作。

4. 智能化

空域管理设备系统、流量管理设备系统、场面管理设备系统等均是空管安全和效能的重要保障。空管设备系统的整体技术水平对空管工作的效率发挥着至关重要的作用。空管设备系统经历从人工到自动化的发展历程，安全性、可靠性和效率大幅提高。空管业务量的快速增长对空管系统智能化提出期望，自动化系统的广泛开发和应用促进空管系统的智能化建设。空管设备系统朝着更加智能化的方向发展，主要表现在相应计算机平台的开发，实现空域管理系统、流量管理系统、场面管理系统等自动化系统的广泛应用，通过高度信息化的网络，集成处理协同决策涉及的相关问题，从而提高空管系统整体的智能化水平。

5. 设计开放

空管设备系统的建设和发展，不是废除现有的空管系统另起炉灶，系统的改进与完善是一个渐进的过程。系统的每一步改进与完善，都应该确保对前期使用系统的经验进行收集和共享，并使其成为设备系统改革与创新的基础和依据。世界空管设备的设计和研发为将来的发展留有足够的开放空间。欧洲空中航行安全组织第一代空中交通管制辅助工具的建设，仅从它的名称就可以看出它是渐进发展的一部分。

第6章 空管法规体系

空管法规体系是对民航空管行业各要素进行规范的系统化、层级化、序列化的体系。从一定意义上讲，空管是执行法规、贯彻标准的过程。美欧等航空发达国家和地区十分重视空管法规体系的建立与健全。国家立法机构作为空管法规体系建设的最顶层，通过颁布航空法来规范各类飞行活动；政府依据法律赋予的职责，制定颁发行政法规，确立空管部门的组织机构、职能划分及责权义务等；空管行业主管部门依据行政授权，以规章或规范性文件的形式，明确空管工作的运行程序、操作规范和技术标准等。

6.1 概　　述

法规体系是一个国家或地区现行法律规则和原则按照一定逻辑顺序组合而成的整体，具有逻辑性、整体性、统一性等基本特征。空管法规作为航空法规体系的重要组成部分，同样具备上述特征。世界、地区或国家空管法规体系形成的主要标志是该区域的法规体系能够适应空管体制改革的新管理体制和运行机制，并能逐步充实和完善行业管理与业务技术方面的法律、行政法规和规章制度建设，其内容涵盖空管各业务领域，并保证各领域之间相互协调、互不冲突。

空管法规体系为空管行业提供规范依据，解决各方矛盾，促进各方协作，并逐步健全和完善。最早的空管法规雏形出现于 1919 年，即巴黎公约规定的《空中守则》。1926 年，美国成立国家航空处并制定一系列有关飞行的规定，是空中交通管制领域最早的规章，主要涉及内容包括航空器识别与安全间隔保护、安全飞行高度、飞行最低高度限制、航空器交汇飞行航线等。1938 年，美国颁布《民用航空法》，并制定民航管理法则与空中交通规则，该法案要求飞行员严格按照仪表指示和空中交通管制中心指令飞行，并明确空中交通管制中心的责权。1958 年，美国颁布《联邦航空法》，该法案在原有法规基础上综合航空安全等诸多因素，成为沿用至今的顶层航空法律。随着空管理念与技术的大幅革新，空管法规面临更高挑战，在此期间，空管法律法规已从早期单纯地规定航空器间隔、维护空中交通秩序等，发展成为融合空中交通服务、空域管理、空中交通流量管理、航空情报、通信导航监视、气象服务乃至人员管理、颁发执照、培训等内容的综合性法规体系。

在长期的行业管理与空管运行中，各航空发达国家和地区逐步建立起较完备的空管法律法规体系，且体系脉络清晰、自上而下、层层深入，具有统一的军民航法规标准。国家法律、行政法规和部门规章是各类航空用户享有权利和履行责任的共同依据，军民航遵守统一的运行程序、操作规范和技术标准，提高相互之间的协调效率。以美国三层空管法规体系为例，上层是一级联邦航空法，中层是二级联邦航空条例，底层是各类部门规章（包括针对内部行政管理的令与针对行业用户的咨询通告）。各空管部门根据明确、具体的行政授权履行各自的职责，保证国家空管系统有序运行。加拿大、英国、法国、澳大利亚、日本等发达国家也在长期的空管发展进程中建立健全各自的空管法规体系。目前，欧盟的空管法规体系（单一天空立法）建设处于起步阶段，原因是各成员国的国情、法律背景、立法目标之间存在较大差异，这导致各国在法规体系的表现形式存在诸多不一致。尽管如此，欧盟作为区域性的多国协作联盟，力求真正做到空管领域有法可依、有章可循的建设目标，并突出强调"协调各成员国利益"的根本宗旨。因此，随着相关立法部门的正常运作，欧盟的空管法规体系也将趋于完善。

6.2　国际民航组织法规标准体系

6.2.1　概述

国际民用航空运输涉及航空器、客货、航权、机场、法律、管辖权等诸多国际事务，相关权利、义务、责任及其与其他法律的关系错综复杂。就旅客而言，运送人、出发地、目的地、旅客、航空器上的服务人员均可能具有不同国籍；就货物而言，可能部分托运人、售货人、收货人、银行、保险公司或运送人具有相同或不同国籍；就航空器而言，航空器的国籍、运送人的国籍、航权的内容均不相同，尤其在涉及管辖权的问题上，由于所涉及人员的国籍不同，各国法律对空运管辖权均有不同的立法或解释，国际航空运输的复杂性和不确定性大幅度增加。世界各国为了更好地发展民航事业、促进国际运输、保障人员生命财产安全，纷纷成立相关的民航机构，有国际民航组织、国际航空运输协会，以及其他地区性民航组织。其中，国际民航组织在促进、构建和推行全球范围内国际航空通用标准的工作中发挥关键性作用。

国际民航组织是联合国的专门机构之一，其前身是 1919 年成立的空中航行国际委员会。随着第二次世界大战以后航空业的迅速发展，亟须建立一个国际性组织来协调因发展产生的政治和技术问题。因此，1944 年 11 月 1 日～12 月 7 日，来自 52 个国家的相关人员参加在芝加哥召开的国际会议，并签订芝加哥公约，即国际民用航空公约，按照公约规定成立临时国际民航组织。1947 年 4 月 4 日，国际民航公约正式生效，国际民航组织依法正式成立。国际民航组织经过国际民航公约授权，负责制定和研究国际航行规则与相关技术，并于 5 月 6 日召开第一次大会。同年 5 月 13 日，国际民航组织正式成为联合国的专门机构。1947 年 12 月 31 日，空中航行国际委员会宣布解散，并将其职责和资产转交给国际民用航空组织。截止 2010 年，国际民用航空公约共有 190 个缔约国，是目前国际上使用最为广泛的公约之一。国际民航组织由大会、理事会和秘书处 3 级机构组成，其总部设在加拿大蒙特利尔，另外在曼谷、开罗、达喀尔、利马、墨西哥城、内罗比与巴黎分别设立地区级办公室。

近 20 年，新技术飞速发展和全球经济环境巨大变化给国际民用航空航行和运输管理带来前所未有的挑战。国际民航组织为进一步提高工作效率，继续保持在国际民用航空领域中的主导地位，制定战略工作计划，并重新明确工作重点，包括：修订现行国际民航法规条款并制定新的法律文书，制定并更新关于航行的国际技术标准和建议措施、安全监察规划、航空安保工作、实施新航行系统、制定航空运输服务管理制度、资料统计、技术合作和培训工作等。

根据国际民航公约第 43 条规定，成立国际民航组织作为统一的立法机构和执法机构。国际民航公约还明确国际民航组织的权利。而国际民航公约第 44 条充分反映国际航空法规的起源、性质和发展，具体内容如下。

第 44 条目的国际民用航空组织的宗旨是制定国际航行规则和技术，并促进国际航空运输的规划和发展，包括：

一、确保国际民用航空安全、有秩序发展；

二、鼓励和平用途的航空器设计和操作；

三、鼓励发展国际民用航空航路、机场和航行设施；

四、满足世界人民对安全、正常、有效和经济航空运输的需要；

五、防止因不合理竞争而造成的经济浪费；

六、确保缔约国权利得到充分尊重，各缔约国拥有均等的经营国际空运企业的机会；

七、避免各缔约国之间的待遇差别；

八、促进国际航行的飞行安全；

九、大力推进国际民用航空全方位发展。

6.2.2　主要法规标准

国际民航组织颁布的规范和标准包括国际民用航空公约、标准和建议措施、航行服务程序、地区补充程序以及其他不同形式的指导材料、手册、指南和通告等。

1. 国际民用航空公约及其附件

1944 年 12 月，在美国芝加哥签订的国际民用航空公约是国际民航组织管理国际航空运输活动的主要法律文件之一。1974 年我国承认国际民用航空公约，自此开始该公约对中国生效。

国际民用航空公约是国际航空领域的宪章性文件，它规定民用航空活动的若干原则和管理办法，并包含所有国际民用航空领域的基本问题。国际民用航空公约的目的是确保国际民用航空安全、有序发展，使各国拥有均等的经营国际航空运输业务的机会，并确保航空运输业务的健康和稳定发展。各缔约国应毫无保留地遵守该公约规定。国际民用航空公约除序言之外，共分为 4 个部分，总计 22 章 96 条。公约内容由序言、空中航行、国际民用航空组织、国际航空运输和最后条款五大部分组成。公约涉及一般原则、适用范围、主权、领土、民用航空器、国家航空器、民用航空滥用、缔约国领土上空飞行、不定期飞行权利、定期航班、国内运营权、无人驾驶航空器、禁区、空中规章适用、空中规则、入境及放行规章、防止疾病传播、机场费用和类似费用、航空器检查、航空器国籍、空中航行便利措施、航空器适航条件、国际标准及其建议措施、航空器遇险、事故调查、国际民用航空组织的组织机构及其专业委员会职能、机场及其他航行设施、争端和违约责任等诸多内容。

国际民用航空公约尊重国家领空主权，规定各缔约国对其领土之上的大气空间具有完全排他的主权。通过此项原则使得各缔约国能对本国以外的航空器施加限制，从而起到维护本国利益的目的。此外，国际民用航空公约还结合各缔约国具体情况，制定广泛、完整的标准和建议措施。国际民用航空公约包含规定，凡采用统一方法能改进空中航行的事项，应力求做到高度统一，主要包括有关航空、人员、航路及各种辅助服务的规章标准、程序及工作组织等方面。依照公约有关规定，国际民航组织制定 12 项与技术、海关和移民等有关的国际标准与建议措施文件，直至目前已增加至 18 个，形成 18 个国际民航组织公约附件，具体包括：附件 1——人员执照颁发、附件 2——空中规则、附件 3——国际空中航行气象服务、附件 4——航图、附件 5——计量单位、附件 6——航空器运行、附件 7——航空器国籍与登记标志、附件 8——航空器适航性、附件 9——简化手续、附件 10——航空电信、附件 11——空中交通服务、附件 12——搜寻与援救、附件 13——航空器失事调查、附件 14——机场、附件 15——航空情报服务、附件 16——环境保护、附件 17——安全保卫、附件 18——危险货物的安全空运。在这 18 个附件中，除附件 18 属于航空运输范畴，其余的 17 个附件均涉及航空技术和飞行问题。其中，附件 2 和附件 8 仅包括国际标准而没有建议措施，其余则是二者兼有。

2. 标准和建议措施

依据国际民用航空公约第 54 条、第 37 条和第 90 条规定，国际民航组织理事会制定并通过相关标准和建议措施。为确保国际空中航行的安全、正常或有效运行，所包含的规范由各缔约国统一使用。一方面，国际民航组织理事会在制定相关标准和建议措施过程中，充分了解和考虑各个国家的规章和措施，所制定的规范具有广泛的适用性；另一方面，依据公约第 38 条所述，任何国家若不遵守国际标准，则有义务通知理事会。虽然公约没有给缔约国强加任何义务，但为保障空中航行的安全性，国际民航组织仍建议各缔约国将其与国际标准之间的差异上报至国际民航组织理事会。

根据公约规定，国际民航组织理事会负责制定标准和建议措施，并以附件的形式制定并发布，每个附件前言中包含标准和建议措施的具体含义。根据附件定义，标准和建议措施是指所有有助于国际航行安全、正常和有效的有关物理特征、构型、材料、性能、人员或程序的统一规定。各缔约国需按照公约规定对所有标准予以遵守。如不能遵守，则根据第 38 条规定必须通知理事会。从上述的定义不难看出，为保障本国航空器能在国际间顺利航行，各缔约国必须遵守国际民航组织制定的相关标准和建议措施，且各缔约国应根据本国的发展实力和现状尽力达到或逐步达到国际级民航组织所述的相关要求。

综上所述，国际民航组织公约附件是关于国际航空安全与管理的标准和建议措施。各国应尽力与之保持一致，但附件本身对各缔约国不具有强制性约束力。各缔约国应自觉遵守，不能遵照执行的国家必须通知国际民航组织理事会，并且说明本国规章和措施与国际民航组织有关标准和建议措施之间的差异。

1）与空管相关的标准和建议措施

与空管直接相关的标准和建议措施包含在附件 2、附件 10、附件 11 和附件 12 中。其中，附件 2 包含一般规则、目视飞行规则和仪表飞行规则所组成的空中规则，且适用于公海上空，以及与其空中规则不冲突的飞越国家的领土上空；附件 10 明确航空通信、导航和监视等方面的标准和建议措施；附件 11 界定空中交通服务范围，并规定了提供空中交通服务的标准和建议措施；附件 12 制定国际一致的组织搜寻与援救服务标准和建议措施，规定了开展搜救工作组织和合作原则、必要的准备措施，以及相应的工作程序。

2）与飞行安全相关的标准和建议措施

与飞行安全相关的标准和建议措施包括附件 1、附件 5、附件 6、附件 7、附件 8、附件 16 和附件 18。其中，附件 1 明确统一了各国颁发管制员执照的标准；附件 5 规定了以公制为基础的国际民航组织计量单位标准，这些计量单位标准不仅适用于空地通信，而且涵盖空中和地面运行所有方面，提高民用航空与其他科学之间的标准化程度；附件 6 制定安全运行标准，用于提高国际航空运输航空器的标准化运行程度，最大限度地确保航行活动的安全和效率；附件 7 规定航空器分类和确定方法；附件 8 规定航空器适航标准；附件 16 规定航空器噪声和发动机排放标准；附件 18 规定携带危险品的相关标准。

3. 航行服务程序

空中航行服务程序由理事会批准，并推荐给各缔约国在世界范围内使用，主要包括尚不成熟的操作程序、永久性的具体材料和因经常修订处理而相对烦琐的材料。当航行服务程序达到成熟和稳定要求时，可被批准作为标准和建议措施纳入附件。

地区补充程序与空中航行服务程序均需经过理事会批准，但只在各自地区使用。由于某些重叠，两个或两个以上地区的程序是通用的，所以一般将其编写成合订本。目前航行服务程序主要有两大类：①与空管相关的航行服务程序。②与飞行安全相关的航行服务程序，包括航空器运行和训练程序等。

4. 其他相关文件

除了国际民用航空公约、标准和建议措施、航行服务程序和地区补充程序，国际民航组织还制定技术手册、空中航行规划、指南、通告和指导材料等，以完善空管法规体系。技术手册是国际标准和建议措施，以及空中航行服务程序的补充材料，为空中航行服务顺利实施提供指导。空中航行规划由秘书长授权编写完成，该规划包括对国际民航组织各地区的国际空中航行设施和服务提出的具体要求，并参考地区空中航行会议建议和理事会采取的措施，定期修改以适应设施服务要求及其实施状况等方面的变化，确保设施和服务能够满足实际需要。国际民航组织通告负责为各缔约国就其感兴趣的问题提供专门信息，包括技术问题的研究等。

1）与空管相关的文件

与空管相关的各类文件主要包括：

—空中交通服务规划手册

—无线电通信手册

—民用航空器拦截手册

—军事活动对民用航空器飞行造成潜在危险的相关安全措施手册

—缩小垂直间隔实施手册

—所需性能导航手册

—确定最小间隔空域规划方法手册

—空中交通服务数据链应用手册

—国际航空和海上搜寻与援救手册

—全球航行计划

—无线电导航设施测试手册

—第 11 次航行会议报告

—二次雷达系统手册

—S 模式特定服务手册

—民用航空无线电频谱要求手册

—航空电信网络手册

—高频数据链手册

—甚高频模式 2 数据链手册

—甚高频模式 3 数据链手册

—甚高频模式 4 数据链手册

—全球卫星导航系统手册

—全球性卫星搜救系统

—平行跑道或近距平行跑道同时运行手册

—目视冲突避让操作技术

2）与飞行安全相关的文件

与飞行安全相关的各类文件主要包括：

—培训手册

—国家个人许可证系统的建立和管理程序手册

—人为因素培训手册

—空管系统人为因素指导

—航线运行安全审计手册

—安全审计人为因素指南

—民航安保人为因素指南

—航空器维修人为因素指南

—语言熟练要求实施手册

—安保实施手册

—航空运行中心建立与运行手册

—安全管理手册

—仪表着陆系统运行条件下使用碰撞风险模型的手册

—危险物品安全航空运输技术细则

—危险物品安全航空运输技术细则补充篇

—全天候运行手册

—仪表飞行程序设计手册

　　—适航性手册

　　—等待/反向及直角程序暂行手册

　　—危险品培训大纲

　　—运行手册编写

　　—航空器飞行运行和持续适航管理国家规章样例手册

　　—空中作业手册

　　—涉及危险物品的航空器不安全事件应急处置指南

　　—飞行模拟器技术指标标准手册

　　—航空器地面除冰/防冰作业手册

　　—航空器噪声管理平衡办法指导材料

　　—超音速客机运行指导材料

　　—计算机场周围噪声等值线的建议模型

　　—运行中航空器的持续适航性

6.2.3　国际民航组织规范与标准的形成

1. 标准和建议措施的形式与来源

由于实行通用标准和建议措施，全球范围内的航空运输系统可以实现多个程序和系统精确衔接。标准和建议措施涵盖国际民用航空技术和运行各方面，如安全、人员执照颁发、航空器运行、机场、空中交通服务、事故调查和环境等。目前国际民航组织的 18 个公约附件中有 16 个属于技术文件，由空中航行局各科室负责，其余的简化手续和安保附件属于航空运输局的管辖范围。此外，涉及技术问题的附件大都会介绍技术制定过程。

2. 标准和建议措施的制定

20 世纪 80 年代以来，全球经济环境发生巨大变化，各种新技术飞速发展，国际民用航空交通量剧增，民用航空交通管理迎来前所未有的挑战。在这种复杂的环境下，国际民航组织仍在不断制定与更新关于航行的国际技术标准和建议措施，以确保国际民用航空安全、有序运行，推进航行和保障设施的快速发展，满足世界人民对安全、正常、有效和经济的航空运输需求，防止航空运输业不合理竞争，保证各缔约国权利有效行使，最终促进国际民用航空业科学发展。

虽然国际民航组织在国际空管业的权力职能和行为职能与主权国家在本国空管的权力职能和行为职能有着本质差异，其组织管理方式也大不相同，但是其标准、建议和措施制定程序的严格性和工作方式十分值得世界各国借鉴与思考。国际民用航空组织标准的制定过程如图 6-1 所示。由图可以看出，新标准的制定以及原有标准和建议措施的修订首先要由国际民航组织、各缔约国或其他国际组织提出行动提案。属于技术型的标准和建议措施提案交由空中航行委员会（简称航委会）进一步处理，航委会根据提案的性质再将其转交给某个专门工作小组审查；然后组织相关会议，并在会议之前通过信函的方式进行协商；通过召开各种会议，各缔约国达成共识，标准制定工作基本完成。

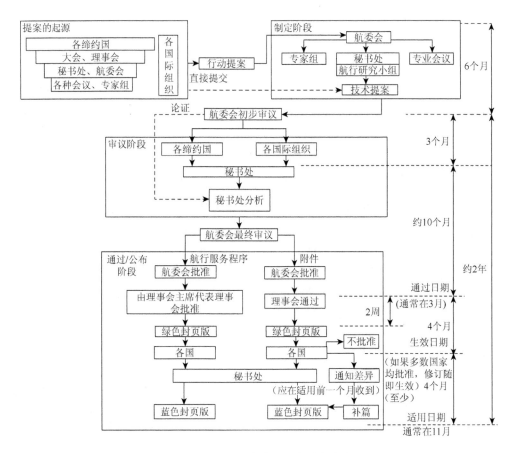

图 6-1　国际民用航空组织标准的制定

制定标准和建议措施一般采用以下几种协商机制。

（1）航行相关会议。该会议专门讨论航行领域的各种普遍问题，又分为专业会议和航行会议。前者讨论一个或几个相关领域的问题，后者通常设定一项"主题"，内容涵盖多个领域。该会议邀请所有缔约国参加，发言权一律平等，相关的国际组织也可作为观察员应邀出席。

（2）航委会专家组。该专家组是空中航行委员会设立的由合格专家组成的技术小组，该小组负责针对空中航行委员会和秘书处现有设施无法充分或迅速解决的问题提出解决方案。另外，该小组专家以专业身份而非提名国代表的身份开展工作。

（3）航行研究小组。该小组是由国际组织和各国专家组成的小型专家组，且专家以顾问的身份协助国际民航组织秘书处开展进一步技术工作。

（4）理事会技术委员会。该委员会主要负责辅助理事会处理各种技术、经济、社会和法律等专业问题，并参与制定民航组织标准和建议措施。

综上所述，凡涉及专题技术问题的详细研究，空中航行委员会通常转交给专家小组处理，其他技术问题则交给秘书处研究处理，必要时请航行研究小组协助。

3. 标准和建议措施草案的审查

标准和建议措施草案形成后，由上述小组将该草案以技术建议的形式汇报给空中航行委员会，由该委员会进行初步审议。初步审议一般仅讨论具有争议性的问题，之后空中航行委员会将标准和建议措施的原始建议连同备选方案，一并发送给各缔约国和相关国际组织征求意见。其中，应国家要求提供的复杂系统详细技术规范必须通过验证。各缔约国对有关建议置评的有效时间一般为3个月，其他公认的国际组织制定的标准一旦经过充分核查和验证，也可以作为参考。

各国和国际组织的意见首先要经秘书处分析后编制成工作文件，文件中需要详细说明有关意见，并向秘书处提供行动建议。空中航行委员会负责对有关建议进行最后审查，确定标准和建议措施、航行服务程序以及相关附件的修订意见，并以"空中航行委员会主席提交给理事会报告"的形式提交给理事会。

4. 附件修订的通过/颁布

理事会负责对空中航行委员会建议进行审查，如果2/3成员赞同对附件进行修订，则该建议通过。两周后，向各国发送临时修订草案，即"绿色版本"，并附带说明函。各缔约国有3个月的时间对通过的标准和建议措施提出异议，另外有1个月的准备过渡时间。修订正式生效日期大约在理事会通过修订的4个月后，修订的生效日期和适用日期之间一般相差4个月。间隔时间可根据实际情况进行延长或缩短，若多数国家没有异议，则修订生效日期即为适用日期。

通知日期为适用日期前1个月，届时各国必须将本国规章与修订后的规定之间的差异告知秘书处，并将差异作为附件的补充篇予以公布。生效日期过后立即发出信函宣布有关修订已经生效，秘书处随即以附件或航行服务程序的形式发行"蓝色版本"。

自适用日期开始，除已上报差异的国家，其他各国必须执行相关规定。为减少附件和航行服务程序的修订频率，理事会每年都规定一个共同生效日期，该日期根据航行情报定期编发制度排期，一般选在 11 月份。

通过上述程序后，新制定或修订的标准和建议措施成为相关附件的一部分，从初步审议到正式生效一般历时两年左右。在此过程中，各国和相关国际组织可以在合乎逻辑和经验的基础上反复磋商、广泛参与，并最终达成共识。

5. 其他附件材料和程序的批准/颁布

附件的附篇与标准和建议措施的制定方式相同，但附篇仅需要通过理事会批准而无须审查即可生效。仅在地区级适用的地区补充程序则无须按上述修订方式制定，但必须通过理事会批准才能生效。航行服务程序的修订意见首先由空中航行委员会根据理事会授权批准，后发送至理事会代表征求意见，并由理事会主席最终批准生效。手册和通告则由秘书长根据理事会批准的原则和政策授权颁布。

6. 标准和建议措施/普遍安全监督审计计划的实施

根据国际民用航空公约规定，各缔约国负责执行标准和建议措施。为了在保障安全的基础上向缔约国提供帮助，1999 年，国际民航组织发布并执行普遍安全监督审计计划，该计划规定国际民航组织在所有缔约国强制实行定期、系统和统一的安全审计工作。通过该计划的实施，确保国际民航组织标准和建议措施、程序和安全措施能够严格执行，并促进全球航空安全运行。

审计工作以国家安全监督系统的关键要素为对象，包括合适的法律和监管机制，健全的组织结构，科学的技术指导，合格的人员、执照颁发和审定程序，持续监视和解决已查明的安全隐患等内容。通过执行该计划，不但在发现安全隐患方面卓有成效，还提出解决隐患的办法。目前该计划已经逐步扩大至机场、空中交通服务、航空器事故和征候调查，以及其他安全领域。

审计计划除了通过地区性安全监督研讨会和讲习班等形式提供进一步协助，还为国际民航组织改进现有的与制定新的标准和建议措施提供宝贵的反馈意见。另外，安全审计计划取得的成功经验也运用到航空安保领域。普遍安保审计计划于 2002 年正式出台，该计划同样是为了帮助各国查明在执行与安保有关的标准和建议措施的过程中存在的障碍，未来审计计划还将运用到民用航空的其他领域。

对执行标准和建议措施坚定不移的持续合作、共识、遵守和承诺，缔造了正逐步发展成为有史以来最安全的大众运输工具——全球航空系统。当今，商业航空机组飞到世界任何地方，都能确保安全、有序和高效的运行，这完全依赖于通用的空管法规体系和标准化的航空基础设施。

6.3　典型国家及地区空管法规体系

纵观世界各国航空法规体系，欧美等航空发达国家逐步建立起较为完备的空管法律法规体系，均可根据法律规范的纵向关系将其分为法律、行政法规和部门规章三层。按照规范对象的统一性原则以及航空运输行业的特点，也可将其按管理区域的不同进行横向划分。空管法规作为航空法规体系的重要组成部分，也可根据上述两种原则进行综合划分。

6.3.1　美国

根据 1966 年 10 月 15 日美国国会通过的运输部法案相关规定，美国建立运输部，并于 1967 年 4 月 1 日正式办公，该部门主要负责管理航空、铁路、联邦公路、海事、公共运输等相关事务，具有制定相关行政法规的权利。

美国的行政法规体系中，与空管相关的法规根据上述原则可划分为三个层次，即美国法典、联邦法规汇编及相关补充、美国联邦航空局的内部命令等。美国联邦航空局主要通过以下方式落实政府对空管的相关规定：美国法典或者联邦航空条例适用于公众；联邦航空局令适用于联邦雇员；咨询通告为落实法规提供指导，主要指导公众如何达到法规的要求，咨询通告没有法律强制力。特别强调的是对公众的约束，法规具有执行力，而政策无法律效力和执行力。联邦航空局制定相关法律、法规需严格遵守美国法规制定程序。联邦航空局及其空中交通服务所涉及的技术标准多由航空无线电委员会负责审议和颁布，或直接采用工业标准，但联邦航空局在采用其标准前需进行严格的审议和认可。

1. 美国法典及联邦航空法

美国法律一般由参议院、众议院两院通过后交由总统签署发布，其类型有一般大众法和特别个人法两种。前者适用于一般大众，后者适用于特定的个人、家庭和小团体。必须特别注意的是，不能把一般的公法/私法与美国的一般大众法/特别个人法相提并论。公法是指规范国家和人民之间关系的法律，私法则是规定私人间权利、义务关系的法律。

美国每部法律都有一般大众法或特别个人法编号，1957 年之后的法律编号分为两组，前一组代表第几届国会，后一组代表流水号（例如，1958 年联邦航空法编号为一般大众法第 85-726 号，即第 85 届国会第 726 号）。但并非每部法律都有具体名称，例如，一般大众法第 103-272 号文件是相当重要的航空法律，该一般大众法包含很多与运输事务有关条文的修订，而该部法律却无具体名称。另外，某些一般大众法大都由多个性质相近的法律集合而成。例如，1974 年颁布的《运输安全法》包含《危险物品运送法》、《铁路安全改善法》和《独立安全委员会法》。每一届国会通过的法律都会以编年的形式收录成册，美国联邦法律大全的书名由政府出版局出版。

一般大众法经总统签署生效后，各条文编入美国法典相关章节。众议院的修法审议会每 6 年出版 1 次美国法典，法典中包含最近修法情况的补充版。美国法典依据主题性质的不同分为 50 卷，每一卷之下再细分为章、部分、节、条等，使所有颁布的法律构成完整的系统。例如，国家运输安全委员会的成立最早是依据第 89 届国会通过的一般大众法第 89-670 号（俗称 1966 年《运输部法》），隶属于运输部所辖，其中《运输部法》的第 5 节就被编入美国法典第 49 篇 "运输" 中。美国法典 50 个类别包括总则、国会、总统、农业、外国人与国籍、仲裁、武装力量、破产、银行与金融、人口普查、海岸警卫等。除了前 6 个纲领性的主题，其余主题均按照字母顺序依次排列，具体内容涵盖在 50 卷中。

美国航空法规体系和行政法体系一致，美国法典中有关联邦航空局的法律位于第 49 卷交通运输中，包括第 1 分册——运输部、第 2 分册——其他联邦机构、第 3 分册——联合运输计划、第 7 分册——航空计划等。主要内容包括组织机构、权利与责任、政府支持、涉外事务、违法犯罪、调查等。

美国法典对空管领域中的各方责权做出明确规定：

—40103 条款规定 "美国公民有飞越导航空域的权力，政府应当制定导航空域的计划和政策，保障航空器的飞行安全和飞行效率"；

—44502 条款规定联邦航空局局长可以获取、建立、改进、运行以及维护导航设施，并提供控制和保护空中交通设施的人员；

—44701 条款规定了联邦航空局的职责；

—44720 条款规定 "联邦航空局有责任收集并发布气象信息"；

—44721 条款规定 "联邦航空局有责任制作航图"；

—461 章对联邦航空局的执法权做出了规定。

国会每颁布一部法律，在发行单行本的同时，美国国会众议院的法律修订委员会办公室专业人员负责将这部法律分解为若干部分，再根据其规范的内容编排到 50 个相应主题的相关卷中。美国法典每隔 6 年重新编纂颁布一次，在 6 年期间，每年都会将国会当年通过的法律按照法典编排的序号，编辑成为补充卷。在新的法典尚未编纂之前，可通过补充卷来查阅和引用最新的法律规定。

随着美国航空业的发展，其航空法律、法规发生几次重要的变化：1926 年颁发航空商业法；1938 年颁发民用航空法；1958 年颁布联邦航空法。联邦航空局依据 1958 年联邦航空法成立。目前，1958 年联邦航空法是航空界的最高法律。

2. 联邦法规汇编及联邦航空条例

国会制定的法律一旦生效,相应的行政部门就会根据母法制定并发布子法(法规)。联邦法规汇编是美国二级法的汇编,由美国政府行政执行部门或机构颁发。联邦法规汇编的编纂工作始于 1936 年,由美国政府参照美国法典的模式进行编撰。联邦法规汇编也按照法律规范所涉及领域和调整对象分为 50 个主题,并以联邦机构管理的内容作为分类标准。美国联邦法规汇编与美国法典汇编方式一致,每个主题下分卷、章、部分、节,每卷根据发布的部门不同分为不同的章,每章再根据法规的特定内容分为不同的部分。此外,联邦法规汇编的题注、编号、索引、指引等使用与美国法典相同。

联邦法规汇编中的联邦行政法规每年编纂更新一次,由联邦公报管理委员会负责。汇编的法规主要来自具有普遍适用性和法律效应的政府机构,并由该机构在联邦政府公报上公布或发表,或者向联邦政府公报管理委员会递交成文法律文件草案、特别出版物及其修改版装订的法规汇编。

根据美国法典规定,各机构在联邦政府公报补充版上出版成文的法律文件,随后由联邦政府公报办公室编档保存,在联邦政府公报中发表,并且在发表之日该法律即开始生效。为了便于公众及时查询和引用联邦政府最新颁布的法规,公报室每月编一期修改或新制定的法规目录,置于原法规之后,同时详细说明具体条文所在的相应联邦政府公报,供查阅引用。联邦法规汇编每年都要定期修订,按照不同集号分季度进行,其中 1~16 集在 1 月 1 日公布修订,17~27 集在 4 月 1 日修订,28~41 集在 7 月 1 日修订,42~50 集在 10 月 1 日修订。联邦法规汇编的各集按颁发机构划分章节,每章继续细分为分章、部。

美国现行的所有法规都被收录在联邦法规汇编的适当类别中,如运输事故的调查事务就被编入联邦法规汇编第 49 卷交通运输中。其中,第 14 卷为航空和航天,该卷第 1 章为联邦航空局,其法规内容是联邦航空条例。联邦航空条例由联邦航空局局长签发,并依据此法规对民用航空实施管理。主要内容包括一般程序规则,航空人员,空域、空中交通和一般规则,航空承运人、学院和其他持证单位,机场,导航设施管理规定。除此之外,联邦航空法规汇编中与空管有关的法规还包含在第 40 卷环境保护和第 47 卷航空电信中。

联邦航空条例的内容主要分成 A~N 共 12 小章(以 2010 年 12 月官方资料为准):

—A 分节 定义——第 1、3 部分

—B 分节 规章制定等执行程序——第 11、13、14、15、16、17 部分

—C 分节 航空器——第 21、23、25、26、27、29、31、33、34、35、36、39、43、45、47、49 部分

　　—D 分节　航空人员——第 60、61、63、65、67 部分

　　—E 分节　空域——第 71、73、77 部分

　　—F 分节　空中交通与一般运行规则——第 91、93、95、97、99、101、103、105 部分

　　—G 分节　民用航空企业合格审定及运输——第 119、120、121、125、129、133、135、136、137、139 部分

　　—H 分节　训练机构与其他核准机构——第 141、142、145、147 部分

　　—I 分节　航空港——第 150、151、152、153、155、156、157、158、161、169 部分

　　—J 分节　导航设施——第 170、171 部分

　　—K 分节　行政法规——第 183、185、187、189、193 部分

　　—N 分节　战争风险保险——第 198 部分

　　为了应对特殊情况的发生，联邦航空局还有权发布特别联邦航空条例。这些条例是对某些联邦航空条例的补充或对特殊情况的规定，如特别联邦航空条例 23 是对联邦航空条例 23 的补充；特别联邦航空条例 13 是对运输类飞机执行联邦航空条例 25 时的一些特殊规定，以作为适航管理人员进行审查的依据。特别联邦航空条例也作为联邦航空条例的一部分，分类编入联邦条例汇编中各有关的联邦航空条例之前。

3. 联邦航空局令

　　一般来说，法律和行政法规（包含特别联邦航空条例、适航指令）这两个正式层级构成美国整个航空法规体系。但在法规之下存在一个非正式层级，即"令"和"咨询通告"。美国联邦航空局对内部行政与管理规定一般以令的形式发布，由于美国空管都由空管组织的内部单位或协议塔台负责，所以对于空中交通的行业管理使用大量的联邦航空局令。

　　令包含行政命令和联邦航空局令两种。前者是由总统行政办公室发布约束美国全部官员的规定，后者是由联邦航空局局长所下达的内部命令。由于白宫是联邦航空局的上级机关，所以其行政命令的位阶高于联邦航空局令。除了行政命令，联邦航空局官员也必须按照联邦航空局令执行业务。但联邦航空局令不属于严格意义上的法规，因为其效力仅涉及联邦航空局官员，而不涉及航空公司与一般大众。

　　联邦航空局有完整的、分类清晰的命令编号体系，具体如下：

　　—0000 编号体系表

　　—1000 行政管理类

　　—2000 法规

—3000 培训

—4000 日常管理

—5000 机场

—6000 航路设施

—7000 空中交通管制

—8000 飞行安全

—9000 航空医学等

其中与空管直接相关的联邦航空局令主要包括：

—7010.1 空中交通安全评估及审计

对空中交通组织的设施和服务进行评估及审计的指导、方法和程序。

—7110.10 飞行服务

空中交通人员提供飞行服务的程序和用语。

—7110.65 空中交通管制

空中交通管制员提供空中交通管制服务的程序和用语。

—7210.3 机构运行和管理

空中交通机构运行和管理的指令、标准和指导。

—7350.8 位置标识

列出美国和加拿大空域定位点和程序代号；申请标识和程序分配的指导方针。

—7400.2 空域问题处理程序

空域管理通用程序；影响空域的障碍物；机场、航路、终端区空域分析；特殊使用空域；其他程序等。

—7400.8 特殊使用空域

列出特殊使用空域。

—7400.9 空域标记和报告点

列出 A、B、C、D、E 类空域和报告点。

—7450.1 特殊使用空域管理系统

特殊使用空域管理系统的使用和维护程序。

—7930.2 航行通告

航行通告政策、程序、运行的指导方针。

4. 咨询通告

咨询通告由联邦航空局拟订，其目的是为行业用户（如航空公司、一般民众）提供关于遵守联邦航空条例的指南与信息。咨询通告与联邦航空局令类似，尽管不具备法律强制性，却是空管法规体系的重要组成，对空管法规体系的补充，可以规定规章的具体实施办法、管理程序或对条款的解释说明，为实施空管行业管理提供有效的补充手段。

美国的咨询通告由联邦航空局拟订，其目的是为行业用户（如航空公司、一般民众）提供关于遵守联邦航空条例的指南与信息。咨询通告通常会提出符合联邦航空条例规定的可行方案，但此方案并非唯一方案。为了达到联邦航空条例的要求，行业用户可以按照咨询通告的建议方案采取行动，也可提出其他可行方案，在经联邦航空局官员同意后方可执行。

美国的咨询通告编号体系大体上依据联邦航空条例编号而定，具体如下（以2010 年 12 月官方数据为准）：

　　—规章制定等执行程序——第 11、13 部分
　　—航空器——第 21、23、25、27、29、33、34、35、36、39、43、45 部分
　　—航空人员——第 61、63、65 部分
　　—空域——第 73 部分
　　—空中交通与一般运行规则——第 91、97、99、103、105、107、108、109 部分
　　—民用航空企业合格审定及运输——第 120、121、125、129、133、135、137 部分
　　—训练机构与其他核准机构——第 140、141、145、147 部分
　　—航空港——第 150 部分
　　—导航设施——第 170 部分
　　—航行信息——第 210、211 部分
　　—应用——第 413 部分
　　—许可空间发射活动的财政责任——第 440 部分

值得注意的是，对照联邦航空条例编号体系可以看出，咨询通告编号并不完全与之对应。以联邦航空条例 F 分节"空中交通与一般运行规则"为例，包括 91、93、95、97、99、101、103、105 部，编号 106～109 未使用。而咨询通告不包括93 部"特殊空中交通规则"、95 部"仪表飞行规则高度层"及 101 部"固定位置热气球、风筝、业余火箭及无人驾驶热气球"，却启用编号 107～109，分别为机场安保、飞机操作员安保、间接航空运输安保。

6.3.2　加拿大

加拿大交通部负责监督和规范本国管辖范围内的各种交通运输，交通部首长为交通部长。加拿大运输安全委员会通过事故调查提出安全建议，维持加拿大的交通运输安全。加拿大运输部派遣运输执行官为所有航空业者执行航空器的安全标准，并进行定期的航空器检查。民航总部制定民航政策、民航计划以及民航法

规与标准，再交由地区办事处实际发布与执行。加拿大的空管法规体系由《加拿大航空法》、各类航空规章和各种相关条例组成。

1. 航空法

1985 年颁布实施的《航空法》是加拿大用于规范航空的顶层法律，该法律历经多次修改，是加拿大制定其他一切航空规章与条令的基础。

其他涉及航空运输方面的法律还包括《运输部法》、《加拿大运输法》、《加拿大航空运输安保职权法》、《加拿大环境保护法》、《加拿大事故调查和运输安全委员会法》、《空运法》、《民用航行服务商业化法》、《危险品运输法》等。

2. 加拿大航空规章

加拿大根据航空法制定的相关航空规章数量极多，截至 2010 年 12 月共有 174 部不同种类的规章，主要包括加拿大各机场分区规章、飞行服务收费规章、航行事故赔偿规章、加拿大航空保安规章、加拿大计算机票务预订规章、加拿大航空规章等。

其中，加拿大航空规章是有关空管的法规汇编，总计 9 个部分，分别为：

第 1 部分　总则
第 2 部分　航空器识别、注册及非注册租用航空器的运行
第 3 部分　航站楼、机场和直升机停机坪
第 4 部分　人员执照与训练
第 5 部分　适航性
第 6 部分　一般运行和飞行规则
第 7 部分　商务航空服务
第 8 部分　空中航行服务
第 9 部分　废除与生效

加拿大航空规章中直接涉及空管内容的有第 3、4、6、7、8 部分。此外，航空规章不仅包括规章条款，部分章节也附带标准与咨询通告。例如，上述与空管有关系的章节全部附有标准，第 3 部分航站楼、机场和直升机停机坪包括咨询通告。

3. 民航指令、指示、补充指示

与美国的令类似，加拿大空管当局对内部行政与管理规定一般以命令的形式发布，但加拿大与美国在类型及编号体系上存在一定的差异，加拿大的命令共包括民航指令、员工指示、补充员工指示 3 类。

目前，加拿大已形成一套完整的、分类清晰的命令编号体系，具体如下：

—ADM 系列 行政

—DAN 系列 危险品

—LTA 系列 健康及安全

—FIN 系列 财政（目前暂无可用文件）

—GEN 系列 一般规定

—QUA 系列 质量

—REG 系列 管理

—PER 系列 员工（目前暂无可用文件）

—SUR 系列 监察

—100 系列 总则

—200 系列 航空器识别、注册及非注册租用航空器运行（目前暂无可用文件）

—300 系列 空港与机场

—400 系列 人员执照及培训

—500 系列 适航

—600 系列 一般运行及飞行规则

—700 系列 商业航行服务

—800 系列 空中航行服务

—900 系列 废除或生效（目前暂无可用文件）

4. 行业管理文件

除了航空法、各类规章、民航指令、指示、补充指示，加拿大民航当局还出台一系列包括空管在内的规范性辅助文件，共同组成整个加拿大的航空法规体系，分为民用航空安全警报、咨询通告和各类指南。其中，民用航空安全警报虽不具备法律法规所拥有的强制执行性，但具有更高的时效性。民用航空安全警报会在规定的时间内向国内航空机构推送安全信息，提供行动指导建议，帮助相关的航空机构提高航行服务的安全性。咨询通告负责提供关于遵守联邦航空条例的指南与信息。咨询通告提出符合加拿大航空规章规定的可行方案，此方案并不唯一。

其编号体系如下所示：

—DAN 系列 危险品

—LTA 系列 健康及安全

—SUR 系列 监察

—100 系列 总则

—200 系列 航空器识别、注册及非注册租用航空器运行（目前暂无可用文件）

—300 系列 空港与机场

—400 系列 人员执照及培训

—500 系列 适航

—600 系列 一般运行及飞行规则

—700 系列 商业航行服务

—800 系列 空中航行服务

—900 系列 废除或生效（目前暂无可用文件）

6.3.3 欧盟

欧盟现拥有 27 个成员国，其主要机构包括欧洲理事会、欧盟理事会、欧盟委员会、欧洲议会、欧洲法院和欧洲审计院。欧盟委员会下设 38 个总司级单位，其中，能源与交通总司负责制定欧盟交通运输方面的政策与法律法规。

欧盟民航政策法规体系的建立和调整遵循以下三个基本原则：一是与欧盟一体化相适应，促进欧盟民航市场一体化；二是促进民航业由管制走向自由化；三是加强安全监管，注重可持续发展。从欧盟民航政策法规的调整范围上看，分为市场管理、安全管理、航空保安、空管、航空运输和环境保护、对外关系等几个方面。其中市场管理、安全管理和空管三个方面的法规具体涉及空管业。市场管理方面的航班时刻管理依据欧盟在 1993 年颁布的共同体机场时刻分配理事会条例和 2004 年的修订版实施，只要内容明确列为协调机场的时刻都由当局指定“独立协调员”负责协调指配，协调员在机场管理机构、空管、运输航空公司以及经常使用该机场的通用航空单位组成的委员会监督下开展工作，以保证工作得到公正、公平、公开的开展；安全管理方面主要根据欧盟条例（1592 号条例）组建欧洲航空安全局，并明确一套新的欧盟安全法规体系，第一个层次是经议会和理事会通过的纳入共同体管辖的航空安全范围和职责，第二个层次是由委员会制定的实施细则，第三个层次是欧洲航空安全局制定的相应实施标准和指南（为了提高安全水平，欧盟要求其有关国家要实现法规制定部门与运行部门的分离，目前加拿大、英国、德国、澳大利亚、新西兰以及瑞士等国已经基本实现，西班牙、意大利也如此）；空管方面，欧盟预计 2025 年该地区的空中流量将是现在的 3 倍多，空管发展遇到瓶颈，且存在空域分割管理、空管技术缺乏有效利用（主要是各国空管技术标准、人员资质等缺乏统一）等问题，欧盟在 2001 年提出欧洲单一天空计划，并于 2004 年颁布部分法规，包括 4 部议会和理事会条例，内容涉及机构设置、空管服务、空域划分和使用、空管系统运行协调等内容。

1. 空管类法律法规

1）欧洲单一天空立法

1999 年 12 月，欧洲成立由民用和军事空中交通管制当局组成的高级小组，负责为欧洲空管设计新的规范、体制和技术方法，该小组建议从 6 个方面采取行动：一是将空域视为各国的共同资源；二是建立强有力且独立的欧盟管理机构，确立、维护和改善空中交通安全的长远目标；三是形成军民共管的空管体系，通过执行联合对外的安全政策让军方参与运营；四是构建独立的欧盟机构框架，确保空域管理快速发展；五是鼓励引进新技术；六是制定有效的人力资源协调政策。

欧盟的空管体制将是未来欧洲政治舞台上的独立部分，但欧盟目前还只是技术团体，负责组织和提出立法，相关法律的制定还需各成员国共同决定。不容忽视的是，鉴于军事方面诸多顾虑，欧盟必须加强外部安全飞行协调，这也是实现欧洲单一天空计划的最大障碍之一。

2001 年 10 月，欧洲委员会提出一套全面的立法与合作方案，用于辅助欧洲单一天空计划的顺利实施。该方案的目的是改善欧洲航行安全，根据空中交通流量而非国界规划欧洲空域，继而增加欧洲空域容量，从整体上提高欧洲空管系统的运行效率。同时，要求实现更为高效化和一体化的空管体系，并推进以需求为导向的服务体系建设。2004 年，欧洲议会通过 4 项关于构建欧洲单一天空的立法提议，这些提议组成欧盟规章，并成为欧洲单一天空法的基本法，这 4 部规章涵盖无缝隙的欧洲空管系统所需的空域、空中导航等要素，分别如下：

—第 549/2004 号规范　单一天空框架

—第 550/2004 号规范　航行服务规定

—第 551/2004 号规范　空域组织及使用

—第 552/2004 号规范　空管网络互用性

上述规章为欧盟空管技术的改进提供研发空管产品的平台，规章中还加强民用和军用空中交通管制的一体化，充分考虑军民双方的需求。在尊重双方共同利益的同时，满足双方特殊要求。目前，单一天空第二阶段的立法工作正在进行中。

2）其他空管法律法规

为高效、迅速地构建空管法规体系，欧洲理事会和欧盟委员会自 2004 年就开始着手制定部分详细的规章与指令，作为对单一天空立法 4 部规章的补充。这些规章与指令的内容包括空中导航、空域与空管网络的互用性等，具体包括以下文件：

—第 2096/2005 号规范　提供空中航行服务通用需求

—第 2150/2005 号规范　空域灵活使用通用规则

—第 2006/23 号规范　空中交通管制员执照

—第 730/2006 号规范　空域分类（19500 英尺以上）

—第 1032/2006 号规范　空管单位之间的飞行数据交互

　　—第 1033/2006 号规范　飞行前的飞行计划制定程序
　　—第 1794/2006 号规范　空中航行服务的通用收费方案
　　—第 633/2007 号规范　供空管单位使用的飞行信息传输协议
　　—第 1265/2007 号规范　单一天空下的空地话音信道间隔
　　—第 1315/2007 号规范　空管安全监察
　　—第 482/2008 号规范　空管软件安全保证
　　—第 668/2008 号规范　工作方法及运行程序的通用需求
　　—第 29/2009 号规范　单一天空下的数据链服务
　　—第 262/2009 号规范　S 模式询问电码分配及使用
　　—第 1070/2009 号规范　提升欧洲航空系统性能
　　—第 1108/2009 号规范　拓展欧洲航空安全局的移交事项（包括机场、空管和空中航行服务）
　　—第 73/2010 号规范　航空数据和航行情报质量
　　—第 255/2010 号规范　空中交通流量管理通用规则
　　—第 691/2010 号规范　欧洲空中航行服务及网络功能的实施方案

　　2. 安全管理类法律法规

　　1）联合适航局法规体系
　　欧洲联合适航局旨在为欧洲各国提供统一的安全标准，同时注重与成员国相关规定的兼容并包。1992 年 1 月 1 日以后，审核通过的联合适航局规章即列入共同体协调技术标准规定中，成为共同体法律的一部分。可以看出，联合适航局是推动欧洲共同体航空安全标准发展的核心角色。
　　联合适航局制定的联合适航法规体系结构如下。

（一）总则

　　—第 1 部　定义及简写
　　—第 11 部　规章及相关程序

（二）操作方面

　　—OPS 部　第一、三部分　商业航空运输（航空器与直升机）
　　—FSTD A ＆ H 部　航空器与直升机的模拟飞行训练设备
　　—第 26 部　关于运行的附加适航需求
　　—STD 1A-4A 与 STD 1H-3H 部　关于各种飞行训练设备及程序
　　—MMEL/MEL 部　最低装备需求

（三）证照方面

—FCL 部 第 1~4 部分关于航空器、直升机、医生、机械工程师等检验与发照

（四）适航性方面

—第 21 部 航空器及相关装备的验证程序
—第 22 部 滑翔机及动力滑翔机
—第 23 部 普通、专用、特技和商用类别的航空器
—第 25 部 大型航空器
—第 27 部 小型螺旋桨航空器
—第 29 部 大型螺旋桨航空器
—第 34 部 航空器发动机排放
—第 36 部 航空器噪声
—第 39 部 适航通告
—第 66 部 验证人员
—第 145 部 许可的维护组织
—第 147 部 维护训练组织
—第 E 部 发动机
—第 M 部 持续适航性
—第 P 部 螺旋桨
—APU 部 辅助动力装备
—AWO 部 一切天气操作
—TSO 部 联合技术标准指令
—VLA 部 超轻型航空器
—VLR 部 超轻型直升机
—GAI-20 部 联合咨询通告

2）欧洲航空安全局法规体系

2002 年 6 月，欧盟十五国在布鲁塞尔会议上决定成立欧洲航空安全局，用于最大限度地确保公民航行安全，促进欧盟航空业快速发展。欧洲航空安全局属于政府管理机构，替代欧洲联合适航局，该组织成立于 2003 年，现有 300余人。目前欧洲航空安全局的人员和职能都在进一步扩充，但与联合适航局不同的是，欧洲航空安全局没有设置研发机构。目前，欧洲航空安全局的最大职能是航空器适航审定，并由制造厂商或第三方机构负责组织实验。为了确保公

正性，需再经过单位资格审查。欧洲各国的适航指令均由欧洲航空安全局统一颁发。

欧洲航空安全局接替联合适航局的所有职能和活动，同时允许非欧盟的联合适航局成员国和其他非欧盟国家加入，其中欧洲自由贸易组织（挪威、瑞士和冰岛）加入欧洲航空安全局。欧洲航空安全局机构还负责起草民用航空安全法规，为欧盟提供安全技术专家，以及为有关国家的研究与总结工作提供技术支撑。此外，欧洲航空安全局负责为航空产品和有关设计颁发认证书，确保各成员国适航和环保标准达到同等水平。除此之外，该机构还执行与航空安全相关的运行颁证工作，如航空产品与有关设计、制造和维护组织的认证等。这些认证活动有助于确保适航性和环保标准在成员国内达到同等水平，客观上也要求在欧盟内部必须有这样的权力机构进行立法，并对法规的实施进行监督。

2002 年欧盟委员会一致通过的 1592/2002 号规章是欧洲航空安全局的基本立法文件（之后的 1643/2003 号规章和 1701/2003 号规章对其进行补充和修订），该文件建议制定民用航空安全和环境保护规则，并建议成立欧洲航空安全局，负责立法和法律实施的监督工作。通过第二级立法，制定所有机型持续适航标准以及负责航空器设计、制造和维修相关机构及人员的安全标准。2003 年 9 月，欧盟通过 1702/2003 号产品审定法律文件，该文件包括实施法规（第 21 部）和相关审定规范。同年 11 月又通过 2042/2003 号维护实施规则，它包括四个实施法规：适航（第 M 部）、维修机构（第 145 部）、放行人员（第 66 部）、维护培训机构（第 147 部）以及指导文件。欧洲航空安全局的成立给欧洲民航管理带来巨大的变化，尤其是 2010 年欧洲空管业被纳入欧洲航空安全局管辖范围之后，欧洲空管法规体系也因此做了巨大调整。

6.3.4　英国

英国交通运输部是英国航空运输业的最高行政机构，该部门的职责包括围绕政府制定的规划目标来制定航空运输业政策规划方案，向交通运输部部长提出建议，并把航空政策公布给议会、媒体、公众和国际社会。英国交通运输部还负责英国一、二级法规立法，通过收集各界建议制定相关政策以及起草规章文件，各文件草案通过议会审批后方可执行。此外，交通运输部还负责与欧盟和其他国际航空组织之间进行协商与会谈。

1972 年英国交通运输部制定相关法律文件并成立民航局，文件中详细规定民航局的职责和责任，此外由交通运输部负责监督民航局对职责的履行情况。交通运输部部长可修改法律框架，指定民航局董事会人员组成，制定补充民航法律的指示（在特定情况下）或指南文件。另外，交通运输部还负责处理解决民航局法定职责中涉及其他政府部门和运输政策时所出现的问题。民航局则要将本领域的进展情况及时汇报给交通运输部。

英国交通运输部和民航局之间没有明显的界线，大部门工作都由两个部门共同完成。为此，交通运输部制定职责分工的三大原则：职责法定原则、民主负责原则、相互独立原则。

1. 上层航空立法

英国航空法律法规体系完备，共分为法律、令、条例三个层次。其中涉及航空的法律（目前生效的）主要包括：

—《空军法》（1955 年）

—《民航法》（1982 年）

—《航空安保法》（1982 年）

—《民航（欧洲空中航行安全组织）法》（1983 年）

—《机场法》（1986 年）

—《民航（航行收费）法》（1989 年）

—《交通法》（2000 年）

—《航空（犯罪）法》（2003 年）

2. 空中航行令

英国航空法律法规体系的第二层为令和条例，分别根据相关的一级法律制定，如《民用航空（机场关税）令 2009》、《民用航空（保险）规章 2005》、《民用航空（工作时间）规章 2004》、《空中航行（飞行限制）规章 2010》等。英国的二级法律包括修正法案在内总数可达上百个。其中，与空管最相关的法规包括 2009 年的《空中航行令 2009》（该法规源于 1982 年的《民航法》（第 60 节））、1986 年的《机场法》（第 35 节）和 1972 年的《欧共体法》（第 2 节）等。

《空中航行令 2009》中包括航空器注册与登记、航空营运人证书和运行指令、航空器适航、航空器设备、飞行人员执照、指挥员职责、公共交通运输运行、公共交通运输航空器装载、公共交通运输航班性能需求及最低运行标准、高空作业与私人航空器的性能需求及最低运行标准、危险品/武器/军火、禁止行为、文件与记录、飞行中的航空器、空中交通服务、空中交通管制员认证、空中交通服务设备、机场、灯光等 34 方面的详细立法工作。

空中航行令中与空管相关的内容主要包括：

—第 4 部分 航空器设备

—第 15 部分 运行总则

—第 16 部分 高度保持与导航

—第 21 部分 文件与记录

—第 22 部分 航行中的航空器

—第 23 部分 空中交通服务

—第 24 部分 管制员颁照

—第 25 部分 航行信息服务及航行信息服务人员颁照

—第 26 部分 空中交通服务设备

—第 27 部分 机场、航空灯光与危险灯光

—第 28 部分 灯光和照明

3. 空中规则条例

1996 年起,英国出台《空中规则条例》,该文件是对空中航行令第 22 部第 160 条的具体细化,主要是空管详细运行规范,并且在 1999 年、2000 年、2001 年、2003 年、2005 年和 2007 年制定该文件的修改草案。目前生效的空中规则条例为 2007 年 3 月所颁布的条例。该条例共分为 9 个章节,分别为:

—第 1 章 用语解释

—第 2 章 通用规则

—第 3 章 低空飞行规则

—第 4 章 一般飞行规则

—第 5 章 目视飞行规则

—第 6 章 仪表飞行规则

—第 7 章 机场交通规则

—第 8 章 航空器灯光及其他信号规则

—第 9 章 机场信号及标记

4. 指导材料

英国民航局作为独立、专业的民航管理机构,该机构综合经济管理、空域政策、安全管理、消费者保护及航行服务等功能,是航行管理领域中唯一的专业组织,该组织负责制定英国民航的技术标准。2001 年,英国国家空管集团公司从英国民航局中独立出来,并成为专业的执行单位,英国民航局则成为专门的监督与管理机构。与其他欧洲国家不同的是,英国民航局是公有的民营公司组织,该单位没有政府的财政拨款。

英国民航局负责的主要工作包括安全监管、空域政策、经济管制和消费者

保护，民航局还负责调查和追诉违反航空消费者保护法的案件，为英国航空公司发放执照，以及执行欧盟财政、国籍和保险等的相关规定。根据英国民航局职责范围，其下设 4 个部门，分别为安全管理部、空域政策部、经济管理部和消费保护部。

英国民航局作为独立的专业航空法规和航空交通服务供应商，制定大量的空管具体标准，并将这些标准以出版物的方式进行出版，还提供下载服务。目前总数已达上百个，内容涉及机场、航图、空中交通服务、空中运输系统、航空器保养、领空、航空安全、民用航空局图表、民用航空局位置图的设计和制作、工程师执照、环境、空勤人员执照、飞行运营、普通飞行、人为因素、体格检查、官方记录系列、乘客保障、研究等方面。例如，安全管理部编辑出版的《空中导航令 393 号文件：令和规章》是英国航空立法汇编，包括空中航行令、空中规则等7 项最新法规。

6.3.5　法国

法国交通管理部门具有行政管理和技术管理职能，负责制定和颁布交通方面相应的政策、法规、条例及技术规范和管理标准等。其中，民用航空的主管单位是法国国土整治部直属司局的法国民航局，其主要职能包括：保障航空安全，制定法规，监管航空器制造企业、航空器运行和全体机务人员，提供突发事件和事故应急措施；调节航空运输市场，监管法国航空公司经济金融活动，依欧洲相关法规发布空中运输经营许可，监管消费者和旅客权益保护事宜；确保航行安全有序进行，降低航行运行成本，提供航线空中交通管制服务；与所有的航空器制造商、引擎制造商、设备制造商和机场管理机构之间进行合作，帮助法国航空产业签订国际合同，以及国家之间和地域之间的航空运输合作。

1. 民航法典

法国《民用航空法典》是该国航空领域最重要的成文法律，该法典汇集法国航空运输领域的全部法律与法规。

民航法典包含法律、规章和 3 个附件，其中法律和规章可视为法国航空的一、二级法规，主要涉及以下个方面的内容：

第 1 部分　航空器

第 2 部分　机场

第 3 部分　航空运输

第 4 部分　航行服务人员

第 5 部分　航空培训规定

第 6 部分　费用及分配

第 7 部分　飞行事故征候评估技术——信息安全

以上七部分内容大都包含在规章中，而在法律部分则没有相应的规定。

2. 空中航行规章

法国用于规范航空运输的最基本的法规为《空中航行规章》。

空中航行规章所涉及的内容包括总则、空中规则、空中交通服务、空管机构、通用航空与军用航空等。

3. 政令与法令

除了民航法典与空中航行规章两个层次的法规，法国还设有政令与法令，前者比后者高一级，由总统或总理签发，法令则由行政部门签发，因此涉及空管的法令一般由法国生态、可持续发展和国土整治部进行颁布。

6.3.6　澳大利亚

1938 年 11 月 14 日澳大利亚成立民航部，同年，国家航空导航法案获批并开始执行。1982 年 5 月 7 日，澳大利亚成立航空部。1995 年，澳大利亚设立了由原国家运输与通信部长直接负责管理的四个部门，即澳大利亚航空服务公司、民航安全局、交通与地区服务部、航空安全调查局。其中，澳大利亚航空服务公司和民航安全局是原民航局分成的两个政府部门。目前，澳大利亚空管发展成为由民航安全局、澳大利亚航空服务公司和基础设施、运输、区域发展与地方政府部构成的"三位一体"的管理体制，其中基础设施、运输、区域发展与地方政府部还负责制定法规和条例。以上三个部门由该部门部长统一管理，共同为澳大利亚提供安全的航空环境。

1. 民用航空法与空域法

澳大利亚是世界上最早出台航空法律的国家之一。1920 年，澳大利亚颁布《空中航行法》。目前，澳大利亚已经建立了完善的航空运输法规体系，主要的法律文件包括《空中航行法》（1920 年）、《民用航空（承运人责任）法》（1959 年）、《飞行事故（英联邦）法》（1963 年）、《机场法》（1996 年）、《民用航空法》（1988 年）、《国际航行服务委员会法》（1992 年）、《航空器损坏法》（1999 年）、《航空运输安保法》（2004 年）、《空域法》（2007 年）等。

上述法律中，直接涉及空管的法律有《民用航空法》和《空域法》。其中，《民用航空法》确定民航安全局，并对其功能进行总体定位。法律内容与其他各国的航空法一致，涉及本国的领空主权、民用航空器国籍、民用航空器权利（包括民用航空器所有权和抵押权、民用航空器优先权、民用航空器租赁）、民用航空器适航管理、航空人员、民用机场、空中航行、公共航空运输企业、公共航空运输（包括一般规定、运输凭证、承运人责任、实际承运人履行航空运输特别规定）、通用航空搜救和事故调查、第三方损害赔偿责任、外国民用航空器特别规定、涉外关系的法律适用、法律责任等基本法律规定。《民用航空法》是澳大利亚民用航空主管部门对民用航空器实施管理的基本依据，是所有民航单位和工作人员均应遵守的基本法律。

目前，除了欧盟（不包括各成员国），只有澳大利亚将涉及空域的相关法律——《空域法》作为一级立法。《空域法》分为序、章，具体涉及空域政策声明、空域规范化、民航安全局声明以及其他法律事务等四部分。《空域法》明文规定，由交通与地区服务部部长负责制定空域政策声明；由民航安全局负责规范空域的基本管理模式；部长发布声明前，需要向民航安全局和航空服务公司进行咨询，声明的有效期为 3 年。

2. 民用航空条例、民用航空安全条例与空域条例

与法律对应的空管行政法规主要包括《空中航行条例》（1947 年）、《民用航空条例》（1988 年）、《民用航空（承运人责任）条例》（1991 年）、《机场条例》（1997 年）、《民用航空安全条例》（1998 年）、《航行服务条例》（2005 年）、《航空运输安保条例》（2005 年）、《空域条例》（2007 年）等。

上述行政法规中，直接涉及空管的法规有《民用航空条例》、《民用航空安全条例》（1998 年）、《空域条例》（2007 年）三部。《民用航空条例》（1988 年）是由《民用航空法》衍生的行政法规，其内容包括 5 卷，共计 693 页。卷 1 为预备文档；卷 2 对管理机构与组织进行行政授权，如规定民航安全局有权力制定民用航空令；卷 3 为适航需求；卷 4 为维修。

《民用航空安全条例》也是与《民用航空法》配套的法规，共包括 4 卷，总计 1101 页。内容包括预备文档、执法程序、航空器适航标准、适航指令、航空器注册、空中交通服务认证、一般运行及飞行规则、空港、空中交通服务提供者、航空药品/毒品/酒精物品管理等 34 个部分。此外，该条例还收录了目前澳大利亚生效的所有咨询通告和标准手册。

《空域条例》是《空域法》的配套法规，共计 17 页，明确规定了对民航安全局在具体执行管理和规范空域时的权限与程序。

3. 民用航空令

与美国的联邦航空局令类似，澳大利亚民航安全局根据政府部门的职责制定民用航空令，用于约束各部门的内部雇员。各部门内部行政与管理规定以民航令的形式发布，目前已经形成一套完整的、分类清晰的民航令编号体系，具体如下：

—第 20 部分　航行服务运行
—第 29 部分　航行服务运行—其他约定
—第 40 部分　飞行员执照与评级
—第 43 部分　航行工程师
—第 45 部分　机组标准
—第 48 部分　航行时限
—第 52 部分　空域使用
—第 82 部分　航行运行人员证明
—第 95 部分　民航规章豁免条款
—第 100 部分　管理与程序
—第 101 部分　民航适航令
—第 103 部分　设备标准
—第 104 部分　批准证书
—第 108 部分　过程控制与规范

4. 咨询通告

咨询通告的制定极大地完善了澳大利亚空管法规体系。澳大利亚的航行咨询通告分为总则、运行、适航、机场及空域 4 个方面，包括指导手册、意见批复、评估报告、产品鉴定等，涵盖民航运输所有领域（包括空管业），咨询通告通过民用航空咨询出版物的形式提供给行业用户。

6.3.7　日本

日本国土交通省下设民用航空局，东京及大阪两个地区航空局，札幌、东京、福冈及那霸四个区域管制中心及航空保安大学。其中，民用航空局掌管航空相关事宜，包括制定空中交通管制标准、规划与设置系统设备等，下设监理部、机场部、技术部、管制保安部等部门；地区航空局负责空中交通管制设备操作与维护，下设机场办公室、航路雷达设施办公室、无线设施办公室与航空卫星中心；区域管制中心负责提供日常航行服务，下设一般事务部、会计部、设施维护部、空管通信部、通信管制部、通信技术部；航空保安大学负责培训空中交通管制人员及设备维护人员，下设航空情报科、航空管制科和航空电子科。

1. 上层航空法律

根据《国土交通省设置法》（1999 年法律第 100 号）规定，国土交通省为日本交通主管行政部门，负责交通运输立法工作，下设航空局掌管航空相关事宜，包括制定空中交通管制标准。经过长期运行，日本相关行政机构（1999年起为国土交通省）制定各种专门的法律法规，逐步建立相对完善的民用航空法律体系。

其中，涉及航空的上层法律主要包括：

—《航空法》法律第 231 号（1952 年）

—《航空器抵押法》法律第 66 号（1953 年）

—《机场法》法律第 80 号（1956 年）

—《机场建设特别会计法》法律第 25 号（1970 年）

—《成田国际机场公司法》法律第 124 号（2003 年）

—《确保成田国际机场安全的紧急措施法》法律第 42 号（1978 年）

—《关西国际机场公司法》法律第 53 号（1984 年）

—《关于中部国际机场设置及管理的法律》法律第 36 号（1998 年）

—《关于防止公共机场周边航空器噪声的法律》法律第 110 号（1967 年）

—《特定机场周边航空器噪声对策特别措施法》法律第 26 号（1978 年）

—《国土交通省设置法》法律第 100 号（1999 年）

—《独立行政法人电子导航研究所法》法律第 210 号（1999 年）

—《独立行政法人航空大学校法》法律第 215 号（1999 年）

—《关于对航空器劫机处罚的法律》法律第 68 号（1970 年）

—《关于对威胁航空安全行为处罚的法律》法律第 87 号（1974 年）

2. 涉及航空和空管的政令

涉及航空和空管的政令主要包括：

—《航空法施行令》政令第 421 号（1952 年）

—《航空法相关手续费令》政令第 284 号（1997 年）

—《航空器登记令》政令第 296 号（1953 年）

—《机场法施行令》政令第 232 号（1956 年）

—《机场建设特别会计法施行令》政令第 76 号（1970 年）

—《成田国际机场公司法施行令》政令第 50 号（2004 年）

　　——《确保成田国际机场安全的紧急措施法的施行令》政令第 167 号（1978 年）
　　——《关西国际机场公司法施行令》政令第 239 号（1984 年）
　　——《关于中部国际机场设置及管理的法律施行令》政令第 121 号（1998 年）
　　——《关于防止公共机场周边航空器噪声的法律施行令》政令第 284 号
（1967 年）
　　——《特定机场周边航空器噪声对策特别措施法》政令第 355 号（1978 年）
　　——《国土交通省组织令》政令第 255 号（2000 年）

　　3. 涉及空管的规则

　　涉及空管的规则主要包括：
　　——《航空法施行规则》运输省令第 56 号（1952 年）
　　——《航空法相关手续费规则》运输省令第 58 号（1997 年）
　　——《航空器登记规则》运输省令第 50 号（1953 年）
　　——《机场法施行规则》运输省令第 41 号（1956 年）
　　——《机场建设特别会计法施行令附则第 13 项（决定气象及其他条件的省令）》
运输省令第 28 号（1972 年）
　　——《成田国际机场公司法施行规则》国土交通省令第 19 号（2004 年）
　　——《确保成田国际机场安全的紧急措施法施行规则》运输省令第 25 号
（1978 年）
　　——《关西国际机场公司法施行规则》运输省令第 20 号（1984 年）
　　——《关于中部国际机场设置及管理的法律施行规则》运输省令第 19 号
（1998 年）
　　——《关于防止公共机场周边航空器噪声的法律施行规则》运输省令第 6 号
（1974 年）
　　——《特定机场周边航空器噪声对策特别措施法施行规则》运输建设省令第 2
号（1978 年）
　　——《国土交通省组织规则》国土交通省令第 1 号（2001 年）
　　——《地方航空局组织规则》国土交通省令第 25 号（2001 年）
　　——《航空交通管制部组织规则》国土交通省令第 26 号（2001 年）
　　——《航空保安大学校组织规则》国土交通省令第 19 号（2001 年）

　　4. 其他相关文件

　　日本民用航空局负责制定民航领域相关技术标准，其标准体系涉及国际航空
运输、国内航空运输、安保、安全、空中交通服务和空中交通服务系统。其中，
空中交通服务和空中交通服务系统包含空管相关的标准，具体包括人员组织、空

域、空中交通服务与空中交通管理、信息、无线电与灯光设施、检验/应急、空管自动化系统、培训等内容。

在航行安全方面,日本民航局制定一系列航空器通告,其编号体系如下(截至 2010 年 12 月):

——第 1 号通告　涉及认证/航空器审批/零部件的程序及政策

——第 2 号通告　涉及审批机构的程序及政策

——第 3 号通告　涉及维修的程序及政策

——第 4 号通告　涉及航空运输的程序及政策

——第 5 号通告　涉及运行审批的程序及政策

——第 6 号通告　其他政策

——第 7 号通告　表格/列表

其中编号 4~7 下面均没有相关的文件,总的通告数量只有 7 份。可以看出,日本的通告在分类体系、覆盖范围和文件数量方面与美国、澳大利亚、加拿大等国家存在较大差距。

6.4　发展趋势

1. 各国普遍将空管立法提升到国家级立法层面

以美国为例,1958 年颁布的《联邦航空法》是美国最高级的航空法律。从空管法规管理层次上看,《联邦航空法》明确联邦航空局在空管领域的地位、职能和作用,并确立联邦航空局在空域管理、航行规则制定以及运行管理等方面的领导地位,同时提出和平时期联邦航空局管理军方飞行活动的基本要求和协调程序等;从建设发展决策和投资渠道来看,联邦航空局空管业务发展规划和年度计划由国会审议批准,其财务预算亦由国会审议通过,以此强调国家空管建设和发展的一体化、一致性和系统化。另外,具有此特点的法律还包括澳大利亚的空域法以及加拿大、英国、法国等国家的航空法。

2. 空管法规体系与组织管理体系更为匹配

合理的空管组织管理体系是顺利实施法律法规的重要保障,管理体制建设直接影响法规的顺利实施,健全的法规体制还能不断规范和完善管理体制建设。通常在立法尤其是制定一级法律时就明确执法部门、管理对象及管理程序,以美国为例,美国联邦航空法是联邦航空局成立的依据,联邦航空法作为国家的顶级法律,一方面,为国家管理各类飞行活动提供依据,为制定其他航空规章和条令奠定基础;另一方面,还明确国家空管管理体制和最高管理机构,保障各项法律法规顺利实现。据目前形势来看，未来欧美等国家和地区的管理体系与法规体系将更加匹配。

3. 欧美空管法规体系发展与完善呈现"以我为主"的特征

美国和欧洲作为世界上航空业最发达的国家与地区，在制定与航空运输与相关的行业法规、技术标准建设时一直强调"以我为主"。随着新一代航空运输系统的构建，该趋势将更加明显，并且与欧美高度发达的航空业关系密切。在国内航空行业管理法规建设方面，该地区主要根据自身实际情况与需求制定相关法律、规章、条例和令等；在技术标准方面，直接引用已经成型的工业标准，强调立法过程的合法性和公正性。欧美等地区的法规不但条理清晰、结构严谨、内容详实丰富，就其从起草到颁布实施的整个过程而言，还充分体现合法性、公平性和公民参与性，依法制法、全民参与几乎贯穿其立法的整个过程。

4. 各国的空管法规框架结构趋向健全

无论美国、欧洲、澳大利亚还是日本的空管法规体系均处于不断健全和完善的过程。以美国的法规体系为例，美国法典、联邦法规汇编和联邦航空局内部规章，形成美国航空法规建设的一条主线，沿着这条主线可以清楚地了解美国航空法规自上而下、逐步深入的法规建设层次结构。它把行政授权、责任分工、工作程序、操作规范和技术标准等有机地结合起来。在法规建设方面，其自上至下，层层深入的特点非常明显，无论是看哪一部规章和规范，都能做到"上有法可依、下有具体的程序支撑"，真正做到有章可循。虽然涉及的规定数量较多，但其法规体系明确，结构清晰，布局合理。据统计内部联邦航空局令有近 30000 个，但由于其归类和编号科学合理，所以数量虽多，但方便查阅。从 1938 年第一部与航空有关的民用航空法出台，到 1958 年航空法的制定，直至现在仍在陆续出台新的法规政策，这说明美国的航空法规建设将逐步趋于完善。

5. 行业管理与内部管理划分更为突出

以目前法规建设最为完善的美国为例，一方面，通过美国法典和联邦法规汇编的部分规章，充分体现联邦航空局的职能作用。通过制定规章行使宪法赋予该机构的职权以及政府职能，实现对整个航空业的管理，推动全美航空业的发展；另一方面，通过完善内部的联邦航空局令，强化联邦航空局内部管理，进一步提高内部工作效率，使联邦所属的航空设施最大限度地发挥作用，保证航空安全，并进一步节约运行成本。

6. 普遍利用先进技术辅助法规工作

空管发达国家必然是信息技术发达国家，将现代信息技术与空管发展紧密结合是未来空管法规体系建设的重要趋势。航空发达国家充分利用通信网络和计算机技术管理来宣传其相关的法规与标准等，并充分利用互联网和一些内部网刊来发布规章和程序等。例如，美国联邦航空局、澳大利亚民航安全局就把与公众和行业管理有关的航空相关法规、规章在官方网站上公开发布，并把与航空有关的全部法规、标准、咨询通报等在内部网上公布。该措施可以帮助想要了解和使用相关法规、标准的人员，能够通过友好、简单的人机界面，快速、方便、准确地获取相关信息。

第7章 空管教育培训

空管教育培训是空管从业人员职前学历教育和在职人员培训的总称。人是空管建设和发展的能动性与关键性影响因素，空管人员的培养是空管工作的重要组成部分。在国际民航组织的大力倡导和建议下，世界航空发达国家和地区不断建立与完善空管人员培养机制，尤其重视管制员的教育培训。目前，美国、英国、法国等航空发达国家在空管教育培训方面积累了丰富的成功经验，并形成了较为完善的教育培训模式和组织管理体系，以及系统多样的教学课程设置和教育培训方式。

7.1 概　　述

空管教育培训体系是国家高等教育系统的重要组成部分，是空管人力资源开发的基本手段，也是提高空管从业人员素质的主要途径。其中，教育是指教育者或教育机构有组织、成体系的教学活动。培训是指有计划、有目标、有步骤、连续的系统学习行为或过程，以改善和提高管理者与员工的知识、技能、工作方法、工作态度以及工作价值观，最大限度地发挥个人能力、挖掘自身潜能，提高个人和组织业绩，实现不断进步、共同发展。英国劳工部在1989年给出的培训定义为："通过正式的、有组织或有指导的方式而非一般的监督、工作革新或经验以获取与工作相关的知识和技能的手段。"空管教育培训包括空管学历教育和在职培训两部分，科学地规划和搭配教育培训所有组成部分，是目前将学历教育与高等职业培训相互联系、融会贯通最普遍的实用教育方式。

空管系统从业人员由多职类、职种、岗位的人员组成，不同职类、职种、岗位的从业人员有不同的培训内容、课程体系，甚至不同的培训形式。本章以管制员教育培训为个案展开介绍与探讨。目前，世界各航空发达国家空管教育培训依据各自国情形成独具特色的教育培训体系。具体表现在以下五个方面。

一是形成严格、灵活、科学的管制人才选拔机制。尽管欧洲和美国的选拔测试内容千差万别，但其测试系统大都是针对管制员的具体工作特点、情况，且涉及范围基本相同，包括基本数学运算、逻辑推理、空间概念、认知能力以及情感等。为达到"人尽其才，择优录取"的目的，各国制定相当严格的管制人才选拔机制，并不断创新，提高管制人才培训的成功率。

二是建立密切、合理、高效的校企合作培养机制。目前，各国以教学培训不断适应现代企业和劳动市场需求为办学宗旨，校企关系密切，主要表现在：企业参与学校管理，参与制定学校发展战略，讨论教学计划修改；学校参与企业教学模块设置；企业人员参与教学，承担教学任务，不仅提供本行业最新的技术、资料和信息，而且负责培养自用人才；企业接受学生短期实习，成为职业认知教学的重要组成部分；企业向学校赠送或租借教学设备，学校通过签订科研合同或技术转让等方式将部分科研任务按比例分给企业。

三是打造成熟、专业、稳定的管制专业师资队伍。管制员教育的特殊性要求该专业的教师不仅具有扎实的理论基础，还应具有丰富的实际管制工作经验。目前，世界航空发达国家和地区大多实行管制教师与管制员轮岗制度，管制教师参加一线管制岗位实践，直接参与值班，管制单位派管制教员去院校授课，相互补充，一举两得。

四是制定完善、规范、成功的教学计划和学生参观实习制度。世界航空发达国家和地区大都采取交替培养的学校教育模式，贯穿"学以致用"的教学理念，建立学生参观实习制度，加强院校与管制单位的联系，通过组织学员参观塔台、区调及军民航相关单位，布置实习任务，将管制员学校教育和管制单位见习相结合，循序渐进地开展各阶段交叉式教育与培训。学生轮换接受学校和各管制单位教育，学校和管制单位分别负责不同的模块，共同承担教学任务，直至学员通过民航管制执照考试。这种培养模式提高学生理论联系实际的能力，不但传授专业知识，而且方便学生选择今后工作方向，提升学生的综合能力。

五是国家加强管制员教育经费和训练设备的重点投入。欧美等航空发达国家和地区具有充足的教育培训经费，并购买大量的培训设备，在管制员培训中普遍使用模拟机，包括机场管制模拟机、程序管制模拟机和雷达管制模拟机，一般还配备供飞行训练用的轻型飞机和全自动飞行模拟练习器。一般来说，模拟机/学生比可达1∶4，且模拟机类型和性能都与实际需求保持一致。

欧洲空中航行安全组织和欧洲各国结合各自实际情况，普遍采用两级管制员在职培训体系，即学校教育和具体管制单位培训。学校教育除了培养新的管制人员，还负责在职人员的复训和提升，包括向管制员和有关管理人员、管制教员提供新知识、新理论和新观念的培训。具体管制单位培训主要是指单位内部培训，一般由管制教员或到院校接受过培训的人员对在职管制员和管制学员进行具体与细化的培训，培训内容结合管制单位的具体运行环境而定。目前，欧洲各国基本都设有相关管制员培训学校或机构，负责管制员的学校教育。欧洲空中航行安全组织成立空中交通服务学院，该机构不仅负责欧洲空中航行安全组织管制员的教育培养，还负责欧洲各国解决共同问题的联合培训。由于欧洲空中航行安全组织各成员国国土面积狭小，空域范围有限，国家之间的地域关系相当于我国省与省之间的地域关系，所以目前的两级培训体系已能满足其需求，无须再建立管制培训中心。随着欧洲单一天空计划的推进，欧洲空中航行安全组织未来管制员教育培训体系将趋于类似美国的三级教育培训体系的模式。

美国管制员在职培训主要采用三级体系，即学校教育、管制中心（或飞行情报区）培训和具体管制单位培训。美国管制员的学校教育主要由联邦航空管理局签约的"空中交通管制学院"培训学校和联邦航空管理局学校承担。管制中心培训负责管制中心范围内的在职管制人员培训，培训内容针对本中心内具有共性或需要相互协作的工作问题。管制中心培训具有灵活性、临时性和教员非固定性的特点。教学任务主要由本管制中心根据需要下达，由管制中心确定培训时间、教员聘请、培训范围等。管制中心一般只设个别专职教学管理人员，培训教员则从有经验的管制员中聘请，同时也邀请相关专家和学者讲学，并根据需要随时调整人员安排和设施建设。美国国家空域范围辽阔，设置管制中心培训有利于提高培训效率，促进管制事业的发展。管制室是空中交通管制的基层单位，具体管制单位培训对象主要是本管制室的管制员，主要任务是使院校毕业的养成管制员和新调入本管制室的管制员完成岗前培训。岗前培训包括理论和技能培训。理论学习内容主要包括本管制室的工作任务、环境、地理、气象、机场条件、设施设备、飞行指挥程序和有关法规等。技能培训主要包括熟练掌握和使用管制设备，准确掌握管制室所担负的各种管制指挥程序及特殊情况处置和合理调配飞行间隔等。

7.2　相关国家管制员人才学校培养模式

7.2.1　管制员职前学校教育概述

人才培养模式是指在一定教育思想和教育理论指导下，为实现培养目标而采取的教育教学活动的组织样式和运行方式。纵观世界各国的管制员培养模式，有的国家采取学校教育模式，如法国；有的国家采取职业培训模式，如美国和英国。由于各国航空事业发展实际情况不一，在培养方式、学制年限、培养规模方面存在一定差异，但管制员的职前教育普遍在专业的管制学校或机构进行。

1. 国际民航组织对管制员学校教育的建议

国际民航组织将管制员的学校教育定义为初始培训，由国家建立的专门培训学校负责，通过建设培训基地、培训设备和培训师资力量，实现相关学科专业课程的学习和训练。国际民航组织在附件 11 和空中交通服务规划手册中对空管教育培训提出的建议培训周期为两年，培训大纲应做到军民航一致，军民航培训最好在同一所培训学校实施。同时，培训学校还可以作为空中交通服务的评估机构，对现行管制方法、空域规划、航路结构设计和管制设备运行状况等进行评估。学校教育培训应采取学校教学与岗位实习交替的方式进行。培训学校应配置相应的综合训练设备和用于机场管制、进近管制和区域管制中心的雷达模拟设备。必要时可在训练课程中开设飞行课目，使学生了解飞行规则、空中交通管制、导航设备、气象学、测高学、通信和航空器性能。

2. 欧洲管制员学校教育

欧洲管制员学校教育主要由欧洲空中航行安全组织空中交通服务学院负责。欧洲空中航行安全组织空中交通服务学院位于卢森堡，为欧洲空中航行安全组织空中交通服务机构、欧洲空中航行安全组织成员国军民航管制单位，并负责提供培训服务。欧洲空中航行安全组织空中交通服务学院成立于 1969 年，迄今已培养约 45000 名学员，大多数的学员均来自其成员国。同时，欧洲空中航行安全组织空中交通服务学院也为其成员国提供空管培训政策和方法指导，制定欧洲空中航行安全组织空中交通管制培训标准，开发培训项目和培训工具，也与其成员国培训机构建立合作关系，共同提供培训服务。自 2009 年 1 月起，欧洲空中航行安全组织空中交通服务学院已成为欧洲空中航行安全组织协同网络决策理事会的一部分，并负责欧洲空中航行安全组织协同网络决策计划的培训工作。

欧洲空中航行安全组织空中交通服务学院提供的空中交通管制教育培训包括初始培训和进修训练。管制员初始培训属于学习教育范畴，管制员进修培训属于在职培训范畴。学院的教育方式主要是传统的课堂教育和基于计算机网络的网络教育。目前欧洲空中航行安全组织空中交通服务学院只负责欧洲空中航行安全组织的马斯特里赫特高空管制中心和卢森堡管制中心管制员的学校教育，其他成员国的管制员培训由各自培训学校和培训机构负责。

3. 美国管制员学校教育

美国空中交通服务由联邦航空管理局提供，其管制员属于国家公务员。当前，美国共有 15000 名联邦管制员、1250 名民事合同管制员和 9000 余名军事管制员。美国军民航空管人员培训、考核和执照颁发均按联邦航空管理局颁布的统一标准和规定执行。美国军民航管制员分开培养，其课程、标准等设置一致。与民航相比，军航培训要求更为严格。

美国管制员初始教育统一由位于美国中部俄克拉何马州的联邦航空管理局学校承担。成功通过面试、基础考核和体格检查的学员经过 11 个月学习，约有 60% 能够完成必修课程，成为见习管制员。另外，美国一些大学如马里兰大学等，也开设有管制专业，进行硕士、博士等高学历教育。美国联邦航空管理局为了扩大生源、缩短培养周期，与全国各地一些大学开展合作，实施联邦航空管理局的空中交通管制学院训练计划。1990 年，联邦航空管理局建立空中交通管制学院训练计划，符合基本资格要求的毕业生可以雇佣到塔台和航路管制单位工作。空中交通管制学院训练计划是联邦航空管理局同大学合作的产物，具体流程是：联邦航空管理局同大学签订培养协议，由大学在专业培养计划中设立导航、气象、飞行原理等空管基础理论课程，在得到联邦航空管理局的认可后方可实施教育工作。这类大学的毕业生一旦经过筛选进入联邦航空管理局系统，即可免除在联邦航空管理局系统内的理论学习，直接进入管制技能培训。因此，这种培养方式称为空中交通管制学院训练。

联邦航空管理局学校和空中交通管制学院训练学校为联邦航空管理局提供空中交通管制员专业培养服务，采取学历教育和职业教育相结合的方式，学员在学校系统地学习空中交通管制的基础理论，获得两年学制的专科或四年学制的非航空工程类本科学历。截至 2010 年，同联邦航空管理局签署空中交通管制学院训练协议的学校有 31 所，遍布美国各地。美国空中交通管制学院训练学校及所在地目录见表 7-1。

表 7-1　美国空中交通管制学院训练学校及所在地目录

学校名（英文）	学校名（中文）	所在地
Aims Community College	埃姆斯社区学院	科罗拉多州
Arizona State University	亚利桑那州立大学	亚利桑那州
Broward College	布劳沃德学院	佛罗里达州
Community College of Beaver County	毕佛县社区学院	宾夕法尼亚州
Daniel Webster College	丹尼尔韦伯斯特大学	新罕布什尔州
Dowling College	道林学院	纽约市
Eastern New Mexico University-Roswell	东新墨西哥大学罗斯韦尔分校	新墨西哥州
Embry Riddle Aeronautical University，Daytona Beach	安莉芳里德尔航空大学戴托纳海滩校区	佛罗里达州
Embry-Riddle Aeronautical University，Prescott	安莉芳里德尔航空大学普利斯考特校区	亚利桑那州
Florida State College at Jacksonville	杰克逊维尔佛罗里达州立大学	佛罗里达州
Florida Institute of Technology College of Aeronautics	佛罗里达航空理工学院	佛罗里达州
Green River Community College	绿河社区学院	华盛顿州
Hampton University	汉普顿大学	弗吉尼亚州
Hesston College	赫斯顿学院	堪萨斯州

续表

学校名（英文）	学校名（中文）	所在地
Inter American University of Puerto Rico	泛美波多黎各大学	波多黎各自治邦
Jacksonville University	杰克逊维尔大学	佛罗里达州
Kent State University	肯特州立大学	俄亥俄州
LeTourneau University	莱图尔诺大学	得克萨斯州
Lewis University	路易斯大学	伊利诺斯州
Metropolitan State College of Denver	丹佛大都会州立学院	科罗拉多州
Miami Dade College	迈阿密达德学院	佛罗里达州
Middle Georgia College	中乔治亚学院	乔治亚州
Middle Tennessee State University	中田纳西州立大学	田纳西州
Minneapolis Community and Technical College	明尼阿波利斯社区技术学院	明尼苏达州
Mount San Antonio College	摩圣安东尼奥学院	加利福尼亚州
Purdue University	普渡大学	印地安纳州
Sacramento City College	萨克拉门托城市学院	加利福尼亚州
St. Cloud State University	圣克劳德州立大学	明尼苏达州
Texas State Technical College	得克萨斯州技术学院	得克萨斯州
The Community College of Baltimore County	美国巴尔的摩县社区学院	马里兰州
Tulsa Community College	塔尔萨社区学院	俄克拉何马州
University of Alaska，Anchorage	阿拉斯加大学安克雷奇分校	阿拉斯加州
University of North Dakota	北达科他大学	北达科他州
University of Oklahoma	俄克拉何马大学	俄克拉何马州
Vaughn College of Aeronautics and Technology	沃恩航空技术学院	纽约市
Western Michigan University College of Aviation	西密歇根大学航空学院	密歇根州

联邦航空管理局计划将合作院校数目增加至 35 所，以此扩大生源。近几年通过该计划招进联邦航空管理局系统的大学毕业生人数与招进联邦航空管理局系统的总人数见表 7-2。美国空中交通管制学院训练学校招收学员的条件包括：一是年龄限制。管制员的雇佣年龄不能超过 31 岁。因为上岗工作前还需要 2~4 年的培养，所以建议学员在 28 岁前参加该计划，管制员的强制退休年龄是 56 岁。二是身体合格。所有招收学员必须参加联邦航空管理局的二类身体检查合格、视力良好、没有色盲和听觉障碍，并通过心理和药物测试。三是安全背景检查。需要审查驾照记录、信用记录、工作记录和犯罪记录等。四是学员具有美国国籍。五是管制员的英语能力水平，具有熟练的英语听说读写能力。

表 7-2　合作院校大学生与总数

年份	进入联邦航空管理局系统的合作院校本科毕业生人数	进入联邦航空管理局系统的总人数
2005	195	519
2006	541	1116
2007	1019	1815

在美国，军航管制人员由军航培养，培训合格者由联邦航空管理局颁发管制执照。学员入学前先进行考试，合格后再进入学校。入学后由学校进行筛选，培训空管基础知识，如气象、航空、雷达、管制等。学员毕业后到机场管制中心实习，进行在岗、在职培训，主要包括练习、自学、模拟、见习等。除了学校培训，军航管制员还要经过基地培训。基地培训的原则是不能降低标准，实习阶段不允许参加工作，直到完全合格。基地教官是经过挑选、由基地任命的非专职人员，其职责是传授理论和专业知识，指导学员自学，记录和报告培训情况等。每名教官负责一名学员，随时监督其学习。基地培训还包括指导培训工作、编写教材、提供培训指南、制定培训要求、进行质量控制、保证培训质量等内容。军航培训学制分为两个阶段，在校学习共 14 个月，基地培训 22 个月，完成相关培训后，才能参加管制工作。另外，空管人员转换基地后必须进行重新培训。

4. 英国管制员学校教育

1949 年，英国成立空管学校，1968 年更名为英国空中交通管制学院，现为国家空中交通服务有限公司空中交通管制培训和模拟部，为英国管制员学校培养机构。该学院共设三个教学部分，分别培养不同管制岗位的人员：一是负责培训机场管制员，包括机场塔台管制、进近管制和雷达管制；二是负责培训区域管制中心管制人员，包括区域管制、区域雷达管制和数据自动化处理技术；三是负责对从事专业教学人员进行正规的或在职的进修训练。

英国的管制员培养属于职业培训，学生由各空中交通管制中心从一般大学毕业生或研究生中招收，送到英国的空中交通服务有限公司进行培训，学制一年半。培训的层次根据执照标准而定，按执照等级由低到高划分为机场管制、程序管制、雷达管制。英国培养管制员的过程非常严格，培养一名管制员的标准远高于培养一名飞行员，规定管制员不仅要有较高的学历，还需要有一定的航空经历、良好的心理素质和较强的工作能力。

5. 法国管制员学校教育

法国的管制员培养采取高等学历教育模式，即同时包含高等学历和职业教育，与我国管制员教育体系很相似，有别于美国、澳大利亚、瑞士的管制员职业继续教育体系。法国管制员教育培养模式在欧盟广为推荐和模仿，是相对独特、有效、完善的高等教育体系。法国管制员教育采用模块式理论、实践、工作交叉的教育培养模式，教育机制十分成熟，教学质量得到全世界的普遍认可。

法国国立民航学院是法国国内唯一一所培养民航空中交通管制员的学校，该校位于法国南部城市图卢兹。法国在拿破仑执政时期建立"帝国大学制"，成立矿业学院和桥梁道路学院，用于培养军事、土木和工业技术人才。之后上述学校统称为"大学校"，其地位相当于中国的重点高等工科院校，为国家培养工程类精英人才。法国国立民航学院属于"大学校"高等工程专业学院，培养出来的空中交通管制员称为空中交通管制工程师，毕业后授予"BAC+5"学历和工程师头衔。

由于从事工作与国家安全密切相关，所以空中交通管制工程师和学生在法国国立民航学院接受免费教育，并且从被录取入学开始就成为国家公务人员，没有就业压力，同时享有薪水。法国国立民航学院精英教学的理念是"培养空管工程师人才，保卫国家空域安全"。学院教育注重将科学基本理论的学习作为传授实用技术知识的基础和前提，引进近代科学内容，开设传授实用技术的课程；此外，要求学生对专业领域发展的前沿问题进行了解和探索，并为其配备研究实验室。因此法国国立民航学院不是单纯地以培养学生理论研究水平为目的的工科院校，也不仅仅是以掌握实用技能为目的的高等职业技术教育，而是受法国社会重视和国际认可的"大学校"。可见，法国对空管专业人才培养的重视程度。

法国军航管制人员由法国军事院校培养。管制员从高中毕业生中选拔，在校学习、实习也是三年。军航管制学员在毕业前要进入民航学院学习 7～10 天，主要是了解和掌握民航管制工作的特点。

法国管制员的培养规模为每年 180 人左右，选拔标准十分严格，管制员的培养合格率比较高，达到 95% 以上。管制员的培养采取学院和管制工作单位交叉教育的模式，理论教学和实践教学相结合。学员理论基础和工程理念扎实，加之实习制度，可以一次性完成管制知识和管制技能的学习。因此，法国的人才培养机制十分完善。

6. 俄罗斯管制员学校教育

俄罗斯有近 8000 名空中交通管制员，其他独联体国家有 6000 名，在各级军民航联合管制中心还有 900 名军方管制员。俄罗斯管制教育训练有三种模式：一是基础训练，二是技能巩固和检查，三是改装训练和提高。基础训练在圣彼得堡民航学院和克拉斯诺亚尔斯克民航学院进行。圣彼得堡民航学院培养具有高等教育水平的管制员,培养期为 4 年;克拉斯诺亚尔斯克民航学院培养中等教育水平的管制员,培养期为两年零十个月。学生经高中或中专毕业后,通过体检、职业心理挑选和入学考试,才能进入民航院校学习;在学习期间进行理论学习和实践训练,毕业后颁发三级管制员证书,但不能独立工作;分配到管制中心后,经 3~6 个月实习,通过考试可得到独立工作的初级许可证。管制学员在学习期间,使用模拟机辅助教学,学员在模拟机上进行实习的课时为 360 小时。管制学员不仅学习基本技能,而且要学习在实际工作中如何配合军民航管制指挥。

7. 新加坡管制员学校教育

新加坡管制员学校教育由新加坡民航学院航空交通管制学校负责,其教育培养模式同法国的培养模式类似,皆采取学历教育,学员毕业后可获得大专学位证书。新加坡民航学院创立于 1958 年,是新加坡民航局下属培训中心,还负责提供符合国际民航组织标准和行业规范的课程,以满足国内外航空业者的培训需求。

新加坡根据国家的整体发展趋势、国家对民航的政策和投资,以及民航的发展规划,预测未来几年的交通流量、所需配备的管制席位和管制员数量,然后制定人员招收和培训计划,主要面向应届高中毕业生和少量大学毕业生。管制员培养分为 5 个阶段,包括机场管制、区域程序管制、区域雷达管制、进近程序管制、进近雷达管制。每个阶段的培养分为两部分,第一部分是学院的管制理论学习和模拟机训练,第二部分是管制岗位见习。

新加坡的管制员培养在世界管制员培训中独具特色,管制员的学校培养和工作交替进行。首先管制学员在学校学习机场管制与塔台管制的专业理论知识学习和模拟机训练,课程学习时间为 4 个月。考核合格后,则可在塔台跟班见习,见习时间为 3 个月。见习期满,由检查员对见习人员进行检查和评价,根据他们在见习期间的工作表现、管制技能和实际操作考核进行综合评价。达到放单要求的人员被任命为空中交通管制员,需要在塔台继续工作 3 年,再由检查员对他们进行全面的考核和评价,通过考核的管制员被任命为空中交通管制官员,成为正式的政府高级职员,其工资待遇将翻一番。参加区域程序管制的理论课程学习和模拟机训练的学员,通过考试后在区域程序管制岗位见习,通过见习考试者将获得区域程序管制执照,其工资待遇也将会相应地提高。之后的区域雷达管制、进近程序管制和进近雷达管制阶段也采取上述同样方法,先学习管制理论和进行模拟机训练,再到管制岗位上见习。这 5 个阶段的学习,只能依次进行,不能跳越任一阶段。在最终取得进近雷达管制员执照后,就能成为一名可以在任何管制工作岗位上从事管制工作的全能管制员。新加坡在管制理论学习和岗位见习过程中形成一套完整的管制员培训与晋升的优胜劣汰机制，只有工作能力强、业务熟练、表现突出的优秀管制员才能获得全能管制员的资格。

新加坡管制员的培养模式保证管制人员的业务素质、知识结构和层次。一流的安全意识、服务意识和工作质量，这也为新加坡樟宜机场连续多年获得世界主要航空港综合评比第一做出突出贡献。

8. 德国管制员学校教育

德国管制员学校教育采用职业培养模式。德国管制员主要来源于 LAN-GEN 空中交通管制学院，极少数来源于空军。管制员的培训为期 3 年，其中在学校的理论培训为 18 个月，重点学习空管条例规定、通信导航、气象领航、飞机性能和发动机原理等理论知识；后 18 个月在管制单位实习，最后考核合格后拿到结业证书和相应的管制执照，正式参加工作。此外，各管制室都配有与本管制区相应的雷达模拟机设备供管制员培训。

7.2.2　管制员学校培养教学内容与课程体系

1. 国际民航组织对管制员学校培养教学内容与课程体系的建议

国际民航组织建议的具体培训课程如下。

（1）航空法：掌握有关空管的规定与规则。

（2）空管设备：空管设备原理、工作过程和用途。

（3）航空器知识：飞行原理、飞机功能与操作原理、发动机与飞机系统、飞机性能等课程。

（4）人为因素：与管制操作相关的人为因素课程。

（5）陆空通话课程。

（6）气象知识：航空气象学、气象资料与电文、危险天气的生成与特征、高度表等课程。

（7）导航：导航原理、导航系统及目视设备的原理。

（8）操作程序：管制与通信程序、相关文件的使用、飞行安全程序课程。

国际民航组织建议初始培训时间为两年（104 周），采取理论教学和实践教学、学校教育和管制单位实习相结合的方式，国际民航组织对管制员初始培训的建议见表 7-3。

表 7-3　国际民航组织对管制员初始培训的建议

课程	部门	时间/周
基础培训	培训学校	16
实习与初始见习	管制单位	24
塔台/进近/区域管制	学校	16
岗位培训	管制单位	12
空管系统培训	培训学校	12
岗位培训	管制单位	24
总计		104 周（两年）

2. 欧洲管制员学校培养教学内容与课程体系

欧洲各国普遍采用两级在职管制员培养体系，即学校教育和具体管制单位培训。欧洲空中航行安全组织管制员学校学习的课程包括航空法规、空管、气象学、导航、航空器、人为因素、空管设备和系统、职业环境八大模块。根据未来管制员岗位发展方向，管制员的具体课程又分为机场目视飞行管制课程体系、机场仪表飞行管制课程体系、进近程序管制课程体系、区域程序管制课程体系、进近雷达管制课程体系和区域雷达管制课程体系。

（1）针对航空法规设置的具体课程有航空法规概论、国际组织、航空法规和规章。

（2）空管模块设置的具体课程有空中交通管制、无线电通话、空中交通管制指令、管制协调、飞行高度层分配、飞行间隔、空中交通防撞系统和近地告警系统。

（3）气象学模块设置的具体课程有气象学概论、大气系统、大气环流、气象现象、航空气象情报。

（4）导航模块设置的具体课程有导航概论、地理知识、航图、导航基础、仪表导航、区域导航。

（5）航空器模块设置的具体课程有航空器概论、飞行原理、航空发动机、飞机系统设备、航空器分类、航空器性能、航空器数据。

（6）人为因素模块设置的具体课程有人为因素概论、人力资源、人为差错、通信交流、工作环境。

（7）空管设备和系统设置的具体课程有空管设备和系统概论、无线电系统、其他通信系统设备、雷达系统、自动相关监视系统、新航行系统、空中交通管制自动化系统、具体工作岗位系统。

（8）职业环境设置的具体课程有空域用户、客户关系、环境保护。

3. 美国管制员学校培养教学内容与课程体系

美国管制员培养采取大学培训合作和联邦航空管理局学院教育两种学校教育模式。空中交通管制学院训练学校培养模式缩短培训时间，增加可供选拔的学员数量，提高生源质量；培训按照航路、终端、塔台三个工作方向分别进行，互不重叠。美国管制员学校培养课程分别有航空气象学、私人飞机驾驶、空中交通管制系统、空中交通管制理论、航空器目视飞行、航空器仪表飞行、机场管理、航线管理、航空安全课程等，培养的课程体系包含管制员培养的基础理论知识。

美国管制员学校培养模式同其他国家之间存在差异。美国学校培养的全程都在校内进行，不采用基础课程学习和岗位见习交叉进行的模式。美国管制员学校培养的一般学制为2年，该阶段主要是对空管的基础知识进行系统学习。课程平均安排在四个学期内，每个学校的安排可能不同，但都需通过联邦航空管理局审定合格后才可实施。美国的管制员岗位见习安排在管制员被联邦航空管理局录用之后进行。美国管制员课程修读采取学分制，学员在学校培养的过程中，可以选修自己感兴趣的课程，只需满足联邦航空管理局规定的学分，每门专业基础课程的学分为2~4个学分，总计需要修读的学分数为68~69个学分。美国空中交通管制学院训练学校巴尔的摩县社区学院课程安排见表7-4，巴尔的摩县社区学院课程目录见表7-5。

表 7-4　美国空中交通管制学院训练学校巴尔的摩县社区学院课程安排

秋季开学的学期课程安排	春季开学的学期课程安排
第一学期：秋季（9~10月），17学分	第一学期：春季（2~3月），17学分
航空历史和发展	航空历史和发展
私照飞行员地面学习	私照飞行员地面学习
目视飞行操作	目视飞行操作
学院组织结构 I	学院组织结构 I
数学 135 或数学 163（可选）	数学 135 或数学 163（可选）
技术型社会的多样性	技术型社会的多样性

续表

秋季开学的学期课程安排	春季开学的学期课程安排
短期课程Ⅰ：冬季（1 月），3 学分	短期课程Ⅰ：夏季（6～8 月），3 学分
演讲基础	空中交通运输
第二学期：春季（2～3 月），15 学分	第二学期：秋季（9～10 月），15 学分
气象	气象
空中交通管制系统	空中交通管制系统
空中交通管制运行Ⅰ	空中交通管制运行Ⅰ
仪表飞行员地面学习	仪表飞行员地面学习
仪表飞行操作	仪表飞行操作
短期课程Ⅱ：夏季（6～8 月），3 学分	短期课程Ⅱ：冬季（1 月），3 学分
空中交通运输	演讲基础
第三学期：秋季（9～10 月），15 学分	第三学期：春季（2～3 月），15 学分
空中交通管制运行Ⅱ	空中交通管制运行Ⅱ
航空安全	航空安全
机场管理	机场管理
社会和行为科学	社会和行为科学
学院组织结构Ⅱ	学院组织结构Ⅱ
短期课程Ⅲ：冬季（1 月），0 学分	短期课程Ⅲ：夏季（6～8 月），0 学分
根据需要	根据需要
第四学期：春季（2～3 月），15 学分	第四学期：秋季（9～10 月），15 学分
空中交通管制运行Ⅲ	空中交通管制运行Ⅲ
空中交通管制运行Ⅳ	空中交通管制运行Ⅳ
空中交通管制运行Ⅴ	空中交通管制运行Ⅴ
航线管理	航线管理
社会和行为科学或艺术或人文	社会和行为科学或艺术或人文

表 7-5　美国空中交通管制学院训练学校巴尔的摩县社区学院课程目录

CTI 课程目录	学分
公共课程要求	
学院组织结构	3
演讲基础	3
气象	4
技术型社会的多样性	3
公选课程	
社会和行为科学	3
社会和行为科学或艺术或人文	3
数学	3~4
专业课程	
航空历史和发展	3
私照飞行员地面学习	3
目视飞行操作	2
空中交通运输	3
空中交通管制系统	3
空中交通管制运行 I	3
空中交通管制运行 II	3
空中交通管制运行III	3
空中交通管制运行IV	3
空中交通管制运行 V	3
仪表飞行员地面学习	4
仪表飞行操作	1
机场管理	3
航线管理	3
商务沟通	3

4. 英国管制员学校培养教学内容与课程体系

英国管制员学校培养由英国空中交通服务有限公司提供，具体负责单位为空中交通服务有限公司的空中交通管制培训和模拟部门。英国管制员学校培养学制为一年半，依据执照要求的等级由低到高分为三个方向：机场管制、程序管制和雷达管制。英国管制员学校培养十分强调实际工作能力的培养，学校培养共持续

79 周（包含 8 周的假期）。学校学习的课程包括空管基本理论（含航空法规、空中交通管制、导航、气象等）、飞行培训、机场管制课程、程序管制、雷达管制、进近管制和区域管制课程。

英国管制员学校培养过程采取学校基础理论教育和管制一线单位见习交叉进行的模式。具体的过程为：第一周主要熟悉环境，新学员互相认识并参加团队建设活动。在接下来的 10 周，学员要通过课堂学习掌握基本理论，包括航空法规、空中交通管制、导航、气象等。另外，作为机场课程Ⅰ的一部分，还需接受初始模拟练习，包括参加为期两周的轻型飞机飞行培训课程。休假一周后，开始下一阶段学习。机场课程Ⅱ包括空中交通管制理论和基础知识讲授，但重点是实践培训，包括对本课程实践练习的讲解。在模拟课上，学员学习如何管制机场终端区交通。机场课程Ⅱ的最后部分是学员的资格验证，是在现役管制员监督下的岗位培训，以确定其将来能否在机场管制塔台岗位工作。至此该阶段培训结束，休息两周。

有的学员就此结束学校学习，继续参加机场管制员培训，以后便在塔台管制中心工作。而回到学院的人则分为两组，或者参加雷达技能课程学习，或者在某管制单位（通常是机场）参加几周的岗位培训。雷达技能课程是一门实践课程，传授学员日后使用雷达设备的基本技能。在管制单位里，参加岗位培训的学员有机会体验真实的空中交通状况，并与实地管制员交谈，了解实际运行环境中的工作情况。在空中交通允许的情况下，学员可以在一名管制员的监督下，练习陆空通话能力。5 周半后，学员交换培训科目，至此完成岗位培训的学员可转到雷达技能培训。

经过这一阶段培训后，学员分流到进近管制（机场学员）或区域管制（区域管制员）单位。分流去向在机场课程Ⅱ进行过程中及结束时决定。虽然学员也可以申请去某一个部门，但是学院通常根据管制部门的实际需求做决定。

机场学员接下来将继续参加进近课程培训。此时，学员要学习如何用雷达设备调配进离场飞机以及如何建立飞机间适当的着陆顺序。最后通过最终考试的机场学员将分配到某管制单位工作，管制培训即结束。去单位之前，学员参加英国航空公司课程，熟悉航空公司运行情况，了解航空公司结构，并有机会通过航空公司的飞行模拟机了解飞行员的工作。

区域管制学员在学院的学习时间比进近学员略长，且所有进近和区域管制课程的学习都依赖于模拟机。完成雷达技能和岗位培训后，学员的第一个课程是区域管制Ⅰ，称为程序管制课程，所教授内容包含雷达管制方法，比传统的程序管制技巧（基于时间和距离的计算调配飞机）要多。区域管制学员的学院培训并不仅包含区域管制Ⅰ课程，在完成此课程后，还要进入某个空中交通服务有限公司单位进行 9 周的岗位培训（一般是在区域管制中心）。通过岗位培训，学员能系统了解管制单位及当地的管制规则和程序。作为考核，学院根据管制单位学习内容对学员进行测试，而且在管制单位期间，还要求学员向其他管制员做相关航空专题介绍，并且考察管制员的工作。

完成岗位培训后，区域管制学员需要进入英国某一航空公司熟悉课程。之后，区域管制学员返回学校，学习区域课程 II。完成这一课程之后，学员就有资格在新单位、在其他管制员的监督之下管理航路空中交通，同时接受单位后续培训。英国学院培训的过程见表7-6。

表 7-6　英国学院培训的过程　　　　　　（单位：周）

第一阶段：

| 简介-星期（1） |
| 机场课程 I（8） |
| 飞行-培训（2） |
| 假期-星期（1） |

第二阶段：

| 参观区域/进近/机场（2～3 天） |
| 机场（11） |
| 假期-星期（1） |

然后：

| 机场 OJT（5.5） | 雷达-技能（5.5） |

或者

| 雷达-技能（5.5） | 机场 OJT（5.5） |
| 假期-星期（1） ||

第三阶段：

在职培训（2）	区域课程 1 ACS1（12）
雷达技能（5）	
进近课程 1（4）	
假期星期（1）	

第四阶段：

进近课程 2（6）	假期星期（2）
	在区域管制中心在职培训（9）
离开空管学院+假期	区域课程 2a　ACS2（7）

第五阶段：

| 区域课程 2b ACS2（5） |
| 假期星期（1） |

5. 法国管制员学校培养教学内容与课程体系

法国管制员培养教学计划以适应现代企业和劳动市场需求为宗旨，以现代的教育学理论为指导，合理安排教学模式。该教学计划克服传统大学培养学生理论脱离实践的弊端，同时具备深厚理论基础和解决科研、生产、管理等高难实际问题的动手能力，形成独树一帜的鲜明特点。

法国理工科教育都重视数学、物理等基础科学。民航空管教育的基本内容大同小异，无论作为基础课的数学、物理、化学，还是专业基础课的空气动力学、飞行程序设计、飞机性能、航空气象、导航领航等，教学内容没有本质差别，都符合国际民航组织空管从业人员的知识结构。法国的交替培养模式贯穿"学以致用"的教学理念，能让学生一次性学好管制知识和管制技能。法国民航管制员教育采取学院教育和管制工作单位共同负责的机制。国立民航学院空中交通管制专业的学制为 36 个月，采取模块化教学的模式，共分为 10 个教学模块。为了使教学资源充分利用，节约教育成本，提高教学效率，被选拔的学生按不同月份分批进入学院空中交通管制专业学习。学制时间内，国立民航学院和各管制单位分别提供学员教育，各自负责不同模块，共同负责管制员的教育工作。

在 10 个教学模块中，国立民航学院负责模块 1、2、3、5、7、8 的教学，教学内容包括空管专业基础知识教育、相关的科学知识、各种规章制度、基础管制技术培养、学生实习、英语等，共历时 18 个月；相关管制单位负责模块 4、6、9、10 的教学，教学内容包括陆空通话、管制设备使用、管制英语、管制技能的学习，管制单位培训截止到管制学员取得民航空中交通管制执照，之后为学员的实习阶段。教学模块的具体内容为：①教学模块 1 持续时间为 38 周，由国立民航学院负责。教学安排包括塔台管制学习、进近管制学习、区域管制学习、到民航单位参观等。②教学模块 2 持续时间为 14 周，由国立民航学院安排实习。实习安排包括轻型飞机驾驶学习、塔台实习、管制英语实习等。③教学模块 3 持续时间为 19 周，由国立民航学院负责。教学安排包括区域管制学习、进近管制学习、参观军航空中交通管制单位、学员的学习评估等。④教学模块 4 持续时间为 16 周，由各派遣管制单位负责。教学安排包括区域管制技能、进近管制技能、塔台管制技能的学习等。⑤教学模块 5 持续时间为 10 周，由国立民航学院负责。教学安排为基础知识的学习，包括英语、空中交通流量管理、管制模拟机的练习、到航空公司实习等。⑥教学模块 6 持续时间为 24 周，由各派遣管制单位负责。教学安排包括区域管制技能、进近管制技能、塔台管制技能的学习，到区域管制单位和塔台管制单位实习等。⑦教学模块 7 持续时间为 6 周，由国立民航学院安排实习。实习安排为基础知识的学习，包括到英语国家实习口语等。⑧教学模块 8 持续时间 4

周，由国立民航学院负责。教学安排为基础知识的学习，包括英语、人为因素的学习，毕业设计，毕业答辩，获得学位等。⑨教学模块 9 和 10 持续时间为 3～8 周，由各管制单位负责。学员到各自管制单位工作，并接受培训和实习，直到获得管制执照。

模块 3 中学员的学习评估十分重要，评估结果是重新部署学员工作地点的重要依据，决定着学员的工作去向。民航空管局首先给出每个地方管理局的招人计划，每个学生可以申报 3 个理想的工作单位，此后每个用人单位再按照学生个人综合成绩排名优先录用，落榜学生最后选择剩余名额。法国民航空中交通管制员教学计划见表 7-7。

表 7-7　法国民航空中交通管制员教学计划

初始阶段			强化阶段					考证阶段	
模块 1 38 周 学校	模块 2 14 周 实习	模块 3 19 周 学校	模块 4 16 周 单位	模块 5 10 周 学校	模块 6 24 周 单位	模块 7 6 周 实习	模块 8 4 周 学校	模块 9、模块 10 单位	
塔台管制 VFR 学习 9 周 区调管制 14 周 民航单位参观 1 周 进近管制 6 周 塔台管制 IFR/VFR 6 周	轻型飞机驾驶学习 8 周 塔台实习 4 周 管制英语实习 2 周	区调管制学习 10 周 进近管制学习 8 周 参观军航管制 2 天 学习评估 1 周	分配到各大管制单位	各派遣单位教学模块 区调 塔台 进近	基础知识学习 ATFM、英语等 7 周 航空公司实习 1 周 模拟机集中练习 2 周	各派遣单位教学模块 区调 塔台 进近 区调和塔台交换实习 2 周	英语国家口语实习	基础知识学习 英语、人为因素等 毕业答辩 获得学位	正式到管制单位工作	继续工作和教育直到获得执照	获得管制执照
18 个月			18 个月					3～18 个月	

法国教学计划安排针对性较强，分工明确，因材施教。首先，将塔台、区调、进近管制教学分模块进行，相关的管制基础理论知识贯穿各模块的学习中，最后运用模拟机来实现理论到技能的渗透消化，从而达到培养学员管制意识的目的。其次，学员在接受完前三个模块的学校基础教育后立刻进行管制方向选择，然后被分配到不同的管制单位，由管制单位对学员的实际管制能力进行进一步培养，

从而实现从学校模拟机到真实管制环境的过渡，缓解实际环境的管制压力，掌握地区特有的管制模式，同时节约教学资源。法国民航管制员学校教学时间安排见图 7-1。

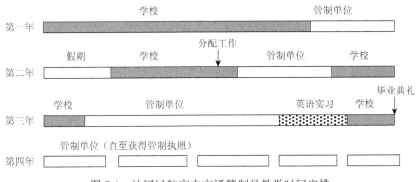

图 7-1　法国民航空中交通管制员教学时间安排

6. 新加坡管制员学校培养课程体系与教学内容

新加坡民航学院航空交通管制系为航空交通管制员、空域策划员及经理人才提供各类航空交通管制运作与管理课程，其中包括学习使用未来导航系统的课程，并量身定制培训模拟器，进行逼真的训练。学校教育采取的是实践性培训方式，提供高实践性的个人化培训。指导教官均为具有务实经验的资深业者。院系的课程中，实际训练部分占 75%。教官与学员的比率平均维持在 1∶1，以确保实习训练课程取得最佳的效率。为了维持指导教官的专业技能，指导教官在该学期与新加坡民航局的相关营运单位之间定期轮值。除了抽调的国内管制教师负责 95% 的总培训时间，系里还邀请国内外专家讲授关于空中交通服务发展前沿与趋势的心得和看法。

为了提供真实环境的培训，学校备有先进的空中交通控制模拟器和其他培训设施，价值超过 1300 万美元。模拟器集成特别设计和开发的最先进功能，使培训场景更为逼真，减少在职培训时间。学校使用监视、程序和塔台控制模拟器以满足空中交通管制培训的不同需求。空中交通管制员的桌面型飞行模拟器也用于初级空中交通管制培训。

管制员学校设置的培训课程有：高级航行情报服务、航空英语、空域设计和规划、空中交通服务资源管理和训练、空中交通安全管理和研究、基础航行情报服务、人为因素、搜寻与救援管理、国际民航组织空中航行服务程序-运行的仪表程序设计、空中交通安全审计、机场管制、航空搜寻和救援、国际救援卫星系统的应用、进近程序管制、进近雷达管制、区域雷达管制、区域程序管制、在职见习、初级管制训练。新加坡民航学院航空交通管制系的课程设置和课程学时见表 7-8。

表 7-8　新加坡民航学院管制员教育课程

空中交通管制学校教育课程	学时
高级航行情报服务	5 天
航空英语	3 周
空域设计和规划	2 周
空中交通服务资源管理和训练	2 周
空中交通安全管理和研究	2 周
基础航行情报服务	9 天
人为因素	5 天
搜寻与救援管理	2 周
国际民航组织空中航行服务程序-运行的仪表程序设计	8 周
空中交通安全审计	6 天
机场管制	8 周
航空搜寻和救援	7 周
国际救援卫星系统的应用	5 天
进近程序管制	8 周
进近雷达管制	8 周
区域雷达管制	8 周
区域程序管制	8 周
在职见习	5 天
初级管制训练	8 周

7.2.3　教学方式与教学手段

1. 美国

美国管制员学校培养的教学方式按联邦航空管理局颁布的统一标准和规定执行，但由军民航分别组织实施。美国管制员培养采用大学合作培训方式，学习与实习不穿插进行。学校教育的方式采用职业教育培训的模式。首先学员在美国联邦航空管理局学院或空中交通管制学院训练学校学习基础理论知识，毕业后各门考试合格，通过联邦航空管理局的招收测试，以及机场塔台管制、航路管制和飞行服务室等实习，取得管制席位资格，成为见习管制员。所以美国管制员的岗位见习放到在职培训阶段，而不是放到学校培训阶段，这是与其他国家的不同之处。

美国这种管制员的培养教育模式有利于满足美国每年庞大的管制员需求，联邦航空管理局对空中交通管制学院训练学校的硬件和软件要求不高，空中交通管制学院训练学校只需设置空管基础知识课程。管制员培养的方向单一，经过筛选入校的学生首先确定工作方向（航路、终端、塔台），这样能够提高管制员的培训效率，实现大规模培养。

美国联邦航空管理局学院雇佣 100 多名退休管制员从事培训工作，采用课堂教学、中保真模拟、高保真模拟等教学手段，培养通用的基础知识和基本技能。2008 年每个管制员的培养成本（含工资、培训费用）约为 78095 美元。联邦航空管理局学校培训结束后，学员进入运行单位接受岗前培训（课堂教学和模拟培训）和岗位见习。在运行单位，管制员从最简单的管制席位开始见习，逐个放单，在所有管制席位放单之后，成为认证的职业管制员。

2. 英国

英国管制员学校培训与岗位见习穿插进行，实践与学校培训相结合，培养效率较高。学生接受塔台管制和雷达管制阶段（又称机场管制培训阶段）培训之后，再分为进近和区域管制两个方向培养，以工作相对简单的塔台管制作为共同基础课程，并有两周的飞行培训和航空公司运行介绍，以丰富学生对服务对象的了解。

在英法等西方国家管制员培训中普遍使用模拟机设备，采取模拟教学的方式，提高管制员的实际操作水平。英国的管制模拟设备分为机场管制模拟机、程序管制模拟机、雷达管制模拟机等。模拟机多由欧洲著名电子设备制造商汤姆森公司制造，该设备可以模拟各种飞机的跑道起降、滑行、进近、离场和航路飞行。由于英国认为管制员的培养直接关系到国家安全，所以英国管制员的培养费用非常高，比训练一个取得商用驾驶执照的飞行学员更多。

3. 法国

法国的教学始终贯穿着团队和小课题，通过在每个课程中设置不同的课题，有意识地锻炼学生自己提出问题、寻找答案的能力，培养学生团队合作能力，以及应对各种未知问题的通用方法，非常重要且有效，都是与管制员工作环境相关的人文习惯和文化的潜意识培养。

此外，由于专业性强，在法国管制员教育过程中，安排很多不同目的的参观实习任务，包括塔台、区调等军民航管制单位，以及机场、航空公司等，不但加强学生对各种管制职业的感性认识，便于今后选择工作方向，还培养学生从业的荣誉感和自豪感，提升学生的各项能力。为期两个月的英语国家口语训练实习则大大提高学员口语能力，为达到国际民航组织的管制从业人员英语水平要求做准备。

法国管制教育的硬件设备非常先进。法国民航学院主要使用汤姆逊公司生产的机场管制模拟机、程序管制模拟机和雷达管制模拟机，其中仅一套全视景的管制模拟机价格就达 450 万美元。此类设备共有四套，可以真实地再现法国戴高乐、图鲁兹等国际机场的背景，逼真地模拟和指挥各种飞机在跑道上起降、滑行。为了让学生更好地了解飞行和飞行员的工作，该校还装配有供管制学生飞行用的 TB-20 飞机和空客 A320 飞机座舱程序练习器，并为每个学生提供 15 小时的实际飞行训练，达到本场放单的水平，这些设备的投资来自法国政府运输部。

法国的校企合作密切。管制单位参与制定学科发展战略，讨论教学计划的修改，以及人才培养工作。管制单位接受学生短期实习，成为职业认知教学的重要组成部分，还向学校赠送或出借可供教学用的生产设备。各单位的资深教员积极参与学校教学，承担教学任务，不仅提供本行业最新技术、资料和信息，而且负责培养最新的人才和技能。作为合作回报，学校以签订科研合同或技术转让等方式，将适当比例的科研任务分配给企业。

7.2.4　教学质量管理模式

1. 英国

英国管制员学校培养的教学质量管理是通过学员执照等级淘汰机制进行的。按执照等级由低到高划分为：机场管制、程序管制和雷达管制。管制学员学习进程按执照等级顺序由低到高依次进行。每一个执照等级学习结束都会有一部分学生被淘汰。在机场管制环节淘汰的学员就只能终止管制专业的培训，说明该学员不适合担任管制工作。在程序管制学习环节被淘汰的学员只能从事机场管制工作；在雷达管制学习环节被淘汰的学员只能从事程序管制工作。学员淘汰率累计高达60%，这种优胜劣汰的模式可以充分挖掘管制学员的工作能力，培养优质的管制人才，提高管制员学校教育的教学质量。

2. 法国

法国管制员学校培养具有独特的选拔和培训理念，其培养成功率高达95%以上，基本上所有的学员最终都成为合格的管制员。其主要原因有两个：一个是其生源质量很高。能进入法国国立民航学院的学生首先要经过科学类预科班的学习，要进入预科班需进行严格的选拔，且在选拔过程中主要挑选数理逻辑等方面能力较强的学生，这些能力与管制员工作有较高的关联性。另一个重要的原因是法国实行工作地点重新部署计划。通过该计划，根据学员在培训过程中的表现，安排其工作地点。表现好的可优先选择工作单位，一般是大型区域管制中心，表现差的可选择小机场塔台等。这样的优胜劣汰分级安排体系考虑管制学员的能力情况，做到人尽其用，保证其管制学员培训的成功率。

3. 新加坡

新加坡管制员培养质量管理非常严格，拥有一套完整的淘汰机制。学员首先进行机场管制学习，并且塔台管制专业理论和模拟机训练的考核必须合格，达不到要求的学员将改学其他专业。塔台见习期满后，由检查员对见习人员进行评价，根据其工作表现、管制技能和实际操作考核进行综合评价。达不到放单要求的人员延长 2 个月的见习期，延长见习期的人员若仍不能通过考核则被淘汰。管制学员在塔台管制单位工作 3 年后，再由检查员对其进行全面的考核和评价。通过考核的学员才能成为空中交通管制官员，然后才可参加区域程序管制理论课程学习和模拟机训练，而考核不合格者就无法获得此次升迁机会。区域程序管制、区域雷达管制、进近程序管制和进近雷达管制阶段也采取上述同样方法，先学习管制理论和进行模拟机训练，再到管制岗位上见习。如果在某一阶段的理论或在岗位见习中不能通过考试的学员，将给予补考或者延长见习期的机会，如果仍不能通过考试，则回到原来的岗位工作，以后也再没有机会进行下一阶段的学习和工作。

新加坡管制员的培养形成完整的优胜劣汰竞争机制，使那些工作能力强、业务熟练、表现突出的优秀管制员在 10 年的时间里就获得全能管制员的资格，不能从事管制工作的人员则在开始阶段就被淘汰，而另一些工作能力及表现一般的人员，也许用 15 年以上的时间才能得到全能管制员的任职资格，或者更长时间也达不到标准，最后只能在一般的岗位上从事管制工作，或者担任助理管制员的工作。新加坡管制员培养的质量管理严格，极大地提高管制员培训的质量和培训的成功率。

7.3 相关国家管制员在职培训模式

管制员在职培训是指提升在职管制员岗位胜任力的训练。作为管制员培训的重要模式，其目的是使受训管制员具备在相应管制岗位工作的能力与资格，提高管制员业务知识和技能，提升个人的管理能力和职业发展前景。

7.3.1　管制员在职培训概述

1. 国际民航组织管制员培训的项目与类别

国际民航组织将管制员的教育培训分为初始培训、岗位培训、高级培训、管理培训。其中初始培训为管制员学校培训阶段，其他几项为管制员在职培训阶段。

岗位培训。岗位培训的目的是培养管制员基础知识联系管制实践的能力，应根据当地的管制环境，在充分监督之下，使其行使每一个工作岗位的职能。管制员的培训应是连续过程，其值班安排应以能够最大限度地完成在职培训为目的，在取得某一等级管制资格后，应及时开始后续更高级别的培训。岗位培训一直持续到颁发证书和达到所需等级标准。在颁发证书和等级之前，应对学员的管制能力给出书面证明，保证其能够在无监督的情况下独立工作。

岗位培训内容包括：了解该部门的组织结构；空中交通服务的组织结构；单位所提供的各项服务；演示管制设备的使用方法和操作过程；受训人员履行职责所必须熟悉的法规；单位内部不同服务岗位之间的协调方法；空域、航路、机场、飞行情报区的组织结构；所负责的区域内航空器的类型和特征；搜寻、救援和应急程序；周边环境等。

制定培训大纲应考虑的因素包括：为学员提供书面培训指南；说明培训目的；培训开始前，给出详细的工作安排；将理论培训（术语、间隔标准等）安排在交通不繁忙的时段；按部就班地安排培训内容；按照预定方案配置管制岗位；每次仅演示和说明部分工作，不宜灌输过多信息；允许学员在严密监督下接管工作岗位。

高级培训。高级培训是丰富空管工作经验、增加高级空管运行知识的培训方式。所要掌握的理论与实践知识由空中交通服务主管当局规定。较大管制单位需要由具有评估与测评经验和资质的管制人员具体负责；较小管制单位则由主任管制员或副主任管制员具体负责。高级管理培训应掌握的知识见表7-9。

表 7-9　高级管理培训应掌握的知识

课程	课程对象	要求
定期复训课程	在职管制员	丰富空管操作经验
运行管理课程	待提升的管制员	增加高级空管运行方面的知识
带班主任课程	待提拔为带班主任的人员	丰富空管工作经验
特种课程	待担任特种职能的管制员	特种职能方面知识和能力倾向
管理课程	管制单位领导	提高运行管理人员实际能力

　　管理培训。管制员进行管理培训是继续培训的一部分，培训对象为即将担任管理、组织或行政职务的高级管理人员，培训目的是强化班组资源管理、决策管理、公共关系等方面的知识训练。

　　国际民航组织对空管教育培训更注重的是职业教育，如提出在颁发管制执照、评定管制等级时对知识、经验和技能的具体要求。国际民航组织建议的管制员培训课程及培训流程见图 7-2。

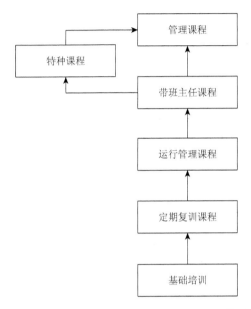

图 7-2　国际民航组织建议的管制员培训课程及培训流程

　　国际民航组织对空管教育培训体制和培训模式没有提出具体的建议和要求，只建议初始培训、岗位培训、高级培训和管理培训等培训形式。国际民航组织和航空发达国家都提出在各个大的机场、进近和区域管制机构设置管制学员实习、在职培训和岗位培训席位的要求，以及系统的培训、带教计划和时间安排。在空管教育培训的师资力量上，国际民航组织要求必须由具有一定管制实践经验和管制等级的管制员担任教员，在岗培训时还要等级管制员进行带教、监督和检查，并负责记录和汇报实习生的表现情况和管制技能，他们的意见对于实习生能否获得上岗资格具有重要影响。

　　2. 欧洲管制员在职培训的项目与类别

　　欧洲管制员的在职培训体系主要包括四大部分，分别是初始培训、管制单位培训、进修培训、拓展培训。欧洲空中航行安全组织管制员培训的层次依据这四个培训模块划分。参与初始培训的人员称为初始管制学员,初始管制学员不持有任何管制执照。学员完成初始培训后,通过考核和评估获得管制学员执照。之后进行由管制单位负责的管制员管制岗位培训,学员为持有管制学员执照的管制学员和持有管制员执照的管制新手。管制员培训的第三模块为进修培训,第四模块为拓展培训,学员是持有管制员执照的管制新手。

初始培训的内容包括空管技术理论和模拟机训练。初始培训的目标是为管制单位培养初始管制学员,培训分为两个阶段进行,分别为基础训练和等级训练。基础训练主要传授基本知识和技能,使初始管制学员具备开始进行空管专业培训的基础。等级训练主要传授在空中交通管制工作中,某一项工作相关的专业知识和技能,使初始管制学员具备空中交通管制工作的能力。

管制单位培训的目的是使管制学员获得空中交通管制执照,培训分为过渡训练、岗前训练和岗位训练三个阶段。过渡训练的目的是给管制学员传授同本管制单位相关的空管理论知识和管制技巧,使初始培训的理论技能能够过渡到具体管制单位的实际使用。过渡训练可以使用具体管制单位的模拟机进行教学。岗前训练是指管制学员上岗之前,在相关岗位模拟设备上进行训练,使管制程序和管制技能达到非常熟练的程度,最终达到上岗能力。岗位训练是指在岗位管制教员的监督下,在实际的管制岗位中进行真实的管制工作,学习岗位管制工作的程序和管制技巧。管制学员通过管制单位培训后,经过考核获得管制员执照,成为正式管制员。

进修培训主要用于提高拥有管制执照的正式管制员的现有知识和技能。进修培训又分为进修训练、应急训练、转岗训练。进修训练是管制员复训、加强和提高现有管制知识和技能的培训。应急训练主要是在紧急情况、非正常情况或设备故障情况下,训练管制员规定的操作程序,这些训练都是针对具体的工作岗位制定的。转岗训练是在管制员转换工作岗位、管制环境(管制程序)出现变化、管制设备出现变动或升级时,传授相关管制知识和技能,使管制员满足管制工作要求的培训。

拓展培训是管制员工作出现变化时,结合新的工作提供的附加专业和技能培训,包括管制员升迁为管制执照检查员、监察员、安全经理、事故调查员、空域规划员、训练经理或交通流量经理等。

3. 美国管制员在职培训的项目与类别

美国管制员在职培训的项目包括见习管制员岗位培训、设备培训、岗位培训、熟练培训、资格培训、恢复培训、补救培训、模拟机培训、技术加强培训、附加培训等。见习管制员岗位培训主要是培训见习管制员,使其能够胜任岗位工作,获得岗位任职资格。设备培训是对管制员进行关于日常工作席位设备的培训。岗位培训是在管制员工作过程中的培训，其目标是让管制员获得工作经验和相应的工作岗位资质。熟练培训是使管制员管制技能保持和提高的培训。资格培训是对管制员进行能够胜任相应管制席位的培训，使其获得相关岗位的任职资格。恢复培训是进行维护和更新以前所学知识与技能的训练。补救培训是纠正具体业务缺陷的培训。模拟机培训是使用模拟机设备，在实验室环境中模拟操作，传授管制员基本知识和技能的培训。技术加强培训主要针对见习管制员，用于提高管制工作技能，并进行专项技能的加强。附加培训是当相关的规章、程序、标准、设备等发生变更或修订时，对管制员进行的附加培训。

7.3.2 管制员执照制度及其培训模式

1. 国际民航组织对管制员执照的要求

管制员申请执照必须符合下列要求：年龄要求不小于 21 岁，各国可自行规定适当的年龄上限；要求能够运用国家指定的管制通话语言，没有影响无线电通话的土音或口吃现象；掌握国际民航组织规定的空中规则、管制方法与程序（特别是仪表飞行规则下的航空器活动）、通信设备与程序（包括无线电通话术语和程序）、导航设备与原理（包括高度表的使用）、导航设备的种类/使用方法/限制条件、理解天气简图/天气报告和预报、各种类型航空器的性能、雷达设备的基本知识/使用/限制；对于申请管制员的经历，必须担任过不少于 12 个月的驾驶员或空中领航员，且工作表现良好；在有关管制员监督下，实际管制工作不少于 9 个月，且工作表现良好；圆满完成规定的训练课程，并有不少于 13 个月的工作经历，且工作表现良好；管制员体检必须通过国家的体检标准，且各项指标合格。

2. 欧洲管制员执照制度及其培训

欧洲管制员执照管理程序不仅适用于欧洲空中航行安全组织高空管制区的管制员，而且可为欧洲空中航行安全组织成员国管制员执照管理提供指导和借鉴。欧洲空中航行安全组织管制员执照授予必须考虑人员参加管制训练的最小或最大年龄、需要达到的文化水平、素质测试、体检要求以及语言要求等要素。

为了获得管制执照，空中交通管制员的培训应包括以下几个阶段：①初始培训，包括专业课、空中交通管制理论和实践，如模拟机训练。初始培训是为空中交通管制单位的岗前培训做准备。②过渡训练和岗前培训，为空中交通管制单位的岗位培训做准备。③岗位培训，在资深的岗位培训教员的监督下进行。④培训结果评估，在岗位培训期间每一个受训者都应隔期进行自我评估来确定进步的满意程度，并制定额外的训练目标。在职培训师或评估师的职责是判断受训者是否达到理论和技能的应有水平，以及管制员至少应具备的经历。在新的签注类别生效之前，学生管制员和受训管制员都应该成功完成被认可的岗位培训，这包括最少培训时间的要求。

欧洲空中航行安全组织管制员执照按等级可分为管制学员执照、助理管制员执照、管制员执照、岗位管制教员执照。正式管制员执照又分为机场目视管制、机场仪表管制、进近程序管制、进近监视管制、区域程序管制、区域监视管制六类。

通过管制员初始培训考核且体检合格的学员授予管制学员执照。获得管制学员执照的管制学员授予助理管制员执照，同时要求通过岗位培训，且考核合格，体检合格。通过拓展培训训练的管制员授予岗位管制教员执照，同时要求管制员拥有两年的管制工作经历，且体检合格。

欧洲空中航行安全组织规定管制员执照应依据其管制单位的不同进行细分。其培训的方式同管制单位相关，不同的管制单位培训内容不同。机场目视管制执照类别主要是对没有仪表进离场飞行程序的机场提供空中交通服务资格要求，提供的管制服务是目视飞行管制服务。

机场仪表管制执照类别分为塔台管制、地面管制、空中管制。地面管制又细分为地面监视和雷达管制，指管制员可以运用机场地面活动引导系统提供机场管制服务。这些系统依靠雷达或更先进的跟踪技术，并且应用低能见度程序来提高目视监视之外的机场管制服务的能力。机场仪表管制执照分类见图 7-3。

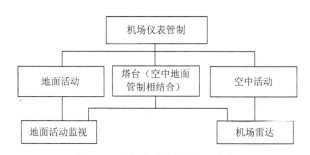

图 7-3　机场仪表管制执照分类

进近程序管制执照指在没有监视设备的管制区或管制地带向进离场和转场航空器提供空中交通管制服务的资格。进近监视管制执照指在有监视设备的情况下向进离场和转场航空器提供空中交通管制服务的资格。进近监视管制执照又细分为进近精密雷达管制和进近监视雷达管制，以及运用自动相关监视提供进近管制服务的自动相关监视管制。终端区管制指运用任何监视设备在终端区或终端区管制指定的扇区内提供空中交通管制服务。进近监视管制执照分类见图 7-4。

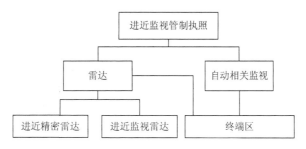

图 7-4　进近监视管制执照分类

区域监视管制执照指在有监视设备的管制区域提供空中交通管制服务的资格。区域监视管制执照又细分为：雷达管制执照，指有能力运用监视雷达设备在管制空域提供空中交通管制服务的资格；自动相关监视管制执照指管制员有能力运用自动相关监视提供进近管制服务的资格；区域管制执照指运用任何监视设备在区域或区域管制指定的扇区内提供空中交通管制服务的资格。区域监视管制执照分类见图 7-5。

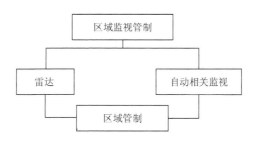

图 7-5　区域监视管制执照分类

3. 美国

在美国，从管制学员成为一名高级管制员，大体需要经过以下培训和工作过程：联邦航空学院的在校学生，经过管制基础课程学习成为管制学员；管制学员各门考试合格后，在机场塔台管制、航路管制和飞行服务室等实习，取得管制席位合格资格后成为见习管制员；取得 2 个及以上席位资格的见习管制员是助理管制员。除了能独立处理所在岗位的工作，还要能胜任其他岗位的工作，以取得更高的管制级别，如塔台管制岗位胜任后，还需取得进近管制的资格。管制员是胜任一切管制工作的正式空管人员；空中交通流量调配是专门负责空中交通流量管理的管制员，其工作主要是分析各个航班的飞行计划、预测飞行动态、统筹调配所管辖空域内的空中交通流量；检查员是负责监督和检查管制工作的管制员，同时负责管制员的培训。

4. 英国

英国管制员执照主要分为空中交通管制学员执照和空中交通管制员执照。管制员执照采取执照等级管理模式，不同种类的执照拥有不同的等级。空中交通管制员执照等级由低到高可分为机场管制执照、程序管制执照和雷达管制执照。

机场管制执照又分为以下等级：机场目视管制等级、机场仪表管制等级、塔台管制等级、机场地面管制和空中管制等级、机场地面监视雷达管制等级、机场雷达管制等级。

程序管制执照又分为以下等级：进近程序管制等级、区域程序管制等级、海洋航路程序管制等级。

雷达管制执照分为进近雷达管制执照和区域雷达管制执照。进近雷达管制执照等级分为进近监视雷达管制等级、进近雷达管制等级、自动相关监视管制等级、多雷达管制等级、监视雷达进近管制等级、精密雷达进近管制等级、终端区雷达管制等级、直升机海洋油气平台飞行管制等级、特殊任务管制等级。区域雷达管制执照等级分为区域监视雷达管制级别、区域雷达管制级别、自动相关监视管制等级、多雷达管制等级、终端雷达管制等级、洋区区域雷达管制等级、直升机海洋油气平台飞行管制等级、特殊任务管制等级。

英国申请空中交通管制学员执照资格的要求是：年龄不小于 18 周岁；成功完成初始培训的课程；至少取得中等教育学历或同等学历；能够熟练使用英语，达到国际民航组织英语四级水平；体检合格。英国申请空中交通管制员执照资格的要求是：年龄不小于 21 周岁；已经获得空中交通管制学员执照；成功完成单位培训计划；成功完成特殊情况和紧急情况下的管制工作培训；通过等级考试，持有相应级别执照要求的体检合格证。英国管制员执照申请、考核和签注由英国民用航空局委托空中交通管制检查员负责。

5. 澳大利亚

澳大利亚管制员执照分为机场管制执照、进近程序管制执照、进近雷达管制执照、区域程序管制执照、区域雷达管制执照五类。持有机场管制执照、进近程序管制执照和区域程序管制执照要求管制员具有空域结构、相应的规章、飞行程序和情报、空中导航设备、空中交通管制设备和用途、地形和显著地貌、空中交通特点、气象、紧急搜救计划等理论知识。持有进近雷达管制和区域雷达管制执照要求管制员具有空域结构、相应的规章、飞行程序和情报、空中导航设备、空中交通管制设备和用途、地形和显著地貌、空中交通特点、气象、紧急搜救计划、相关监视系统和设备的使用及局限、进近雷达管制服务程序、区域雷达管制服务程序等理论知识。

澳大利亚管制员执照申请条件为年满 18 岁、持有Ⅲ级体检合格证明、已经顺利完成执照等级训练（包括考试和评估）、能正确听说标准的英语无线电陆空对话。澳大利亚管制员执照的申请需要通过空中交通服务训练机构执照资格考试，该考试每年举办一次。考试分为笔试和口试。根据民航安全局规定，澳大利亚管制员执照的有效期为执照有效时间或 12 个日历月，取两者中的较短时间。执照必须通过签注才具备有效性。在空中交通管制执照机构申请注册的签注考试者首先必须通过签注类别的笔试，并且今后每年必须参加此类考试。考试必须根据认证的空中交通服务训练机构或相应的执照持有者规定的标准设置。考试的通过标准为 100 分，每项最低分数为 80 分。当有任何项目没有达到 80 分时，需要再进行补充笔试。当考试者每项都达到 80 分，但未达到 100 分时，需要在口语考试中做出正确的作答，以达到要求的 100 分，获得执照的签注。

6. 新加坡

在新加坡，管制员属于国家工作人员。管制员的等级分为 5 级，分别为塔台管制员、区域程序管制员、区域雷达管制员、进近程序管制员、进近雷达管制员，等级由低到高。

申请新加坡管制员执照的要求：年龄不超过 21 周岁；完成规章要求的各项培训，并且在管制单位正式管制员的监督下，进行 3 个月以上的实际管制工作；至少成功修读航空法规、空中交通设备理论、人力资源和限制、管制通话、气象学、导航学、操作程序等课程；完成管制员培训经历的检查与评估；取得新加坡 3 级体检合格证。

新加坡管制员的晋升程序同管制员的培训同步进行。区域程序管制员及以上被任命为空中交通管制官员，正式成为政府的高级职员。管制员晋升程序同管制员的培训和工作岗位挂钩，管制员的工作种类也是管制员晋升的考虑因素，不同的管制种类，享受的工资待遇也不同。例如，由塔台管制员晋升为区域程序管制员，管制员正式成为政府高级职员，工资待遇翻一番。晋升之前，首先必须通过检查员的全面考核和评价，并且要取得进行下一等级的管制员培训资格，之后参加学校相应等级的管制员理论和模拟机培训，考核合格后再参加相应管制等级的管制员岗位见习，考核合格后才能够晋升相应的管制等级。上述 5 个阶段的学习，只能依次进行，不能跳越任何阶段。在取得进近雷达管制员执照后即能成为一名可以在任何管制工作岗位上从事管制工作的全能管制员。全能管制员工资将达到一般工作人员的 2 倍以上。作为管制员的正式培训，整个过程需要 10 年左右。

在所有获得进近雷达管制执照的人员中，根据他们的工作能力和特长，择优安排有能力胜任主任管制员、检查员、管制教员、高级主任管制员的人员，分别参加相应理论课程的学习，获得上述任职资格并且担任相应技术职务。最后再从这些人员中选拔各个部门的管理人员，也就是行政领导。不同的岗位和职务，在待遇上的差别十分明显。没有资格从事管制工作的人员在开始阶段就被淘汰，而另一些工作能力及表现一般的人员，可能需要 15 年以上的时间才能得到全能管制员的任职资格，也可能在更长的时间里仍达不到标准，只能从事一般的管制工作，或者担任助理管制员。

7.3.3　管制员在职培训组织体系

管制员在职培训组织体系指在职培训的组织机构及其相应权责配置。目前大多数航空发达国家普遍采用两级在职管制员培训组织体系，即学校教育和具体管制单位的培训。

1. 欧洲

欧洲管制员在职培训由欧洲空管组织人力资源小组负责，具体负责实施的单位是集中培训小组。欧洲空中航行安全组织管制员培训计划属于欧洲空中航行安全组织空管计划的一部分。欧洲空中航行安全组织管制员在职培训采用两级培训体系，即学校教育和各具体管制单位培训。学校教育负责管制员的初始培训、进修培训等，具体的负责单位为位于卢森堡的欧洲空中交通导航服务学院，该学院是欧洲空中航行安全组织的重要组成部分，为其成员国提供卓越的空中交通管制培训服务。目前，欧洲空中航行安全组织高空区域管制中心的管制员培训也由欧洲空中交通导航服务学院负责，欧洲空中航行安全组织在各管制单位设有培训机构，负责管制员在职培训。

2. 美国

美国主要采用三级在职管制员培训体系，即学校教育、管制中心（或飞行情报区）培训和具体管制单位培训。美国联邦航空管理局和陆、海、空三军都设有教育培训机构，负责本系统的管制人员的在职培训。同时，军民航各级管制中心还设有数量不等的模拟培训席，负责空管人员的岗前培训或提高训练，培训工作较为系统和规范。美国负责管制员培训的主管单位为联邦航空管理局。

美国各管制单位都拥有一定数量的管制实习席位，用于管制学员在职见习。管制单位依据联邦航空局第 3120.4L 号令"空中交通技能训练"的规定对管制员进行相关的在职培训。从学校培训毕业并通过选拔的管制学员由联邦航空管理局分配到具体的管制部门进行工作实习，实习单位为机场管制塔台、航路交通管制中心或飞行服务室，进入实习单位就代表该学员已成为见习管制员。见习管制员取得两个或以上的管制席位管制资格就可以晋升为助理管制员。助理管制员可处理本岗位出现的各种问题，同时还需要继续深造以取得其他岗位的工作资格。例如，在机场塔台助理管制员必须胜任两项工作：一是向飞机发出航线飞行指令或批复机长所选择的航线请求，二是为本场活动的航空器提供地面管制。在工作的同时还需要继续学习，以获得管制航空器起飞和着陆资格。胜任所有类型管制工作的助理管制员方可晋升为正式管制员。

3. 英国

依据英国国家航空规章"空中导航令 584 空中交通管制员培训"规定，英国民航局安全规章组中的空中交通服务标准部为培训主管部门，该部门主要负责英国空管人员的资格认定工作，职责包括建立国家行业标准，决定培训课程及其步骤；更新管制许可证的发放，确保培训符合国际化标准；审核大学开设管制培训课程的资格，评估培训课程。英国管制员在职培训由其所在的管制单位负责，英国所有的管制单位都设有管制单位培训计划，所有的培训机构都需要满足管制员的培训标准，通过英国民航局的批准后方可进行培训。

4. 新加坡

新加坡管制员培训分为管制员初始培训和管制员在职培训两个阶段。管制员在职培训的负责单位为具体管制单位。根据新加坡航空规章，管制单位应按要求为空中交通管制员提供培训。培训机构需要确保给管制员提供的培训课程满足一定技能和理论要求，为管制员在空管运行单位进行岗位培训做准备。培训机构需要有计划、分步骤地开展培训工作。新加坡管制员培训包括培训、测验和考试，并且各个环节持续进行。

5. 澳大利亚

澳大利亚管制员在职培训由民航安全局授权的培训机构负责。获批的培训机构要满足民航安全局制定的课程内容和培训组织结构设置等方面要求，并且需要证明所提供的培训符合澳大利亚国家培训当局设定的准则。澳大利亚管制员在职培训采用两级培训体系，即学校教育和管制单位培训。所有空中交通的理论培训都在墨尔本市的澳大利亚空中服务培训学院进行。空中服务部负责提供提高技能和能力的相关培训。

7.3.4　管制员在职培训资源体系

培训资源体系是指培训过程所需的培训内容、课程、设施设备，以及师资等资源。培训资源体系解决培训什么、利用什么样的设施平台开展培训、由谁来培训等问题。世界航空发达国家和地区十分重视培训资源体系建设，培训资源体系对于提高培训有效性具有关键性的作用。

1. 欧洲

欧洲管制员的在职培训主要由欧洲空中交通导航服务学院和运行单位负责。欧洲空中航行安全组织管制员在职培训主要分为管制单位培训、进修培训、拓展培训三种培训模式。管制单位培训课程有过渡培训计算机辅助培训学习、过渡培训模拟机学习、岗前培训模拟机学习、实际工作岗位培训学习。进修培训是对正式管制员进行再培训，培训的负责单位是欧洲空中交通导航服务学院。进修培训的课程有机载防撞技术、飞机性能、区域导航技术、管制移交技术、国际民航组织文件学习、马赫数管制技术、S 模式应答机理论、跑道入侵处理程序、非正常情况和紧急情况处置。拓展培训主要是针对管制员职业升迁进行的培训，培训的课程分为管制岗位教员培训课程、管制岗位评估主任课程、管制检查员课程、管制单位安全经理课程、事故调查员课程、空域规划员课程。欧洲空中航行安全组织管制单位培训课程见表 7-10。

表 7-10　欧洲空中航行安全组织管制单位培训课程

培训体系	职能	管制员
	组织与管理	培训负责人
管制单位培训	过渡培训阶段 岗前培训阶段 实际工作岗位培训阶段 监管培训标准 规范学生管制员、在职管制员和教员表现等	管制岗位评估主任
过渡培训阶段	指导	单位培训教员
	过渡培训计算机辅助培训学习 过渡培训模拟机学习	
岗前培训阶段	初始职能：岗前模拟机学习	单位培训教员
	第二职能：过渡模拟机学习	单位培训教员
岗位培训阶段	实际岗位工作培训学习	具有岗位培训教员资格、单位培训教员

　　欧洲空中航行安全组织管制员在职培训具有较为完善且结构合理的师资队伍。管制单位的培训师资队伍包括管制培训教员、管制岗位教员、管制岗位评估主任等。管制培训员主要负责管制学员的过渡培训和岗前培训，管制岗位教员主要负责管制员的岗位培训，管制岗位评估主任主要负责管制在职培训的评估。进修培训由欧洲空中交通导航服务学院的教师负责。管制岗位教员主要在正式管制员中选取，选取的条件是至少具有两年该管制岗位工作经历，拥有良好的沟通能力、积极的工作态度、优秀可靠的工作技能。管制岗位教员选拔可以通过提名任命或自荐的形式进行，选拔结束后通过管制岗位教员训练课程的学习、现场教学课程的学习、管制单位的评估合格后，方可正式上任。欧洲空中航行安全组织管制岗位培训教员选拔见图 7-6。

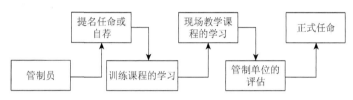

图 7-6　欧洲空中航行安全组织管制岗位培训教员选拔

　　管制单位培训教员从管制岗位教员中选取，通过管制岗位教员培训课程学习，单位培训经理评估合格后正式任命。管制岗位评估主任必须拥有丰富的岗位培训经验和单位培训经验，主要从管制单位教员中选取合适的人选。欧洲空中航行安全组织管制单位培训教员选拔见图 7-7。

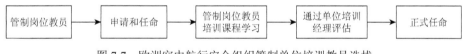

图 7-7　欧洲空中航行安全组织管制单位培训教员选拔

　　欧洲空中航行安全组织在职培训设施主要分为实际管制设备、高仿真模拟机、一般模拟机、部分任务训练模拟机和其他训练设备。模拟机设备又分为观摩指导类模拟机设备和操作练习类模拟机设备。模拟机设备的类型可以分为单机操作式模拟机、小组操作式模拟机和多个小组联合操作式模拟机。模拟机的种类可以分为机场管制模拟机、程序管制模拟机、雷达管制模拟机。其他训练设备包括教学多媒体和计算机辅助培训学习设备。

　　欧洲空中航行安全组织培训的训练设施主要分布在欧洲空中交通导航服务学院和各成员国所负责的空中交通管制单位与学校。欧洲空中交通导航服务学院目前拥有单机操作式模拟机 6 套、小组式操作式模拟机 6 套、多个小组联合操作式模拟机 6 套、计算机辅助培训教室 20 个、部分任务训练模拟机 2 套。欧洲空中交通导航服务学院模拟设备统计见表 7-11。

表 7-11　欧洲空中交通导航服务学院模拟设备统计

欧洲空中交通导航服务学院	其他培训设备	部分任务训练模拟机	模拟机
技能获知	计算机辅助培训房间中的设备数量：20 席位：20 每个席位学生数：1 机长席位数：0 每个教员监督的学生数：12	模拟机数：2 席位：2 每个席位学生数：1 机长席位数：1 每个教员监督的学生数：1	
单机操作式模拟机			模拟机数：6 席位：6 每个席位学生数：1 机长席位数：1 每个教员监督的学生数：1
小组式操作式模拟机			模拟机数：6 席位：3 每个席位学生数：2 机长席位数：1 每个教员监督的学生数：1
多个小组联合操作式模拟机			模拟机数：6 席位：6 每个席位学生数：1 机长席位数：1 每个教员监督的学生数：1
注释：计算机辅助培训	计算机辅助培训房间里的设备数量：20 席位：20 每个席位学生数：1 机长席位数：0 每个教员监督的学生数：12		

2. 美国

美国联邦航空法规规定，美国实行统一的空中交通管制，军民航互相提供管制服务。因此，各个培训机构均使用联邦航空管理局制定的标准、程序和教材，教学情况由联邦航空管理局和教育委员会负责检验。美国在培训设施建设上投入颇丰，具有先进的教学设备，并有计划地进行更新和完善，其管制培训仿真系统可以模拟平时难以遇到的各种情况，对提高空管人员的工作能力起到很大的作用。

3. 英国

英国管制员培训的组织与实施采取的是管制员初始培训、管制单位在职培训和继续培训三部分。英国管制员在职培训体系是依据欧洲空中航行安全组织管制员培训建议制定的，因此其管制员培训形式基本与欧洲空中航行安全组织相同。管制员的初始培训属于学校教育阶段，而管制员管制单位培训和继续培训则属于管制员在职培训阶段。管制单位培训分为三个阶段，分别为过渡培训、岗前培训和岗位培训。在英国，初始培训的目标是使管制学员掌握空中交通管制理论知识和工作程序，并拥有在模拟设备上训练的能力。过渡培训的目标是使管制学员熟悉具体管制单位的管制环境、方法和技巧；岗前培训的目标是使管制员学会使用模拟设备，应用过渡培训学到的管制环境、技巧、方法，为实际工作岗位学习做好准备，以获得管制岗位训练资格；岗位培训的目标是使管制学员具有实际管制岗位工作的能力，直至管制员获得管制员执照，成为正式的管制员。继续培训的对象为正式管制员，目标是使管制员保持或提高管制技巧，更新管制理论和技能，包括应急训练、语言能力提高训练、空管检查员培训等。继续培训的负责单位为具体的管制单位，每个管制单位都应该制定管制员继续培训的实施计划。

英国目前拥有单机操作式模拟机 16 套、小组式操作式模拟机 6 套、多个小组联合操作式模拟机 20 套、高仿真模拟机 20 套、计算机辅助培训教学系统 6 套、部分任务训练模拟机 16 套。

4. 澳大利亚

澳大利亚管制员在职培训主要分为管制单位培训、拓展培训、再培训三种模式。管制单位培训主要是指管制运行培训，用于保证管制员持续具备相应执照、类别和资格的能力。拓展培训主要是针对管制员职业升迁而进行的培训，培训课程分为管制岗位教员培训课程、管制岗位评估主任课程和课堂指导员课程。岗位教员和评估员都应满足澳大利亚教育培训框架体系和 MOS65 部法典关于经验和资历的具体要求。获得相应资格后，岗位培训教员负责在管制现场和模拟岗位环境以及小组形式的课堂环境下提供指导；岗位评估主任负责评估空中交通服务相关活动和功能的保持；课堂指导员负责教授理论内容以及设计和开发课堂培训使用的培训工具。再培训一般以岗位培训的形式进行，以加深管制员对职业前景的理解或是通过短课程的培训来学习或更新技能。

7.3.5　管制员在职培训质量管理体系

培训质量管理体系是指规范培训过程，对培训进行质量监控的体系。培训质量管理体系涵盖所有培训过程，以培训规章制度为表现形式，对培训效果进行评估。世界航空发达国家和地区十分重视培训质量管理体系建设，科学的培训管理制度和有效的培训执行制度是增强培训效果的关键。

1. 美国

美国的管制员培训实施管理体系完备，为在职培训建立完备的培训评估体系。

空管人员培训实行严格的筛选和淘汰制度，淘汰率高达23%。为了确保军民航管制员培训质量和在岗管制水平，联邦航空管理局统一颁发管制员执照，并且不定期考核。美国培训评估程序设置的目的是保证在职培训的成功性和培训过程的完整性。培训的评估得到区域主管的许可即可进行，可以由空管主管单位或具有代表性的组织实施，无须获得联邦航空管理局总部的批准，培训评估人员一般为单位主管、运行经理和决策专家。评估过程中，要求参加培训的人员向评估单位提供培训相关的资料和信息。

2. 英国

英国管制员培训由学校培训与岗位见习穿插进行，实践与学校培训相结合，培训效率较高。英国规定管制员必须参加在职培训。管制学员通过初始培训可以申请空中交通管制学员执照；拥有空中交通管制学员执照的人员通过单位培训可以申请空中交通管制员执照。鉴于各管制单位所提供的管制服务有所不同，因此若要获得本单位管制资格，则必须通过本单位的管制培训。一般的管制单位都为单位培训制定完整的培训计划、培训内容和培训时间表。管制员完成单位培训后，需要参加民航局或地方管制单位组织的考核。考核的方式分为口试和实际操作两部分，实际操作主要考核管制员具备提供安全的空中交通管制服务的能力，口试主要考核管制员对管制单位的程序标准和空中交通管制专业知识的掌握程度。

3. 新加坡

新加坡管制员在职培训一般由新加坡民航局和新加坡民航学院负责。在职培训包括初始培训、岗位培训和在职培训三部分。初始培训主要面向管制学员，学员通过岗位培训即可获得岗位任职资格；在职培训主要针对空管单位内部管制人员，用于提升管制员的工作能力。

新加坡管制员自参加工作到获得管制执照的培训流程如下：首先参加机场管制理论的学校培训；然后经过初始培训和岗位培训，获得管制岗位任职资格；之后再通过检查员考核评估合格后，申请机场管制执照；在机场管制单位工作数年，考核合格之后再到管制学校学习区域管制，通过区域管制相关培训，取得区域管制执照。管制员获取执照的等级直接反映管制员的工作能力。

4. 澳大利亚

澳大利亚管制培训主要从理论和技能两方面展开。通过理论培训使学员掌握相关管制的规则设定、设备的操作规定和限制、管制相关的行为与局限。理论培训的考核主要通过书面考试、布置作业或课题研究等方式进行。技能培训主要是让学员掌握间隔标准、机场管制设备的应用以及对机场地面交通的管制等。技能培训采取情景或模拟现场的考核方式，培训的成绩由管制教员评定。理论培训和技能培训的目的随管制类别的不同而有所差异。

澳大利亚为每个管制员设置专业技能培训项目，规定每个在职管制员每年都需接受 5 天左右的培训，包括对新设备的学习培训等。培训要满足工作中的各种需求，并要求管制员通过技能培训后，其相关能力水平要达到新的高度。澳大利亚还设立专门的委员会，用于负责管理澳大利亚管制员的在职培训。此外，通过组织专业技能培训研讨会等方式对管制员的发展、培训方案和机制等进行讨论。

7.4　发展趋势

航空发达国家管制员教育培训经过几十年的发展，普遍采取高起点、高投入、高淘汰和重能力的做法，取得了良好效果。根据各国空管教育培训体系的基本结构和运作方式，总结以下共同点和发展趋势。

1. 管制员教育与培训一体化

航空发达国家管制员教育培训普遍采取学校养成教育和在职培训相结合的模式，并呈现一体化的趋势。美国管制员的培养由美国联邦航空管理局负责，采取同航空院校签订空中交通管制学院训练培训合同的形式来培养管制员，各航空院校根据美国联邦航空管理局的要求进行培养，美国联邦航空管理局又负责美国国家的空中交通管制工作，其管制员培养机制实现管制员教育与培训的无缝链接。法国管制员教育培训采取学校教育和管制单位培训交叉进行的模式，将管制员培养过程分成不同的模块进行，从而实现各类管制员教育培训工作相互融合，并逐渐走向一体化。通过教育与培训一体化可以提高教育培训质量，提高管制员培养的成功率，使管制员培养向专业化、系统化、精细化和高品质化发展，防止学校教育与管制单位需求之间的脱节，避免为加强管制员理论知识而进行的二次培训。除此之外，空管教育培训一体化还可以实现空管系统人、财、物等的统一调配和管理，促进管制学校在教学和培养模式方面的改革，加强空管当局对管制院校的支持和帮助，特别是在院校急缺的管制教员、培训设施、培训资料、实习基地建设等方面。因此，学校培养和空管当局需求在一定程度上实现良好衔接，使管制员的培养形成一套完整而科学的体系。

2. 教育培训理论与实践紧密结合

世界航空发达国家在培养管制员的过程中，非常注重理论与实践相结合的理念。管制员的培养离不开教学，加之管制工作的职业特点鲜明，集理论、实践、操作于一体，且管制工作涉及国家航空事业的安全和运行效率。鉴于管制行业的特殊性，管制单位所需要的专业技术和技能人才无法通过社会人才市场引进，必须依靠空中交通管制学校的专业培养和严格的在职培训。西方航空发达国家管制员培养基本上都采取职业化的教育思路，其课程体系的设置按照实际岗位的需求进行，理论课设置以够用就行为原则，将重点放在实际管制技能的强化训练上，管制模拟机和实际运行单位中学习与训练的时间比重较大，一般都在70%以上；师资队伍中，理论课教师约占1/3，专兼职实践课程教师约占2/3，从而使专业理论充分应用于空管实际，促进管制员教育全面快速发展，学员毕业后通常只需要几个月培训甚至可以直接上岗。国外未来管制员培养的理论教育和实践教学的联系将更加紧密、互相依托、共同发展。

3. 教育培训与执照训练相匹配

空中交通管制具有高度专业化和特殊性，是实施严格准入制度的行业，即采取执照化的管理模式。目前，航空发达国家都建立完备、系统的执照准入和管理制度。考虑管制员工作涉及国家航空安全，世界各国越来越重视管制员的执照训练，向已获得执照的管制员提供持续的考核和培训，以更加严格的标准进行质量保障。此外，为提高空管运行的安全、容量和效率，国际民航组织正在全球范围内大力推进空管新技术、新概念的应用，给管制员的工作带来新的挑战。面对知识和信息的日新月异，"知识半衰期"、"知识老化"、"知识更新周期的愈发缩短"等一系列严峻的现实问题日益凸显，进而迫使人们不得不将管制员职业教育体制纳入终生学习体系之中，无形中凸显执照训练的重要性。现代管制员的培养不仅要求做好管制员的学校培养和在职培训工作，还要求做好管制员后续职业教育，加强管制员的执照训练，最终实现"以人为本、与时俱进"的培养理念。

4. 信息化教育与传统教育协调发展

现代信息技术的发展给教育培训带来深刻的变革。在国际信息化发展浪潮之下，管制员教育信息化已经成为国内外管制员教育发展的必经之路，管制员教育信息化的比重也逐步上升。目前，世界航空发达国家普遍采用信息化的教学手段来培养管制员。管制学校和管制单位配备大量的高仿真模拟设备，能够真实模拟和再现实际管制环境，提高管制员的实际操作能力。例如，法国民航学院使用由汤姆逊公司生产的机场管制模拟机、程序管制模拟机和雷达管制模拟机，这些模拟机能够逼真地模拟指挥各种飞机在跑道上起降、滑行和空中飞行。欧洲空中航行安全组织空中交通服务学院的管制员课程采用网络化的教学和考核方式，提高管制员教育的便利性，同时采用大量的计算机辅助培训软件和课程训练包。研究表明，在全面掌握管制理论知识的基础上，采用模拟练习与演示的方式比单纯的课堂讲授理论知识效果要好，学生通过模拟训练，能够较快地提高从事实际管制工作的能力。未来管制员教育将更加注重信息化的教育模式，信息化教育同传统教育协调发展。在教学的过程中使用信息化的教学手段、数字化的教学资源、互动化的学习方式，并结合传统教育的优点，共同培养高素质、高质量的管制人才，促进管制员教育健康快速的发展。

5. 管制员教育培训更加规范化与国际化

随着世界全球化进程的日益加强和国际空管交流的日益频繁，各国在教育规划中更加注重培养具有"全球视野、本土行动"能力的人才，用国际视野把握和发展教育。目前，世界空管呈现一体化的发展趋势，各种空管运行标准、管制语言和管制程序手段等逐步实现国际统一，管制员教育培训也更加规范化与国际化。世界航空发达国家不仅培训本国的管制员，而且为世界其他有需求的国家培养管制员，呈现出国际化培养的发展趋势，如美国联邦航空管理局、欧洲空中航行安全组织空中交通服务学院、法国民航学院、新加坡民航学院等都在为其他国家提供管制员培养服务。当前，世界航空发达国家都在大力采用国际民航组织推荐的国际标准化的通话程序、训练大纲、训练教程和训练方式进行空管人员教育培训，以期达到与国际接轨的目的。

参 考 文 献

蔡成仁. 2001. 雷达原理与气象雷达系统[M]. 北京：兵器工业出版社.

曹剑锋. 2008. 空中航行服务商业化及其优势分析[D]. 南京：南京航空航天大学.

陈高平，邓勇. 2008. 航空无线电导航原理[M]. 北京：国防工业出版社.

陈肯，何光勤. 2003. 航行情报服务[M]. 成都：西南交通大学出版社.

陈宇. 2005. 美国管制员的招聘和培养[J]. 空中交通管理，4：63-65.

陈智. 2005. Galileo 系统及其应用研究[M]. 北京：北京航空航天大学出版社.

方忆平，梁加红. 2003. 新航行系统：通信、导航、监视空中交通管理[M]. 北京：蓝天出版社.

房建成. 2007. 天文导航原理及应用[M]. 北京：北京航空航天大学出版社.

干国强，邱致和. 2001. 导航与定位——现代战争的北斗星[M]. 北京：国防工业出版社.

郭莉，任蓉. 2010. 民用航空法概论[M].北京：航空工业出版社.

郭黎利. 2007. 通信对抗技术[M]. 哈尔滨：哈尔滨工程大学出版社.

郭兆书. 2007. 美国民航法规体系简介[J]. 飞行安全，春季刊：65-70.

国家空管委办公室. 2008. 德国军民航空管的融合[R]. 空管情报资讯.

国家空管委办公室. 2008. 国际空中交通管理发展体系综述[R]. 空管情报资讯.

国家空管委办公室. 2008. 国外军民航空管管理体制和运行机制研究综述[R]. 空管情报资讯.

国家空管委办公室. 2008. 基于空域灵活使用的英国空域管理政策[R]. 空管情报资讯.

国家空管委办公室. 2008. 美国的空域设计过程[R]. 空管情报资讯.

国家空管委办公室. 2008. 美国联邦航空局与欧洲签署航空安全协定[R]. 空管情报资讯.

国家空管委办公室. 2008. 美国下一代空中运输系统[R]. 空管情报资讯.

国家空管委办公室. 2008. 欧管防止空域侵犯安全规范研究[R]. 空管情报资讯.

国家空管委办公室. 2008. 欧洲"单一天空"部署计划[R]. 空管情报资讯.

国家空管委办公室. 2008. 欧洲"单一天空"的进程、现状及其目标概念[R]. 空管情报资讯.

国家空管委办公室. 2008. 欧洲航行安全委员会实验中心概述[R]. 空管情报资讯.

国家空管委办公室. 2008. 欧洲灵活使用空域概念及其应用现状[R]. 空管情报资讯.

国家空管委办公室. 2008. 泰雷兹公司及空管产品概要[R]. 空管情报资讯.

国家空管委办公室. 2008. 英国军民航空管协作机制概述[R]. 空管情报资讯.

国家空管委办公室. 2009. "国际空管发展趋势跟踪研究"空管发展概述[R]. 空管情报资讯.

国家空管委办公室. 2009. 马斯特里希特高空管制区的军民航协调[R]. 空管情报资讯.

国家空管委办公室. 2009. 美国军民航空管运行情况综述[R]. 空管情报资讯.

国家空管委办公室. 2009. 欧洲空中航行安全组织空管协作网络设计计划[R]. 空管情报资讯.

国家空管委办公室. 2009. 欧洲军民 CNS/ATM 互用性路线图[R]. 空管情报资讯.

国家空管委办公室. 2009. 欧洲空管效能近况[R]. 空管情报资讯.

国家空管委办公室. 2009. 欧洲天空一体化进程综述[R]. 空管情报资讯.

国家空管委办公室. 2010. "单一欧洲天空"第二组法规生效[R]. 空管情报资讯.

国家空管委办公室. 2010. 美国联邦航空局实施安全管理系统[R]. 空管情报资讯.

国家空管委办公室. 2010. 民用空中导航服务组织关于军民合作的观点[R]. 空管情报资讯.

国家空管委办公室. 2010. 欧美空管相关效能比较[R]. 空管情报资讯.

国家空管委办公室. 2010. 欧洲关于民航使用军事机场的建议办法[R]. 空管情报资讯.

国家空管委办公室. 2010. 欧洲空中交通管理总体规划概述[R]. 空管情报资讯.

国家空管委办公室. 2010. 英国空域的发展愿景[R]. 空管情报资讯.

胡明华, 李桂毅. 2009. 航空发达国家空管绩效考评及其对我国的启示[J]. 中国民用航空, 104（8）：57-58.

胡明华. 2010. 空中交通流量管理理论与方法[M]. 北京：科学出版社.

黄卉. 2009. 航空法律汇编[M]. 北京：法律出版社.

黄建如, 张廷朝. 2010. 20世纪中期以来发达国家高等教育发展趋势探究[J]. 东南亚纵横, 5：107-110.

黄智刚. 2007. 无线电导航原理与系统[M]. 北京：北京航空航天大学出版社.

贾兴福. 1995. 借鉴国外先进经验改进我国空中交通管制员的培训方法[J]. 民航经济与技术, 5：56-59.

李迪. 2007. 空中交通管制安全管理体系及其信息系统[D]. 南京：南京航空航天大学.

李琦, 解兴权. 2005. 美国和加拿大民航行政执法制度[J]. 中国民用航空, 58（10）：56-58.

李跃, 邱致和. 2008. 导航与定位——信息化战争的北斗星[M]. 北京：国防工业出版社.

李铮. 2007. 空中交通管制员培训的探索[J]. 职业技术教育, 8：56-57.

梁曼. 2008. 法国民航管制员培养体制及其启示[J]. 职业技术教育, 2：85-86, 89.

刘慧英, 周勇. 2002. 空中交通管理系统导论[M]. 北京：国防工业出版社.

刘远. 2007. 关于空中交通管制员选拔工作的探索[J]. 中国民用航空, 9：50-52.

马存宝. 2004. 民航通信导航与雷达[M]. 西安：西北工业大学出版社.

苗旋. 2008. 国际管制员选拔综述及其启示[J]. 中国民用航空, 12：18-21.

苗旋. 2008. 新时期管制员培养探析[J]. 中国民用航空, 12：22-25.

莫纪宏. 2001. 论国际法与国内法关系的新动向[J]. 世界经济与政治, 4：39-44.

南京航空航天大学. 2008. 国家空域规划与分类标准研究[R]. 南京：南京航空航天大学.

南京航空航天大学. 2010. 国外低空空域管理经验及启示[R]. 南京：南京航空航天大学.

倪金生. 2005. 导航定位技术理论与实践[M]. 北京：电子工业出版社.

倪星, 付景涛. 2008. 大部门体制：英法经验与中国视角[J]. 天津行政学院学报, 10（1）：47-52.

倪星. 1997. 法国地方政府的职能与机构设置[J]. 地方政府管理, 8：46-48.

潘卫军. 2005. 空中交通管理基础[M]. 成都：西南交通大学出版社.

施和平. 2003. 空中交通系统安全管理[M]. 厦门：厦门大学出版社.

宋峥. 2003. 天线与电波传播[M]. 西安：西安电子科技大学出版社.

孙鹏. 2006. 行政规章监督制度的研究[D]. 长春：长春理工大学.

唐海涛, 田迎. 2006. Eurocontrol将强化安全管理[J]. 空中交通管理, 3：54.

王红星. 2005. 通信侦察与干扰技术[M]. 北京：国防工业出版社.

王乐夫. 2008. 公共管理学[M]. 北京：中国人民大学出版社.

王名扬. 1987. 英国行政法[M]. 北京：中国政法大学出版社.

王名扬. 1989. 法国行政法[M]. 北京：中国政法大学出版社.

王名扬. 2005. 美国行政法[M]. 北京：中国法制出版社.

王世锦，王湛. 2010. 机载雷达与通信导航设备[M]. 北京：科学出版社.

王先进，杨雪英. 2008. 国外交通行政管理体制[M]. 北京：人民交通出版社.

王献甫. 2007. EUROCONTROL 欢迎有关航空规章的报告[J]. 空中交通管理，8：59.

王献甫. 2009. EUROCONTROL 公布关于贯彻执行欧洲空中交通管理总体规划的指导方针[J]. 空中交通管理，7：64.

魏光兴. 2004. 通信导航监视设施[M]. 成都：西南交通大学出版社.

吴苗，朱涛，李方能，等. 2008. 无线电导航原理及应用[M]. 北京：国防工业出版社.

吴志成，赵晶晶. 2008. 欧盟超国家制度安排的政治合法性分析[J]. 国际政治研究，4：51.

项恒. 2007. 空中交通管制员选拔测评方法的研究[J]. 空中交通管理，8：49-51.

邢爱芬. 2007. 民用航空法教程[M]. 北京：中国民航出版社.

徐光. 2009. 基于 PBN 的飞行程序设计的研究[D]. 天津：中国民航大学.

杨建森. 2007. 民航空中交通管理法规体系框架研究[D]. 南京：南京航空航天大学.

伊恩·莫伊尔，阿伦·西布里奇. 2009. 民用航空电子系统[M]. 北京：航空工业出版社.

伊群. 2004. FAA《空中交通管制员职业手册》简介[J]. 空中交通管理，2：56-61.

袁建平，方群，郑谔. 2000. GPS 在飞行器定位导航中的应用[M]. 西安：西北工业大学出版社.

张宝佳，李琦. 2008. 英国民航局的法律地位及其与运输部的关系探讨[J]. 民航管理，10：109-112.

张洪海. 2009. 机场终端区协同流量管理关键技术研究[D]. 南京：南京航空航天大学.

张军. 2005. 现代空中交通管理[M]. 北京：北京航空航天大学出版社.

张千帆，龙卫球. 2008. 建立统一的中国航空法体系——理论初探与立法建议[J]. 北京航空航天大学学报（社会科学版），21（2）：43-49.

张尉. 2009. 二次雷达原理[M]. 北京：国防工业出版社.

张泽龙. 1998. 中西方空中交通管制人才培养模式比较[J]. 民航经济与技术，3：37-40.

张兆宁，王莉莉，李冬宾. 2009. 飞行间隔安全评估引论[M]. 北京：科学出版社.

章澄昌. 2000. 飞行气象学[M]. 北京：气象出版社.

中国民用航空总局政策法规司. 2005. 国际民用航空条约汇编[M]. 北京：中国民航出版社.

朱凤驭. 1991. 民用飞机适航管理[M]. 北京：航空工业出版社.

Department of defense，Department of homeland security，Department of transportation. 2005. Federal radionavigation plan[R].

Pacific aviation directors workshop. 2006. Advanced technologies and oceanic procedures[R].

Pacific aviation directors workshop. 2007. Fostering aviation safety & infrastructure development through government & industry partnerships[R].

Ahmadi R. 1997. Validayion analysis of the WAAS GIVE and UIVE algorithms[C]. Proceedings of ION 53rd Annual meeting：441-450.

Alan Feinberg，ATB-230. 2002. Standard terminal automation replacement system（STARS）-development and deployment of a complex ATC mission-critical terminal automation system[R]. FAA.

Australian Government. 2007. Civil Aviation Safety Authority，Airspace（Consequentials and Other Measures）Act [S].

Australian Government，Civil Aviation Safety Authority. 2007. Airspace Regulations[S].

Australian Government，Civil Aviation Safety Authority. 2007. Airspace Act[S].

Australian Government. Civil Aviation Safety Authority. 2010. Australian Airspace Policy Statement （AAPS）[S].

Australian Government，Civil Aviation Safety Authority. 2010. OAR Airspace Change Manual[S].

Ballerini F. 2010. Sharing the Airspace：Advanced Flexible Use of Airspace（AFUA）[M]. Brussels.

Bee L. 2005. FAA national airspace system weather office JPDO weather IPT[R].

Bilimoria K，Lee H. 2005. Analysis of aircraft clusters to measure sector-independent airspace congestion[C]. AIAA Aviation Technology，Integration and Operations Conference.

Blake L V. 1986. Radar Range-performance Analysis[M]. Dedham：Artech House.

Brinton C，Cook S. 2008. Analysis of current airspace operations and implications for dynamic airspace configuration[C]. AIAA Guidance，Navigation and Control Conference.

Brinton C，Pledgie S. 2008. Airspace partitioning using flight clustering and computational geometry[C]. 27th Digital Avionics System Conference：3.B.3-1-3.B.3-10.

Brown R G. 1991. Update on GPS integrith requirements of the RTCA MOPS[C]. Proceedings of IONGPS-91：761-772.

CAA Directorate of Airspace Policy. 2007. CAP 725-CAA Guidance on the Application of the Airspace Change Process [S].

CAA Directorate of Airspace Policy. 2010. CAP 724-Airspace Charter[S].

CAA Directorate of Airspace Policy. 2012. CAP 740-UK Airspace Management Policy[S].

CAA. 2003. CAP 670 Air Traffic Services Safety Requirements[S].

CAA. 2009. CAP 744 Air Traffic Controllers-Licensing[S].

CAA. 2010. CAP 788 Air Traffic Controller Licensing-A Guide to the Licensing Process[S].

CAA. 2012. CAP 584 Air Traffic Controllers-Training[S].

CASA. 2002. Air Traffic Service Training Providers—Entry Control Procedures Manual[S].

CASA. 2005. AME Licensing Procedures Manual[S].

CASA. 2005. MOS part 143 air traffic service training providers[R].

CASA. 2006. Air Traffic Service Licensing Manual[S].

CASA. 2007. Amendment to Manual of Standards（MOS）Part 65-Air Traffic Service Licensing and Training Requirements[S].

CASA. 2007. Cost Benefit Analysis Procedures Manual[S].

CASA. 2008. MOS part 65 standards applicable to air traffic services licensing[R].

CASA. 2009. Annual report 2008-09[R].

CASA. 2010. 2009-2010 CASA annual report[R].

CASA. 2010. Air traffic service licensing and training requirements[R].

CASA. 2010. Air Traffic Service Licensing Manual[S].

CASA. 2010. Cost Benefit Analysis Procedures Manual[S].

CASA. 2011. Approved Testing Officer Manual[S].

CASA. 2011. Industry Delegates and Authorized Persons Management Manual[S].

CASA. 2011. Performance reporting[R].

Chao Y. 1995. The ionospheric model improvement for the stanford WAAS network[C]. Proceedings of ION NTM-95: 531-538.

Civil Aviation Authority Safety Regulation Group. 2002. Safety management systems for air traffic management[R].

Cobb H S. 1997. GPS pseudolites: Theory, design and application[D]. California: Stanford University.

Daniel P. 2006. A tool for integrating commercial space operations into the national airspace system[C]. AIAA atmospheric flight mechanics conference and exhibit.

DFS. 2009. Civil-military cooperation: a German success story[R].

Eissfeller B, Hein G W, Winkel J, et al. 2000. Requirements on the galileo signal structure[C]. ION GPS2000: 1772-1781.

EUROCONTROL. 1994. Report on the organisational structures and procedures required for the application of the FUA concept[R].

EUROCONTROL. 1996. Model for task and job descriptions of air traffic controllers[R].

EUROCONTROL. 1997. Model of the cognitive aspects of air traffic control[R].

EUROCONTROL. 1999. Air traffic controller training at operational units[R].

EUROCONTROL. 2000. Civil-military ATM coordination[R].

EUROCONTROL. 2000. Selected safety issues for staffing ATC operations[R].

EUROCONTROL. 2000. Simulations facilities for air traffic control training[R].

EUROCONTROL. 2000. Specifications on training methods and tools[R].

EUROCONTROL. 2001. Characteristics of recruitment and pre-selection of Ab initio trainee controllers（revised）[R].

EUROCONTROL. 2001. European manual of personnel licensing-air traffic controllers guidance on implementation[R].

EUROCONTROL. 2001. European manual of personnel licensing-air traffic controllers[R].

EUROCONTROL. 2001. Guidelines for selection procedures and tests for Ab initio trainee controllers（revised）[R].

EUROCONTROL. 2002. Selection tests, interviews and assessment centres for Ab initio trainee controllers: guidelines for implementation（revised）[R].

EUROCONTROL. 2003. ATCO basic training-training plans[R].

EUROCONTROL. 2003. Functional specifications for system support to airspace data distribution and civil/military co-ordination[R].

EUROCONTROL. 2003. Guidance document for the implementation of FUA concept[R].

EUROCONTROL. 2003. Manual for Airspace Planning[S].

EUROCONTROL. 2004. ATCO rating training training plans: Aerodrome training[R].

EUROCONTROL. 2004. ATCO rating training-training plans: Aerodrome training annex B: detailed training plans[R].

EUROCONTROL. 2004. EATM training progression and concepts[R].

EUROCONTROL. 2004. EUROCONTROL specification for the ATCO common core content initial training[R].

EUROCONTROL. 2004. Order No 551, The Airspace Regulation[S].

EUROCONTROL. 2004. Regulation No 549/2004, SES Framework[S].

EUROCONTROL. 2004. Regulation No 550/2004 Air Navigation Services in the Single European Sky[S].

EUROCONTROL. 2004. Regulation No 551/2004，Organisation and Use of the Airspace in SES[S].

EUROCONTROL. 2004. Regulation No 552/2004 , Interoperability of the European ATM Network[S].

EUROCONTROL. 2005. Annex to the Guidelines for the Development of Unit Training Plans[S].

EUROCONTROL. 2005. Enhanced flexible use of airspace process-safety plan[R].

EUROCONTROL. 2005. Enhanced flexible use of airspace process-safety policy[R].

EUROCONTROL. 2006. Guidance on licensing and competence requirements for operational users of A-SMGCS levels 1 & 2[R].

EUROCONTROL. 2006. Regulation No 730/2006，Airspace Classification Above FL 195[S].

EUROCONTROL. 2007. Best practices for e-learning developers in ATM[R].

EUROCONTROL. 2007. B-RNAV plotting a course for the future[R].

EUROCONTROL. 2007. Terms of reference airspace and navigation team[R].

EUROCONTROL. 2007. Trail on enhancement of ASM/ATFCM coordination processes[R].

EUROCONTROL. 2008. Agency business plan 2009-2013[R].

EUROCONTROL. 2008. Concept of operations for enhancing the ASM/ATFM/ATC processes（FUA 2008 scenario）[R].

EUROCONTROL. 2008. Cooperative network design business plan 2009-2013[R].

EUROCONTROL. 2008. EUROCONTROL guidelines for the use of e-learning in ATM part 3 technological aspects[R].

EUROCONTROL. 2008. Guidelines on the use of e-learning in ATM part. 1 organizational issues[R].

EUROCONTROL. 2008. Guidelines on the use of e-learning in ATM part 2 pedagogical aspects European AIR traffic management[R].

EUROCONTROL. 2008. LARA local and regional airspace management supporting system conceptual description[R].

EUROCONTROL. 2008. Maastricht upper area control centre[R].

EUROCONTROL. 2008. Operational requirements document for the enhancement of the ASM/ATFM/ATC processes（FUA 2008 scenario）[R].

EUROCONTROL. 2008. STANLY_MVPA DMEAN best practices register[R].

EUROCONTROL. 2009. EUROCONTROL guidelines for ATCO development training OJTI course syllabus[R].

EUROCONTROL. 2009. EUROCONTROL guidelines for the implementation of the single european sky legislation by the military[R].

EUROCONTROL. 2009. EUROCONTROL specification for air traffic safety electronics personnel common core content initial training[R].

EUROCONTROL. 2009. Performance review commission. performance review report_2008[R].

EUROCONTROL. 2010. Air Traffic Flow & Capacity Management Operations ATFCM Users Manual[S].

EUROCONTROL. 2010. ASM-ATFCM procedure3-preliminary safety case report[R].

EUROCONTROL. 2010. ATFCM operating procedures for flow management position[R].

EUROCONTROL. 2010. Cooperative network design business plan 2009-2013[R].

EUROCONTROL. 2010. General & CFMU systems[R].

EUROCONTROL. 2010. Harmonization of the national rules for operational air traffic under instrument flight rules[R].

EUROCONTROL. 2010. LARA Brochure: Local and Sub-Regional Airspace Management System[S].

EUROCONTROL. 2010. LARA_ADR_newsletter: LARA program[R].

EUROCONTROL. 2010. LARA_ADR_newsletter: LARA's contribution to ADR[R].

EUROCONTROL. 2010. Order No 255/2010, Laying Down Common Rules on Air Traffic Flow Management[S].

EUROCONTROL. 2010. Performance review commission, performance review report[R].

EUROCONTROL. 2010. Performance review commission. performance review report_2009[R].

EUROCONTROL. 2010. Regulation(EU)No 255/2010, Laying Down Common Rules on Air Traffic Flow Management[S].

EUROCONTROL. 2011. Air Traffic Flow & Capacity Managementoperations Atfcm Users Manual Chapter[S].

EUROCONTROL. 2011. AIS Training Development Guidelines[S].

EUROCONTROL. 2011. EUROCONTROL training activities 2011[R].

European Organization for the Safety of Air Navigation. 2000. Air navigation system safety assessment methodology[R].

Evans J E, Ducot E R. 1994. The integrated terminal weather system (ITWS) [J]. The Lincoln Laboratory Journal, 2 (2): 449-474.

Eyermann P A. 1999. Joint tactical radio system—a solution to avionics modernization[C]. Proceedings of 18th Digital Avionics Systems Conference

FAA DOT/FAA/TC-TN06/14. 2006. Methods for Examining Possible Effects of En Route Automation Modernization (ERAM) on Controller Performance[S].

FAA. 1981. Order1100.1A, FAA Organization-Policies and Standards[S].

FAA. 1989. Order 1100.2C, FAA Organization-FAA Headquarters[S].

FAA. 1989. Order 1100.5C, FAA Organization-Field[S].

FAA. 1997. United states general accounting office, national airspace system issues in allocating costs for air traffic services to DOD and other users[R].

FAA. 1998. Safety risk management[R].

FAA. 1999. Order 7450.1, Special Use Airspace Management System[S].

FAA. 2000. Display system replacement baseline research report[R].

FAA. 2001. Airport surface detection equipment-model X early user involvement event final report volume I[R].

FAA. 2005. Air transportation oversight system[R].

FAA. 2005. Order 3120.4L, Air Traffic Technical Training[S].

FAA. 2006. The commercial space transportation[R].

FAA. 2007. Air traffic bulletin, Q-routes: the genesis, evolution, benefits, and future of these highways in the sky[R].

FAA. 2007. Ocean21-administration the future of oceanic ATC today[R].

FAA. 2007. Operational use of the air traffic selection and training battery[R].

FAA. 2008. 2009-2013 FAA flight plan[R].

FAA. 2008. AC 91-81-Dual J80 Route Procedure[S].

FAA. 2008. Air transportation administration centers of excellence[R].

FAA. 2008. Flight plan（2009-2013）[R].

FAA. 2008. Order 7400.2G，Procedures for Handling Airspace Matters[S].

FAA. 2009. Anchorage Air Route Traffic Control Center(ZAN)Future Arctic Ocean21 Sector(Action Item CP06-02）[S].

FAA. 2009. DOD base realignment and closure（BRAC）[R].

FAA. 2009. International strategies 2010 to 2014 international civil aviation organization[R].

FAA. 2009. Order JO 7210.56C，Air Traffic Quality Assurance[S].

FAA. 2009. Performance and accountability report[R].

FAA. 2009. Traffic flow management in the national airsqace system[R].

FAA. 2009. Weather Information Database （WIDB）Information Technology System Architecture Document [S].

FAA. 2010. Order 7400.8S，Special Use Airspace[S].

FAA. 2010. Order JO 7210.3W，Air Traffic Organization Policy[S].

FAA. 2010. Order JO7210.3W，Traffic Organization Policy[S].

FAA. 2010. Standard terminal automation replacement system（STARS）[R].

FAA. 2011. FAA Academy Student Information Handbook[S].

FAA. 2011. Order 7400.9，Airspace Designations and Reporting Points[S].

FAA. 2011. Performance and accountability report[R].

Federal Aviation Administration William J. 2008. Hughes Technical Center Atlantic City International Airport DOT/FAA/TC-08/12. Human Factors Assessment of the En Route Information Display System[S].

Federal Aviation Administration William J. 2008. Hughes technical center atlantic city international airport NJ 08405. en route information display system benefits study[R].

Federal Aviation Administration William J. 2009. Hughes technical center，integrated terminal weather system（ITWS）[R].

Godet J. 2000. GPS/GALILEO radio frequency compatibility analysis[J]. Proceedings of the 13th International Technical Meeting of the Satellite Division of The Institute of Navigation（ION GPS 2000）：1782-1790.

Haykin S. 1996. Adaptive Filter Theory[M]. A Simon& Schuster Company.

Headquarters Department of the Army. 1999. FM 24-41-Tactics，Techniques，and Procedures for the Enhanced Position Location Reporting System（EPLR）[M]. Arlington Country：By Order of the Secretary of the Air Force.

Hollenberg J，Huberdeau M，Klinker M. 2005. Integrating Improved Weather Forecast Data With

TFM Decision Support Systems[M]. McLean: The MITRE Corporation Center for Advanced Aviation System Development（CAASD）.

ICAO Annex 11. 2001. Air Traffic Services[S].

ICAO doc 9426. 1984. Air Traffic Services Planning Manual[S].

ICAO Doc4444-RAC/501. 1996. Rules of The Air and Air Traffic Services[S].

ICAO doc7192. 2004. ATSEP Training Manual[S].

ICAO. 1995. Aeronautical Telecommunications [S].

ICAO. 2004. Performance management and measurement for air navigation services providers[R].

ICAO. 2007. Global Performance Manual[S].

ICAO. 2007. Performance management and measurement for air navigation services providers[R].

International civil aviation organization. 2009. Roadmap for the transition from AIS to AIM[R].

JCAB. 2009. Collaborative actions for renovation of air traffic systems[R].

JCAB. 2009. Development of future air traffic systems in Japan[R].

JCAB. 2009. Development of future air traffic systems in Japan[R].

JCAB. 2010. Collaborative actions for renovation of air traffic systems[R].

Kee C. 1991. Wide Area differential GPS，Navigation[J]. Journal of The Institute of Navigation，38（2）：123-143.

Kelly R. 1996. Deriviation of the RAIM algorithm from first principles with performance comparisions between published algorithms[C]. Proceedings of ION NTM-96：799-809.

Loh R. 1995. The U S wide-area augmentation system（WAAS）[J]. Journal of the Institute of Navigation，42（3）：435-465.

Robinson. 2008. Corridor integrated weather system(CIWS)[EB/OL]. [2008-09-10]. http：//www. ral. ucar. edu/general/fpaw2008/Presentations/4/Robinson_PPAW-2008. pdf.

Mitchell J，Sabhnani G，Krozel J，et al. 2008. Dynamic airspace configuration management based on computational geometry techniques[C]. AIAA Guidance，Navigation and Control Conference and Exhibit.

Mitelman A M. 2000. A real-time signal quality monitor for GPS augmentation systems[C]. Proceedings of ION GPS 2000：862-871.

NASA Ames Research Center Moffett Field. 2006. Current ATC operations：Terminal radar approach control[R].

NASA Ames Research Center. 2006. Current ATC operations oceanic[R].

Neufeldt H. 1998. A New Sensor for Airport Surveillance Based on SSR Mode S[C]. IRS 98 DGON/ITG conference Munich（1995）.

Official Journal of the European Union. 2010. Commission Regulation（EU）No 691/2010[S].

Perry P O. 1992. User-centered scheduling support in the military airspace management system prototype[C]. AAAI Technical Report SS-92-01：160-164.

Pogorelc S. 1996. Independent data verification and validation（IDV&V）algorithms for WAAS and preliminary results[C]. Proceedings of ION GPS-96：813-825.

Raytheon Company. 2008. Standard terminal automation replacement system（STARS）[R].

Sang J，Kubik K. 1997. A probablistic approach to derivation of geometrical criteria for evaluating GPS RAIM detection availability[C]. Proceedings of ION NTM-97：517-539.

Schwarz R A，Broste D N A，Lampert S，et al. 2002. Aeronautical data exchange from NASR to eurocontrol's EAD[R]. Mitre Technical Report.

Secretary of State for Defense. 2010. Charter for the united kingdom military aviation authority[R].

Shannon Z. 2009. A comparison of algorithm generated sectorizations[C]. Eighth USA/Europe Air Traffic Management Research and Development Seminar（ATM2009）：279-301.

Shun C M. 2010. Meteorological services in the terminal area（MSTA）[C]. Global AIM Congress 2010.

Stephane A. 2007. A weighted-graph approach for Dynamic airspace configuration. AIAA guidance[C]. Navigation and Control Conference Hilton Head：20-23.

Stobie J. 2009. Integrating Convective Weather Forecasts With the Traffic Management Advisor（TMA）[D]. Daytona Beach：Embry Riddle Aeronautical University.

Sturgell R A. 2007. Civil/Military Air Traffic Management Summit（CMAC07）[Z]. Alexandria：Air Traffic Control Association.

Swider R. 1998. Recent development in the LAAS program[C]. Proceedings of IEEE PLANS98：411-441.

Tsai Y J. 1995. Evaluation of orbit and clock models for real time WAAS[C]. Proceedings of IONNTM-95：539-547.

UK CAA. 2010. Terms of reference of the CAA executive committee[R].

United States General Accounting Office Washington D.C. 20548. 2002. Status of FAA's standard terminal automation replacement system[R].

Ward D. 2007. FAA system-wide information management[R]. FAA.

Wolfum J，Healy M，Provenzano J P，et al. 1999. Galileo-Europe's contribution to the next generation of GNSS[C]. Proceedings of ION GPS1999：1381-1390.

Xing J. 2006. Color Analysis in Air Traffic Control Displays，Part I. Radar Displays[R]. Civil Aerospace Medical Institute Federal Aviation Administration Oklahoma City.

Xue M. 2008. Airspace sector redesign based on voronoi diagram[C]. AIAA Guidance，Navigation and Control Conference and Exhibit.

附录　航空发达国家空管研究机构及设备制造商

　　世界空管系统的发展与进步离不开各国空管研发机构的不懈努力。附录中列举美国联邦航空局技术中心、欧洲航行安全组织实验中心、麦特公司、洛克希德·马丁公司、雷神公司、波音公司和泰雷兹公司等七个欧美空管技术设备研发机构，介绍各机构的发展规模、组织机构、主要研究领域及相关空管产品。这些研究机构在通信、导航、监视、情报、气象保障及空中交通管制等方面取得丰硕的研究成果，为世界空管发展做出重大贡献。随着空中交通流量的日益增长、科学技术的不断进步，这些研究机构正致力于未来航空系统与概念的研究、现有空管系统的改进与完善等工作，它们在保证航空安全、高效运行，促进航空经济发展的过程中将起到越来越重要的作用。

1. 美国联邦航空局技术中心

1）概况

　　美国联邦航空局技术中心创建于 1958 年 8 月 23 日，位于大西洋城西北 10 英里，是美国国家航空研究、发展、测试、评估单位。联邦航空局技术中心的主要职能包括：为联邦航空局提供技术支持；空管系统测试与评估；新系统新设备研发。它的研究领域主要包括空中交通管制、通信、导航、机场、航空器安全等。除此之外，它还进行未来航空系统与概念的研究、新空管设备与软件的开发、已有系统与程序的改进等方面的工作。联邦航空局技术中心隶属联邦航空局，运行经费来自联邦航空局预算。

2）组织机构

　　技术中心的组织包括：航空研究办公室，创新和解决问题办公室，民用航空安全办公室，技术中心办公室，运行、技术和获得办公室，东部地区办公室，航路设备扇区办公室，软件工程中心办公室，情报技术运行办公室，新泽西国民警卫队，国家航路系统工程处，终端区商务服务办公室，空中交通管制塔台，独立运行测试评估室，航空器服务部门，美国军队、公司工程师办公室，环境保护机构办公室，联邦航空地面引导程序研究室，飞行检查场办公室，南泽西运输局，运输安全实验室，中大西洋空中站。联邦航空局技术中心雇员主要有两种：联邦雇员和合同制雇员。

3）研究工作

　　联邦航空局技术中心与空管相关的主要研究工作如下。

（1）气象

该中心的气象组负责国家空域系统中的所有气象项目的研究。正在研发的项目是集成终端气象系统，该系统为终端区管制员提供一种预测严重风暴、探测风切变和微冲气流的工具。

（2）管制塔台

塔台集成实验室拥有塔台实物模型和虚拟现实视景，通过这些设备可以研究设备优化布局问题和人机功效学问题，使未来塔台的许多问题在设计阶段得以解决。

（3）现代化航路自动管制系统

航路自动化现代化系统是由洛克希德·马丁公司开发的，用于替换现有的航路计算机系统。现代化航路自动管制系统将提供模块化、可扩展、可维护的基础结构，它的实施将进一步提升美国空中交通管制系统的自动化性能，进一步提高系统的安全性和高效性。

（4）标准终端管制替代系统

标准终端管制替代系统用于替换原有的自动化雷达终端系统。技术中心具有相关的实验环境，主要负责系统的集成、测试以及需求评价。

（5）广域增强系统

广域增强系统通过地面参考站网络收集全球定位系统数据进行工作。这些数据通过地面通信线路传送到主站，主站对数据进行修正，使其更加精确和完整。修正后的数据经由两个或更多的同步卫星传送到航空器。这些航空器可以使用广域增强系统信号实施区域导航程序和具备垂直引导性能的仪表进近程序，其精度与传统的仪表着陆系统相当。美国联邦航空管理局于 2003 年 7 月批准在任意天气条件下都可以在整个美国大陆和阿拉斯加的大部分地区使用广域增强系统，用于满足航空器用 LPV 方法进近下降至 250 英尺高度的要求。2006 年，美国联邦航空局完成的技术分析表明：在美国大陆绝大多数机场都可以使用广域增强系统 LPV 进近方法引导航空器安全下降至跑道标高之上 200 英尺。美国联邦航空局每年至少公布 300 种 LPV 方法，并计划分两个阶段发展广域增强系统，以提高其覆盖面和服务的可靠性。

（6）局域增强系统

局域增强系统是一种能够在局部区域内提供高精度全球定位系统定位的一种定位增强系统。其原理与广域增强系统类似，只是用地面的基准站代替广域增强系统中的地球同步卫星，通过这些基准站向用户发送测距信号和差分修正信息。这些基准站称为地基伪卫星。局域增强系统能够在局部地区提供比广域增强系统精度更高的定位信号，因此用于机场导航，可以使飞机仅利用全球定位系统就可以安全着陆。

（7）下一代通信系统

下一代通信系统项目计划用甚高频数据链模式 3 取代传统的模拟式空中交通通信系统。甚高频数据链模式 3 是时分多址系统，它增加频道容量，并具有同时传输语音和数据的能力。甚高频数据链模式 3 系统还有一些其他功能，如控制器超载、防阻塞以及传输状态指示等。大西洋城的人为因素研究组对下一代通信系统的性能进行一系列的研究，以确定管制员和飞行员是否可以有效地使用该系统。

（8）广播式自动相关监视

广播式自动相关监视系统是下一代航空运输系统的重要组成部分。广播式自动相关监视旨在提高国家空域系统的安全、容量和效率，同时提供一个灵活、可扩展的平台，以适应未来空中交通的增长。广播式自动相关监视是一种与雷达类似但比雷达更精确的监视系统，并能提供一些额外的服务（如天气和交通信息）。广播式自动相关监视能为飞行机组人员提供增强的交通情景意识，提高航空器在最后进近阶段保持目视间隔进近的连续性，降低航空器跑道占用误差，减少航空器在机场场面滑行的偏差和冲突。

（9）机场监视雷达-11

机场监视雷达-11 集成一次雷达和二次雷达监视系统。一次雷达使用安装在塔台上的连续旋转天线发射电磁波，并通过测量航空器的雷达回波时间和信号方向，可以得到航空器与雷达天线之间的距离和航空器相对天线的方位角或磁方向。一次雷达的工作频率范围为 2700～2900MHz。发射机的峰值有效功率为 25kW，平均功率为 2.1kW。机场监视雷达-11 信号的平均功率密度与到天线的距离成反比。当与天线的距离大于 43 英尺时，机场监视雷达-11 信号的功率密度就已降到美国联邦通信委员会规定的最大允许曝光等级以下。二次雷达天线附加在一次雷达天线上，发射并接收区域内航空器的气压高度、识别代码和紧急情况等数据。二次雷达的工作频率范围为 1030～1090MHz，发射功率范围为 160～1500W。空中交通管制可以利用二次雷达迅速识别距雷达 60 英里范围内的航空器位置和航空器发生的紧急情况。

2. 欧洲航行安全组织实验中心

1）概况

欧洲航行安全组织实验中心成立于 20 世纪 60 年代，总部设在巴黎。目前，欧洲航行安全组织实验中心有 250 多名工作人员，包括科学家、工程师、管制员，以及行政工作人员。欧洲航行安全组织实验中心负责提供研究方法、设备和数据库，并在仿真验证中发挥重要作用。欧洲航行安全组织实验中心还负责协调中央流量管理单元、马斯特里赫特上层区域管制中心、中欧行中交通服务计划研究及开发中心的工作，并为它们提供支持服务。欧洲航行安全组织实验中心每年的预算大约为 6500 万欧元。欧洲航行安全组织实验中心的基本功能为：开展业务研究和验证空中交通管制方法，从业务上论证空管系统的有效性，从业务和技术上对相关空管设备做出评估。欧洲航行安全组织实验中心是世界上首先实现空中交通管制全数字化实时仿真的机构。实时仿真可以模拟空管中心、空管系统和指定空域内航空器的运行。实时仿真的目的是获得模拟测试对象的新功能，如新的工具、新的空域、新的程序以及新的空中航线等设计。

2）组织机构

欧洲航行安全组织实验中心是欧洲空管协作性网络设计部的 7 个组成站点之一。这 7 个站点分别为：欧洲空管部、中欧空中交通服务中心的战略规划发展处、研发与仿真中心、欧洲航行安全组织实验中心、空中航行服务研究所、欧洲军民航空管协调官、监督管理单位。

3）研究工作

欧洲航行安全组织实验中心主要致力于机场，空中交通管制，通信、导航、监视以及空中交通网络等 4 个方面的研究，与空管相关的主要系统与项目如下。

（1）一体化塔台工作席位

一体化塔台工作席位针对目前塔台管制员所使用的系统都是各自独立、没有任何共同的信息管理界面的情况，集成不同的机场空侧系统组件形成。一体化塔台工作席位的目标是：制定一体化塔台工作席位的功能规范和相关需求，包括运行、技术、人为因素和安全等方面；开发一个可行欧洲航行安全组织实验中心一体化塔台工作席位人机界面方案；应用早期示范和验证平台-eDEP 开发原型系统论证欧洲航行安全组织实验中心一体化塔台工作席位；运用仿真验证功能，人机界面/人为因素/安全需求和人机界面方案。

（2）先进场面活动引导和控制系统

先进场面活动引导和控制系统的主要功能包括提高机场机动区管制服务、机场场面交通冲突探测与告警、机场场面运行路径与计划、场面运行引导与控制等。在国际民航组织手册中，根据不同的跑道运行标准、基础设施复杂度、一定能见度条件下的运行能力等因素将先进的场面引导和控制系统运行定义为 5 个级别，分别对应不同的功能水平。欧洲空中航行安全组织在国际民航组织定义的基础上，根据近几年科技的发展将先进的场面引导和控制系统功能分为四级，依次为监视、控制、路径选择和引导。欧洲空中航行安全组织已完成第一、二级的开发，并逐步用先进的场面引导和控制系统替代原来目视观察和识别航空器的方式。先进的场面引导和控制系统团队正在制定关于先进的场面引导和控制系统一级及二级功能的欧盟标准，该标准符合 552/2004 号协同规章，并将在 2010 年底纳入欧盟规范中。先进的场面引导和控制系统团队计划在 2010 年制定关于第一、二级功能的执行手册，并在 2010 年底时完成一些相关的验证工作，包括：集成电子飞行进程单以增强网络安全；建设机场地面灯光系统验证美国联邦航空局关于跑道状态灯光的概念；评估非协同传感器作为发展先进的场面引导和控制系统基本步骤的作用。

（3）欧洲机场先进场面活动引导和控制

欧洲机场先进场面活动引导和控制工程是欧盟第六框架项目的一部分。该工程分两个阶段进行：第一阶段是利用现有产品在布拉格、图卢兹与马尔本萨机场建立先进的场面引导和控制系统运行原型系统，实现先进的场面引导和控制系统的第一、二级功能，即监视与冲突告警，目前此阶段已经完成。第二阶段的目标是为欧洲建立先进场面活动引导和控制系统标准；就运行、技术与法规方面对先进场面活动引导和控制系统进行定义；验证先进场面活动引导和控制系统的设备与程序；为先进场面活动引导和控制系统的实施创建一个路线图；实现先进的场面引导和控制系统与空管系统的无缝嵌入。

（4）降低离场侧风间隔

降低离场侧风间隔是欧盟第六框架计划的一部分。该项目主要研究降低尾流间隔最低标准的安全条件，作为提高机场容量、降低延误的可行解决方案，目前仅限于单跑道运行。该项目于 2006 年 6 月 1 日启动，历时 42 个月，由包括空客、欧洲空中航行安全组织在内的 11 个欧洲组织机构以及美国联邦航空局密切合作完成。

（5）进近及着陆程序优化技术

进近及着陆程序优化技术项目由欧盟委员会部分资助，其研究参与方包括 8 个航空运输工业机构、1 个陆地运输机构、7 个研究教育中心、7 个空中交通服务提供者和 1 个主题专家。进近及着陆程序优化技术项目开始于 2004 年 2 月，结束于 2008 年 10 月。进近及着陆程序优化技术采用的优化手段主要包括：持续下降进近，基于星基增强系统或 ABAS 的带有垂直引导的进近程序，陆基增强系统 I 类程序，所需导航性能-区域导航直线、曲线和分段程序，微波着陆系统直线程序，使用视觉增强系统，以及针对旋翼飞机采用的基于星基增强系统和陆基增强系统的大角度/曲线/分段仪表进近方法和互不干扰的同时仪表进近方法。进近及着陆程序优化技术项目已在 Malaga、San Sebastian、Toulouse、Bremen、Frankfurt、Amsterdam Schiphol 和 Milan Malpensa 等机场建立优化的飞行程序，并对这些程序进行分析研究/实时仿真和试飞实验。

（6）数据链运行验证试验

数据链运行验证试验项目是空地协同空中交通服务项目的组成部分，由欧洲航行安全组织实验中心在欧洲空中航行安全组织总部的协助下实施，并向空地协同空中交通服务项目管理者汇报。数据链运行验证试验主要运用仿真验证协同空中交通服务概念的运行，评估管制员/飞行员数据链通信、军方数据处理和 ATSAW 数据链服务的功能，并重点关注航路交通管制。2002～2005 年，数据链运行验证试验共进行了 3 次实验。实验方法包括主观分析和客观分析，主观分析包括基于仿真观察、管制员报告、有针对性的问卷调查和管制员工作负荷记录等；客观分析包括有系统记录的数据、带时标的人机界面事件、数据链路信息和话音通信等。

（7）"门到门"项目

"门到门"项目旨在定义并验证一种运行概念，为解决欧洲空中交通拥挤和延误等问题提供安全有效的方案。"门到门"概念发展的总体目标与欧盟和欧洲空中航行安全组织的发展战略保持一致。该项目的目标主要包括：定义和描述一个与欧洲其他正在进行的项目和各参与方的发展战略一致的运行概念，为 2010 年左右实施该项目和未来空地联合运行的发展提供基础；明确该概念的评估战略，进行大规模的运行仿真试验；组织和促进主要的空管参与方（空中交通服务提供者、空管制造商、航空电子设备和飞机制造商、欧洲航行安全组织）在该概念上达成共识，并加快这些概念的实施；在概念验证过程中协调飞行员和管制员之间的合作，评估运行的可行性，获得他们对该概念的认同，并确保该概念的进一步实施；使用开放式的验证架构，由欧洲航行安全组织实验中心开发相关的空管验证平台供所有空管参与方使用。

（8）地中海自由飞行

地中海自由飞行项目由意大利空中交通服务提供者倡议启动，主要研究在航路流量较低的地中海区域的自由飞行问题。该项目为期 5 年，第一阶段为 2000～2003 年，第二阶段为 2004～2005 年，参与方包括西班牙机场及航空管理局、法国航空局、希腊民航总局、英国国家空中交通服务控股有限公司、瑞典民航局以及欧洲航行安全组织等。地中海自由飞行项目的研究范围包括交通态势感知、自由飞行空域内的协同航空器间隔保障系统和飞行间隔自我保障等。地中海自由飞行计划的主要目标是：评估适用于未来地中海区域自由飞行的通信、导航、监视/空管技术和应用的整体性、协同性和安全性；验证空管人员与机组自由选择路径和自由飞行时使用的新运行程序的适用性；利用固有成果促进相关通信、导航、监视/空管技术和应用的标准化与进一步完善；明确在合适空域内实施自由飞行的指导方针。

（9）点合并

点合并是一种合并到达流的新方式，由欧洲航行安全组织实验中心研发，目的是提高终端区运行效率。它基于一种特定的精密区域导航航线结构，能实现高交通流密度下的连续下降进近，是 SESAR 4D 航迹管理发展的基础。点合并项目于 2008 年在奥斯陆、都柏林和罗马实施并进行安全评估，于 2008 年底形成初步的安全方案，并制定运行环境说明手册初版。

（10）Link 2000+

欧洲空中航行安全组织的 Link 2000+项目应用航空电讯网和甚高频数据链模式 2，建立了适用于欧洲空域的航路管制员-飞行员数据链通信。LINK 2000+项目提供三项基本服务，实现部分常规任务自动化，能节省管制员 50%的时间，提升 11%的容量。这三项基本服务包括：空中交通管制通信管理，用于处理重复频率的变化；提供标准空中交通管制指令；空中交通管制麦克风检查，用于频率拥塞情况下的通信。

（11）空管网络容量评估与可视化容量分析工具

空管网络容量评估与可视化是一个单机应用程序，它使用中央流量管理单元数据对欧洲区域管制中心和欧洲民航会议参与地区进行长期网络容量规划。空管网络容量评估与可视化使用其他外部工具产生的模拟航迹或雷达 4D 航迹，对空域运行网络复杂性进行分析与优化。空管网络容量评估与可视化具有以下功能：计算区域管制中心容量线；生成未来交通样本；优化区域管制中心配置启动方案；使用内置空中交通流量管理仿真容量比较规划情景；使用虚拟区域管制中心研究空域重组方案；可视化负荷分配、饱和度、复杂度和交通混合分析；程序变动建模（如多扇区规划、低容量降级运行等）；浏览与编辑环境和交通数据。空管网络容量评估与可视化的使用者包括空域规划人员、容量管理人员、流量管理人员和其他负责管理区域管制中心和网络容量的运行人员。

（12）复杂度和容量分析

复杂度和容量分析项目的目标是为评估空域内空管任务的难度提供相关的、可量化的和有意义的指标。复杂度分析的主要方法是根据统计数据对空域进行分类，识别交通流特征，为不同空域类型和不同飞行类型的各种工作负荷赋予不同的权值；容量分析的主要方法是运用管制模拟系统、WOODSTOCK 等软件计算不同空域内管制员最大工作负荷持续时间，从而得出空域内航班延误时间和空中交通管制扇区容量。

（13）航空器性能模型

飞机数据库是一个与飞机性能模型相关的数据库。该数据库由欧洲空中航行安全组织试验中心的欧洲空中航行安全组织基础设施专业验证中心维护和发展。飞机数据库的主要应用是空管领域内的航迹仿真和预测。该数据库每年修订一次，其当前版本提供一系列的 ASCII 码文件，包含 318 种不同机型的性能和操作程序的数据。其中 111 种机型的数据来自于飞行手册、运行手册等，称为直接支持机型。其余 207 种机型的性能数据用这 111 种机型的数据来描述。

（14）欧洲个人航空运输系统

欧洲个人航空运输系统是欧盟委员会第六框架计划的一部分。该项目的主要目标是：论证小型飞机业务的发展潜力和需求；提出在欧洲航空运输系统引进这种新型航空器的建议；确定欧洲相关研究领域内的进一步研究方向。欧洲个人航空运输系统的研究内容包括：2020 年个人航空运输发展的潜在市场；新的运输方式对欧洲空管系统、机场基础设施、环境、安全和保障系统的潜在影响；欧洲个人航空运输系统的通用规范和研发路线图。

（15）航路空中交通软管理终极系统

航路空中交通软管理终极系统是欧盟委员会第六框架计划的一部分。该项目的目的是发展和评估航路空中交通软管理终极系统过滤器，通过探测航空器冲突数来评估空中交通的复杂性，在需要时提出申请或进行速度调节。

（16）空中交通流量和容量管理系统建模工具

空中交通流量和容量管理系统建模工具为空中交通流量与容量管理建模和实时仿真提供流量与容量之间的平衡策略、人在回路仿真和性能评估等方面的研究支持。这些工具用于验证 SESAR 概念在中长期、预战术和动态空中交通流量与容量管理评估阶段的有效性。这些工具包括：实时同步决策辅助工具，用于人为因素评估、可行性验证和目标验证；快时空中交通流量与容量管理工具，用于航路、进近和机场效能评估；战略和预战术容量规划工具，用于 SESAR 容量规划评估和空中交通流量与容量管理战略评估。

3. 麦特公司

1）概况

麦特公司成立于 1958 年，是一家私营、独立非盈利性组织，专注于公共利益服务麦特公司下设三大联邦资助研发中心，分别由国防部、联邦航空管理局以及美国国税局资助。此外，麦特还投资一项技术项目，能够通过技术层面的研究支持和推行直接资金投资。麦特公司开发的指挥和控制系统协助美国国防部提高其信息能力。麦特公司成功协助美国智能集团开发一种新方法，用于产生、提取和保护情报信息，并将专业技术用于防御危及国家重点基础设施的数据通信威胁。麦特公司还与联邦航空管理局和国际航空领域的权威专家合作，探索开发新领域，提高世界范围内空中交通管制的安全高效性，还和惯性基准系统及其他政府部门通力协作，推行大规模、长期性的现代化项目，以实现各部门的任务。

2）组织机构

麦特公司拥有 7000 多名员工，业务范围遍及全球 60 多个国家和地区。其下设 4 个联邦资助研发中心，具体如下。

（1）国防部资助研发中心

国防部资助研发中心成立于 1958 年，目前负责国防部和智能集团赞助下的多种业务。为了更好地满足赞助方的要求，麦特公司将该资助研发中心划分为三个职责明确的运行中心，包括空军指挥控制系统中心、联合情报系统中心，以及华盛顿指挥、控制和通信中心。

（2）惯性基准系统/退伍军人事务部资助研发中心

该中心又名企业现代化中心。成立于1998年，企业现代化中心主要致力于提高各政府部门的现代化，包括国税局、全美海岸警卫队、海关总署以及其他政府部门。

（3）联邦航空管理局资助研发中心

该中心又名先进航空系统发展中心，成立于 1990 年，位于弗吉尼亚州的McLean，现有技术人员 400 余人。员工的专业领域包括电子工程、计算机科学、数学、其他工程专业、管理、物理、社会科学等。通过协助航空部门进行可持续项目的研究、开发和工程协作，在美国及世界范围内致力于提高航空服务的安全与效率。

（4）国土安全部资助研发中心

该中心又名国土安全系统工程与发展中心，成立于2009年。随着美国国土安全任务范围的扩大，该中心致力于为国土安全保障提供先进的、灵活的、可扩展的系统工程专业技术研究，并将已经成熟的技术应用于实际。重点研究领域包括边境安全及移民管理，智能电子信息分析，应急准备、反应与防御，关键基础设施保护，运输安全等。

3）研究工作

麦特公司/先进航空系统发展中心重点关注提高空管项目的现代化水平。麦特公司在许多领域的研究具有领先水平，如冲突探测和解脱、广播式自动相关监视、全球定位系统建模、国家空域系统和其他的工作性能评估；其中，机载防撞系统已经极大地影响目前的空中交通管制和管理体系。麦特公司/先进航空系统发展中心主要致力于以下方向的研究：结构和系统工程、机场容量改进、先进的决策支持系统、全球通信导航和监视、协同决策、建模仿真和研发。麦特公司/先进航空系统发展中心的主要研究工作如下。

（1）空中委托

麦特公司/先进航空系统发展中心最近的研究证实了空中委托的潜在利用价值，为未来国家空域系统的运行提供了灵活多变的解决方案。同时，与目前的目视间隔保持方式相类似，提出一个称为"由管制员指派的空中间隔"的概念；该概念基于航空器上已认证的机载设备来实现"电子"目视间隔，即通过机载电子设备，确定目标航空器，从而实现本航空器与目标航空器的飞行间隔。由管制员指派的空中间隔使管制员能够授权具有上述装备的航空器，使其自行实现和保持与既定目标航空器的飞行间隔。在上述过程中，相关各方的责任是暂时性的，且视具体情况而定；也就是说，管制员将继续提供间隔服务，以保证航空器的安全运行。同时，一旦机组接收到基于由管制员指派的空中间隔的命令，要求其避开其他航空器，该机组也就承担了此时航空器的飞行间隔任务。这种方法可以减少管制员战术管制的工作负荷，加强航空器运行的安全性。这一技术无论在运行可行性方面，还是在对国家空域系统的发展方面，都显示良好的前景。

（2）机场规划与评估

麦特公司/先进航空系统发展中心拥有先进的实验设备，可以通过建模、仿真和快速原型技术，帮助机场规划人员和设计人员评估复杂问题。由于在评估既定机场单跑道（或跑道系统）最大容量的过程中包含许多变量，所以整个容量定义和评估过程极为复杂。该中心开发众多模型，联邦航空局目前正利用这些模型进行问题分析。通过实际的机场运行获得统计数据，证实所建数学模型结果的有效性。在这些模型中已成功包含诸多变量，如到达航空器混合、间隔时间、跑道占用时间以及多跑道布局等。为了增加大型城市区域的空中交通容量，可采用两种基本方式：一是建设新机场或在现有机场上建设新跑道；二是改进原有的进离场程序。中心利用自身的技术资源，致力于研发更先进的方法，实现现有机场资源的最优利用。例如，中心已经为平行跑道开发同时进近程序，该程序可以减少跑道间的飞行间隔而不损害航空器运行的安全性。同时还开发用于交叉跑道和三条平行跑道的同时进近程序。这些容量增强手段通常能减少延误，并解决环境问题。

（3）空域管理

麦特公司/先进航空系统发展中心与飞行组织合作，确保空域管理设计可以最大限度地提供安全和效率。空域现代化的初级阶段是识别空域问题，并决定是否通过改变空域策略或其他手段（如主动的交通战术管理）来加以解决。在最初的问题识别过程中，定量的性能分析手段在各投资方之间的争论中提供客观的依据，例如，麦特公司/先进航空系统发展中心曾针对美国的交通布局和交通流量进行定量性能分析，所得的结果用于今后空域分析和进一步的空域设计的输入信息。当空域问题被识别之后，标准和可行的代选评估方案也随之确定。为确保分析的有效性，最好的方式就是广泛地选择各种工具来验证选择方案的可行性。麦特公司/先进航空系统发展中心依靠其具有综合分析、仿真及建模经验的专家，为解决复杂问题提出客观的依据，同时为决策者和投资者之间的磋商合作提供必要的决策支持。在过去的10年中，麦特公司/先进航空系统发展中心对以下工程做了分析评估：采用全空域和机场建模工具、噪声影响航路系统，对纽约和费城这样的大型城市的新航路做运行影响与环境影响评估；运用成熟的终端模型和"人在回路"技术，对芝加哥的计划内航路及新跑道的使用者和服务提供商做容量评估并分析其影响；运用尖端数据分析和传感器设计及分析工具，对缩小垂直间距的新航空器流量进行空域分析；对底特律/芝加哥至佛罗里达的航路内空域结构及航路进行大范围调整、分析。

（4）国家空域系统现状和未来空域发展状况的分析

麦特公司/先进航空系统发展中心专门从事对机场和空域的现状与未来需求的分析。麦特公司/先进航空系统发展中心的研究人员通过运用仿真技术，模拟大城市地区社会经济形态，加强预报航班需求的能力。通过这些技术和国内预报，先进航空系统发展中心研究出季节性的航班预报，通过分析一天内不同时刻的空域变化，来预测未来时间内的航班时刻表和航路安排。这种交通预测方法应用于国家主要的空域系统资源，从而解决空域需求与容量的不平衡，如繁忙的机场和拥挤的空域。

运用仿真模型，先进航空系统发展中心可得出空域状况的预期水平和技术的影响度及可更改的操作。仿真结果还用于联邦航空局决策的制定。最近，这些仿真模型应用于估算联邦航空局的可操作性改革方案的预期利润，同时用来预见美国主要机场及大城市地区未来空域容量是否不足。

（5）航行模拟网

实时的"人在回路"模拟仿真方法，被广泛认为是一种研究空管问题的有效途径。一个称为航行模拟网的软件环境，通过互联网为全球提供空管模拟实验室，并能实现联网协同模拟。该软件由麦特公司/先进航空系统发展中心研制，为在世界范围内进行实时的"人在回路"空管试验合作提供便利。全球的参与者运用这个环境使他们的模拟能力得到增强，并在大范围内使跨系统的空管研究中所涉及的新概念、技术和过程更加严谨。使用者能够减少开发投入；通过测试新空管问题，将安全隐患降低到最小；节省时间，包括建设和架构新空管系统，建立概念和熟悉过程；使位于各个地方的致力于空管研究的工作者合作更加便捷；将必须通过合作才能进行研究的工作变成一种可能。

航行模拟网可重新使用、再度配置，并用于合作的模拟环境。其设计所具有的高效性和安全性实现通过互联网进行飞行模拟，无须各组织暴露他们的国内网络和仿真模型；而是采用中央 HLA 运行时间支持系统组件，安置在公共可登录的路由器中，用来同其他实验室链接和交换数据。语音连接对管制员、飞行员的数量不做限制，也没有频率限制，并为飞行员提供可变的全方位飞行。

（6）协同空管

目前麦特公司/先进航空系统发展中心对协同空管的研究核心是通过更好的信息共享和自动决策支持来改善决策过程。这种新途径的各个方面已经体现在当前的国家空域系统运行中。例如，联邦航空局的增强型交通管理系统，目前在联邦航空局和各种国际航空交通机构中被使用，它提供全国空中交通流量的实时信息和预测信息。这些信息也可以应用在各航空公司运行控制中心。为了持续协同空管的研究，麦特公司/先进航空系统发展中心正在扩充增强型交通管理系统的性能。

（7）协同航路调节工具

协同航路调节工具由麦特公司/先进航空系统发展中心开发，是该中心交通流量管理研发项目的一部分。协同航路调节工具的目的在于协助解决流量管理者和空域使用者实际操作时的问题。具体来说，协同航路调节工具的功能包括：基于记录的飞行计划信息，可视化未来交通流量；识别并分析潜在的交通流量管理状况；识别那些可能会直接受突发状况影响的航班；定义候选航路（针对交通流量或者特定航班），缓减突发状况；分析改航策略对区域内所有扇区负荷的影响；授权给各机构的交通流量管理者和空域使用者，以获得一般环境观察和策略决策信息；推动改航策略的执行。

麦特公司/先进航空系统发展中心目前正在致力于新功能的开发，以实现与原有协同航路调节工具功能联合使用条件下更先进的运行功能；如开发性能模拟尾流间隔功能，并协同改航和地面延误程序评估其影响。麦特公司/先进航空系统发展中心和联邦航空局通力合作，将协同航路调节工具性能技术（如流量约束区域应用程序和轨道模拟算法库）推行到每个联邦航空局工作团队，实现将协同航路调节工具性能与流量管理系统的融合。

（8）民用全球导航定位系统

为了实现高可靠性的全球定位系统飞行操作，包括精密进近和机场场面操作，全球定位系统在许多不同方面的性能都需要提高。麦特公司/先进航空系统发展中心帮助联邦航空局确定的改进内容包括信号的完整性、准确性和系统的可用性。

为了实现这些改进，加快全球定位系统应用到垂直引导仪表进近，麦特公司/先进航空系统发展中心定义广域增强系统，将微分修正和距离修正信息添加到同步卫星发布的信息中。另外，麦特公司/先进航空系统发展中心开发测试了一些用来减轻电离层信号延时影响的算法，保证广播的电离层延时修正的完整性。同时，麦特公司/先进航空系统发展中心还帮助确定了广域增强系统的性能要求，并将技术转让给总承包人。

为辅助联邦航空局确定必要的卫星数量，以提供距离修正信号、微分修正信息和完整性广播服务，以及确定基准站数量和位置以满足特殊要求，麦特公司/先进航空系统发展中心开发了星基增强系统全球使用工具。该工具预报网络内全部卫星、地面站和通信链路的工作情况。目前，麦特公司/先进航空系统发展中心正在和联邦航空局一起定义广域增强系统的增强性能要求，以使整个系统能力得以充分发挥。

此外，麦特公司/先进航空系统发展中心还和联邦航空局共同开发局域增强系统，它采用高频数据广播向目视距离内的飞行器提供修正信息。目前正在研究如何使局域增强系统为机场全部跑道提供精确进近能力。麦特公司/先进航空系统发展中心在分析信号的完整性和可用性方面起到很大作用。除了规范局域增强系统的功能，还向联邦航空局/航空业界合作企业、联邦航空局的局域增强系统关键技术顾问和局域增强系统完整性性能小组提供技术支持。麦特公司/先进航空系统发展中心正和联邦航空局一道，为保证局域增强系统的完整性和安全性而努力，在未来，局域增强系统将可以支持三级着陆标准。

为了帮助联邦航空局制定向未来导航和着陆系统的过渡计划，麦特公司/先进航空系统发展中心对备选的系统结构进行评价，混合应用现存的各种系统，和联邦航空局及航空用户一起制定系统过渡的政策描述，即从传统的助航系统过渡到基于广泛应用的卫星导航系统；同时，辅助联邦航空局的全球定位系统执行部解决长期以来全球定位系统用户对于改进基本卫星星座运行和维护方面存在的问题。

（9）实施流量管理改航

为了促进流量管理部门，空中交通管制部门和空域使用者之间的信息交互，交通情况互通和协同决策，麦特公司/先进航空系统发展中心提出一种实用的概念，协调流量管理部门、空中交通管制部门、飞行计划和航空器驾驶舱之间的性能，并生成基于流量管理的改航策略。

尽管联邦航空局和空域管理者在改航的策略上进行合作，但是在改航的实际运行中却困难重重。主要的困难在于整个过程过于费时：首先确定需要改航的航班，然后依靠人力重新申报的飞行计划或修正飞行计划。更困难的是流量管理需要所有计划航路的信息，并要求信息的实时性和准确性，以实现流量管理的决策效能最大化。在航线变更无法确定的情况下，上述策略禁止采用。从空域用户的角度来看，流量管理初始信息和空中交通管制的特殊限制使飞行计划的制定更为顺利。

通过结合计划使用的和当前使用的自动化系统，可以促进航线变更策略的实施。增强交通管理系统可以识别改航航班。该功能实现了与改航航班的电子通信，并使国家空域系统的运行更有效，预报更准确。

（10）一体化空管实验室

一体化空管实验室呈开放、分层结构，是一个可扩展、可升级、实时分解模拟的实验环境。在麦特公司/先进航空系统发展中心的一体化空管实验室中，飞行员、管制员、航空公司和其他主要的利益主体可以相互合作，一起进行模拟观察。实验室为各方提供良好的环境，在这样的环境中，他们可以共同提议概念，同时可以讨论有关工作量、交流、安全、任务和职责及其他方面的话题。这种方式可以使各方通过反复修改和评估更快地达成一致，从而提高安全和性能。一体化空管实验室开展了很多方面的空管技术的整合。

驾驶舱模拟是一个中等精度可重构的定基驾驶舱模拟器，连接着一个窗外可视系统，提供 124°的视角。

航路管制模拟是一个空中交通管制模拟器，可以在当前和未来的空域条件下模拟全国任何数量的扇区。

终端区管制模拟是一个终端区管制模拟器，可用来模拟各种各样当前和未来的运行环境，包括自动化雷达终端系统/3E 或者通用自动化雷达终端系统雷达显示。

塔台模拟。塔台模拟器可提供航空器地面运动信息，可应用于未来机场的构造。

流量管理。协同航路调节工具是一个具备交通管理自动化功能的高精度模型。

便携式航空可视环境是一个三维可视环境，与驾驶舱模拟器、塔台模拟器共同或单独为实体或抽象的概念提供可视图像。

在一体化空管实验室中，麦特公司/先进航空系统发展中心与联邦航空局、国家交通管制员协会、飞行员协会、不同国家的民用航空当局和其他组织协同合作，麦特公司/先进航空系统发展中心已经帮助这些组织在很多重要领域里推进空管系统的发展，包括跑道安全优先权、空域重新规划、流量管理、航线决策支持系统、广播式自动相关监视的应用/CDTI 程序应用、机场/跑道选址。目前正在进行的最新分布式模拟功能的增强措施完成之后，可通过标准化的 HLA 工具和标准因特网连接，使地理上分散的实验室相互连接起来。借助 AviationSimNet，可以实现全球空管模拟。

（11）用户需求评估工具

用户需求评估工具是由麦特公司/先进航空系统开发中心研制开发的，为航路上的空中交通管制提供决策支持，包括飞行器航迹建模、航空器与空域冲突探测、飞行数据管理以及战略规划。该工具已经应用于航路交通管制中心。用户需求评估工具将飞行计划、雷达轨迹数据、航空器飞行特性，以及风和气温结合起来，构建出四维飞行轨迹；通过用户需求评估工具所预测的航迹，可以用来连续探测未来 20 分钟内的潜在飞行冲突，并为相关飞行扇区提供战略性通告；管制员可以利用用户需求评估工具所提供的人机界面进行上述探测和决策功能，人机界面通过文本和绘图显示，支持飞行数据管理以及任务优先序列管理。用户需求评估工具的性能为管制员和空域使用者提供很多运行优势。该系统能够提供精准的航迹和冲突信息，使得航路和高度层得到更有效的利用。另外，在流量和复杂性增加的情况下，航路管制员能够利用该系统更加有效地从事管制任务。

（12）Wakeviewer 数字可视化工具

由麦特公司/先进航空系统发展中心与国家交通系统中心共同研制的 Wakeviewer 数字可视化工具，是一个数据分析和图景显示软件，可以对联邦航空局收集的尾流数据进行分类和可视化查询。通过将激光雷达脉冲图、气象信息及运行环境数据的结合，该软件可对这些因素进行多维显示，并对尾流影响做出更好的分析。

（13）概率拥挤管理

概率拥挤管理是空中交通流量管理决策支持工具中的关键技术。该技术主要利用复杂算法分析大规模空中交通拥堵问题，目的是帮助空管部门在不确定天气条件下制定及时有效的流量管理策略，最终减少空中交通延误，降低航空公司运行成本。流量管理人员需要根据各种不确定条件出现的概率采用不同的流量管理策略。麦特公司运用蒙特卡罗仿真模型对多个候选的流量管理策略进行评估分析，综合考虑航班时刻、飞行安全、即将出现的天气条件以及成本等因素，帮助决策者选择最佳策略。

（14）航空安全信息分析与共享

为更进一步提高航空安全，美国联邦航空局推动航空安全信息分析与共享计划，要求麦特公司/先进航空系统发展中心建立一个新的航空安全数据库，以期通过数据挖掘等方式发现潜在的安全问题。航空安全数据的一个主要来源是各航空公司机组的安全分析报告和飞行数据记录仪记载的飞行数据。麦特公司就数据提供方式和数据安全方面与航空公司达成谅解协议，由麦特公司信息安全专家与各航空公司合作，在航空公司内部建立服务器以保证信息安全。航空安全数据的另一个重要来源是麦特公司在过去的 30 年中大量收集的天气、风、雷达轨迹、空域和空中交通程序数据。麦特公司运用数据挖掘、数据共享和保护、系统工程和体系结构等相关领域的专业技术，将航空公司数据与麦特公司自有数据融合，通过建模仿真、趋势分析和数据集成等手段进行分析研究，并向美国联邦航空局和航空公司股东提交研究报告，有助于美国联邦航空局全面了解出现的安全问题，经过分析得出结论和提出改进建议。

（15）终端区航路生成、评估和交通仿真系统

终端区航路生成、评估和交通仿真系统 Evaluation 的建设开始于 1999 年，由麦特公司负责开发，其最初目的是解决费城机场严重的航班低正常率问题。该工具被用来设计和评估终端区区域导航航路，并可通过交通仿真帮助管制员熟悉新的飞行程序。空域与飞行程序的设计者只需在终端区航路生成、评估和交通仿真系统屏幕上单击就能获取所需航路点的经纬度坐标，同时可以迅速地设计区域导航离场、进场和进近程序，并能设置或更改高度/速度限制。在一些环境比较复杂的地区，设计者还可以导入地形数据以获得最大的空域利用率。

飞行程序设计完成后，终端区航路生成、评估和交通仿真系统用户还可以结合高度/速度限制信息和航空器性能分析程序的可行性。另外，管制员也可以通过终端区航路生成、评估和交通仿真系统进行培训。终端区航路生成、评估和交通仿真系统可以生成交通仿真场景，在该场景中管制员可以进行混合装备检查，指挥航空器起飞、排序以及加入区域导航程序等一系列操作，以熟悉新的区域导航飞行程序。

（16）绿色空域设计

麦特公司/先进航空系统发展中心正在致力于"绿色空域设计"项目，该项目综合考虑燃油消耗对环境的影响和航空公司的运营成本，研究如何调整终端区内的航路以尽量减少燃油消耗。其重点研究内容如下。

减少水平飞行航段：尽量构造最优下降剖面和爬升剖面来降低飞机燃油消耗。

使用交叉跑道：交叉跑道较平行跑道可以缩短部分航班的航程，但使用交叉跑道是否能减少燃油消耗取决于飞行的始发/目的地、终端区障碍物、跑道长度等多个因素，同时使用交叉跑道会造成飞行员和管制员的工作难度增加、机场容量降低和繁忙时段航班延误增加等缺点。

复杂的权衡：重新设计空域需考虑的因素非常复杂而又互相冲突。在设计过程中，除了考虑减少耗油量，还需综合考虑空域容量、管制员和飞行员的工作负荷等其他因素。不同的空域由于机型比例组合、航路结构、空域环境的不同，需要采取不同的设计方式。麦特公司/先进航空系统发展中心在这方面的研究成果将被美国联邦航空局用于下一代航空运输系统。

（17）飞行程序验证工具集

优化飞行程序是下一代航空运输系统的重要组成部分。为鼓励飞行程序发展，美国联邦航空局允许航空公司和美国联邦航空局授权的组织设计和验证进离场仪表飞行程序，但传统测量过程既耗时又昂贵。麦特公司/先进航空系统发展中心开发的飞行程序验证工具集可以准确测得地面障碍物的大小和位置信息，为航空公司、机场、美国联邦航空局授权单位和美国联邦航空局设计飞行程序提供准确有效的数据，同时降低成本，节省时间。

飞行程序验证工具集包括一台笔记本电脑、全球导航卫星系统接收器、手持式全球导航卫星系统测量单元和一个激光测距仪。所有设备由 USB 电缆或无线蓝牙连接。工具集中还可增加数码照相机和便携式摄像头，用于障碍物识别和实时传输。使用这些设备测量障碍物的精度能达到水平精度 20 英尺、垂直精度 10 英尺以内。另外，这些设备可以由市面上的现成产品灵活组合，以适应航空公司的不同需求。航空公司的相关机构经过专业培训，可以使用飞行程序验证工具集自行验证飞行程序，这有利于航空公司直接参与到下一代航空运输系统发展当中。

目前许多航空公司正在对该工具集进行测试，测试结果有助于更加全面地评估该工具集的作用。一旦测试成功，美国联邦航空局将委托麦特公司进一步评估在工具集中加入三维评估过程（使用光波探测和测距）和三维图像的影响。

（18）联合精密进近和着陆系统

麦特公司/先进航空系统发展中心与国防部联合开发了联合精密进近和着陆系统，目的是在恶劣天气和敌对状态下给飞行员提供详细导航信息以保证飞行安全。联合精密进近和着陆系统增强飞机全球定位系统数据，提供给飞行员更加准确的地形位置信息。该系统由地面设备和机载设备两部分组成。地面设备接收全球定位系统信号，结合系统已有的地形数据进行修正，并广播修正结果。机载设备接收修正信息并相应地调整机载全球定位系统读数。利用这些数据，飞行员或自动驾驶系统能够选择安全准确的进离场路径。

联合精密进近和着陆系统地面设备的接收范围为半径10～20英里，精密程度可达到英寸级别，可为该范围内所有机场的所有跑道提供进近数据。即使是在跑道被破坏等不利条件下，飞行员也能通过联合精密进近和着陆系统找到一条安全的路径着陆。

联合精密进近和着陆系统下一步的发展是可携带性。便携式的联合精密进近和着陆系统由2个全球定位系统接收机、1台笔记本电脑和1台数据发射器组成，可以在几分钟内把一片净空地带变为工作中的机场。在新泽西州大西洋城的休斯技术中心的模拟实验中，军用航空器使用该系统成功地在一个被破坏的机场安全着陆。在未来十年内，这个创新性的联合精密进近和着陆系统将成为飞行员的得力助手。

4. 洛克希德·马丁公司

1）概况

洛克希德·马丁是一家美国航空航天制造商，于1995年由洛克希德公司和马丁·玛丽埃塔公司合并而成，总部位于美国马里兰州蒙哥马利县的贝塞斯达。洛克希德·马丁经营范围包括发展、生产和经销军用、民用飞机；发展、生产导弹和空间系统；发展、生产军用电子系统；提供信息及技术服务等。公司目前在世界30多个国家拥有250多个政府和工业界的合作伙伴。公司在美国国内的主要客户包括国防部、NASA和联邦政府其他有关部局。洛克希德·马丁的核心业务是航空、电子、信息技术、航天系统和导弹，业务核心并不是某一个单项技术，而是复合性的系统工程。最终为客户提供的也不是针对单一问题的解决方案，而是针对整套系统或工程提供完整的、复杂的、复合型的解决方案。

2）组织机构

洛克希德·马丁公司的业务领域广泛，主要有空间技术、航空、电子系统、信息技术、系统集成等。与空管相关的运输与安全部有雇员 2355 人。洛克希德·马丁公司下设航空、电子系统、信息技术和空间系统四个部门。该公司约有190000 名雇员，其中科学家和工程师有 70000 人。公司拥有的工厂、子公司、分公司等遍及全美 45 个州的 457 个城市，在全世界 56 个国家和地区设有合资公司、办事机构等。

3）主要产品

洛克希德·马丁公司的研究领域广泛，与空管相关的主要研究项目如下。

（1）现代化航路自动管制系统

现代化航路自动管制系统受联邦航空局委托研发，研制周期为2002年12月～2009 年 12 月。项目完成后，现代化航路管制系统将替换原有的航路管制自动化系统，提供更安全、更高效的工具。

（2）先进洋区管制系统

先进洋区管制系统受联邦航空局委托研发。先进洋区管制系统将用于替换奥克兰、纽约和安克雷奇三个洋区管制中心的自动化系统。先进洋区管制系统与原系统相比，主要是增加许多新功能以支持减少间隔和有效选择航路。先进洋区管制系统集成飞行和雷达的数据处理，可以探测航空器之间的冲突，提供卫星数据链通信和监视能力，并废弃纸质的飞行进度条，使现在使用的人工进程自动化程度大大提高。

（3）通用自动化雷达终端系统

通用自动化雷达终端系统是受联邦航空局委托研发的，研制周期为1990 年 9 月～2003 年 7 月。该系统提供经联邦航空局认证的先进功能，在所有站点使用同一软件和硬件基准。该系统被设计成开放的、可靠的和可扩展的，它支持 15 部雷达、9000 个轨迹和 300 个高性能自动化雷达终端系统彩色显示。

（4）用户需求评估工具

用户需求评估工具受联邦航空局委托研发，研制周期为 1997 年 6 月～2006年 9 月。用户需求评估工具是一套复杂的决策支持工具。该系统可以为管制员提供中期冲突探测和解决方案。

（5）同步卫星通信和控制系统

同步卫星通信和控制系统是受联邦航空局委托研发的，项目经费为 3 亿美元。该系统用于为广域增强系统提供高可靠性通信服务。

（6）微处理航路自动化雷达轨迹系统

微处理航路自动化雷达轨迹系统是受联邦航空局委托研发的，研制周期为

1999 年 1 月～2003 年 12 月。该系统为联邦航空局和国防部提供航路与终端雷达处理。

（7）FItWinds 工具集

FItWinds 工具集是洛克希德·马丁公司正在开发的流量管理现代化集成平台。FItWinds 将气象数据、雷达轨迹、广播式自动相关监视数据、飞机通信寻址和报告系统数据、航行通告、航班时刻、机场容量需求、航空固定通信网络与 FPLN 数据、航空公司飞行数据、其他空中交通服务提供者的数据等集成，形成多种可用信息集合，满足各种需求。FItWinds 的主要功能有流量管理/航空公司运行中心决策支持系统、智能飞行跟踪与告警、集成机场运行监控、雷暴跟踪与预测、复杂气象与飞行轨迹分析、卫星气象跟踪与显示、风切变与晴空颠簸预测、结冰条件预测等。

（8）终端区自动雷达系统彩色显示技术

洛克希德·马丁公司正在用终端区自动雷达系统彩色显示技术替代原来的单色显示技术。自动化雷达终端系统彩色显示系统和自动化雷达终端系统ⅡIE 终端区自动系统整合在一起，于 2000 年 8 月首次在纽约终端雷达进近管制系统中使用，之后逐渐推广到亚特兰大、路易斯维尔、明尼波利斯、纽约、达拉斯、丹佛、芝加哥、加利福尼亚、圣路易斯和伯托马克等地，主要为中大西洋和华盛顿地区的航班服务。

（9）空中交通管制仿真系统

洛克希德·马丁公司研发了一个全方位的空管仿真平台，用于培训、试验和评估，演示和研究等工作。美国联邦航空局在俄克拉何马市培训学院运用该公司的初级院校培训系统进行管制员培训，此外，明尼苏达州的明尼阿波利斯社区技术学院也在使用该公司的大规模空中交通管制训练系统。

（10）洛克希德·马丁飞行服务系统

从 2005 年开始，洛克希德·马丁公司与美国联邦航空局合作将现有的 58 个飞行服务站整合为 15 个，并设置了 3 个中心站点。新的自动飞行服务站更为现代化和规范化。通过新技术的使用，所有的飞行服务站之间实现全国空域数据共享，从而减少飞行员等待的时间，使航班运行更加安全高效。国家空域系统用户可通过洛克希德·马丁飞行服务系统获得飞行前、飞行中、运营中以及其他一些特殊服务，包括飞行前和飞行中的气象和航空简报，飞行中的通信（包括航路飞行咨询服务），航空气象和航行情报的生成、翻译、处理和协调，搜救信息，支持航空展览和其他航空活动等。

（11）航路通信网关

航路通信网关由洛克希德·马丁公司与美国联邦航空局联合开发，目前已在美国 20 个航路交通管制中心使用。航路通信网关提供了向其他航路系统传输飞行计划和监视信息的接口。它采用模块化设计，兼容了传统的航路系统和下一代空中交通运输系统的相关技术（如现代化航路自动管制系统和广播式自动相关监视），其系统容量能随着空中交通需求的变化而逐步增加。航路通信网关的主要功能是接收用于处理关键业务的雷达和通信数据，并传输给其他空中交通管制设备。它采用模块化设计，支持新的雷达与通信数据格式，易于与现代化航路管制系统集成。通过与航路通信网关主网或者本地备份网络直接连接，未来空管系统可及时获取所需数据。

5. 雷神公司

1）概况

雷神公司位于马萨诸塞州的马尔伯勒，成立于 1922 年，在 1925 年正式更名为"雷神制造公司"。经过几十年的发展和创新，雷神公司已成为军工技术、政府与商业电子技术、公务飞机和特殊任务飞机等行业的重要公司。雷神公司最大的经费是来源于美国国防部的采购，但冷战结束后，雷神公司最大的客户（美国国防部）的采购费用减少 60%。为了应对这种困境并谋求进一步发展，公司管理层采取了三项战略措施：售出非核心业务公司、通过一系列兼并来巩固和扩大军工技术核心业务、用军工技术开发民用市场。雷神公司在用军工技术开发民用市场方面，特别是在空中交通管制、数据、图像与信息管理、交通与通信等领域卓有成效。利用军用雷达技术开发的机场多普勒气象雷达可探测机场附近致命的风切面；利用潜艇声呐技术开发商业捕鱼设备；开发的红外夜视设备可用于汽车驾驶、治安、搜索与救援以及工业领域。此外，雷神还开发商业全球定位系统接收机、卫星电视（广播）接收机、基于砷化镓单片微波集成电路技术的新一代数字手机等。

2）组织机构

雷神公司现有员工约 8 万人，总部位于马萨诸塞州的 Waltham，核心业务领域包括导弹防御、侦察与情报、精确打击和国土安全，主要由公司的 7 个事业部（公司）来实施。雷神公司有以下 7 个子公司。

雷神防卫系统公司，本部设在马萨诸塞州的 Tewksbury，为美国导弹防御部门、美国武装部队和国土安全局等客户提供综合防卫系统。

雷神情报和资讯系统公司，本部设在德州的 Garland，工厂分布于得克萨斯、弗吉尼亚、马里兰、宾夕法尼亚、密苏里、科罗拉多等州，核心业务包括无人机系统与地面站、电子政府解决方案和高性能计算系统。

雷神飞弹系统公司，本部设在亚利桑那州的 Tucson，工厂分布于亚利桑那、肯塔基、新墨西哥、阿肯色和加利福尼亚州，主要业务是研制、生产各种战术导弹、制导炸弹、大气层外杀伤飞行器、定向能武器等。

网路中央系统公司，本部设在德州的 McKinney，为网络作战指挥和控制、作战空间意识和空管等开发和制定任务的解决方案。

雷神飞机公司，本部设在堪萨斯州的 Wichita，为全球客户设计和制造高性能、高舒适性的飞机。

雷神技术服务公司，本部设在弗吉尼亚的 Reston，为美国国防部门、联邦政府以及世界范围内的商业客户提供全方位的技术以及科学、专业的服务。提供实际和计划航班信息的集中的远期规划的机场交通需求。

雷神太空系统公司，本部设在加州的 El Segundo，主要业务是提供光电/红外探测器、机载雷达、固态高能激光器、精确制导系统、电子战系统以及军用和民用太空系统，为美国军事部队提供最准确及时的信息和情报用于信息化战争。为军事和民用客户提供集中、前瞻性的技术。

3）主要产品

雷神公司的研究领域广泛，其中用军工技术开发民用市场方面，特别是在空中交通管制、数据、图像与信息管理、交通与通信领域，雷神公司都取得巨大的业绩和成就。雷神公司（含原休斯飞机公司）的空中交通管制系统，包括新一代固态雷达和先进的 Auto Trac 和 Guardian 自动化系统，已被北京首都国际机场、香港赤腊角机场和其他十几个中国民用、军用机场所选用。以下是雷神公司生产的与空管相关的主要产品及相关设备。

（1）航路监视雷达

航路监视雷达（如机场监视雷达–23SS）是一种远程搜索雷达，一般工作在 L 波段，主要用于区域管制，监视连接各机场之间的航路上和航路外飞机的活动情况，作用距离为 300～500 千米。这种 L 波段雷达是 S 波段的机场监视雷达–10SS Mk.2 的衍生型，除了那些对频率敏感的子系统，它们可共享所有的子系统。它是一个全固态系统，以频率分集方式工作时，输出功率为 21kW（8 模块）或 40kW（16 模块）。机场监视雷达–23SS 有多种旋转率，探测距离为 185～463 千米，既可用于机场终端区管制，又可用于航路管制。机场监视雷达–23SS 与机场监视雷达–10SS 功能相似，平均致命性故障间隔时间超过 44000 小时，可以和集成的雷神 Condor Mk.2 单脉冲二次监视雷达系统一起提供。

（2）机场监视雷达

机场监视雷达（如机场监视雷达–10SS）是一种中近程搜索雷达，一般工作在 S 波段，主要用于探测以机场为中心，半径 110～150 千米范围内的各种飞机的活动情况。机场监视雷达–10SS Mk.2 是一种增强型全固态 S 波段雷达，使用最先进的高功率无线电频率发射技术和数字阵列信号处理器。它是模块化的数字雷达系统，适用于无人操纵自动运行。该雷达内部的自动防止故障危害的子系统和内置测试装置，便于从远端的显示终端进行全方位监控。机场监视雷达–10SS 用于机场终端区（进/离港）或终端区扩展运行。雷神公司还可为军方空中交通管制应用提供包含反电子干扰功能的产品，美国联邦航空局的数字式机场监视雷达是机场监视雷达–10SS Mk.2 的改进型，命名为机场监视雷达–11。机场监视雷达–10SS Mk.2 系统通常采用双通道（冗余）配置，以连续的频率分集采用 8 模块（18kW）或 16 模块（34kW）的方式输出。该雷达系统有不同的旋转率和 111～165 千米的测距范围。该雷达能自动定位和多重扫描，可同时跟踪多达 1000 个目标。该雷达系统运用自适应多普勒滤波器和自适应波束/时间灵敏度控制图使用 4～5 个脉冲动目标探测模块，平均致命性故障间隔时间超过 44000 小时。机场监视雷达–10SS 的天线可支撑大口径垂直单脉冲二次监视雷达天线，可以和集成的雷神 Condor Mk.2 单脉冲二次监视雷达系统一起提供。

（3）机场多普勒天气雷达

多普勒天气雷达由触发信号发生器、调制解调器、发射机、天线转换开关、波导管、天线以及接收机和显示器组成，利用多普勒效应来探测大气中云雨等天气现象，根据沿其波束（即扫描径向）方向上的云雨粒子的速度，运用物理、数学的方法可反演出被探测范围的模拟风场，进而判断风场的性质，可以探测进近、着陆与起飞、爬升阶段影响飞行安全的微下击暴流及其引起低层风切变。同时机场多普勒天气雷达特别适用于机场附近杂波众多的环境，它利用多种方法减低杂波，除去如雀鸟、飞机和汽车等移动目标的影响，以便能准确地量度径向风速及其变化，计算低空风切变。机场多普勒天气雷达设有一套精密的计算机程序，让它能自动探测由雷暴引发的风切变。天气雷达间歇性地向空中发射电磁波，根据气象目标物的回波信号在荧光屏上显示出气象目标的空间位置等的特征。

（4）新型单脉冲二次监视雷达

新型单脉冲二次监视雷达采用 S 模式，其工作方式是对每架飞机都指定一个专用地址码，每次只询问一架对应的飞机，避免了因应答器要对视距范围内所有询问机作应答所造成的系统饱和问题。精密进场雷达是一种安装于跑道一侧的精密跟踪雷达，一般工作在 X 波段，主要用于监视和跟踪飞机的起降，作用距离为20～50 千米。新型 PAR 系统一般采用两维电扫天线，而高效 PAR 系统则采用一维相位和多站定位技术。

（5）雷神机场监视雷达–11 数字机场监视雷达

机场监视雷达–11 是美国国家空域系统使用的首套全数字化固态雷达。由美国空军牵头、美国国防部和美国联邦航空局联合开展的国家空域系统项目计划替换老龄模拟航站区机场监视雷达–7 和机场监视雷达–8 与一些早期的军用空中交通管制雷达。该新雷达将使机场航站区主监控范围达到 60 海里（111 千米）、二级监视范围达到 120 海里（222 千米）。机场监视雷达–11 采用先进的信号处理方法，显著提高目标和天气数据处理能力。同时，它还能提供数字数据以支持美国联邦航空局/DOD 联合开发的、计划部署到 300 多个美国联邦航空局和 DOD 地点的标准终端自动更换系统。数字机场监视雷达具有的高可靠性设计将显著降低其全寿命周期费用。1996 年，雷神公司参与美国联邦航空局和美国 DOD 数字机场监视雷达项目，共采购 213 部雷达。作为 DOD 和美国联邦航空局空中交通现代化项目的核心，雷神公司在机场监视雷达–10SS 的基础上为美国联邦航空局生产的机场监视雷达–11 可满足 DASR 项目的需要。2003 年 10 月，美国联邦航空局宣布在全美部署雷神公司的机场监视雷达–11 数字机场监视雷达。该决定使得美国联邦航空局在美国国家空域系统内全部装备机场监视雷达–11，至 2006 年 6 月，已安装 70 余部，其中 50 多部投入使用。

（6）RAMP 机场监视雷达–9100

固态 L 波段机场监视雷达–9100 一次监视雷达，最初是为加拿大 RAMP 项目研发的，它不但秉承空管雷达的传统结构，而且具备宽波段频率参差和脉冲压缩功能。该雷达先进的信号和数据处理技术，有助于提高目标分辨能力，减少虚假目标检测。全固态风冷式发射器包含 7 个独立的发射模块。所有模块组合在一起时，它们的最大功率超过 20kW。即使在 2～3 个发射模块故障时，容错设计也允许雷达连续运行，并能提供有效覆盖，并且由于固态模块较小，可在系统运行中替换。系统利用 100MHz 的带宽，允许单个通道用频率参差模式运行。

雷神单脉冲二次监视雷达是雷神（英国）公司供应给英国民航和英国皇家空军的增强版。该系统是使用全固态发射器和单脉冲技术，能准确地探测目标，并能在复杂条件下解码，消除相互反射引起的虚假目标信号。

（7）先进天气交互式处理系统

先进天气交互式处理系统是美国国家海洋和大气管理局以及国家气象局用来分析和传播气象数据的工具。雷神公司自 2005 年以来一直负责先进天气交互式处理系统的运行、维护和发展，为整个先进天气交互式处理系统网络提供硬件、软件和通信服务。先进天气交互式处理系统在美国气象预报部门进行天气预报的过程中起到至关重要的作用。它是一个接收和整合气象、水文、卫星和雷达等数据的复杂网络系统。先进天气交互式处理系统对接收的数据进行处理，并分发给全国 140 多个气象部门和环境中心。相关气象预报部门通过先进天气交互式处理系统可以获得更加准确的天气、降水情况和气候预测，并快速发布具有高可靠性的报警和建议。

（8）雷神终端雷达辅助系统

雷神终端雷达辅助系统由监控前端子系统、远程图像传输系统和终端维护用户系统三部分组成。雷神终端雷达辅助系统以网络作为通信平台的监控系统，以 HTTP 技术为基础，具有简单、高效、快捷等优点。利用网络通信技术、Socket技术、数据采集技术及面向对象等软件技术实现了对整个系统的综合管理、设备监控数据显示及报警等功能，其优点是通过利用现有的局域网技术资源，以最优的性能价格比，以信息的实时获取和实时监控为中心，实现现场雷神终端雷达屏幕信息、资源的共享和全局一体化的管理。雷神终端雷达辅助系统通过精密摄像头将雷神终端雷达各个显示器设备详细的运行情况提供给远程图像传输系统，通过高性能计算机进行远端处理，终端维护用户系统在远端对系统进行操作和维护。

（9）AutoTrac 航迹自动化跟踪系统

AutoTrac 航迹自动化跟踪系统的硬件和软件具有开放式架构的特点，采用分布式、功能分工式设计，便于扩充和改进以及和其他开放式系统集成和互连。其应用软件基于标准 UNIX 操作系统开发，便于与其他硬件集成，并可与第三方软件及子系统互连。通过其内置程序，可提供与用户需求相匹配的显示内容和菜单。AutoTrac 航迹自动化跟踪系统的基本雷达数据处理功能，适合于塔台和小型机场使用，其全功能雷达数据处理功能，适用于各种机场和航路管制部门。雷达数据处理有冲突预警、最低安全高度告警、多雷达航迹跟踪等功能。雷神的多传感器跟踪设备由完善的三维卡尔曼滤波器组成，它可在航路和机场终端区（进/离场）运行环境中工作。完整的 AutoTrac 航迹自动化跟踪系统增加了飞行数据处理和其他功能，如对数据、管制员操作和飞行计划运行过程等的录制，并能回放。系统还包括模拟/训练和软件维护和保障能力，提供多雷达航迹跟踪、海洋监视和自动相关监视功能。

AutoTrac 自动跟踪系统提供复杂的和特别复杂的欧洲民航会议基准功能95%以上的功能。它们包括航迹分类、综合飞行计划处理系统、中央流量管理单元接口、系统协调模块、飞行计划分类、用于飞行剖面计算的航空器参数模块、空中交通服务内部数据通信、一致性监视和中长期冲突预警。雷神公司还为AutoTrac 系统研发了一种通信、导航、监视/空管系统，此系统包含自动相关监视、空地数据链通信和空中交通管制设备间数据通信接口。实施通信、导航、监视/空管最大的挑战是集成低飞行密度的国际 FANS 航路与高飞行密度国内雷达空中交通服务航路。雷神公司已经在蒙古安装了第一部基于全球定位系统完整功能的空管系统。

（10）标准的终端区自动替代系统

标准的终端区自动替代系统是一种新的管理终端区空域的空中交通管制系统，用于替代美国逐渐老化的计算机和空中交通显示设备。作为美国联邦航空局和美国国防部联合采购计划的一部分，计划于 2012 年前，在美国联邦航空局和

DOD 所属的 570 个机场终端和塔台完成该设备的安装。标准的终端区自动替代系统接收雷达数据和飞行计划信息显示在 508 毫米×508 毫米（20 英寸×20 英寸）高分辨率的彩色显示器上，便于管制员进行监视、管制和管制移交。用于替换以前单色显示器的新彩色显示器是专门为空中交通管制开发的，其设计易于管制员近距离判读空中交通情况。标准的终端区自动替代系统还能够同时显示 6 层天气数据（用不同颜色显示不同层面）和空中交通，便于管制员引导航空器绕飞恶劣天气。标准的终端区自动替代系统的开放式结构和自身扩充能力，便于使用诸如 CTAS（终端雷达管制中心自动化系统）等旨在改进终端区安全和效率的新型工具。

1999～2000 年，美国联邦航空局在得克萨斯州的 EI Paso 和纽约的 Syracuse 两个地方安装了 2 套标准的终端区自动替代系统的早期显示配置。同时在美国国防部所属的佛罗里达州 Eglin 空军基地对一套标准的终端区自动替代系统基本型全服务系统进行完整的运行测试和评估。2001 年，早期显示配置-2 开始在田纳西州的 Memphis 和康涅狄格州的 Hartford、Connecticut 安装了早期显示配置-2，同时在 EI Paso 和 Syracuse 的 EDC 系统也升级为早期显示配置-2，并选择了 11 个站点安装早期显示配置 2 系统。2003 年 6 月，第一套拥有全服务功能的标准的终端区自动替代系统 2+软件在费城国际机场投入使用。2006 年，78 个美国联邦航空局所属的站点和美国防部的 41 个站点的系统已经交付使用，另外，41 个支持系统也投入运行。

（11）标准的终端区自动替代系统本地综合塔台设备

标准的终端区自动替代系统本地综合塔台设备是基于标准的终端区自动替代系统产品的低成本塔台显示器，用于中低飞行密度机场使用。通过使用已有的雷达数据输入，该系统能提供全雷达目标和历史数据、航空器标牌、天气和地图显示，它使用标准的终端区自动替代系统的硬件和软件构件，内置的监视和控制能易于系统认证。该系统使用一台单独的 SUN Microsystem 工作站，并提供一台 457 厘米（18 英寸）空中交通管制平面彩色显示器。

（12）P1 空中交通管制自动化系统

雷神公司的 P1 空中交通管制自动化系统的操作人员在 1999 年经过 9 个月的综合训练，该系统已完全按德国航管公司标准在德国法兰克福附近的 Langen 区域管制中心投入使用。另外，德国航管公司已于 2000 年成功地将 Nurnberg 进近职能转移到 Langen 中心，将 Dusseldorf 区域管制中心并入 Langen 区域管制中心，其所需硬件也已安装完成。该系统已于 2001 年测试完成，Dusseldorf 区域管制中心在 2002～2003 年移交给 Langen 区域管制中心。目前，雷神公司和德国航管公司的工程师正在合作研发和实施以后要安装使用 P1 系统的增强功能，通过合作，双方共享软件研发成果并负责系统集成和测试。

为保证系统可靠性，P1 系统的所有主要部件都做了冗余备份，并连接在一个中央监控系统上。监控显示器具有系统状态监控、雷达质量监控、系统诊断、记录和回放功能。为了安全起见，P1 系统还包含一个备用系统，它使用雷神公司的 TracView 作为基本的雷达跟踪系统。Karlsruhe 区域管制中心是德国航管公司系统中第一个使用先进飞行数据处理和实施运行需求系统设备的管制中心，它是一种先进的空管系统，雷神公司的西班牙合资企业 Indra 正在研发先进飞行数据处理和实施运行需求的飞行数据处理系统。雷神公司正在和德国航管公司一道，修改当前运行的 P1 系统，以适应 VATCAS（先进飞行数据处理和实施运行需求空管自动化系统）项目下的新先进飞行数据处理和实施运行需求体系结构。

（13）空管/信息系统安全数据采集处理和传输系统

1998 年 Skyguide 公司在日内瓦和苏黎世区域管制中心开始正式使用雷神公司的空管/信息系统安全数据采集处理和传输系统。随后雷神公司获得 Skyguide 公司的合同，对 ATM/信息系统安全数据采集处理和传输系统进行增强与维护。系统增强包括全面升级 ATM/信息系统安全数据采集处理和传输系统的商用成品子系统，增加功能和扩充系统容量。雷神公司的商用成品系统于 1999 年升级。规划好的 Skyguide 系统增强功能包括进近扇区显示系统的现代化和使用新的更高速工作站。

ATM/信息系统安全数据采集处理和传输系统可为 40 多个管制席位提供显示处理结果。它集成外部接口信息，如天气预报、助航设备状态、机场状态、跑道着陆方向、大气压力、详细的地图数据以及已存在于系统中的雷达和飞行数据处理信息。这样就为 Skyguide 的管制员提供一台可以获取所有相关信息的综合显示工作站。每个管制员的显示器包括一个 711 毫米（28 英寸）和一个 508 毫米（20 英寸）的彩色显示屏，窗口可以在两个显示屏上互相移动。这套已交付使用的系统还包括一个定制的软件开发包及培训设备，该培训设备由一套含有特制 ATM/信息系统安全数据采集处理和传输软件的雷神公司的 First 模拟器组成。

（14）AAA 空管系统

自从 AAA 空管系统投入使用以后，它就一直管理着整个阿姆斯特丹的飞行情报区，包括由区域管制中心管制的所有航路飞行和阿姆斯特丹 Schiphol 机场管制的进近飞行。该系统由雷神公司开发和安装，它在 AutoTrac 系统的基础上，集成雷达和飞行情报数据，并向管制员显示相关情报。该系统能同时处理 1000 个飞行目标，并在 33 台高精度的管制员显示器上显示信息。AAA 系统包括多个接口和功能，可使阿姆斯特丹飞行情报区内的空中交通管制运行与欧洲空管架构融为一体。

（15）TracView 空中交通自动化系统

雷神公司的 TracView，既能作为主系统，又可作为备份系统，当主系统全部或部分功能发生灾难性故障时，备份系统可接管主系统功能。截至 2001 年底，Dvsseldorf 系统在德国的 Karlsruhe、Langen 和 Munich 三个管制中心作为主系统使用，它们都利用 TracView 系统作为备份系统。Bremen 区域管制中心在 2001 年底安装了 TracView 系统。在瑞士的苏黎世和日内瓦两个管制中心，TracView 系统也是作为备份系统来运行的，它作为美国标准终端区替代系统计划中的一部分被广泛用于备份系统。标准的终端区自动替代系统计划一经完成，TracView 系统就可作为美国联邦航空局和美国 DOD 的 331 个站点作为备份系统使用。

在德国，在每一个关键的显示席位上，TracView 系统都被设定为备份系统。当主显示处理器故障时，监控软件自动从主处理器切换到 TracView 备份处理器，其转换过程不会干扰管制员工作。在瑞士，TracView 作为主跟踪器的备份跟踪系统来使用。在美国，TracView 系统为显示系统提供备份。从所有 TracView 系统作为备份系统应用至今，TracView 系统可以作为各种主系统的备份系统来使用。

（16）机场场面监视设备

雷神公司机场场面监视设备系统使用高精度 X 波段雷达，监视航空器和地面车辆在机场场面的活动情况。天线系统较轻，不需要改装，即可安装在现有的设备上。圆极化天线可最大限度地减少雨衰。系统使用数字化扫描转换技术和具有合成机场场面地图及雷达显示的高亮度显示器。系统的图像处理和绘图功能可用于跟踪地面目标和提供入侵及冲突告警。这种处理过程也可接收二次监视雷达数据，该数据和机场场面监视设备数据合成后，可提供自动化目标识别和标牌。首套 X 模式机场场面监视系统设备于 2003 年 6 月在密尔沃基国际机场投入使用和测试，同年 10 月宣布将可以在全美国投放。现在已在芝加哥、亚特兰大、奥兰多、休斯敦等 11 个主要机场投入运行。

（17）精密跑道监控系统

精密跑道监控系统与单脉冲二次监视雷达一样，采用电子扫描波束进行探测，是一个完整的单机系统，包括雷达传感器、计算机、操作显示和控制部分。精密跑道监控系统采用电子扫描技术和圆形相控阵天线，其天线没有可活动部件。该雷达配置固态发射器和单脉冲接收器。该系统可询问工作在 A 模式或 C 模式的民用或军用航空器应答机，并可升级到 S 模式。

为安全地监控交通，减小间隔，精密跑道监控系统能给管制员提供：高精度彩色显示器；实时目标位置信息（1 秒或更快的更新率）；精确的目标位置数据和目标分辨率；在发生问题和冲突时发出可视信号和告警声音；可通过调整航空器引导线来指明未来一段时间（如 10 秒）航空器的位置。PSM 系统的另外一个重要功能是，预计的航迹引导线是由电子扫描雷达每秒钟更新一次得到的，由于它接近实时信息，管制员可据此判断航空器是否正在转弯。

近距离运行利用精密跑道监控系统的情况有：间距小于 1310 米（4300 英尺）跑道的独立平行进近跑道；间距小于 762 米（2500 英尺）跑道的近距离非独立平行进近；近距离多跑道汇聚进近；近距离多跑道起飞着陆隔离运行；非平行跑道会聚进近；三条或四条平行跑道独立平行运行；以及监视进离港航空器以避开噪声敏感区或危险地带。

（18）空域视景管理工具

Vision 是雷神公司的商用成品自动化空域管理工具，可用来支持世界各国军民航机构对空域的灵活使用。Vision 是雷神公司为美国国防部军事空域管理系统和瑞士空军的军民航空域管理系统开发的空域管理系统工具。这些系统为军民航空中交通管制系统和当局的空域计划与空域使用提供完全的电子协调功能。该系统已同美国的美国联邦航空局系统以及欧洲的欧洲空中航行安全组织和 Skyguide 系统集成。Vision 也完全符合与这些管制机构的处理和通报需求。

雷神公司于 1999 年完成军事空域管理系统最后一个主要的发展里程碑。该系统已经成功地交付给美国国防部，2000 年后一直在使用。2001 年雷神公司完成军民空域管理系统产品的最后交付。军民空域管理系统安装在苏黎世的空域管理单位，它用来实施自动化空域管理单位，该单位支持欧洲空中航行安全组织灵活使用空域的概念。军民空域管理系统和欧洲空中航行安全组织以及瑞士的空管系统之间都有电子通信接口，可以与位于布鲁塞尔的中央流量管理单位通信，并生成自动化空域使用计划。

（19）陆基增强系统

雷神陆基增强系统可全天候、安全地为现有的和未来的全球导航卫星系统提供服务，如精密进近和机场地面导航等服务。陆基增强系统现有产品可与美国的全球定位系统配套工作，未来的陆基增强系统产品可能要发展到与伽利略系统或与其他不同的全球导航卫星系统配套工作。雷神陆基增强系统旨在推进准确、安全与可靠的精密进近和着陆服务，满足国际民航组织公布的 SARPS 附件 10 中有关全球导航卫星系统条款。全球定位系统星基增强系统与陆基增强系统一起，与全球导航卫星系统配合使用，可满足各个飞行阶段所有导航性能需求和服务标准。目前，国际民航组织、美国航空无线电技术委员会和美国联邦航空局陆基增强系统/局域增强系统只定义了 I 类精密进近（决断高度不低于 60 米（200 英尺）且能见度不小于 800 米（1/2 英里），或跑道可视距离不小于 550 米（1800 英尺））标准，没有定义 II 类/III 类精密进近标准和地面导航标准，所以雷神公司计划开发能满足 II 类/III 类陆基增强系统版本。

目前，国际民航组织、美国航空无线电技术委员会和美国联邦航空局的标准只支持单一的直线进近航径。然而，扩充标准的工作也正在进行，包括为由多重、关联的直线和曲线航段组成的复杂终端进场航线 TAP 所进行的编码。雷神公司认为，新标准将融入公司的陆基增强系统，将给航空公司和飞机运营带来超额收益。此外，陆基增强系统有助于精密广播式自动相关监视系统在平行跑道监视、减小的间隔运行、场面活动引导与控制条件下的运行。

（20）全球定位系统星基增强系统

雷神公司可为现有和未来的全球导航卫星系统提供可用于航空领域的全球定位系统星基增强系统。目前，星基增强系统产品都是与美国全球定位系统相配套的，但将来星基增强系统产品开发可能要满足伽利略系统和其他全球导航卫星系统的要求。雷神全球定位系统星基增强系统的设计旨在推进准确、安全、可靠的全球导航服务，满足国际民航组织公布的 SARPS 附件 10 中有关全球导航卫星系统条款。全球定位系统星基增强系统与陆基增强系统以及全球导航卫星系统的结合，将满足各个飞行阶段所有导航性能需求和服务标准。

全球定位系统星基增强系统由多个分布在不同地点的基站组成，并通过类似于全球定位系统这样的全球导航卫星系统收集性能数据。这些基站连成一个网络并被连接到一个或多个分析全球导航卫星系统卫星性能和大气传播的主站。然后主站对卫星或者是大气的诱导误差进行修正，并通过同步通信卫星将更正信息广播给航空器用户。所有广播信息以同样频率发射且与全球定位系统特有的频率相同，航空器用户能通过商用全球定位系统接收机接收信息并解码。全球定位系统星基增强系统主站持续不断地监控全球导航卫星系统、星基增强系统信号的完整性并向航空器用户发送完整性参数。极端情况下，主站将告知飞机不能使用某个特定的卫星。由于其与全球导航卫星系统卫星信号的兼容性，来自同步卫星的星基增强系统信号也能用于附加的全球导航卫星系统距离信号。即使没有陆基增强系统的配合，全球定位系统星基增强系统也能提供从航路到 APV-I（有垂直引导的进近）的服务，将来还能提供 I 类精密进近。

（21）星基增强系统与陆基增强系统监测系统

雷神提供服务监控系统和星基导航测试服务，每个系统均可用于多种配置，支持用户所需的多种空中导航服务级别。

服务监控系统具有监控与操作两个版本。监控版主要提供给空中导航服务商使用，用于独立预报他们所在空域内一个或多个星基增强系统信号的质量与完整性。这可促进与星基增强系统服务商无关的本地空中交通咨询或航行通告业务的产生，当使用来自于不同的服务商的星基增强系统信号时，本地的空中导航服务机构在本地范围内能履行其助航监控职责。操作版有更全面的与星基增强系统直接相关的监控、分析和诊断工具。两个版本都具有基于 Windows 的图形用户界面，能显示、统计多种信息，如球形图和麦卡托（地图）可视服务轮廓、与完整服务区相对应的精确地图、误差图、各种柱状图，以及精确完整的用户历史记录。

星基导航测试服务有多种配置，为空中导航服务商人员和用户提供用于事先评估与优化星基增强系统和陆基增强系统实际性能的工具。星基导航测试服务提供了满足用户需要的多种配置，能对星基增强系统和陆基增强系统进行测试评估。星基导航测试除了包括能模仿星基增强系统和陆基增强系统主/地面站功能的主站模块，还包括一个服务监控系统监控装置，以及用户指定的包括遥控接收机和天线的雷神监控站，其可选配置在星基增强系统同步卫星不工作时，进行飞行性能测试。

（22）卫星服务监控系统

雷神公司对全球导航卫星系统的卫星服务监控系统加入新功能，已在位于俄克拉何马州城的联邦航空局航空中心和 Virginia 的 Herndon 空中交通管制系统指挥中心安装。新 FSP 除给国际民航组织附件 10 中关于全球导航卫星系统从 I 类精密进近到航路的全部服务的标准提供实时评估外，还可最多提前 72 小时预测星基增强系统服务失效和提供 24 小时历史记录。它包括地貌轮廓线显示模式和被选择区域范围内（机场、终端区、地区和航路部分区域）预测到的星基增强系统服务失效列表。列表以直接生成全球导航卫星系统航行通告的数据格式表示。地貌轮廓显示器能在−24 小时到+72 时间窗口上滚动显示。FSP 采用先进的预测算法，综合考虑某些因素进行预报，如全球定位系统星群状态、计划和非计划卫星、地面站失效以及电离层变化历史记录。FSP 系统可以通过直接与星基增强系统主站、基站或单独的星基增强系统接收机连接以获得输入数据。FSP 系统的开发有助于全球空中导航服务提供商按照国际民航组织规则完成他们的工作，独立监控本管制区域内导航信号质量，当实际或预测服务降级或失效时，及时向用户通告。

（23）终端区集成天气系统

终端区集成天气系统是为美国联邦航空局研发的自动化、一体化的终端气象信息系统。它接收来自美国联邦航空局、美国国家气象局以及终端区飞行的航空器的数据，提供无须判读的气象信息。该信息提供给空中交通部门、空管系统、飞行人员和航空公司使用，包括终端区天气实况和短期（0~20 分钟）重要天气现象的预报。

终端区集成天气系统的核心是一套天气预报运算法，该算法由麻省理工学院/林肯实验室研发测试。用功能性终端区集成天气系统原型机，于 1994~1997 年在 Memphis、Orlando 和 Dallas-Fort Worth 国际机场对终端区集成天气系统安全性增强逻辑、减少延误和增强效率模块进行运行性验证。

终端区集成天气系统将集成的天气数据改进成及时、准确的航空气象信息。它在减少延误、提高国家空域系统容量利用率、加强航空安全方面发挥着重要的作用。终端区集成天气系统集成终端区气象数据，以容易理解的图形和文字形式自动提供当前天气信息，并能提前 60 分钟预测未来的天气，包括风切变、下击暴流、风暴、闪电和终端区高空风等信息。

（24）FIRST plus 模拟训练产品

FIRST plus 是一套可全面升级的训练和模拟工具，它可以单机使用或综合应用于军民航综合空中交通管制训练，包括以下部分。

①FIRST plus 雷达

该系统能模拟整个先进的空中交通管制系统，支持军民航用户在终端区和区域的运行。系统设计把 FIRST plus 作为计算机系统主要模块。

基本的雷达模拟机是一台 PC 或基于具有联网或单机式的工作站的训练系统。教员可以制定所需的空域训练想定，系统可保证想定训练在任意时刻记录或回放。提供给雷达管制员的显示内容包括地图、一次雷达数据、二次监视雷达数据、包含文字与数字的数据标牌、扇区名称、方位、距离，并提供至某点所需时间数据的计算。

飞机标牌（用户可定义）包括应答机代码、速度、高度和机型数据。其他可显示数据包括视频图、定位点、导航台、航路航线、空域扇区和气象资料。在训练过程中，管制员可使用飞行进程单上的数据，可选择 COMM plus 系统提供语音和无线电通信供教、学员之间进行通信联络。

模拟飞行员席位包括高精度监视器，支持雷达视频显示，显示受管制的飞行目标。飞行数据包括飞机识别数据、二次雷达代码和符合国际民航组织/美国联邦航空局标准的飞行计划。教员席位可监控训练进程，执行模拟飞行员功能，并能控制所有重要的训练环节。可以通过教员想定模块来设计和更改所有训练环境，包括实际空域和模拟空域、气象条件、飞机性能特征、飞机位置参数和飞行计划。

通过飞机性能编辑模块，教员可以建立详尽的飞机性能数据库，重要参数有巡航速度、失速速度、进近速度、爬升/下降速度、升限、重量、转弯率、爬升/下降率和特情处理数据。

FIRST plus 提供多种选择以满足特定的训练要求。控制台可按需定制，为管制员、模拟飞行员或教员增加席位。可提供对飞机的自动化管制和飞行员应答语音识别功能，可使用标准 VGA 显示器或 2k×2k 高分辨率的彩色显示器，也可提供与运行系统相关联的飞行进程单、补充数据显示器和模拟器。

雷达人机交互界面完全可以自定义。模拟功能包括使用有关的数据库进行全部飞行数据处理、雷达数据处理和电子进程单操作。系统可扩展成标准接口，模拟当前空中交通管制系统的运行和与其他模拟器相连。模拟器具有研发和训练功能。

②FIRST plus 三维塔台模拟器

FIRST plus 三维塔台模拟器由一套完整的模拟机程序包生成详细视景,包括管制学员、模拟飞行员和教员席位;有多种显示视野、显示器大小和型号,可选范围从小型监视器到使用前端投影 360°视野的环形显示器;视频系统数据库除了能产生实际场景,还可提供包括模拟时刻、天气和季节等可变参数;通过纹理贴图和平滑的视频显示表现雾、云、雨、雪、雷暴和闪电等天气现象。视频系统可模拟动态的飞机和地面车辆,还可模拟跑道、滑行道、灯光和停放车辆的背景图像。运用数字成像可视模拟系统给塔台管制员提供不同机场的外部环境,而且计算机生成的飞机和地面车辆的位置、高度和远影图像可以添加到视景图中。

塔台模拟器与塔台视频显示系统相连是基于 FIRST plus 网络的模拟器。每个模拟器节点与信息显示子系统相连,可用来提供天气报告、DF 和其他与机场有关的数据。整套模拟机席位包括塔台管制员、地面管制员、飞行数据操作员、教员和模拟飞行员席位,管制员工作站有视频系统产生的全景视频图。所有席位通过网络相互连接,终端区雷达可显示相互匹配的空中交通管制系统训练内容。

地面管制员席位能让学员进行机场灯光控制、塔台指示器和告警操作,以及模拟场面活动雷达操作。飞行数据席位或助理管制员席位可相互通信,可进行飞行进程单的摆放操作。

模拟飞行员席位有一个高精度显示器,用来显示包含有模拟飞行员操作的所有飞机的机场平面图。负责训练的教员能够监控所有学员的操作。教员席可设置飞行特情和故障、改变天气和时刻、与学员通信以及设置新想定。

③FIRST plus 二维塔台模拟器

一体化的空中交通管制模拟器可以提供地面、塔台和进近管制培训。该模拟器提供基础/高级塔台管制、机场紧急情况、指令更新、地面/停机坪管制,进近/起飞控制和机场程序评估功能。模拟器将教员席、监控席和模拟飞行员席集成在一起。各类人员的控制、操作是通过鼠标/键盘输入及高精度雷达和 SVGA 数据显示器实现。

机场模拟器合并了停机坪管制、机场起落航线和机场等显示,也可以为不同机场提供 MET 情报、跑道灯光面板、场面活动雷达、进近雷达、相关仪表数据显示(跑道视程值、风的资料等)。系统为受训管制员提供机场和区域范围的二维俯视平面图,可以由照片、地图或计算机成像产生。飞机和车辆图像用计算机产生的侧面轮廓来表示。模拟器的综合工具包可以帮助操作人员创建机场、空域和飞机性能数据库，产生与所选机场地理位置相关的视景显示，生成飞机/车辆图像和设定训练内容。教员和模拟飞行员席位可以对练习进行监控。系统可以对飞行航线和飞行活动预先编排、自动排序，模拟飞行员和监控席可对其进行更改。

系统视景部分由 Windows 软件包控制，显示所模拟机场和区域内的空中和地面交通情况。交通情况显示飞机和地面车辆的俯视图，其颜色是根据航空公司标识的。飞机、车辆和背景地图由二维可视显示编辑器生成，编辑器可直接从空域数据库调入地图数据。地面交通管制员显示器能在监视器或投影系统上显示所有活动的俯视图，可同时模拟至少 25 架飞机和/或车辆的运行情况。学员显示器能显示被模拟区域内的俯视图，并在此俯视图上显示飞机的正确位置和方位。

模拟飞行员、教员和监控席能用模拟机进行监控想定练习、训练对飞机和地面车辆活动的控制、扮演其他的空中交通和其他服务机构。可选的 COMM plus 系统能为学员和教员提供语音和无线电通信报务。同步录音/回放设备可让教员和学员回顾练习的部分音频和视频内容。

（25）COMM plus 语音通信设备

基于 PC 的数字化音频通信系统，尽可能地使用商业成品，每台工作站由一台 PC、彩色触摸式液晶屏和辅助信号调节模块组成。所有工作站由高速以太网连接在一起，数字化音频和控制信息通过以太网发送。系统结构灵活，可通过增加网络工作站对其进行扩充。数字化通信系统模拟空中交通管制环境的多个通信要素，包括空-地通信、地面通信和内部通信操作。每个训练席位包括一台可选择带有耳机、麦克风和扬声器的触摸式人机接口通信面板。同步语音/视频/录音/回放功能，便于学员和教员对练习的音频和视频部分进行检查。

（26）标准的终端区自动替代系统院校训练系统

标准的终端区自动替代系统院校训练系统是基于标准的终端区自动替代系统的开放式空中交通自动化训练系统，系统配置高分辨率彩色显示器、提供 6 层的气象数据显示和新的计算机处理过程，专为开设有空管课程的高等院校设计。该训练系统采用标准的终端区自动替代系统的硬件和软件，来培训终端区雷达进近管制员和塔台管制员。标准的终端区自动替代系统院校训练系统包括终端区管制员工作站、塔台显示器和多用途模拟飞行员工作站。模拟器具有全面培训和特殊情况培训功能，可对训练想定进行修改。

（27）空中交通导航综合协调系统

空中交通导航综合协调系统由 S 波段机场监视雷达、L 波段二次监视雷达/敌我识别设备、X 波段精密进近雷达和一个在雷神 AutoTrac 基础上开发的自动化系统组成。其中，机场监视雷达型号为具有较低功率的机场监视雷达–10SS，机场监视雷达和二次监视雷达都使用单一的反射器和集成馈线，精密进近雷达使用带有微波单片集成电路发射/接收模块的相控阵天线。空中交通导航综合协调系统的监视距离达到 46 公里（25 海里），精确覆盖距离高达 18.5 公里（10 海里）。它为美国军用终端区、着陆区和飞行区提供快速反应的空中交通服务。固定基精密进近雷达是空中交通导航综合协调系统的子系统，它包括与空中交通导航综合协调系统相同的精密雷达以及自动处理和显示设备，可以同时监视 6 条跑道上的进近。管制员的工作地点可以设在距雷达天线 10.7 公里处。

（28）军用自动空中交通系统

雷神公司对加拿大自动交通系统进行重要升级，开发军用自动空中交通系统，为国防部提供多样化的管制和支持配置。所有的 MAATS 设备都以统一的通信和分布式基础结构标准集成，因此，所有的系统都能够共享飞行、管制和系统信息。在埃德蒙德和蒙特利尔设立两个新的军用终端区管制中心，负责管制 7 个军事基地附近的终端空域。管制中心设有 7 个具备雷达功能的扇区管制塔台，2 个独立的无雷达功能的塔台和 11 个战术性空中交通系统。这 11 个系统在 1 台工作站内封装了所有的塔台管制功能，其中 6 个用于移动塔台，能够迅速部署到加拿大范围内的任何位置，另外 5 个为固定位置，可用于终端飞行咨询。

6. 波音公司

1）概况

波音公司的前身是 1916 年由威廉·波音创立的太平洋航空制品公司，1997年与原麦克唐纳·道格拉斯公司合并，成为世界上航空航天领域规模最大的公司与世界上最大的民用和军用飞机制造商。波音公司的总部位于芝加哥，在美国境内及全球 70 个国家共有员工 160000 多名，主要业务基地集中在美国华盛顿州的普吉特湾、南加州和圣路易斯。公司在 2008 年的营业额为 664 亿美元。波音公司设计并制造旋翼飞机、电子和防御系统、导弹、卫星、发射装置，以及先进的信息和通信系统。作为美国国家航空航天局的主要服务提供商，波音公司运营有航天飞机和国际空间站。波音公司还提供众多军用和民用航线支持服务，其客户分布在全球 90 多个国家。

2）组织机构

波音公司包括波音民用飞机集团，波音防务、空间与安全部，波音金融公司，波音共用服务集团，工程、运营和技术部等五个集团公司和部门，除此之外，波音还有杰普逊公司、翱腾培训公司、Aviall 三个子公司。波音公司先进空管业务发展部成立于 2000 年。根据公众 2001 年推出的波音公司概念，波音空管被授予

FCC 许可，可以在 2GHz 频段发射中纬和非地球同步轨道卫星。同时也可以发布空域和空管模型工具的最初版本。波音概念的目的是收集数据资源，以适应不断增长的交通容量，同时减少延误，并增强所有航空器的安全性。新构架的核心包括安全的通用信息网络、基于航迹的飞行运行和空域的重新规划、全球通信、导航和监视系统。

　　3）主要产品

　　波音公司是世界上主要的民用和军用飞机生产厂家之一，也是世界上最大的航空制造公司、著名跨国公司。主要业务是开发、生产销售空中运输装备提供相关的支持服务与研究生产各种战略战术导弹和空间开发产品。全空域及机场模拟器是波音与空管相关的主要产品。

　　（1）全空域及机场模拟器

　　全空域及机场模型器的仿真对象是整个空中交通系统，模拟空管的大部分功能，覆盖整个空管过程。全空域及机场模拟器可模拟由起飞登机门至降落登机门的整个飞行过程，具有良好的用户界面和多种模式供用户选择。全空域及机场模拟器支持高细节度的仿真。全空域及机场模拟器的空管基于三维空间，可以进行四维冲突探测与解脱管理，极大地提高了全空域及机场模拟器空域管理的自由度。全空域及机场模拟器组件中包括一个可实时交互的图形工具，为用户提供空域和机场地面的二维或三维视图，还包括一个实时的空中交通监视工具，一个具备定制功能的数据报告工具，用于输出图表等仿真输出的结果。仿真过程可以被中断和重启，模型的关键方面，如冲突解决和机场资源使用情况都可由用户自定义的规则库来控制，用户甚至可以在仿真运行过程中对规则库进行编辑。全空域及机场模拟器引入更贴近实际的三维飞行空间，但是其应用仍然不很成熟，如危险的天气或机场的特殊使用情景仍然不能被动态仿真，四维冲突探测和冲突规避能力也有待改进。另外，全空域及机场模拟器的获取成本非常高，通常只应用在大型的研究中。

　　（2）杰普逊航图

　　杰普逊航图是世界民用航空领域通用的空中航行导航图，它包括纸质航图和机载导航数据库。其中，纸质航图包括航路图（含区域图）、离场图、进场图、进近图和机场图等，机载导航数据库包含与纸质航图的图面信息基本相同的导航数据。但由于目前没有统一的描述标准或者由于机载介质类型的不同，纸质航图和机载导航数据库之间还存在许多差异。

　　为确保飞行安全，Jeppesen 终端区图的修订周期为 7 天或 14 天，航路图的修订周期为 28 天或 56 天。杰普逊公司开发了相关的航图使用工具。该工具包括 Jeppesen JeppView 和 Jeppesen FliterDeck 两个部分。Jeppesen JeppView 用于查看航路图和终端区图（包括进场、进近和机场设施图）信息。Jeppesen FliterDeck 提供的服务包括：在移动地图上显示航空器的飞行过程，实时气象图叠加显示，客户化航路图定制，客户化进近面板定制，实时显示飞行前方和下方的地形地貌特征，显示飞行的下一个航路点，紧急情况下显示的最近机场特征，获取详细的航行时间信息，可通过高速网络更新航行情报和导航数据等。

7. 泰雷兹公司

1）概况

泰雷兹公司的前身为法国汤普逊公司，成立于 1893 年。公司总部设在法国，是欧洲第一大战斗系统（包括侦察系统、火控系统和操纵系统）生产集团，也是一家超大型跨国企业。该公司在全世界有 211 家子公司，国外营业额占集团总营业额的 75%。泰雷兹公司在美国硅谷、法国巴黎以及俄罗斯都设有研发基地。公司业务范围包括国防、航空、信息和服务技术等方面。泰雷兹公司曾一直专注于军工生产。公司的专长领域为战斗系统的制造、整合、维修与升级，其产品中有近 70%出口国外，目前世界上有超过 50 个国家的海军使用该公司生产的装备。近年来，泰雷兹公司不断拓宽业务，民用业务不断增长，现在已经发展成为以设计、开发与生产航空、防御和信息技术服务产品著称的专业电子高科技公司。

泰雷兹公司是一个拥有先进技术的系统集成商，其用户遍布 170 多个国家和地区，在澳大利亚、法国、德国、意大利、英国和美国 6 个国家都有自己的子公司从事空管运行。泰雷兹公司提供有关通信、导航、监视/空管系统多种综合产品，适用于航路、进近和机场的空管运行。

2）组织机构

泰雷兹公司共有 6 个分部：太空部、通信部、军事防御系统部、公共安全系统部、导航部、客户服务部。用户遍布全球 170 多个国家和地区，在 50 多个国家和地区拥有员工 68000 名，2007 年收入预算超过 120 亿欧元，是世界 500 强集团之一。

3）主要产品

作为高科技系统开发的公司，泰雷兹公司的研究领域广泛，业务领域包括国防、航空、信息和服务技术等方面，并且取得巨大的成就，尤其近年来泰雷兹加强对民用航空领域的重视与发展，使其不断发展壮大。其中与空管相关的主要产品有：航路、终端区和机场进近一次监视雷达；单脉冲/S 模式二次雷达；自动相关监视系统、管制中心的数据处理和显示系统及其相关的通信设备；使用极大似然估计算法的先进的场面引导和控制系统包括场面活动监视雷达与相关的传感器、塔台和机场管制电子飞行进程单系统、精密进近系统和导航助航设备等。

（1）"欧洲猫"空中交通管制中心系统

"欧洲猫"空中交通管制中心系统适用在雷达管制和非雷达管制空域内对航路、进近、塔台独立模式下或航路/进近/塔台联合模式下的航空器管制。系统运用与雷达数据、广播式自动相关监视数据和/或 ADS-C/管制员/飞行员数据链通信等与飞行计划数据相关的数据，来提供主要的管制功能。"欧洲猫"系统提供了与航空固定通信网络初始飞行计划综合处理系统、空运货物运价表、军用系统、邻近管制中心、欧洲的欧洲空中航行安全组织、航行情报处理系统、信息系统安全系统和为数据链应用的国际航空电讯协会/ARINC 622 协议接口。该系统依据ISO9000 标准和美国国防部标准，以及 CMMI 开发模型，对系统配置和质量安全进行控制，使用标准的商业 CASE 工具。

"欧洲猫"系统具有灵活性，能满足特殊用户的需求。飞行数据处理器是该系统的核心部分，可选产品有雷达数据处理器、广播式自动相关监视数据处理器和空地数据处理器（用来管理自动相关监视/管制员/飞行员数据链通信数据）。这些可选产品和飞行数据处理器设备能完全集成为一个系统。另外，Sofreavia 公司的 Maestro 进港管理工具和泰雷兹 IS 公司的 ANAIS 也可与"欧洲猫"系统一起供应并可与之完全集成。"欧洲猫"系统提供的监控功能包括自动及人工配置、一体化控制、对所有源于管制中心和外部源（雷达探头和助航设备等）的监视数据以及静态信息进行监控。网关计算机可与外部设备、传感器、S 模式、自动相关监视数据链、雷达信息交换设备，与其他管制中心进行数据交换，并能综合航行情报服务数据和气象信息数据。为了评估其技术和运行的创新性，"欧洲猫"系统具有集成开发功能，并能提供模拟功能，如具有额外"飞行员"席位的空情生成功能。当系统故障时，能确保指定的单个工作站能直接得到单雷达数据；各中心或各分区之间都具有灾难性故障恢复能力。

（2）RSM 970 S S 模式单脉冲二次监视雷达系统

作为最新版的 RSM 970 型二次监视雷达产品，RSM 970 S S 模式雷达能配置成一个自动化站，与中、远距一次雷达合装使用。该雷达能为空中交通管制中心提供完整性数据，其探测距离能达到 463 千米（250 纳米），旋转速度可达 15 转/分。RSM 970 S S 模式雷达结构的设计可优化高性能单脉冲二次监视雷达系统和 S 模式，该 S 模式根据 Eurocontrol 和国际民航组织标准定义，由美国联邦航空局和Eurocontrol 指定。系统每秒能处理 11000 批雷达同步回波，检测率高于 99%，代码校验率大于 99%，距离精度小于 30m RMS，方位误差小于 0.07° RMS，每次扫描都出现的假目标不多于 1 个。

RSM 970 S S 模式雷达是一种双通道全冗余系统，在运行通道故障时通过自动转换开关自动转换到备份通道。RSM 970 S 系统的处理过程基于商用成品 PC开发，既可以配置为常规模式，又可以配置为 S 模式，各模式之间的转换可通过在线菜单来实现。RSM 970 S S 模式雷达询问机装备有全 S 模式发射器,包括 DPSK 调制器和一个适应 S 模式的放大器。它的低噪声、高灵敏度数字接收器,建立在单脉冲技术的基础上,而单脉冲技术是精确的单脉冲二次监视雷达和 S 模式运行所必须的。RSM 970 S 雷达采用高增益的 LVA AS 909 天线,用 S 模式地基测试台对系统和天线运行情况检测。系统内置测试设备,能对线性可更换单元的故障进行定位,可用遥控和监控系统实现无人操作。

Eurocontrol 已在其欧洲 S 模式基站预运行项目的框架之内,完成对 S 模式单脉冲二次监视雷达系统验证。2002 年 3 月,Eurocontrol 和法国 STNA 完成 POEMS 项目的最后选址测试。

（3）STAR 2000S

S 波段固态雷达增强了系统的稳定性,在相应配置下,60～80 海里内,现代杂波抑制技术可确保进行目标探测时不出现虚假信号报告。该雷达采用模块化设计,系统配置包括正常和热备份两个通道,通过系统层面进行自动转换处理。RCMS 功能允许对系统的误操作。该雷达的工作频率为 2700～2900MHz,带宽为 200MHz,脉冲宽度为（1+75）μs（脉冲压缩）,根据配置,其典型峰值功率为 15kW 或 28kW。

固态发射器采用风冷式、模块化、自动防故障装置,由 8 个或 16 个独立的模块组成。发射器以全频分集方式工作,能满足 EMC 的严格要求。该雷达的信号处理器是一个基于 32 位的离场间隔程序双处理器,使用 HOL 语言编写的实时软件,能提供运行弱旁瓣、脉冲压缩和自适应 MTD 处理所需的计算能力。滤波器组选择器与杂波相适应,在保持目标的高探测率的同时,虚警率大大降低。所有设备都安装有独立 BITE 工具,以确保能在系统层面进行自动重新配置。

（4）机场和塔台自动化系统

机场和塔台自动化系统是专门为机场和塔台设计的一体化产品,支持机场飞行区自动化运行,安全性、容量和效率得以提高,并顺应已建立的规章和条例。机场飞行区自动化系统主要处理航空器从最后进近至登机口和从登机口至起飞阶段的飞行活动。

机场和塔台自动化系统产品和服务包括:无进程单的塔台飞行数据处理器(塔台飞行数据处理器);气象服务;基于终端区协调系统的空管资源管理;基于场面交通增强和自动化支持系统的先进的场面活动引导和控制系统;广播式自动相关监视;用于精密跑道/进近监视和车辆跟踪的解决方案,而且机场和塔台自动化系统还能和机场管理系统集成,如登机口管理系统、噪声监控系统、账单系统和航班信息显示系统等,为协调决策系统提供支持。

（5）S 模式机场地面系统

S 模式机场地面系统是应用具有极大似然估计算法技术的系统,它通过分析评估 S 模式应答机自动发射的信号，来决定航空器和车辆的位置并识别其身份。位于机场的地面站可探测到这些每秒钟广播一次的短电文。系统覆盖范围由地面站的数量和位置决定。

该系统收到地面站探测到的信号后，使用极大似然估计算法对航空器位置和身份进行识别，具有高精度和高更新率（不到 1 秒钟）。航空器和车辆在机场活动的整个阶段都可被该系统精确定位，所挂的标牌都不会丢失。

（6）TXM5500 VoIP 语音通信交换机

泰雷兹防务有限公司为空中交通管制系统提供全套通信设备，包括从单机单控制台的无线电设备到覆盖全国的甚高频系统或多基站的 MWARA 和雷达系统。系统通常集成微波、卫星或者连接至各个台站的光缆。TXM5500 型语音通信交换机利用语音终端设备和外部网关，对音频进行打包，在以太网内传递。该交换机最初是为了满足军队通信系统安全需要而开发的，目前增加了空中交通管制音频通信功能，符合欧洲航管安全需求。

每个运行席位都包括一个多功能终端和一个操作终端适配器。多功能终端是操作、控制设备，通常包括一个带触摸屏的 PC。整套设备可以内置在空中交通管制控制台内，或者作为一台台式机独立工作。操作终端适配器是操作员音频接口，它包括传统的音频设备（最多三个耳机和四个扬声器），可将声音文件进行打包在以太网内传递。操作终端适配器允许运行席位在工作时采用平行模式（教员和学员同时工作，教员有 PTT 优先权）或分离模式（一个操作员处理无线电呼叫，另一个处理电话呼叫）工作。运行席位包括语音和可视事件（如来电）指示器（每个运行席位均可配置这些指示器）。运行席位还包括一台操作员可以控制的短时段（30 分钟）录音设备和两条独立联入访问网络的线路，以确保高可用性。

标准的 TXM5500 在同一个频道上（国际民航组织运行环境）可以进行多重无线电通信，最佳信号选择器既可自动在所有的接收器中选择，又可在操作员选择的子集中进行。发射机可由 BSS 或操作员控制，每一席位都可提供扬声器或耳机监听。对于无线电的使用，TXM5500 提供了无线电频率转播（耦合）、有关无线电状态的可视和语音指示，每个波道的音量皆可由操作员控制。在内话/电话使用方面，该交换机能提供所有操作员之间的内部通信功能；多重会议、独立的电话连接、保持/发话/通话/转发/挂机功能，对 PSTN 和 PABX 使用线缆管理实现与外部电话系统的连接。其他功能包括提供直接访问键和多页功能、动态来电管理功能，以及通过管制应用及系统部门网络使用 MFC-R2 或管制应用及系统部门 QSIG 协议进行中心之间的内部通信等。

当使用商用局域网/广域网路由器和交换机构成的常规以太网时，网络在操作员（对于内部通话）之间，在操作员和无线电网关（对于无线电通信）之间以及在操作员和电话网关（对于外部电话通信）之间传输音频数据包。

网关子系统为内部网络和外部无线电或外部电话线路之间的访问提供接口。每个网关都使用一条 4×2Mbit/s 总线，同时使用一块连接在该总线上的电话接口卡，该接口卡可以为外部线路提供模拟信号或者正确格式的数字信号。TXM5500 系统包括一个 VCS 管理子系统，这为该系统提供管理功能，可用来定义操作员的角色，将无线电线路和设备分配给该角色。该管理子系统对系统时间和错误进行记录，可以在需要时复制管理系统席位。因为 TXM5500 系统使用一个网络来连接所有的席位，所以不需要将该管理子系统固定在一个物理位置，它可以设置在任何位置，在多重系统工作状态下，一个管理系统可以管理所有的工作站。

（7）终端区协调系统

终端区协调系统是专为塔台和机场管制设计的飞行数据处理系统。该系统为终端区和机场场面管制员提供一体化的计划和管理工具，减少不同管制席位之间的语音通信和协调工作。另外，终端区协调系统还提供了与进近、区域和机场管制系统的接口。终端区协调系统的主要功能及特点包括：处理终端区内空中和地面的所有飞行活动；处理和显示所有相关的气象数据和自动终端情报服务数据；提供了与离场放行数据链服务数据交换接口；与场面交通增强和自动化支持系统及其他飞行/雷达数据处理系统相连，支持所有标准接口，并与先进的场面引导和控制系统共享同一个数据库；使用电子进程单，降低管制员的工作负荷；是一个基于用户支持机制的增强型自动化设备，能够根据当地运行程序的不同进行调整，具有高度的适应性。

（8）场面交通增强和自动化支持系统

场面交通增强和自动化支持系统与终端区协调系统是泰雷兹公司实现"门到门"服务的重要组成部分。场面交通增强和自动化支持系统的主要功能及特点包括：在各种天气条件下，为管制员提供从最后进近、地面滑行到停机位的完整监视功能；通过一个或多个传感器为管制员呈现场面运行情况（航空器和车辆）；预测航空器与航空器之间，航空器与车辆之间的潜在冲突并告警；对管制席位进行合法的语音视频记录；提供滑行路径，具备场面引导功能；具有模块化、可扩展、可升级的特点。

（9）"欧洲猫"模拟器

"欧洲猫"训练系统是一个高保真的空管模拟机，它专门用来进行空中交通管制仿真训练。根据用户要求，该训练系统既可采用与空中交通管制实际运行系统相同的软件包，又可使用当前运行系统中没有使用的席位。模拟机除了设置管制员席位，还设置有空中交通生成器、模拟飞行员席位和模拟机监控席位。该训练系统可以运行多套独立的想定练习（想定套数依系统规模来定），还可任意组合管制员席位与飞行员席位，以达到预定的训练目标。

彩　　图

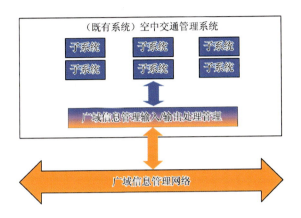

图 5-9　广域信息管理架构组成

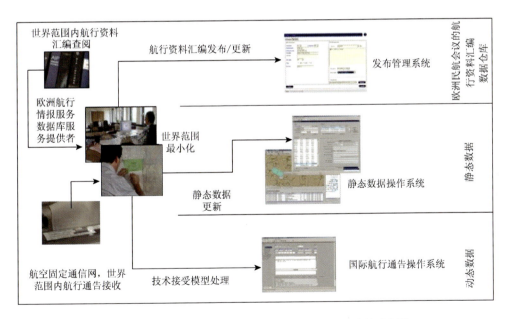

图 5-11　欧洲航行情报服务数据库系统数据处理过程示意图

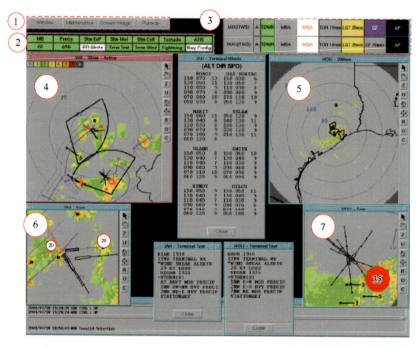

图 5-13 终端区集成天气系统显示界面

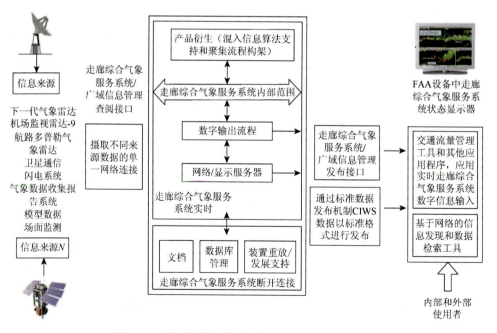

图 5-14 新一代的走廊综合气象服务系统模型结构

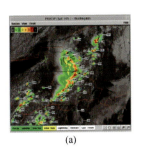
(a)

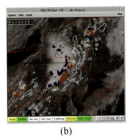
(b)

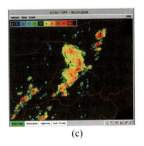
(c)

图 5-15　走廊综合气象服务系统的人机界面

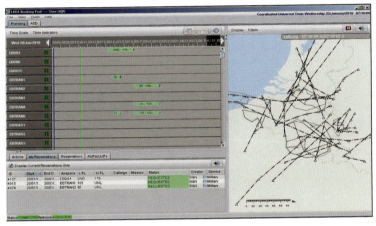

图 5-17　本地和次区域空域管理系统人机界面

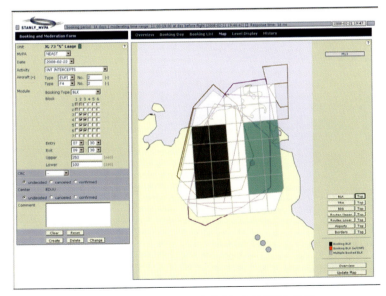

图 5-18　东北地区军事变化剖面区域预定表格

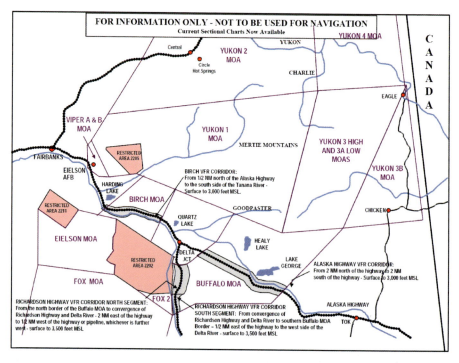

图 5-19　特殊空域信息系统覆盖范围

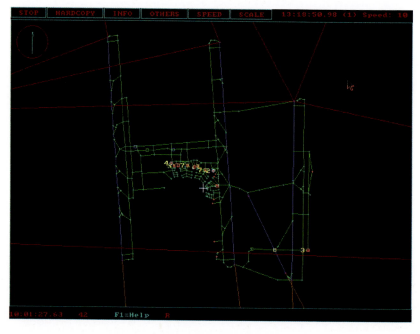

图 5-20　机场和空域仿真模型仿真界面

图 5-27 航路信息显示系统主页

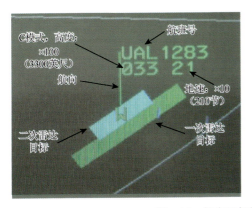

图 5-28 电子进程单

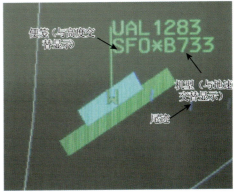

图 5-30 航空器标识及数据块示意图

图 5-32　X 模式机场场面监视系统塔台终端显示界面

图 5-34　"欧洲猫"机场场面自动化系统界面